"十四五"时期
国家重点出版物出版专项规划项目

航天先进技术研究与应用/
电子与信息工程系列

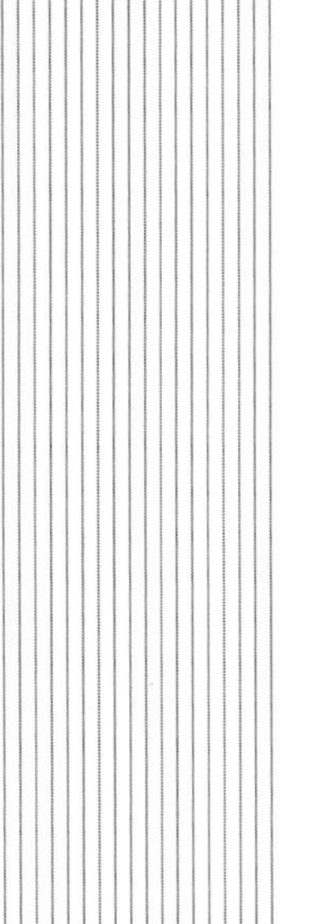

信息编码与通信技术

Information Coding and Communication Technology

主 编 姜云霞 刘 可 任相花
副主编 赵 阳

哈尔滨工业大学出版社
HARBIN INSTITUTE OF TECHNOLOGY PRESS

内容简介

教育、科技、人才是全面建设社会主义现代化国家的基础性、战略性支撑。党的二十大报告指出深入实施科教兴国战略、人才强国战略、创新驱动发展战略。本书依据课程集群化改革思路，探索“信息与编码”和“通信原理”课程的内在联系，整合优化两门课程的知识体系，系统地介绍了信息编码原理和通信技术，信息编码的内容主要包括信息的基本概念、信源的数学模型与信息熵、信源编码、信道模型与信道容量、传输码型，以及有噪信道编码；通信技术的内容主要包括通信网的基本概念、交换技术，通信系统组成，调制与解调原理，复用与复接的标准与方法，数据通信同步，以及数字信号的基带传输和频带传输等。为了方便读者进一步了解通信技术，本书最后对通信网络的原理、卫星通信和短距离无线通信等通信技术做了概述。

本书图文并茂，阐述详尽，内容充实，可以作为普通高等院校计算机、电子信息等非通信类工科专业的“信息与编码”和“通信原理”整合课程的本科生教材，参考学时为50～80学时；还可以作为自学者和相关工程技术人员的参考书。

图书在版编目(CIP)数据

信息编码与通信技术/姜云霞，刘可，任相花主编.
—哈尔滨：哈尔滨工业大学出版社，2023.5(2024.1重印)
ISBN 978-7-5767-0853-0

Ⅰ.①信… Ⅱ.①姜…②刘…③任… Ⅲ.①编码技术②通信技术 Ⅳ.①TN91

中国国家版本馆CIP数据核字(2023)第101348号

策划编辑 许雅莹
责任编辑 许雅莹 张 权
封面设计 刘长友
出版发行 哈尔滨工业大学出版社
社 址 哈尔滨市南岗区复华四道街10号 邮编150006
传 真 0451－86414749
网 址 http://hitpress.hit.edu.cn
印 刷 哈尔滨圣铂印刷有限公司
开 本 787 mm×1 092 mm 1/16 印张17.75 字数443千字
版 次 2023年5月第1版 2024年1月第2次印刷
书 号 ISBN 978-7-5767-0853-0
定 价 48.00元

前 言

PREFACE

信息通信行业是目前发展较快和具有创新力的行业，信息通信行业是支撑我国经济社会发展的基础性和先导性产业。通信的目的是传递消息中所包含的信息，通信技术的发展对经济、政治、文化和社会等方面的发展起到十分重要的作用，这使得学习和掌握信息与通信的基本理论和相关知识非常重要。

“信息与编码”和“通信原理”两门课程是电子信息、计算机和通信等专业的必学课程。“信息与编码”和“通信原理”两门课程有一定的内在联系，它们均以通信系统为研究对象，为这两门课程的知识点融合提供了基础思路。本书依据课程集群化改革思路，探索“信息与编码”和“通信原理”课程的内在联系，整合优化两门课程的知识体系，保证能从信息编码和信息传输两个方面系统地介绍信息与通信的基本原理，实现关键知识点的掌握，本书既翔实又精炼，将重要概念有机融合。

本书旨在展示信息和通信的概念、本质，阐述通信系统中的信息基本理论、信息编码的基本原理和通信的基本技术；概述通信网络的原理，以及卫星通信和短距离无线通信等通信技术。在编写上，本书内容阐述通俗易懂，简洁明了。为便于读者学习，每章设有本章小结(除第 1 章)，以此引导读者了解章节主要内容；书中给出大量的图示和实例，以此辅助读者理解抽象的概念与原理。

全书共分为 13 章。第 1 章绪论，主要介绍信息和通信的基本概念、通信系统、通信方式、通信系统的性能评价指标，以及调制解调的概念等。第 2 章信源的分类与信源熵，主要介绍离散平稳无记忆单符号信源、离散平稳无记忆多符号信源、离散平稳有记忆多符号信源、离散非平稳有记忆符号信源，以及连续信源的信息熵。第 3 章无失真信源编码，主要介绍信源编码的相关概念、信源编码器的结构、信源编码的分类和方法、唯一可译码的判别方法，以及等长编码定理和变长编码定理。第 4 章限失真信源编码，介绍失真度量，以及信息率失真函数的概念和计算方法，之后介绍限失真信源编码的理论依据，以及典型的限失真信源编码方法。第 5 章信道模型与信道容量，介绍互信息量的概念、计算方法、互信息熵的关联性，重点介绍信道容量的计算方法，描述了连续信道中互信息熵和信道容量的计算方法。第 6 章模拟信号的数字传输，主要介绍模拟信号转化为数字信号(A/D)的脉冲编码调制(PCM)和增量调制(ΔM)。第 7 章有噪信道编码，详细介绍几种典型的译码规则，纠错编码的分类、工作机制与线性分组码，以及典型的信道编码方法。第 8 章数字信号的基带传输，主要介绍基带信号的线路传输码型、基带传输的码间串扰问题，以及基带传输的加扰与解扰

技术。第 9 章数字信号的频带传输，主要对二进制和多进制数字信号的调制解调原理、频域特性和实现方法进行详细介绍。第 10 章数据通信同步，重点介绍几种同步方法的定义和提取同步信息的实现方式。第 11 章数字复用与复接，主要介绍 PCM 基本帧结构、数字复接的原理，以及同步数字系列的概念。第 12 章通信网与通信系统，介绍现代通信网的概念、组成、结构和分类，以及几种交换技术。第 13 章无线通信技术，介绍几种短距离无线通信技术的原理，以及卫星通信网和移动通信的基本原理与应用。

本书适用于现代产业学院授课用书，既适合作为普通高等院校计算机、电子信息等非通信类专业“信息与编码”和“通信原理”整合课程的本科生教材，也适合作为自学者和相关工程技术人员的参考书。本书由姜云霞、刘可、任相花主编，赵阳副主编，其中第 1、6、8 章由姜云霞编写，第 2、3、4、5 章由刘可编写，第 7、11、13 章由任相花编写，第 9、10、12 章由赵阳编写。本书是在翻阅大量参考文献的基础上，结合作者多年教学经验和体会编写而成。

由于编者水平有限，难免有疏漏和不足之处，敬请广大读者批评指正。

编　者

2022 年 10 月

目 录

CONTENTS

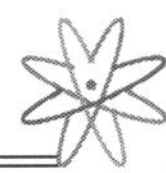

第 1 章 绪　　论

通信就是传递消息，人与人之间想要互通情报、交换消息，就要进行消息的传递，即通信。古代已有消息通信的方法，如古人通过点火或者点狼烟的方式传达有无敌人入侵，如果有烟或者有火表示有敌人入侵，如果无烟或者无火表示平安无事；又如古人打仗时通过鸣金表示收兵，没有鸣金则继续战斗。现代消息传递方式更加丰富，如书信、电报、电话、传真、电视、计算机和互联网等，总体来说，人类通信发展包括以下几个主要阶段。

(1) 原始通信时代。通过语言、声、光等直觉的方式传递信息，如烽火、书信和旗语等。原始通信方式最主要的缺点是消息传送距离短、速度慢。

(2) 邮政的出现。文字、印刷术的发明导致邮政的出现。

(3) 电气通信时代。电话、电报、广播和电视普及。

(4) 信息时代。计算机和互联网广泛应用。

本章着重讨论通信系统的基本术语和基本概念，了解通信系统中涉及的诸多基本概念有助于学习信息和通信的基本原理和基本知识。

1.1　信息和通信的基本概念

通信传递的内容是千差万别的，这必然产生多种多样的通信方式和方法，但通信的主要任务是共性的，即在克服距离和干扰等障碍的前提下实现信息迅速、准确的空间传递。换句话说，通信是利用信号将包含信息的消息由一地向另一地进行传输与交换。通信的形式有很多种，本节讨论的不是广义上的通信，主要阐述利用各种电信号和光信号作为通信信号的电通信和光通信。

在通信系统中，经常会出现如消息、信息和信号等常用术语，它们的含义有一定差异，本节对其做必要的阐述。

1.1.1　消息和信息

消息是指能够向人们表达客观物质运动和主观思维活动的语言、文字、图像和符号等，即消息具有不同的表现形式，既可以是语音、文字符号，也可以是图形、图像，但不是所有的文字、图形都称为消息。通信系统的主要任务是在收发双方之间传递消息，所以消息必须具备能被通信双方理解，且可以传递的特点。消息可分为连续消息和离散消息。连续消息的状态表现形式是连续变化的，如连续变化的视频、语言等；离散消息则是指消息状态是可数的，如离散的数据等。

相对于消息，信息具有更抽象的含义。信息是一切事物运动状态或存在方式的不确定性描述，为此，信息可被理解为消息中包含的有意义的内容，是消息的有效内容。不同消息可以有相同内容，如每天的天气信息可以以图像的形式发布在电视上，也可以以文字的形式发布在 APP 软件或报纸上。一条消息可以包含丰富的信息，但也有可能不包含信息，所以说消息是信息的载体。

对于消息中包含传输信息的定量分析，一般用信息量来衡量。消息中所含信息量的多少与该消息发生的概率密切相关。一个消息越不可预测，或者说出现的不确定性越大，即发生概率越小，它所含的信息量越大。如当天是晴天状态，如果有人给你发送消息“今天晴天”，你看到消息不会觉得有任何意义，也就是说该消息中包含的信息量极小，因为天晴这件事是确定的；但是如果有人给你发送的消息是“今天会有大雨”，你就会觉得这个消息是有意义的，也就是说消息中包含的信息量大，因为下雨是不确定的事情（信息度量的计算见第 2 章）。另外，信息在概念上与消息的意义相似，本书对消息与信息并不严格区分。

1.1.2 信号

通信的目的是在异地间传输信息，否则通信是没有实际意义的。发送方通过信道将消息传递给接收方，需要将消息转换成能在信道上传输的物理量，这个物理量就是信号，即通信系统中传输的是信号。可以通过幅度、频率和相位等参量来描述信号的特性。信号是消息的物理体现，是传输消息的媒介，是信息的物理载体。信号的形式是多样的，如广告牌可以是文字、图像信号，电视机接收电信号。消息以具体信号形式传递，每一消息信号必定包含接收者需要知道的信息。信号的变化则反映了所携带信息的变化，如图 1.1 所示，人们每天过马路需要看信号灯，红灯亮就要停止，绿灯亮就可以行走。红灯传达的信息是停止，绿灯传达的信息是可以通过，人们通过信号的状态变化来判断能否通过。

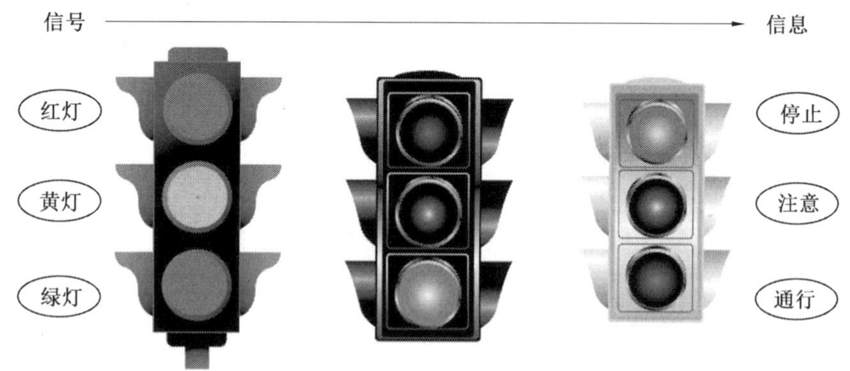

图 1.1　红绿灯示意图

由于信号在信道上传输，所以信号的形式取决于信道，如在电缆上传输的是电信号，在光纤上传输的是光信号。电信号的基本形式是随时间变化的电压或电流，光信号用光强度来描述。

消息寄托在信号的某一参量上，从信号的特性出发可将其分为模拟信号和数字信号两

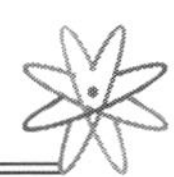

类。模拟信号是指信号的某一参量可以取无穷多个值，是连续性变化的，能与原始模拟消息直接对应的信号，如话音信号等；数字信号是指信号的某一参量只能取有限多个值，且与原始模拟消息不直接对应的信号，如计算机终端输出的二进制信号。

1.2　通信系统

1.2.1　通信系统的定义与组成

通信系统是指实现信息传递所需要的一切硬件设备、软件和传输介质的总和，通信系统一般模型如图 1.2 所示，系统主要由信源、收信者（也称信宿）、信道、发送设备和接收设备五部分组成。信源是消息的产生来源，其作用是将消息变换成原始信号，如电信号。信源可分为模拟信源和离散信源。模拟信源输出幅度连续的信号，如电话机、电视摄像机等；离散信源输出离散的数字信号，如电传机、计算机等。反之，收信者将消息信号还原为相应的消息。

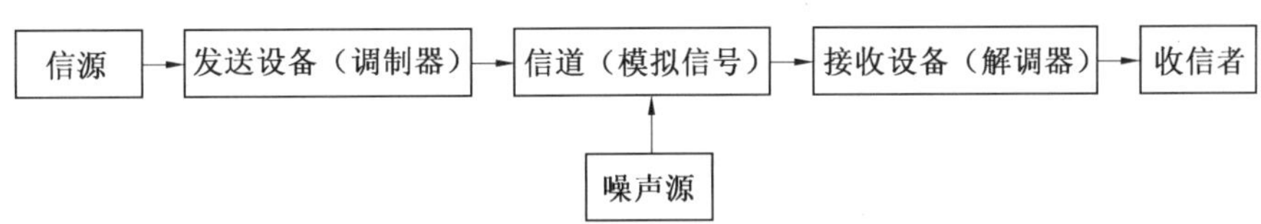

图 1.2　通信系统（模拟通信系统）一般模型

发送设备含有与传输线路匹配的接口，是将信源产生的消息信号转换为适合在信道中传输的信号，它要完成信号的调制、放大、滤波和发射等过程，另外，在数字通信系统中还包括编码和加密。接收设备完成发送设备的反变换，即进行解调、译码和解密等，将接收的信号转换成信息信号。信道是信息传输通道，也是传递物质信号的媒介，信道可以是明线、电缆、波导、光纤和大气等。信道的传输性能直接影响通信质量，它提供一段频带让信号通过，同时又给信号加以限制和损害。为了方便分析问题，将各种噪声干扰集中在一起并归结为由信道引入，用以表征信息在信道传输时遭受的干扰情况。

1.2.2　模拟通信系统和数字通信系统

1. 模拟通信系统

模拟通信系统的信道传输的是模拟信号，有线电话环路、无线电广播等通信系统常为模拟通信，其一般模型如图 1.2 所示。发送端的信源将连续的消息变换为连续的模拟信号，这是系统的原始信号，一般具有丰富的低频分量，常常不适合直接送入信道传输，因此系统在信源之后接入发送设备，除放大、滤波等信号处理之外，其主要起调制器的作用，将原始信号的频带搬移，变换成适合信道传输的信号，这种变化过程称为调制。为恢复出原始的连续消息，接收端要进行相应的反变换，解调器的主要作用是解调，即恢复出原始信号。收信者的主要作用是将接收的信号反变换成原连续消息。调制之后的信号称为已调信号，调制前和解调后的信号称为基带信号，此处原始信号又可称为基带信号，已调信号又称为频带信号。

2. 数字通信系统

数字通信系统的信道传输的是数字信号，数字电话、数字电视、计算机数据等通信系统常为数字通信，其一般模型如图 1.3 所示。系统在调制前，一般要经过信源编码和信道编码；接收端解调之后，相应地要经过信道译码和信源译码。信源编码是以提高通信有效性为目的的编码，通常通过压缩信源的冗余度来实现提高离散消息信号的信息量。若信源编码器输入的是模拟消息信号，则信源编码器还应具有数／模转换功能。信道编码是以提高信息传输的可靠性为目的的编码，通常通过增加信源的冗余度来实现。信道编码用来在数据传输时保护数据，还可以在出现错误时恢复数据。信源编码将在第 2 章进行讨论，信道编码在第 8 章进行讨论。

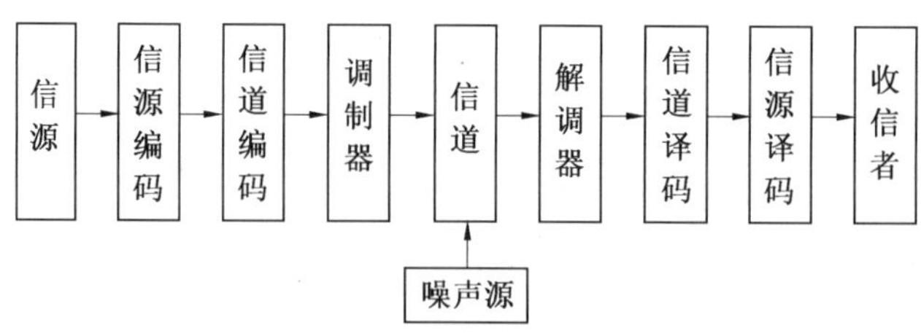

图 1.3　数字通信系统一般模型

信道编码和调制解调不是每个数字通信系统都具备的，应根据实际需求而定。信源编码和信道编码输出的数字信号称为数字基带信号，若基带信号未经调制直接在信道中传输，则构成的传输系统为数字基带传输系统。数字基带信号是离散的数字信号，常是高低电平形式存在的脉冲序列，一般短距离的数字通信采用数字基带信号传输。数字基带信号经调制后再送入信道传输，接收端已调信号解调后再译码恢复原始消息，这样的传输系统称为数字调制传输系统，已调信号称为数字频带信号，这种信号以模拟信号的形式出现，但以信号的某些参量的离散状态值来携带数字消息，如正弦型的幅移键控信号（ASK）用有限个幅度值携带消息。通常情况下，远距离传输、大容量传送、移动通信、微波通信和卫星通信等都采用数字调制方式传输。

3. 模拟通信系统与数字通信系统的比较

数字通信系统是在模拟通信系统的基础上发展起来的，目的是提高模拟通信的质量。从信息传输的角度来说，模拟通信以信号的波形作为消息载体，信号传输的方式为逐级放大，对接收波形的准确恢复要求较高；数字通信以信号的状态为消息载体，信号传输采用再生方式。显然，数字通信方式优于模拟通信，其具有的优势有以下几个方面。

（1）数字信号传输中出现的误码可以设法控制，而且易于加密，保密性好。

（2）数字信号便于存储，易于信号加工和处理。

（3）数字通信能传输语音、数据和视频图像等多种信息，而且可以综合传输各种模拟消息和数字消息。

（4）数字通信设备易于设计和制造，且产品可重复性好。

（5）数字信号抗干扰能力强，可中继再生。

数字通信也有缺陷，数字通信的频带利用率低，即数字信号占据更宽的系统带宽，例如，

一路模拟电话信号只占据 4 kHz 的带宽，而一路相同传输质量的数字电话信号则需要占据 20 ～ 60 kHz 的带宽。

4. 数据通信

在电信领域中，信息一般可分为话音、数据和图像三大类型，所以说数据是面向应用的。数据通信相对于语音、图像等业务来说，是将计算机技术和数字通信技术相结合，实现数据传输、交换和处理等功能的通信技术，其要求通信的终端必须产生的是数字信号。数据通信含义包括利用计算机进行数据处理以及利用通信设备和传输线路进行数据传输两方面的内容。但从传输的角度来说，数据通信可以认为是数字通信的一种形式，二者的信道传送的都是数字信号，所以从通信技术的角度来说，着重点还在于模拟通信技术和数字通信技术。

1.2.3　通信系统的分类

通信过程中传输的消息是多种多样的，如声音、图像、文字、数据和符号等。根据消息形式的不同、通信业务种类的不同和传输所用媒介的不同等各个方面，可将通信系统分成不同的种类。

1. 按信号特征分类

如 1.2.2 节所述，按信道中传输的信号是模拟信号还是数字信号，可以将通信系统分成两类，即模拟通信系统和数字通信系统。

2. 按通信系统传输介质分类

按通信系统传输介质分类，通信系统可分为有线通信系统和无线通信系统两大类。有线通信以导线为传输介质，包括双绞线、同轴电缆和光缆等，如市话系统、闭路电视系统和计算机局域网等；无线通信依靠无线电波、红外线、超声波和激光等在空间传播达到传递消息的目的，如短广播、移动电话、传呼通信等。

3. 按是否调制分类

按是否调制分类，通信系统可分为基带通信系统和调制通信系统。基带通信系统传输的是基带信号，基带信号指没有经过任何调制的信号；调制通信系统传输的是已调信号。

4. 按通信业务分类

按通信业务分类，通信系统可分为电话通信系统、电报通信系统、广播通信系统、电视通信系统和数据通信系统等。

5. 按工作波段分类

按工作波段分类，通信系统可分为长波通信系统、中波通信系统、短波通信系统、微波通信系统和光通信系统。

1.2.4　通信方式

在通信中，需要确定通信双方之间的工作形式和信号传输方式，即通信方式。根据消息传送的方向与时间关系，可以将通信方式分为单工通信、半双工通信和全双工通信。

1. 单工通信

单工通信是指消息只能单方向传输的工作方式，如图 1.4(a) 所示，只允许甲方向乙方传送信息，而乙方不能向甲方传送，如遥控、遥测和收音机。

2. 半双工通信

半双工通信是指通信双方都可以收发工作，但是双方不能同时发送消息。如图 1.4(b) 所示，半双工通信双方共用一个信道，甲方在向乙方发送消息时，乙方只能处于接收状态，反之亦然，如无线对讲机就是半双工通信。半双工通信也可能是双线的情况，此时以通信协议来控制。通信协议是事先约定好的通信双方都必须遵守的通信规则，是一些通信规则集，如局域网。

3. 全双工通信

全双工通信允许数据在两个方向上同时传输，它相当于两个单工通信的结合，全双工是指可以同时（瞬时）进行信号的双向传输。如图 1.4(c) 所示，甲方在向乙方发送消息时，乙方也可同时向甲方发送消息，信道是双向的，如电话、互联网。

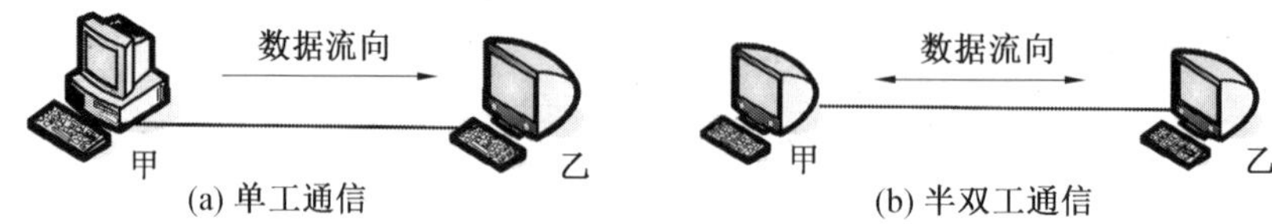

(a) 单工通信　　(b) 半双工通信

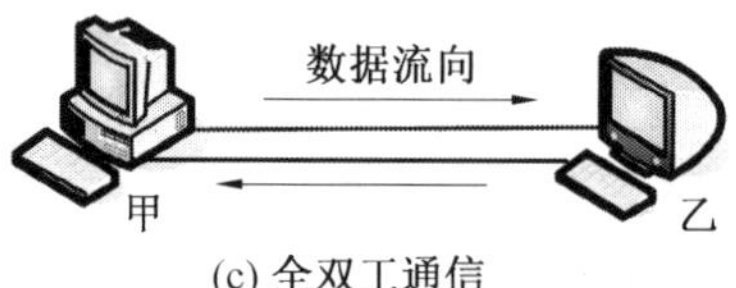

(c) 全双工通信

图 1.4　单工、半双工和全双工通信

1.3　信号与信号编码

1.3.1　信号的分类

为深入了解信号的物理实质，研究信号的分类是非常必要的。1.2 节分析了模拟信号和数字信号、基带信号和频带信号、有线信号和无线信号等，显然，从不同角度观察信号，可以对信号进行不同的分类。

1. 按信息载体的不同分为电信号和光信号

电信号一般包括电压信号、电流信号、电荷信号和电磁波（无线电）信号。

光信号是指利用光亮度的强弱来携带信息的信号。

2. 按信号的变化规律分为确定信号和随机信号

确定信号的变化规律是已知的，可用明确数学关系式描述的信号，如正弦型信号等。

随机信号的变化规律是不确定的，不能用数学关系式严格描述，其参量的变化不可预知，所描述的物理现象是一种随机过程，如语音信号、图像信号等。

3. 按信号变化特点分为周期信号和非周期信号

周期信号可以是单一频率的，或者由多个乃至无穷多个频率成分叠加而成，其信号的变化以一定规律重复，可以描述为 $f(t)=f(t+mT)$，其中 m 取整数，T 为正实数。

非周期信号指不会按规律重复出现的信号。

4. 按信号的功率特性分为能量信号与功率信号

能量为有限值的信号称为能量信号，一般在全部时间内的平均功率为 0，即在区间 $(-\infty,\infty)$，信号 $x(t)$ 满足条件为

$$E=\int_{-\infty}^{\infty} x^2(t)\mathrm{d}t<\infty \tag{1.1}$$

注意：$x^2(t)$ 为电流或电压信号作用在 1 Ω 电阻上的瞬时功率。

一般持续时间有限的瞬态信号是能量信号，瞬态信号就是在有限时间段内存在，或随着时间的增加而幅值衰减至零的信号。

功率信号是时间无限的信号，具有无限的能量，但平均功率有限。当信号 $x(t)$ 在所分析的区间 $(-\infty,\infty)$，信号能量 $\int_{-\infty}^{\infty} x^2(t)\mathrm{d}t\to\infty$，但在有限区间 (t_1,t_2) 内的平均功率是有限的。一般持续时间无限的信号都属于功率信号。

5. 按信号来源分为自然信号和人工信号

自然信号是由自然现象产生的信号，如打雷、闪电和生物电等。

人为产生的信号称为人工信号，通信系统应用和研究的常为人工信号，如利用电缆传输的电压、电流等。

6. 按信号"域"的不同分为信号的时域描述和频域描述

信号"域"的不同是指信号的独立变量不同，或描述信号的横坐标物理量不同。时域描述反映信号随时间变化，频域描述反映信号的频谱结构，同一信号无论选用哪种描述方法都含有同样的信息量。

信号的时域描述定义：以时间为独立变量，其强调信号的幅值随时间变化的特征。如正弦型信号时域表达式可用 $A_0\sin(\omega_0 t+\theta_0)=A_0\sin(2\pi f_0 t+\theta_0)$ 描述，如图 1.5 所示。

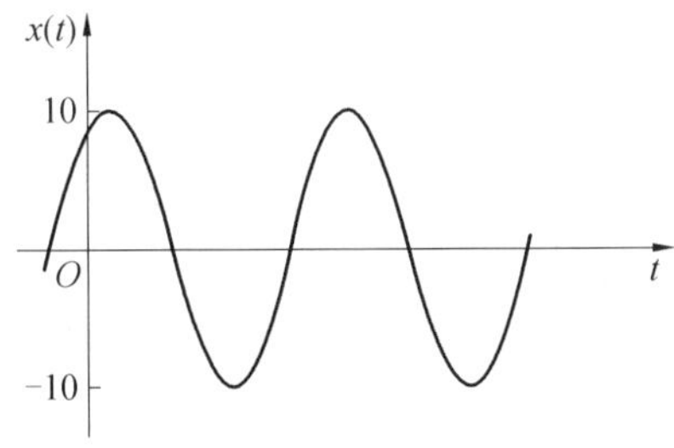

图 1.5　时域信号

信号的频域描述定义：以角频率或频率为独立变量，其强调信号的幅值和相位随频率变

化的特征，如图 1.6 所示。

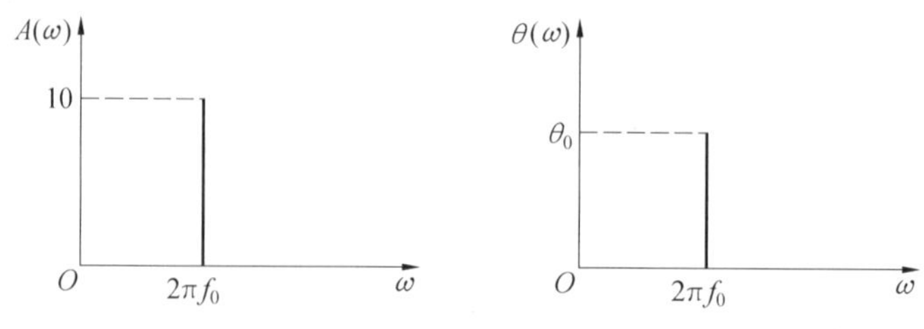

图 1.6　频域信号

1.3.2　信号的频谱

信号频域分析是采用傅里叶变换将时域信号 $x(t)$ 变换为频域信号 $X(f)$，从另一个角度了解信号的特征。信号的频谱是信号中不同频率分量的幅值、相位与频率的关系函数，信号的频谱 $X(f)$ 代表了信号在不同频率分量处信号成分的大小，它能提供比时域信号波形更直观、丰富的信息。

1. 周期信号

已知信号的频谱是其傅氏变换，在“信号与系统”课程里介绍过，一个周期信号可近似用一直流分量和以其频率为基频的各次谐波的线性叠加表示。由傅氏级数和欧拉公式可以推导出：

$$x(t)=\sum_{n=-\infty}^{\infty}X(n\omega_0)e^{jn\omega_0 t} \tag{1.2}$$

$$X(n\omega_0)=|X(n\omega_0)|e^{j\varphi(n\omega_0)}=\frac{1}{T_0}\int_{-\frac{T_0}{2}}^{\frac{T_0}{2}}x(t)e^{-jn\omega_0 t}dt \tag{1.3}$$

式中，$x(t)$ 为周期信号时域表达式；T_0 为周期；ω_0 为信号的频率；$X(n\omega_0)$ 是以 $n\omega_0$ 为离散自变量的复变函数。

由 $X(n\omega_0)$ 可以看出，周期函数的频谱函数是离散谱，其表明了信号各次谐波的幅值、相位与频率之间的关系，则 $X(n\omega_0)$ 称为 $x(t)$ 的频谱函数。$|X(n\omega_0)|$ 为幅频函数，反映幅值随频率变化的关系；$\varphi(n\omega_0)$ 为相频函数，反映相位随频率变化的关系。周期信号的频谱具有离散性、谐波性和收敛性三大特点。

2. 非周期信号

非周期信号 $x(t)$ 可以看作是一个周期 $T_0\to\infty$ 的周期信号，结合傅里叶级数可导出其频谱函数为

$$X(\omega)=\int_{-\infty}^{+\infty}x(t)e^{-j\omega t}dt \quad 或 \quad X(f)=\int_{-\infty}^{+\infty}x(t)e^{-j2\pi ft}dt \tag{1.4}$$

反之，如果已知频域信号，对其进行傅氏逆变换得时域信号为

$$x(t)=\frac{1}{2\pi}\int_{-\infty}^{+\infty}X(\omega)e^{j\omega t}d\omega \quad 或 \quad x(t)=\int_{-\infty}^{+\infty}X(f)e^{j2\pi ft}df \tag{1.5}$$

式中，f 为频率；$\omega=2\pi f$ 为角频率，ω 为连续变量，角频率的微分为 $d\omega$；$X(\omega)$ 为 $x(t)$ 的频谱函数，$X(\omega)$ 是连续函数，称为谱密度函数，仍反映信号幅度（或相位）随频率变化的关系。

根据频谱宽度，非周期信号分为频带有限信号（简称带限信号）和频带无限信号，频带有限信号又包括低通型信号和带通型信号。低通型信号的频谱从零开始到某一个频率截止，信号能量集中在从直流到截止频率的频段上，由于频谱从直流开始，因此称为低通型信号；而带通型信号的频谱存在于从不等于零的某一频率到另一个较高频率的频段。

3. 随机信号

对于随机信号，其时域特性由其统计特性和数字特征来描述，而其频域特性通过功率谱密度来描述，功率谱密度是指单位频带内信号所包含的功率，单位是 W/Hz，记作 $P(f)$，简称功率谱。对于一个随机信号 $x(t)$，其功率谱密度 $P(\omega)$ 为

$$P(\omega)=\lim_{T\to\infty}\frac{|X_{\mathrm{T}}(\omega)|^2}{T} \tag{1.6}$$

式中，$X_{\mathrm{T}}(\omega)$ 为 $f(t)$ 的截断函数 $f_{\mathrm{T}}(t)$ 的频谱函数。

功率谱密度与信号平均功率的关系：$S=\int_{-\infty}^{+\infty}P(f)\mathrm{d}f$。

1.3.3　信号的带宽

信号的绝对带宽通常是指信号频谱正频域非零部分对应的频率范围，记作 B(Bandwidth)，如图 1.7 所示。但是理论上来说，数字基带信号等很多种信号占有频谱的宽度是无穷大的，有无穷大的绝对带宽的连续谱结构（图 1.8）。在实际应用中，某个频率范围内的信号频谱已经基本提供了需要的信息，那么这个频率范围外的信号频谱就变得可有可无，常常将信号大部分能量集中的这段频带称为信号的有效带宽，简称为带宽。任何信号都有一定的带宽，如话音信号的标准带宽为 300 ～ 3 400 Hz，音乐信号（CD 音质）要求的带宽为 20 Hz ～ 20 kHz，电视信号的带宽为几 Hz ～ 4 MHz。信号带宽有多种定义，本节依据功率谱给出两种定义，分别为零点带宽和 3 dB 带宽。

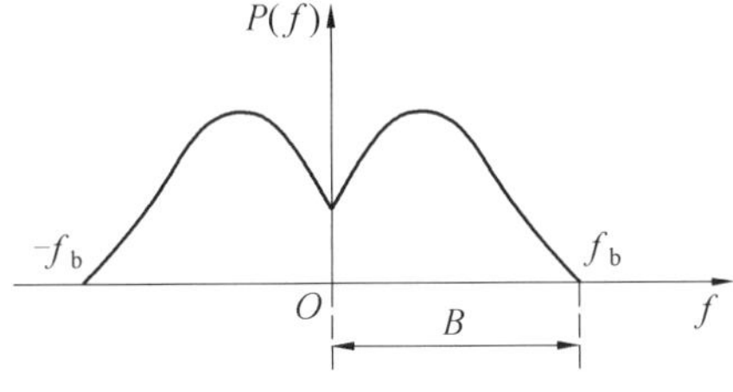

图 1.7　绝对带宽

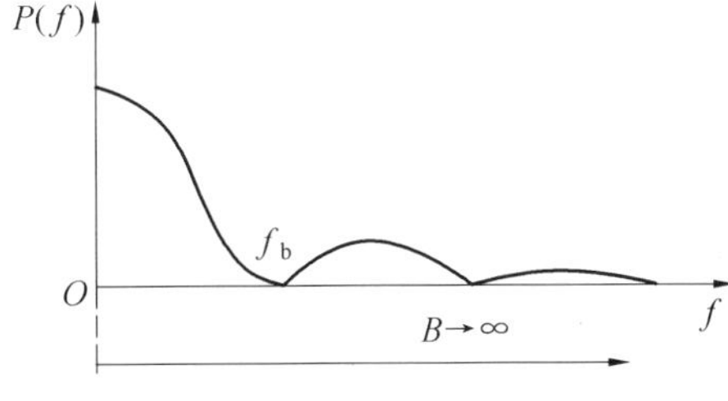

图 1.8　信号的连续谱结构

1. 零点带宽

对于在中心原点或某中心频率处取最大值频谱结构的信号，若其功率谱分布似花瓣状，信号频谱主要能量集中在第一个零点内，即第一个过零点之内的花瓣最大，称为主瓣，主瓣零点之外的其余花瓣称为旁瓣。当其旁瓣不足以引起信号失真时，如图 1.8 所示，主瓣的零点频率为 f_b，定义 f_b 为信号的零点带宽。

2. 3 dB 带宽

对于幅频函数的频谱图，定义幅值降为最大值的$\frac{\sqrt{2}}{2}$时对应的频带宽度为 3 dB 带宽。由于$\frac{\sqrt{2}}{2}$平方后为 1/2 倍，在对数坐标中是 −3 dB 的位置，而且电压的平方即为功率，所以 3 dB 带宽又称半功率带宽，即对应的带宽是功率减少至一半时的频带宽度。如图 1.9 所示，设功率谱在 f_0 处为最大值 P_0，若 $P(f_1)=P(f_2)=P_0/2$，则称 f_2-f_1 为 3 dB 带宽，f_1 为下截止频率，f_2 为上截止频率。

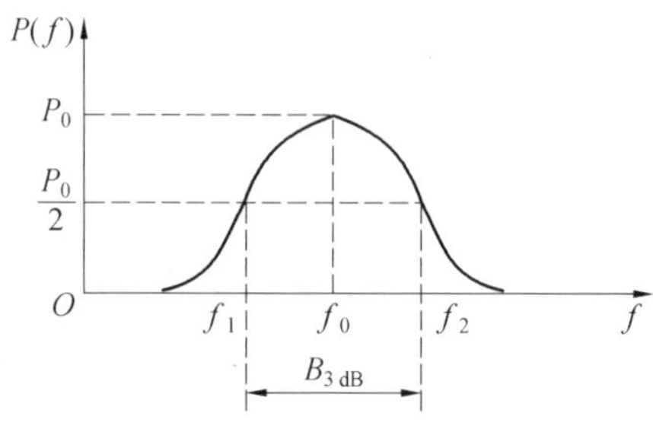

图 1.9　3 dB 带宽

1.3.4　信号编码

信号编码是信号的一种处理技术，常用于数字通信。根据编码目的的不同，具体可分为信源编码和信道编码。信源编码转换了消息表达的形式，使其提升传输性能；信道编码改善了信号对信道的匹配能力，同样提升消息传输的性能。

1. 信源编码

原始信源序列存在较多冗余信息，信源编码的主要目的是实现信息压缩，用尽可能少的信源符号描述信源信息，其实现方法是利用编码定理，将信源符号替换为码字，进而提高信息传输效率。

根据编码后的失真情况，信源编码可分为无失真信源编码和限失真信源编码。无失真信源编码要求编码后的码符号序列无信息损失，应用于一些无损压缩场景；而限失真信源编码允许一定失真的条件下实现信息压缩，可降低信息传输速率，极大地节约了设计成本，其在语音传输、视频压缩等领域得到广泛应用。

2. 信道编码

由于信道中存在各种干扰，信息传输过程易发生差错，信道编码的主要目的是提高信息

传输的抗干扰性，使得编码后的码序列更适应信道传播，其实现方法是对信源编码后的码字序列增加差错控制位，令信号源符号尽可能地复现于接收端，实现信息的可靠传输，其在无线通信领域得到了非常广泛的应用。

从图1.3所示的数字通信系统一般模型可以看出，将信源符号进行信源编码和信道编码后，再将其传入调制器，以实现高效准确的信息传输。在加密传输场景，信源编码和信道编码过程中也可以引入加密模块，提高其传输保密性。

1.4　传输信道与传输介质

信号传输必须经过信道，信道是任何一个通信系统必不可少的组成部分。信道的作用是传输信号，信道特性将直接影响通信质量。研究信道和噪声的目的是提高传输的有效性和可靠性。

1.4.1　信道的概念与分类

信道是信号的传输媒质。具体来说，信道是指由有线或无线线路提供的信号通路；抽象来说，信道是指定的一段频带，它让信号通过，同时又给信号带来限制和损害。

1. 恒参信道

恒参信道是指在信号传输过程中，信道传输特性对信号的影响是确定的或者是变化极其缓慢的，可将其视为一个非时变的线性网络。典型的恒参信道有双绞线、同轴电缆和光纤等有线信道，以及微波信道、卫星信道等无线信道。

从理论上来说，只要获得等效非时变线性网络的传输特性，就可获得信号经信道传送的变化规律，一般网络的传输特性常用幅度－频率及相位－频率特性来表示。

若信道为理想的无失真传输信道，则其幅频特性为常数，相频特性为角频率的线性函数，如图1.10(a)、(b)所示。但是除传输介质外，实际的信道还存在各种滤波器，有些可能还存在混合线圈、串联电容等，这使得恒参信道传输特性不是理想的。任何信号通过信道时都会发生衰减，而且信道对不同频率信号的衰减幅度是不相同的，因此造成输出信号的失真。例如音频电话信道，如图1.10(c)所示，低频截止频率在300 Hz以下，衰减迅速上升；在300～1 100 Hz范围内，衰减较为平稳；频率再升高，衰减先线性下降后迅速升高。

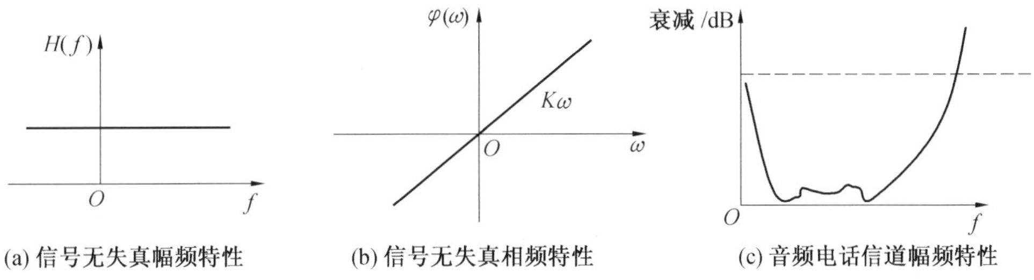

图1.10　信号无失真传输的幅频特性、相频特性和音频电话信道的幅频特性

2. 变参信道

变参信道的传输特性随时间的变化而变化，一般将其等效成时变线性网络或者时变非线性网络来分析。典型的变参信道有电离层反射信道、对流层散射信道和移动通信信道等。变参信道的传输特性主要依赖于传输媒质，变参信道的传输媒介具有以下三个特点。

(1) 对信号的衰耗随时间而变。

(2) 传输的时延随时间而变。

(3) 多径传播。由发射点出发的电波可能经多条路径到达接收点，这种现象称为多径传播，如图 1.11 所示，图 1.11(a)、(b) 所示为电离层的反射和散射、对流层的散射。

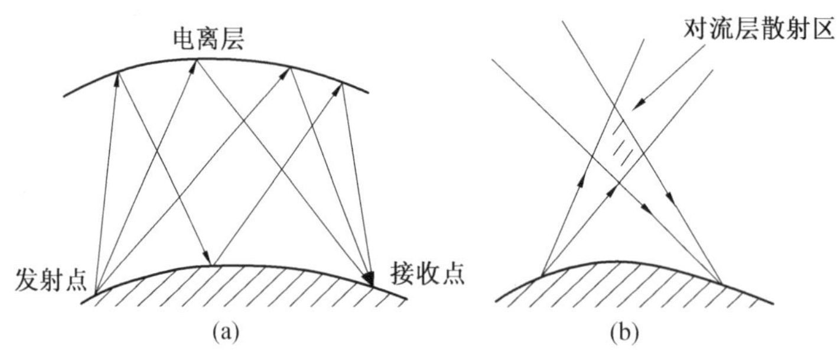

图 1.11　多径传播

3. 广义信道

信道可以从狭义和广义的角度来分类，狭义信道指传输媒介，广义信道指信号经过的途径，所以广义信道还包括对信号进行处理的各种通信设备。如图 1.12 所示，为了方便分析调制解调的性能，从调制器输出到解调器输入之间的信号传输途径被定义为调制信道。调制信道用于研究调制解调的性能，只关心调制器的输出信号与解调器的输入信号的对应关系，并不研究已调信号在调制信道中的传送和变换过程。调制信道对信号的影响体现在已调信号波形(模拟性的) 的变化。

同理，为了分析编码译码方式，把从编码器发出到译码器输入为止的所有通信设备和传输媒介统称为编码信道。编码信道对信号的影响则是数字序列的变换，所以对于编码信道主要关心的是误码率的情况。

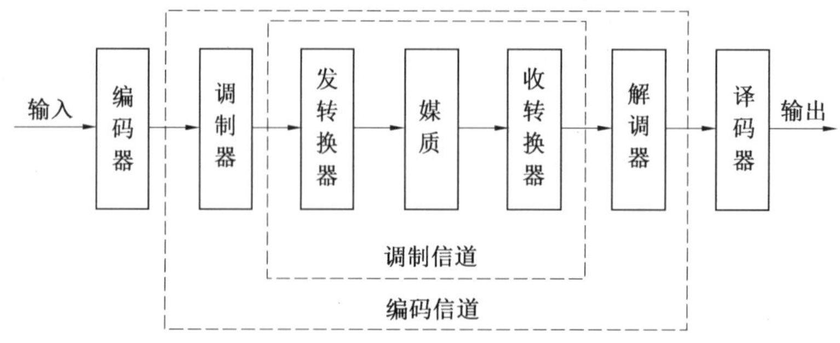

图 1.12　调制信道与编码信道

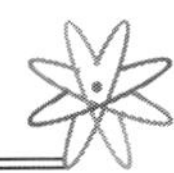

1.4.2　传输介质

传输介质是网络中发送方与接收方之间的物理通路，它对网络的通信具有一定影响，常用的传输介质有双绞线、同轴电缆、光纤和无线传输介质。

1. 双绞线

双绞线简称 TP，双绞线由两根相互绝缘的铜线以均匀的扭矩对称扭绞在一起形成，如图 1.13 所示。为了降低信号的干扰程度，电缆中的每一对双绞线一般是由两根绝缘铜线相互扭绞而成，因此将它称为双绞线。绞合目的是减少线对之间的相互干扰，同时增强机械和电气稳定性。双绞线分为非屏蔽双绞线（UTP）和屏蔽双绞线（STP）。

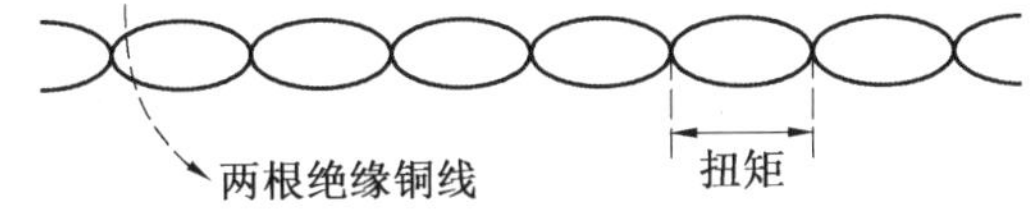

图 1.13　双绞线

双绞线适合短距离通信。非屏蔽双绞线价格便宜，传输速度偏低，抗干扰能力较差；屏蔽双绞线抗干扰能力较好，具有更高的传输速度，但价格相对较贵。双绞线需用 RJ－45 或 RJ－11 连接头插接。

目前市面上出售的 UTP 分为 3 类、4 类、5 类和超 5 类四种。3 类 UTP 的传输速率支持 10 Mb/s，外层保护胶皮较薄；4 类 UTP 在网络中不常用；5 类 UTP 传输速率支持 100 Mb/s 或 10 Mb/s；超 5 类 UTP 在传送信号时比普通 5 类 UTP 的衰减更小，抗干扰能力更强，在 100 M 网络中，受干扰程度只有普通 5 类双绞线的 1/4。

STP 分为 3 类和 5 类两种，STP 的内部与 UTP 相同，外包铝箔，抗干扰能力强，传输速率高，但价格昂贵。

2. 同轴电缆

如图 1.14 所示，同轴电缆以硬铜线为芯，外包一层绝缘材料，这层绝缘材料用密织的网状导体环绕，网外又覆盖一层保护性材料。同轴对由一根空心的外圆柱导体和一根位于中心轴线的内导线组成，内导体和外导体与外界之间用绝缘材料隔开，内外导体组成一组线对，再由单个或多个同轴对组成电缆。

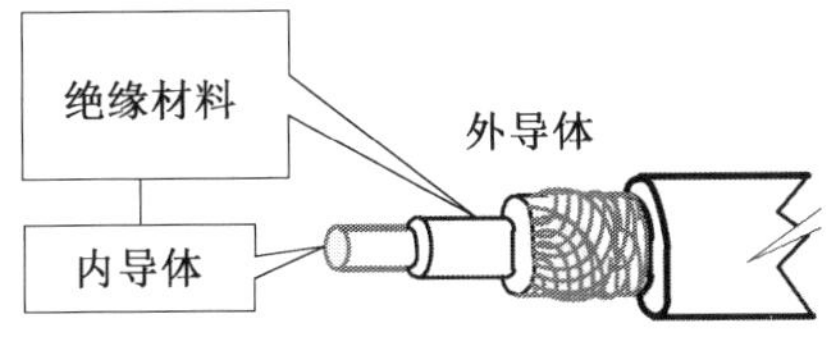

图 1.14　同轴电缆

按直径的不同，同轴电缆可分为粗缆和细缆两种。粗缆传输距离长，性能好，但成本高，网络安装、维护困难，一般用于大型局域网的干线。安装时采用特殊的装置，不需要切断电缆，两端头装有终端器。细缆安装较容易，造价较低，但日常维护不方便，一旦一个用户出现故障，就会影响其他用户的正常工作，细缆需用带 BNC 型头的 T 型连接器连接。

根据传输频带的不同，广泛使用的是基带同轴电缆和宽带同轴电缆，即网络同轴电缆和视频同轴电缆。50 Ω 基带同轴电缆仅传输数字信号；75 Ω 宽带同轴电缆用于模拟传输，可传送不同频率的信号，如有限电视电缆。

宽带这个词来源于电话业，指比 4 kHz 宽的频带，然而在计算机网络中，宽带电缆指任何使用模拟信号进行传输的电缆网。

3. 光纤

光纤又称为光缆或光导纤维，由光导纤维纤芯、玻璃网层和能吸收光线的外壳组成，是由一组光导纤维组成的用来传播光束的、细小且柔韧的传输介质。应用光学原理，由光发送机产生光束，将电信号变为光信号，再将光信号导入光纤，在另一端由光接收机接收光纤上传来的光信号，并将它变为电信号，再进行电信号的处理。与其他传输介质比较，光纤的电磁绝缘性能好，信号衰减小，频带宽，传输速度快，传输距离远，且不受外界电磁场的影响。光纤常需要用 ST 型头连接器连接。

光纤分为单模光纤和多模光纤。

单模光纤如图 1.15(a) 所示，由激光作光源，仅有一条光通路，允许无中继的长距离传输，且具有较宽的频带，传输损耗小，尺寸小，质量轻，但价格昂贵，不易于连接，主要用于要求传输距离较长、布线条件特殊的主干网连接。

多模光纤如图 1.15(b) 所示，中心玻璃芯较粗(50 μm 或 62.5 μm)，可传输多种模式的光。但其模间色散较大，限制了传输数字信号的频率，且随距离的增加会更加严重，如 600 MB/km 的光纤在 2 km 时只有 300 MB 的带宽了。多模光纤频带较窄，相对单模光纤传输衰减较大，由发光二极管作光源，因此允许的无中继传输距离短，一般只有几千米，但其耦合损失较少，易于连接，价格便宜，所以适用于中、短距离的数字传输。

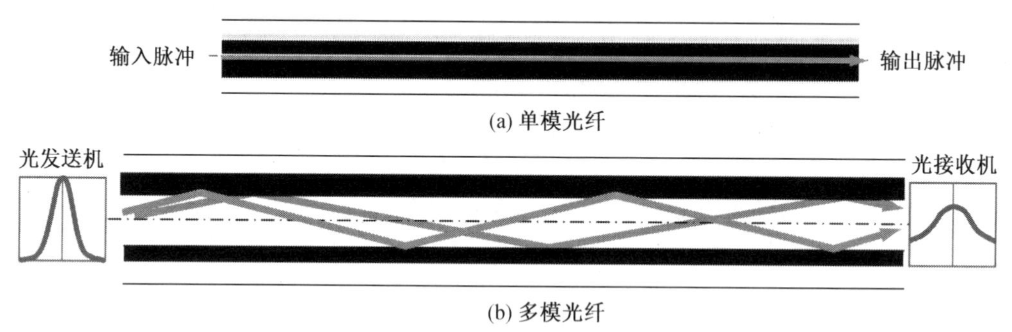

图 1.15　单模光纤和多模光纤

4. 无线传输介质

无线传输介质是可以传播无线信号的空间或大气，无线信号主要有光信号、超声波信号和无线电波信号等。红外线、激光是常用的光信号，激光因其具有高带宽和定向性较好的优点，常用于建筑物之间的局域网通信，超声波信号主要应用于控制和检测。

(1) 红外线。

红外线是太阳光线众多不可见光线中的一种，由德国科学家赫胥尔于 1800 年发现，又

称为红外热辐射。太阳光谱中，红光的外侧必定存在看不见的光线，这就是红外线。太阳光谱上红外线的波长大于可见光线，波长为 0.75 ～ 1 000 μm。红外线可分为三部分，即近红外线，波长为 0.75 ～ 1.5 μm；中红外线，波长为 1.5 ～ 6 μm；远红外线，波长为 6 ～ 1 000 μm。

(2) 无线电波。

无线电波是指在自由空间（包括空气和真空）传播的射频频段的无线电磁波，无线电技术是通过无线电波传播声音或其他信号的技术。无线电波通过空间传播到达接收端，其引起的电磁场变化会在导体中产生电流，达到信号传递的目的。

无线电波对应的频段范围从几赫兹到 3 000 GHz，我国把整个无线电波划分为 12 个频段，见表 1.1，随着频率增高，波长变短。无线电通信所用频段为表中的第 4 ～ 12 个频段，表中无线电频段的划分及频段名称与国际联盟（ITU）的规定基本一致。

表 1.1　无线电通信所用频段与各波段的命名

段号	频段名称	频段范围	与频段对应的波段名称	在自由空间的波长范围
1	极低频	3 ～ 30 Hz	极长波	100 000 ～ 10 000 km
2	超低频	30 ～ 300 Hz	超长波	10 000 ～ 1 000 km
3	特低频	300 ～ 3 000 Hz	特长波	1 000 ～ 100 km
4	甚低频(VLF)	3 ～ 30 kHz	甚长波	100 ～ 10 km(万米波)
5	低频(LF)	30 ～ 300 kHz	长波	10 000 ～ 1 000 m(千米波)
6	中频(MF)	300 ～ 3 000 kHz	中波	1 000 ～ 100 m(百米波)
7	高频(HF)	3 ～ 30 MHz	短波	100 ～ 10 m(十米波)
8	甚高频(VHF)	30 ～ 300 MHz	米波	10 ～ 1 m(米波)
9	特高频(UHF)	300 ～ 3 000 MHz		10 ～ 1 dm(分米波)
10	超高频(SHF)	3 ～ 30 GHz		10 ～ 1 cm(厘米波)
11	极高频(EHF)	30 ～ 300 GHz	微波	10 ～ 1 mm(毫米波)
12	至高频	300 ～ 3 000 GHz		1 ～ 0.11 mm(亚毫米波)

① 微波是指频率为 300 MHz ～ 3 000 GHz 的电磁波，包括特高频、超高频、极高频和至高频，是无线电波中一个有限频带的简称，微波频率比一般的无线电波频率高，其波长在 1 m（不含 1 m）～ 0.1 mm 之间，是分米波、厘米波、毫米波和亚毫米波的统称。微波作为一种电磁波也具有波粒二象性，微波的基本性质通常呈现为穿透、反射和吸收三个特性。对于玻璃、塑料和瓷器，微波是穿透的且几乎不被吸收；水和食物等会吸收微波而使自身发热，而金属类则会反射微波。

② 长波即低频段，是指频率为 30 ～ 300 kHz 的电磁波，可用带宽小，天线尺寸大，常用于电报、电话、水下通信和海上导航等领域。

③ 中波即中频段，是指频率为 300 ～ 3 000 kHz 的电磁波，用于广播、业余无线电和海上无线电通信等领域，其中 500 ～ 1 500 kHz 是标准民用调幅广播。

④ 短波即高频段，是指频率为 3 ～ 30 MHz 的电磁波，信道干扰大，但其投资少，建设

快，常用于军用通信、国际定点通信等。

1.4.3 信道噪声

从广义上讲，信道噪声是指通信系统中有用信号以外的一些信号。信道噪声有内部噪声和外部噪声两种。外部噪声是由外部电磁辐射引入的噪声，包括由雷电、雨、雪和太阳黑子活动等自然现象造成的噪声，以及高频工业设备、高压输电线、电动工具、火花系统和附近其他通信设备等人为因素引起的噪声。

内部噪声是指电信系统内部各级设备、电路、部件和电子元器件等产生的噪声，如电阻一类的导体中自由电子的热运动引起的热噪声、真空电子管中电子的起伏发射和半导体中载流子的起伏变化引起的散弹噪声，以及电源噪声等。通常内部噪声比外部噪声的影响大，且更难消除，因此内部噪声往往是通信系统的主要研究对象。内部噪声从表现形式上可以看作是起伏噪声，它是一种随机噪声，概率密度函数服从高斯分布，称为高斯白噪声，功率谱密度均匀分布。

在实际的通信系统中，许多电路都可以等效为一个窄带网络，一般窄带网络的带宽B远远小于其中心频率ω_0。当高斯白噪声通过窄带网络时，其输出噪声只能集中在中心频率ω_0附近的带宽之内，这种噪声称为窄带高斯噪声。

1.4.4 信道带宽

一般来说，通信系统的电子设备只适合特定频率范围的信号无失真地通过，如放大电路中电容、电感以及半导体器件结电容等电抗元件的存在，在输入信号频率较低或较高时，放大倍数的数值会下降并产生相移。信道带宽是指能有效通过该信道信号的最大频带宽度，限定了允许通过该信道的信号下限频率和上限频率，也就是限定了一个频率通带，即通频带。比如一个信道允许的频率通带为1.5 ～ 15 kHz，其带宽为13.5 kHz。一般定义，系统输出信号从最大电压值衰减3 dB的信号频率为截止频率，上下截止频率之间的频带即为通频带。

通信系统的信道带宽限制了传输的信号。如果信号带宽小于或等于信道带宽，且频率范围一致，则信号能不损失频率成分地通过信道；如果带宽不同且信号带宽大于信道带宽，信号大部分能量的主要频率分量包含在信道的通带范围内，通过信道的信号会损失部分频率成分，但仍可以被识别，如数字信号的基带传输和语音信号在电话信道传输；反之，如果带宽不同且信号带宽大于信道带宽，且包含信号大部分能量的频率分量不在信道的通带范围内，信号频率成分将被滤除，从而信号失真甚至严重畸变。

需要说明的是，模拟通信系统的带宽又称为频宽，以赫兹(Hz)为单位，如模拟话音信号带宽为3 400 Hz，Pal-D制式的每个电视频道的带宽为8 MHz(含保护带宽)。但是，对于数字通信系统而言，带宽被定义为单位时间内信道能通过的数据量。带宽越大，表示单位时间内的数字信息流量越大；反之，则越小。信道带宽一般直接用波特率或信息速率(见第5章)来描述，如ISDN的信道带宽为64 kb/s。

1.5　调制解调和多路复用的基本概念

1.5.1　调制解调的基本概念

调制是一种信号处理技术,其目的是将要传输的模拟信号或数字信号变换成适合信道传输的信号,所以无论在模拟通信、数字通信还是数据通信中,调制都是一个重要概念。调制将基带信号(信源)转变为一个相对基带频率而言频率非常高的带通信号,该信号称为已调信号(也称频带信号),而基带信号称为调制信号。

使载波信号的某个(或几个)参量随调制信号的变化而变化的过程或方式称为调制,调制过程用于通信系统的发端;在接收端需要将已调信号还原成要传输的原始信号,也就是将基带信号从载波中提取出来的过程,该过程称为解调。从频域的角度来说,调制是将基带信号的频谱搬移到信道的通带中或者某个频段上的过程,而解调是将信道中输出的已调信号恢复为基带信号的反过程。

1. 调制

调制的种类很多,其分类方法也不一致。根据模拟基带信号和数字基带信号的区分,调制可分为模拟调制和数字调制;根据已调信号的种类,调制可分为脉冲调制、正弦波调制和强度调制(如非相干光调制)等。调制的载波分别是脉冲、正弦波和光波等。调制技术对通信系统的传输有效性和可靠性产生极大的影响,各种调制方式正是为了达到这些目的而发展起来的。调制在通信系统中起着重要的作用,主要体现在以下三个方面。

(1) 便于信息的传输。为了将信息可靠地向远处传输,当信号频带与信道带宽不匹配时,需要对信号进行调制。调制过程可以将信号频谱搬移到任何需要的频率范围,便于与信道传输特性相匹配,如移动通信使用的频段是特高频,而数字基带信号大多具有丰富的低频分量,必须将信号调制到相应的射频上才能进行无线通信。

(2) 有效地利用频带。若信道带宽远大于信号的有效频带宽度,信道中仅传输一路信号,线路的利用率过低。经过调制,多路基带信号的频谱搬移到所希望的不同高频载频位置,且满足信道通频带的宽度,从而同一信道上可以同时传输多路信号,提高媒体的通信能力。

(3) 改善系统的性能。通过增加带宽的方式可以换取接收信噪比的提高,从而抑制干扰,提高通信系统的可靠性,如模拟信号的宽带调频,频率调制的输出信噪比高的优点是以增加频带宽度为代价的。

调制定理是调制技术的基础原理。若一个信号 $f(t)$ 与一个正弦型信号 $\cos\omega_c t$ 相乘,设 $f(t)$ 的频谱函数为 $F(\omega)$,又已知 $\cos\omega_c t$ 的频谱函数为 $\pi[\delta(\omega+\omega_c)+\delta(\omega-\omega_c)]$,则 $f(t)\cos\omega_c t$ 的频谱函数为 $\frac{1}{2}[F(\omega+\omega_c)+F(\omega-\omega_c)]$,这就是调制定理。从频谱上看,相当于将 $f(t)$ 的频谱搬移到 ω_c 处。正弦型信号是正弦信号($\sin\omega_c t$)和余弦信号($\cos\omega_c t$)的统称,它易产生易接收,形式简单,在实际通信中被广泛作为载波信号。

调制器的数学模型如图 1.16 所示,$s(t)$ 为已调信号,$s(t)$ 包含了 $x(t)$ 的全部信息,已调

信号的一般表达式为

$$s(t)=x(t)c(t)=A_c x(t)\cos(2\pi f_c t+\theta_0) \tag{1.7}$$

式中，$x(t)$ 为调制信号；$c(t)$ 为载波，是正弦型信号；A_c 为载波幅度；f_c 为载波频率，简称载频；θ_0 为载波的初始相位。

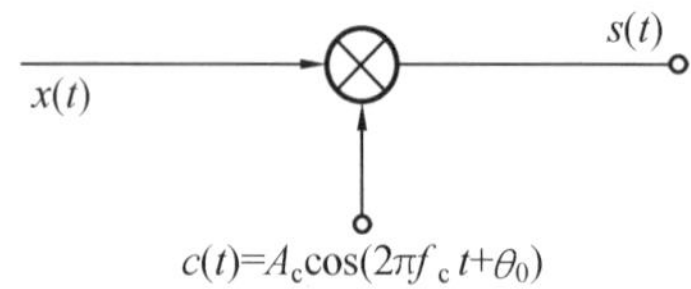

图 1.16　调制器的数学模型

调制是信息控制载波信号参量变化的过程，根据正弦型载波被控制参量的不同，可以分为幅度调制（调幅）、频率调制（调频）和相位调制（调相）三种基本方式。调幅是使载波的幅度随着调制信号的大小变化而变化的调制方式，如式（1.7）所示，余弦函数幅值 $A_c x(t)$ 随 $x(t)$ 的变化而变化；调频是使载波的瞬时频率随着调制信号的大小变化而变化，而幅度保持不变的调制方式；调相是利用原始调制信号控制载波信号的瞬时相位变化的调制方式。设定载波的瞬时相位为 $\theta(t)=2\pi f_c t+\theta_0(t)$，$\theta_0$ 为时间函数，对 $\theta(t)$ 求导可得瞬时角频率为

$$\omega(t)=\frac{\mathrm{d}\theta(t)}{\mathrm{d}t}=2\pi f_c+\frac{\mathrm{d}\theta_0(t)}{\mathrm{d}t} \tag{1.8}$$

由式（1.8）可知，正弦型信号的瞬时相位与瞬时角频率成微积分关系，此处 $\theta_0(t)$ 为瞬时相位的偏移，$\frac{\mathrm{d}\theta_0(t)}{\mathrm{d}t}$ 为瞬时频率偏移。相位调制是调制信号调制到载波的瞬时相位上，即 $\theta_0(t)=k_p x(t)$，k_p 为相移常数；频率调制是调制信号调制到载波的瞬时频率上，即 $\frac{\mathrm{d}\theta_0(t)}{\mathrm{d}t}=k_f x(t)$，$k_f$ 为频偏常数。

从频域的角度来分析，已调信号的频谱与调制信号的频谱之间满足线性关系，而调频和调相合称为角调制，其已调信号的频谱中会产生新的频率分量，是非线性的变化。所以调幅被称为线性调制，角调制被称为非线性调制。此外还有一些在调幅基础上改进的线性调制方法，如单边带调幅、残留边带调幅等。

2. 解调

解调是调制的逆过程。调制方式不同，解调方式也不相同。调制所对应的解调方式并不唯一，从根本原理出发，大致分为相干解调和非相干解调两类。相干解调是指在接收端利用同频同相载波对已调信号直接相乘进行解调的方法，也称为同步解调，其模型原理如图 1.17 所示。

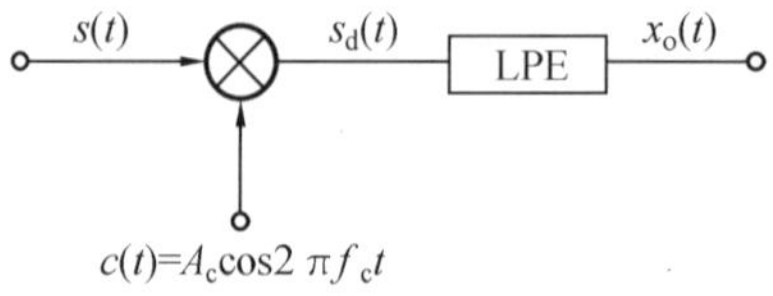

图 1.17　相干解调模型原理

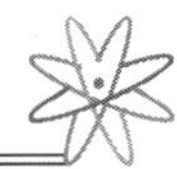

假设初始相位是0，设 $s_d(t)=s(t)\cdot c(t)$，则

$$\begin{aligned}s_d(t)&=s(t)c(t)=A_c x(t)\cos 2\pi f_c t\cdot\cos 2\pi f_c t=A_c x(t)\cos^2 2\pi f_c t\\&=\frac{1}{2}A_c x(t)+\frac{1}{2}A_c x(t)\cos 4\pi f_c t\end{aligned}\tag{1.9}$$

信号经过低通滤波器(LPF)后，式(1.9)中的二倍频载波分量被滤掉，剩下的就是原始信号分量，即输出信号为 $x_o(t)=A_c x(t)/2$。实现相干解调的关键是在接收端恢复出一个与调制载波严格同步的相干(同频同相)载波。恢复载波性能的好坏，直接关系到接收端解调性能的优劣。

非相干解调是不需要提取载波信息(或不需要恢复出相干载波)的一种解调方法，是相对相干解调而言的，因为其不需要同步载波，所以又称为非同步解调，如常用的包络检波器，就是直接从已调波的幅度中恢复出原调制信号。一般来说，非相干解调设备更简单，实现更容易，但是非相干解调器通常存在门限效应，相比相干解调方法性能下降，故小信噪比输入时并不适用。

1.5.2　多路复用

为了更有效利用信道带宽，多路复用技术由此产生。除了广义信道与狭义信道的区分之外，信道还有物理信道和逻辑信道的定义。物理信道是指信号经过的通信设备和传输介质，强调信道的物质存在性，如电话线、光纤、同轴电缆和微波等；逻辑信道是指人为定义的信息传输信道。为传输多路信号，常采用各种复用技术在一个物理信道(如一个无线电频段、一对线缆和一条光纤等)中划分多路逻辑信道，每个逻辑信道传送一路信号。根据复用原理的不同，多路复用通常分为频分复用、时分复用、波分复用和码分多址。

1. 频分复用(Frequency Division Multiplexing, FDM)

调制解调技术是频分复用的理论基础。在一个具有较宽通频带的物理信道中，对于多路频谱重叠的信号，每路信号以不同的载波频率进行调制，分别调制到不同的频带上，并保证都处在信道的通频带内。从逻辑信道的角度来说，各个信道所占用的频带相互不重叠，且相邻信道之间有一定间隔，则每个信道就能独立传输一路信号，也就是各路信号在相同的时间以不同的频段在信道上传输。

如图1.18(a)所示，频分复用适用于具有较宽通频带的信道，以保证容纳多路信号的频带。频分复用使各路信号在频率上各占频段，互不干扰，但在时间上是相互重叠的。频分复用在无线电广播和电视领域中应用较多，如非对称数字用户环路(ADSL)是一个典型的频分多路复用，ADSL在公共交换电话网络(PSTN)使用的双绞线上划分出3个频段：0～4 kHz用来传送传统的语音信号；20～50 kHz用来传送从计算机下载的数据信息；150～500 kHz或140～1 100 kHz用来传送从服务器下载的数据信息。

2. 时分复用(Time Division Multiplexing, TDM)

时分复用是以信道传输时间作为分割对象，通过为多个信道分配互不重叠的时间片来实现多路复用。在一个物理信道中，根据抽样定理，将用于传输的时间划分为若干个时间片，每个用户分得一个时间片，换句话说，不同的用户使用相同的频率在不同的时间共享信

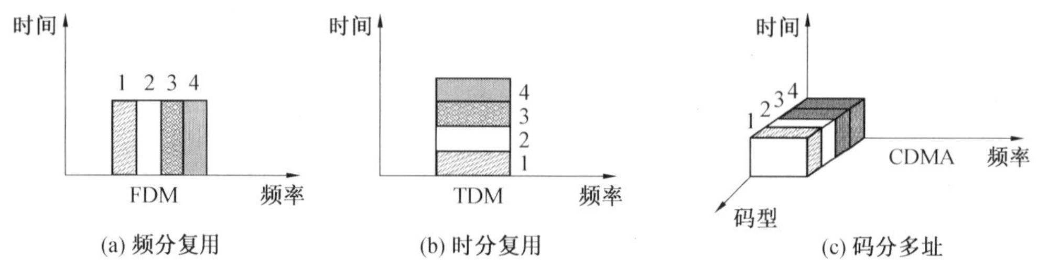

图 1.18　多路复用示意图

道，如图 1.18(b) 所示。时分复用传输时，各路信号在时间上相互不重叠，但在频率上频谱重叠，任意时刻信道上只有一路信号，各路信号按规定的时间片传送。

3. 波分复用(Wavelength Division Multiplexing, WDM)

波分复用是在同一根光纤内传输多路不同波长的光信号，由于是用不同的波长传送各自的信息，因此即使在同一根光纤上也不会相互干扰，在接收端用一定的方法，将各个不同波长的光载波分开。这种波分复用提高了单根光纤传输能力，如在光纤的工作窗口安排 100 个波长不同的光源，同时在一根光纤上传送各自携带的信息，就能使光纤通信系统的容量提高 100 倍。

4. 码分多址(Code Division Multiple Access, CDMA)

码分复用一般称为码分多址，码分多址是将多路时间重叠、频谱重叠的信号变换为传输码型不同的信号在信道中传输的一种方式，如图 1.8(c) 所示。码分多址是在扩频技术上发展起来的，即将需要传送的携带一定信息的数字信号，用一个带宽远大于信号带宽的高速伪随机码进行调制，使原数据信号的带宽被扩展，即扩频；接收端也使用完全相同的伪随机码，对接收的宽带信号做相关处理，把宽带信号变换成原信息数据的窄带信号，即解扩，以此实现信息通信。码分多址常用在无线通信中，不同的移动台(或手机) 可以使用同一个频率，但是每个移动台都被分配带有一个独特的码序列，该码序列与其他码序列都不相同，因为是根据不同的码序列来区分不同的移动台，所以各个用户相互之间也没有干扰，从而达到了多路复用的目的。

总而言之，多路复用是一种将若干个彼此独立的信号合并为一个可在同一信道上传输的多路复合信号的方法。频分复用是将各独立信号调制到不同的频率范围，使之在频域中互相分离；时分复用是将各独立信号规定在不同的时间片传输，使之在时域上互相分离，一般用于数字信号；码分复用将各独立的信号用不同的伪随机码调制，用码序列来区分。

1.6　通信技术与信息编码的发展与现状

1.6.1　通信技术的发展概述

通信技术发展大致经历了三个阶段，漫长的模拟网阶段、高速发展的数字化阶段和业务综合阶段(即 ISDN 和 B－ISDN 时代)。

19 世纪 30 年代，莫尔斯发明有线电报，从而开始了电通信的时代。1837 年，莫尔斯电

磁式电报机出现；1866年，跨越大西洋的海底电报电缆铺设成功。1876年，贝尔发明了电话机，1880年第一个付费电话系统运营，开始了有线电话通信。1939年，A. H. 里夫斯发明脉码调制，可以将长期以来电话通信使用的模拟信号变成数字信号，但当时采用电子管，成本过高，难以推广。1948年，晶体管发明后，1962年才制成24路脉码调制设备并在市内通信网中应用。1975年，脉码调制设备已复用到4 032路，存储程序控制电子交换机也已研制成功，具备了由模拟网发展到数字网的条件。采用数字通信对电报和数据通信有更大的优越性，一条数字电话电路的传递效率可以比模拟电话电路的传递效率提高十几倍至几十倍，这时数字通信开始占有重要地位，因此通信网由模拟网向着数字网方向发展。各种电信业务，包括电话、电报、数据、传真和图像等将合并在一个通信网内，这种通信网称为综合业务数字网。

20世纪初中期，随着晶体管、集成电路的出现和应用，无线电话、无线广播、电视和传真等电通信技术迅速发展。20世纪60年代开始，数字传输理论与技术得到迅速发展，导致计算机网络的出现。20世纪80年代以来，随着人造卫星的发射，电子计算机、计算机局域网、大规模集成电路和光导纤维等现代科学技术的进步，促进了微波通信、卫星通信、光纤通信、移动通信和计算机通信等各种现代通信系统的竞相发展。

第一代移动通信是模拟蜂窝移动通信系统，时间是21世纪70年代中期至80年代中期，最重要的技术特征是采用模拟技术，系统实现频率可重复使用的蜂窝结构，第一代系统主要有AMPS、TACS、NMT等。第二代移动通信是数字移动通信系统，最重要的技术特征是数字技术，主要标准体制有三种TDMA方式，分别为泛欧GSM、北美D-AMPS(IS－54)、日本PDC和CDMA方式的IS－95标准。第三代移动通信的目标是移动宽带多媒体通信，第三代移动通信的主要体制有WCDMA、CDMA2000和TD－SCDMA，我国提出的TD－SCDMA技术写在了第三代无线接口规范建议的IMT－2000 CDMA TDD部分中。

4G是在3G基础上发展起来的，传输速率相比前几代有很大的提升。3G系统长期演进(Long Term Evolution)的研究项目，开始形成对LTE系统的初步需求。LTE成为4G时代的主流选择，LTE采用flat all-in-ip网络架构，一种扁平化的网络架构减少系统时延，4G移动通信系统技术以OFDM为核心。相对4G来说，5G具有极高的速率、极大的容量和极低的时延三个特点，5G的速率最高可以达到4G的100倍，实现10 Gb/s的峰值速率，能用手机流畅地看高清视频，急速畅玩360°全景VR游戏等。

1957年，苏联发射了第一颗人造卫星，使卫星通信进入有源卫星实验阶段。1958年12月，美国用阿特拉斯火箭将一颗重150磅的“斯柯尔”低轨道卫星射入椭圆轨道，进行了低轨道迟延通信实验，1963年后开始进行同步卫星通信实验，1963年7月和1964年8月，美国航空航天局先后发射了三颗SYNCOM卫星。在卫星通信技术发展的同时，承担卫星通信业务和管理的组织机构也逐渐完备，1964年8月，美国、法国等11个西方国家在美国华盛顿成立了世界性商业卫星临时组织，并于1965年正式定名为国际通信卫星组织(International Telecommunication Satellite Organization，INTELSAT)。该组织将第一代“国际通信卫星”(INTELSAT－I，简称IS－I，原名晨鸟)射入了静止同步轨道，正式承担国际通信业务，标志着卫星通信开始进入实用与发展的新阶段。

1970年被称为光通信元年。光纤和激光器的结合促使通信技术从实验室研究跃入到光纤通信实用化。1977年美国在芝加哥进行了44.736 Mb/s的现场实验。1978年,日本开始了32.064 Mb/s和97.728 Mb/s的光纤通信实验。1979年,美国AT&T和日本NTT均研制出了波长为1.35 μm的半导体激光器。如今光纤通信已经发展到以采用光放大器(Optical Amplifier,OA)增加中继距离和采用波分复用(WDM)增加传输容量为特征的第四代系统。

1.6.2 信息技术中的信息编码发展概述

广义上,信息论包括信息的度量及其编码方法。具体来说,信息的度量是实现信息编码的理论基础,因此,信息编码的发展可由信息论说起,并逐步发展到信息编码。

信息论诞生于20世纪40年代,作为通信技术中的重要分析方法,一经问世,便得到迅速发展。具体来说,信息论始于美国数学家香农于1948年撰写的《通信的数学理论》和1949年撰写的《噪声下的通信》,上述两篇著作奠定了信息论研究的基础,也表明了信息论的正式创立。随着1951年美国无线电工程学会对信息论的承认,20世纪50年代信息论在各个领域得到了有力推广。20世纪60年代,由于科学家对信息论的不断完善,出现了信息编码问题的多个经典方法。到了20世纪70年代,信息论已经突破了之前狭义信息论研究的范围,向广义信息论范畴(即信息科学领域)不断推广,信息科学是融合了信息理论、控制理论和计算机、人工智能以及系统论等多个学科的新兴技术。如今,人工智能、机器学习和深度学习等诸多知名方法都融入了信息论的知识,随着智能时代的到来,信息论的发展和延拓必将为提高社会生产水平、改善人类生活质量做出越来越多的贡献。

1.6.3 我国的通信技术现状

我国坚持科技是第一生产力,而通信技术是科技的重要组成部分。我国所有的县都开通了程控交换机,其电话网规模已成为世界第二大电话网。光缆干线形成八纵八横网状格局,覆盖全国大部分城市,新的长途传输网全部采用SDH技术,实现了全世界第一个真正统一标准。

我国的移动通信也走在世界前列,2023年将新建开通5G基站60万个,总数超过290万个,成为全球首个基于独立组网模式规模建设5G网络的国家,并且我国已经建成规模最大、技术最先进的5G网络,工信部将适度超前加快基础设施建设,推进5G、千兆光网和数据中心建设,提升覆盖深度和广度。

习 题

1.1 数字通信有哪些特点?

1.2 按调制方式,通信系统如何分类?

1.3 按传送信号的特征,通信系统如何划分?

1.4 什么是信号带宽?

1.5 什么是信道带宽?

1.6 分别从时域和频域的角度解释什么是调制,什么是解调?

1.7　简述相干解调与非相干解调的区别。

1.8　简述恒参信道与变参信道的区别,并列出相应的实例。

1.9　简述调制解调的目的。

1.10　什么是时分复用,什么是频分复用?

1.11　什么是数据通信?并说明其特点。

1.12　简述数字通信系统的组成。

第 2 章 信源的分类与信源熵

信源是消息的来源，它具有多种传输方式，可以以单个符号传输，也可以以符号序列传输。从传输内容上，信源又可包含文字、语音和图像等多种形式。为了对信源传输消息过程进行更好的分析，本章将介绍信源的分类依据和信源消息的度量方法，重点介绍离散平稳无记忆单符号信源、离散平稳无记忆多符号信源、离散平稳有记忆多符号信源和连续信源熵的计算，为后续信源编码提供知识基础。

2.1 信源的分类依据与数学模型

2.1.1 信源的分类依据

1. 单符号信源与多符号信源

单符号信源。单个消息/符号构成的信源称为单符号信源，即信源每次传输一个符号，如日期、年、月等。数学上通常用随机变量来描述单符号信源。

多符号信源。多个消息/符号序列构成的信源称为多符号信源，即信源每次传输多个符号或一串符号序列，如电话号码、学号等。数学上通常用随机序列来描述多符号信源。

2. 离散信源与连续信源

离散信源。在一个限定区间内取值有限或可数的信源称为离散信源，如年、月、星期和掷骰子等。数学上通常用随机变量/随机序列来描述离散信源。

连续信源。在一个限定区间内取值无限或不可数的信源称为连续信源，如速度、电压值和长度值等。数学上通常用随机过程来描述连续信源。

3. 平稳信源与非平稳信源

平稳信源。多维随机变量/随机序列的统计特性不随时间变化而变化的信源称为平稳信源。数学上表现为各维随机变量的概率分布/概率密度函数与时间起点无关。

非平稳信源。多维随机变量/随机序列的统计特性随着时间变化而变化的信源称为非平稳信源。数学上表现为各维随机变量的概率分布/概率密度函数与时间起点选择密切相关。

4. 有记忆信源和无记忆信源

有记忆信源。随机变量/符号之间相互关联的信源称为有记忆信源，如不放回地取袋子里的小球。有记忆信源又根据记忆长度关系，分为记忆长度有限和记忆长度无限两种情

况，典型的记忆长度有限情况的信源为马尔可夫信源，之后对马尔可夫信源进行详细介绍。

无记忆信源。随机变量 / 符号之间相互独立的信源称为无记忆信源，如连续掷色子、抛硬币等。

在明确上述四种基本概念后，已有信源可以是上述四种分类依据下的任意排列组合，如离散平稳无记忆单符号信源、离散非平稳有记忆多符号信源、连续平稳无记忆多符号信源和连续非平稳有记忆多符号信源等。为便于介绍，本章将在离散信源和连续信源分类模式下，重点介绍几种最典型的信源及其数学模型，主要包括离散平稳无记忆单符号信源、离散平稳无记忆多符号信源、离散平稳有记忆多符号信源和连续信源。

2.1.2　典型信源的数学模型

1. 离散平稳无记忆单符号信源

离散平稳无记忆单符号信源常用随机变量 X 及其概率分布 P 所组成的概率空间来描述：

$$\begin{bmatrix} X \\ P \end{bmatrix} = \begin{bmatrix} x_1 & x_2 & x_3 & \cdots & x_n \\ p(x_1) & p(x_2) & p(x_3) & \cdots & p(x_n) \end{bmatrix} \tag{2.1}$$

式中，$X=\{x_1,x_2,x_3,\cdots,x_n\}$，且要求满足条件：$1 \geqslant p(x_i) \geqslant 0$，$\sum_{i=1}^{n} p(x_i)=1$。

例 2.1　抛硬币实验，用 x_1 和 x_2 分别表示正面朝上和反面朝上事件，其对应事件的概率分别为 $p(x_1)=0.5$ 和 $p(x_2)=0.5$，该实验用一维离散随机变量 X 描述该信源的输出消息，数学上该随机变量的概率空间表示为

$$\begin{bmatrix} X \\ P \end{bmatrix} = \begin{bmatrix} x_1 & x_2 \\ p(x_1) & p(x_2) \end{bmatrix} \tag{2.2}$$

式中，$1 \geqslant p(x_1), p(x_2) \geqslant 0$，$p(x_1)+p(x_2)=1$。

2. 离散平稳无记忆多符号信源

离散平稳无记忆多符号信源常用随机变量序列 $X=\{X_1,X_2,\cdots,X_n\}$ 及其概率分布 $P=\{p(X_1),p(X_2),p(X_3),\cdots,p(X_n)\}$ 所组成的概率空间来描述：

$$\begin{bmatrix} X \\ P \end{bmatrix} = \begin{bmatrix} X_1 & X_2 & X_3 & \cdots & X_n \\ p(X_1) & p(X_2) & p(X_3) & \cdots & p(X_n) \end{bmatrix} \tag{2.3}$$

式中，概率分布要求满足条件：$1 \geqslant p(X_i) \geqslant 0$，$\sum_{i=1}^{n} p(X_i)=1$。

例 2.2　抛硬币实验，取两次抛掷结果作为一个事件，用 x_1 和 x_2 分别表示正面朝上和反面朝上情况，则 $X_1=x_1x_1$ 表示两次正面都朝上事件，$X_2=x_1x_2$ 表示第一次正面朝上、第二次反面朝上事件，$X_3=x_2x_1$ 表示第一次反面朝上、第二次正面朝上事件，$X_4=x_2x_2$ 表示两次反面都朝上事件。相应的概率为 $p(X_1)=0.25$、$p(X_2)=0.25$、$p(X_3)=0.25$ 和 $p(X_4)=0.25$。该实验用离散型随机序列概率空间表示为

$$\begin{bmatrix} X \\ P \end{bmatrix} = \begin{bmatrix} X_1 & X_2 & X_3 & X_4 \\ p(X_1) & p(X_2) & p(X_3) & p(X_4) \end{bmatrix} \tag{2.4}$$

式中，$1 \geqslant p(X_i) \geqslant 0, \sum_{i=1}^{4} p(X_i) = 1$。

3. 离散平稳有记忆多符号信源

离散平稳有记忆多符号信源仍使用随机变量序列 $X = \{X_1, X_2, \cdots, X_n\}$ 及其概率分布 $P = \{p(X_1), p(X_2), p(X_3), \cdots, p(X_n)\}$ 所组成的概率空间来描述，但是与离散平稳无记忆多符号信源最大的区别在于随机变量序列的符号间存在相互依赖关系。

例 2.3 抓阄实验，10 个数字，10 个同学依次不放回地抽取面试顺序，则前面同学抽签的结果会对后面同学产生影响，具体如下。

第一个同学抽到 1 号的概率为 $p(x_1) = 0.1$。

若第一个同学抽到的是 2 号，第二个同学抽到的是 1 号的概率为 $p(x_2) = 1/9$。

若前两个同学抽到的都不是 1 号，第三个同学抽到的是 1 号的概率为 $p(x_3) = 1/8$。

例 2.3 说明，如果将抽到的序号作为随机序列中的一个符号，前后符号间存在密切关联，该序列就是典型的离散平稳有记忆多符号信源。有记忆信源的联合概率分布需要利用条件概率来描述符号间的记忆性：

$$p(x_1, x_2, x_3, \cdots, x_n) = p(x_1) p(x_2 \mid x_1) p(x_3 \mid x_1 x_2) \cdots p(x_n \mid x_1 x_2 x_3 \cdots x_{n-1}) \quad (2.5)$$

虽然从严格意义上来说，记忆长度无限的有记忆信源非常普遍，但是通常情况下，从贴近实际与简化问题方面考虑，信源符号往往仅与之前若干个有限符号相互关联，与长度较远处的信源符号相互独立，因此记忆长度有限的有记忆信源更具实际价值。

4. 连续信源

由于连续信源的信源符号/符号序列在固定区间内的取值为无限多，因此一般用该区间的取值范围 (a, b) 和其概率密度函数 $p(x)$ 所组成的概率空间来描述：

$$\begin{bmatrix} X \\ P \end{bmatrix} = \begin{bmatrix} (a, b) \\ p(x) \end{bmatrix} \quad (2.6)$$

式中，要求概率密度函数 $p(x)$ 满足：$1 \geqslant p(x) \geqslant 0, \int_a^b p(x) = 1$。

例 2.4 立定跳远实验，班级里若干名同学进行立定跳远体测，将每名同学的体测数据作为一个输出符号，其符号取值是一个介于[1,3]之间的所有实数，如果对于学生跳远的概率密度函数 $p(x)$ 已知，则该实验用连续随机变量的概率空间表示为

$$\begin{bmatrix} X \\ P \end{bmatrix} = \begin{bmatrix} (1, 3) \\ p(x) \end{bmatrix} \quad (2.7)$$

式中，$1 \geqslant p(x) \geqslant 0, \int_a^b p(x) = 1$。

2.2 离散平稳无记忆单符号信源及其信源熵

从第 1 章中可以知道，信源发出的消息/符号包含信息，如何对信源发出的消息符号具有的不确定性进行度量是本节的主要内容。本节基于离散平稳无记忆单符号信源的数学模型，引出自信息量和信息熵的基本概念，并介绍其计算方法。

2.2.1　自信息量

信息具有不确定性，人们常用事件发生的概率描述不确定性。通常认为概率越大，事件本身包含的不确定性就越小，事件发生后获得的信息量就越小；而概率越小，事件包含的不确定就越大，事件发生后获得的信息量就越大。因此，信息量是事件概率的单调递减函数。

1. 自信息量的定义

随机事件 / 符号 x_i 的自信息量 $I(x_i)$ 定义为其概率 $p(x_i)$ 的负对数，即

$$I(x_i) = -\log_a p(x_i) = \log_a \frac{1}{p(x_i)} \tag{2.8}$$

其中，基底 a 不同，信息量单位不同。

2. 自信息量的物理意义

(1) 随机事件 x_i 发生前，事件 x_i 本身具有的不确定性（信源符号 x_i 发送前，接收端对信源符号 x_i 的不确定性）。

(2) 随机事件 x_i 发生后，事件 x_i 本身含有的信息量（信源符号 x_i 接收后，接收端从发送端获得的信息量）。

3. 自信息量的性质

(1) 单调递减性。随机事件 / 符号 x_i 的自信息量 $I(x_i)$ 是其先验概率 $p(x_i)$ 的单调递减函数，即若 $p(x_1) > p(x_2)$，则 $I(x_1) < I(x_2)$。

(2) 确定性。必然事件 / 确定符号 x_i 的自信息量 $I(x_i)$ 为零，即若 $p(x_i) = 1$，$I(x_i) = 0$。

(3) 极值性。0 概率事件 / 符号 x_i 的自信息量 $I(x_i)$ 为无穷大，即若 $p(x_i) = 0$，$I(x_i) = \infty$。

(4) 非负性。任何事件 / 符号 x_i 的自信息量 $I(x_i)$ 为非负值，即 $I(x_i) \geqslant 0$（因为对于任意 x_i，$1 \geqslant p(x_i) \geqslant 0$，所以 $I(x_i) = -\log_a p(x_i) \geqslant 0$）。

(5) 可加性。2 个独立事件 / 信源符号，设为 x_i 和 y_i，其同时发生的信息量等于各事件 / 符号单独出现的信息量之和（由独立条件可得 $p(x_i, y_i) = p(x_i)p(y_i)$，进而 $-\log_a p(x_i, y_i) = -\log_a p(x_i) - \log_a p(y_i)$）。

4. 联合自信息量与条件自信息量

对于 2 个随机事件 / 信源符号 x_i 和 y_i，其联合概率为 $p(x_i, y_i)$，联合自信息量 $I(x_i, y_i)$ 可表示为

$$I(x_i, y_i) = -\log_a p(x_i, y_i) \tag{2.9}$$

对于 2 个随机事件 / 信源符号 x_i 和 y_i，在 x_i 发生的条件下，发生 y_i 的条件概率为 $p(y_i \mid x_i)$，条件自信息量 $I(y_i \mid x_i)$ 可表示为

$$I(y_i \mid x_i) = -\log_a p(y_i \mid x_i) \tag{2.10}$$

5. 自信息量的单位

自信息量的单位与对数函数所选底数相关，具体包括以下 3 个方面。

(1) 当选用 2 作为底数（$a = 2$）时，信息量的单位为比特（bit）。

(2) 当选用自然对数 e 作为底数时，信息量的单位为奈特（nat）。

(3) 当选用 10 作为底数时，信息量的单位为哈特(hart)。

例 2.5 甲乙两支球队战胜对方的胜率如下，求相应事件的自信息量。

$$\begin{bmatrix} X \\ P \end{bmatrix} = \begin{bmatrix} A & B \\ 0.6 & 0.4 \end{bmatrix}$$

解

$$I(A) = -\log_2 0.6 = 0.736\ 966\ \text{bit}$$

$$I(B) = -\log_2 0.4 = 1.321\ 928\ \text{bit}$$

例 2.6 某工科院校某班级男生占比 80%，女生占比 20%，班级同学总共 60% 的人参加运动会，已知男生参加运动会的人数占男生总数的 50%，求参加运动会的学生是男生的消息具有多少条件自信息量？

解 令事件 a 为男生，事件 b 为参加运动会，则可得出相应概率为

$$p(a) = 0.8, \quad p(b) = 0.6$$

$$p(b \mid a) = 0.5$$

为了求出参加运动会的学生是男生的概率 $p(a \mid b)$，利用贝叶斯公式，可得

$$p(a \mid b) = \frac{p(a,b)}{p(b)} = \frac{p(a)p(b \mid a)}{p(b)} = \frac{2}{3}$$

因此，参加运动会的学生是男生的消息具有的条件自信息量为

$$I(a \mid b) = -\log_2 p(a \mid b) = 0.585\ \text{bit}$$

例 2.7 张三住在一栋有 6 个单元，每个单元有六层，每层一户居民的房子里，李四盲猜张三家的具体门牌号。

(1) 试计算李四同时猜对单元号和楼层号的联合自信息量；

(2) 试计算李四知道单元号的条件下，猜对楼层号的条件自信息量。

解 令 $X = \{x_1, x_2, \cdots, x_i, x_6\}$ 表示单元号，$Y = \{y_1, y_2, \cdots, y_j, y_6\}$ 表示楼层号。

(1) $I(x_i, y_j) = -\log_2 p(x_i, y_j) = -\log_2 \dfrac{1}{36} = 5.17\ \text{bit}$。

(2) $I(y_j \mid x_i) = -\log_2 p(y_j \mid x_i) = -\log_2 \dfrac{1}{6} = 2.58\ \text{bit}$。

2.2.2 信息熵

自信息量是描述单一事件 / 消息 / 符号的不确定度，一个信源往往包含多个消息 / 符号，对于概率不同的消息 / 符号，具有不同的自信息量。如何描述信源的平均不确定性，本节引出了信息熵的概念。信息熵又称为平均自信息量、信源熵和香农熵，它是充分考虑信源的统计特性，对信源的自信息量求期望，从而得到平均意义下的自信息量，对于特定的信源，信息熵具有唯一性。

1. 信息熵的定义

基于信源的数学模型(概率空间)，对信源消息 / 符号的自信息量求期望，可得到信源 X 的信息熵 $H(X)$ 为

$$H(X) = E[I(x_i)] = E[-\log_2 p(x_i)] = -\sum_{i=1}^{n} p(x_i)\log_2 p(x_i) \tag{2.11}$$

式中，$E[\cdot]$ 为求期望函数；$p(x_i)$ 为信源事件 / 消息 / 符号 x_i 的概率。

与自信息量单位的定义相似，在不同的对数基底条件下，信息熵具有不同的单位。

2. 信息熵的表示

随机变量对应的概率空间为

$$\begin{bmatrix} X \\ P \end{bmatrix} = \begin{bmatrix} x_1 & x_2 & x_3 & \cdots & x_n \\ p(x_1) & p(x_2) & p(x_3) & \cdots & p(x_n) \end{bmatrix} \tag{2.12}$$

式中，$X=\{x_1,x_2,x_3,\cdots,x_n\}$，且要求满足条件：$1 \geqslant p(x_i) \geqslant 0$，$\sum_{i=1}^{n} p(x_i)=1$。

其信息熵可表示为

$$H(X)=\sum_{i=1}^{n} p(x_i)\log_2 p(x_i)=H(p_1,p_2,p_3,\cdots,p_n)$$

当 $n=2$ 时，其信息熵可表示为

$$H(X)=\sum_{i=1}^{2} p(x_i)\log_2 p(x_i)=H(p_1,p_2)=H(p_1)$$

3. 信息熵的物理意义

(1) 随机事件 X 发生前，事件 X 本身具有的平均不确定性(信源符号 X 发送前，接收端对信源符号 X 的平均不确定性)。

(2) 信源 / 随机事件 X 发生后，事件 X 本身含有的平均自信息量(信源符号 X 接收后，接收端从发送端获得的平均自信息量)。

4. 联合熵与条件熵

(1) 联合熵 $H(X,Y)$。表示对于随机事件 / 信源符号 X 和 Y 联合自信息量的统计平均，是 x_i 和 y_j 同时出现的平均不确定性，其数学表示为

$$H(X,Y)=E[I(x_i,y_j)]=E[-\log_2 p(x_i,y_j)]=-\sum_{i=1}^{n}\sum_{j=1}^{n} p(x_i,y_j)\log_2 p(x_i,y_j) \tag{2.13}$$

(2) 条件熵 $H(Y \mid X)$。表示在随机事件 / 信源符号 X 发生的条件下，信源 Y 的条件自信息量的统计平均，其数学表示为

$$H(Y \mid X)=-\sum_{i=1}^{n}\sum_{j=1}^{n} p(x_i,y_j)\log_2 p(y_j \mid x_i) \tag{2.14}$$

从式(2.14)中可知，条件熵是联合概率与条件概率对数乘积的求和形式，而不是条件概率与条件概率的对数乘积的求和，其原因解释如下。

以信源发送单符号 x_i 条件下，信源 Y 的平均自信息量为

$$H(Y \mid x_i)=-\sum_{j=1}^{n} p(y_j \mid x_i)\log_2 p(y_j \mid x_i) \tag{2.15}$$

因为式(2.15)是基于一个信源符号 x_i 的条件熵，若以信源 X 为条件，则 $H(Y \mid X)$ 可表示为单符号条件熵的统计平均，数学表示为

$$H(Y \mid X)=\sum_{i=1}^{n} p(x_i)H(Y \mid x_i)=-\sum_{i=1}^{n}\sum_{j=1}^{n} p(x_i)p(y_j \mid x_i)\log_2 p(y_j \mid x_i)$$

$$=-\sum_{i=1}^{n}\sum_{j=1}^{n}p(x_i,y_j)\log_2 p(y_j \mid x_i) \tag{2.16}$$

从式(2.16)可以看出,计算条件熵可以有两种思路。

(1) 利用联合概率和条件概率代入式(2.16)直接计算。

(2) 利用信源概率和单符号条件熵计算。

因此需要根据给定的条件,选择合适的计算思路求得条件熵。

5. 信息熵的性质

(1) 交换性。

$$H(a_1,a_2,a_3,\cdots,a_n)=H(a_2,a_1,a_3,\cdots,a_n)=\cdots=H(a_n,a_1,a_2,\cdots,a_{N-1}) \tag{2.17}$$

证明 由于其概率空间的概率元素都相同,得出

$$H(a_1,a_2,a_3,\cdots,a_n)=H(a_2,a_1,a_3,\cdots,a_n)=\cdots=H(a_n,a_1,a_2,\cdots,a_{n-1})=-\sum_{i=1}^{n}a_i\log_2 a_i$$

该性质说明,只要信源的总体统计特性相同,即信源符号数与概率分布一样,则信息熵相同。

(2) 确定性。

$$H(0,0,\cdots,a_i,\cdots,0)=0 \tag{2.18}$$

式中,$a_i=1,i\in\{1,2,\cdots,n\}$。

证明 利用数学极限性质 $\lim\limits_{a\to 0}a\log_2 a=0,1\log_2 1=0$,得出

$$H(0,0,\cdots,a_i,\cdots,0)=0$$

该性质说明,在信源的概率空间中,存在其中1个符号/事件为1的概率(必然事件),其他符号/事件为0的概率(不可能事件),则信源熵为0,该信源不存在不确定性,或者说该信源的平均自信息量是非常确定的。

(3) 非负性。

$$H(X)=H(a_1,a_2,a_3,\cdots,a_n)\geqslant 0 \tag{2.19}$$

证明 $H(a_1,a_2,a_3,\cdots,a_n)=-\sum\limits_{i=1}^{n}a_i\log_2 a_i$。

由于 $1\geqslant a_i\geqslant 0$,所以 $-a_i\log_2 a_i\geqslant 0$,因此 $-\sum\limits_{i=1}^{n}a_i\log_2 a_i\geqslant 0$。

该性质说明,对于任意离散信源,其信息熵都是非负的。

(4) 延展性。

$$\lim_{\Delta\to 0}H_{n+1}(a_1,a_2,a_3,\cdots,a_n-\Delta,\Delta)=H_n(a_1,a_2,a_3,\cdots,a_n) \tag{2.20}$$

证明 利用数学极限性质 $\lim\limits_{\Delta\to 0}\Delta\log_2\Delta=0$,可得

$$\begin{aligned}&\lim_{\Delta\to 0}H_{n+1}(a_1,a_2,a_3,\cdots,a_n-\Delta,\Delta)\\=&H_n(a_1,a_2,a_3,\cdots,a_n)-\lim_{\Delta\to 0}\Delta\log_2\Delta=H_n(a_1,a_2,a_3,\cdots,a_n)\end{aligned}$$

该性质说明,信源增加一个概率近似为0的消息符号,其信息熵不变。

(5) 可分性。

$$H(a_1,a_2,a_3,\cdots,a_{n-1},b_1,b_2,\cdots,b_m)$$

$$=H(a_1,a_2,a_3,\cdots,a_n)+a_nH\left(\frac{b_1}{a_n},\frac{b_2}{a_n},\cdots,\frac{b_m}{a_n}\right) \tag{2.21}$$

式中，$a_n=\sum_{j=1}^{m}b_j$，$\sum_{i=1}^{n}a_i=1$。

证明　由信息熵公式(式(2.11))得出

$$\begin{aligned}
&H(a_1,a_2,a_3,\cdots,a_{n-1},b_1,b_2,\cdots,b_m)\\
&=-\sum_{i=1}^{n-1}a_i\log_2 a_i-a_n\log_2 a_n+a_n\log_2 a_n-\sum_{j=1}^{m}b_j\log_2 b_j\\
&=H(a_1,a_2,a_3,\cdots,a_n)+\sum_{j=1}^{m}b_j\log_2 a_n-\sum_{j=1}^{m}b_j\log_2 b_j\\
&=H(a_1,a_2,a_3,\cdots,a_n)-\sum_{j=1}^{m}b_j\log_2\frac{b_j}{a_n}\\
&=H(a_1,a_2,a_3,\cdots,a_n)-a_n\sum_{j=1}^{m}\frac{b_j}{a_n}\log_2\frac{b_j}{a_n}\\
&=H(a_1,a_2,a_3,\cdots,a_n)+a_nH\left(\frac{b_1}{a_n},\frac{b_2}{a_n},\cdots,\frac{b_m}{a_n}\right)
\end{aligned}$$

该性质说明，对原概率空间中的随机事件 / 符号 a_n 拆分成 m 个随机事件 / 符号(b_1，b_2，$\cdots$，b_m)后，其信息熵增加了 $a_nH\left(\frac{b_1}{a_n},\frac{b_2}{a_n},\cdots,\frac{b_m}{a_n}\right)$，信息熵的增加是由于信源拆分而得到了额外平均自信息量。

(6) 上凸性。

$H(X)$ 是其概率分布 $X=(a_1,a_2,a_3,\cdots,a_n)$ 的上凸函数，即对任意 N 维概率分布 X_1 和 X_2，其满足：$H[\mu X_1+(1-\mu)X_2]>H(\mu X_1)+(1-\mu)H(X_2)$，$\mu\in[0,1]$。

证明　略。

信息熵可看成是以信源分布为自变量的函数，该性质说明，信息熵在定义域内存在最大值。

对于一维上凸函数可用图 2.1 中的曲线解释，若 $f(x)$ 是以 x 为自变量的上凸函数，则 $f[\mu x_1+(1-\mu)x_2]>f(\mu x_1)+(1-\mu)f(x_2)$($\mu\in[0,1]$)，从图 2.1 中可以看到，$f[\mu x_1+(1-\mu)x_2]$ 表示在$[x_1,x_2]$范围内，曲线上点的纵坐标，而 $f(\mu x_1)+(1-\mu)f(x_2)$ 表示该范围内，直线上点的纵坐标，显然在相同横坐标下，曲线的纵坐标高于直线的纵坐标。

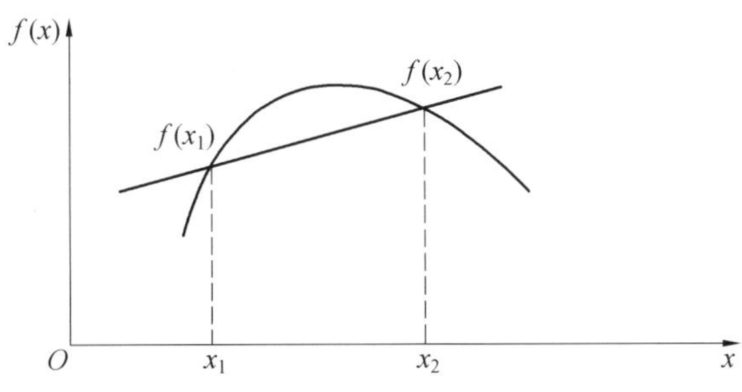

图 2.1　上凸函数示意图

(7) 极值性。

$$H(a_1,a_2,a_3,\cdots,a_n) \leqslant H\left(\frac{1}{n},\frac{1}{n},\frac{1}{n},\cdots,\frac{1}{n}\right)=\log_2 n \tag{2.22}$$

证明 $H(a_1,a_2,a_3,\cdots,a_n)=\sum_{i=1}^{n} a_i \log_2 \frac{1}{a_i}$。

若函数 $f(x)$ 为上凸函数,由詹森不等式性质,可得

$$mf(n) \leqslant f(mn)$$

由于对数函数是上凸函数,易得

$$m\log_2 n \leqslant \log_2(mn)$$

因此,可得

$$\sum_{i=1}^{n} a_i \log_2 \frac{1}{a_i} \leqslant \log_2\left(\sum_{i=1}^{n} a_i \frac{1}{a_i}\right)=\log_2 n$$

该性质说明,信源的随机事件/符号等概率分布时,信息熵取得最大值,该结论也被称作最大熵定理。

例 2.8 小明作为一个高三学生,考上名牌大学、普通大学和未考上大学的概率分别为 1/2,1/3,1/6,求其信息熵。

解 根据题意,该随机事件的概率空间为

$$\begin{bmatrix} X \\ p(x_i) \end{bmatrix}=\begin{bmatrix} x_1 & x_2 & x_3 \\ \frac{1}{2} & \frac{1}{3} & \frac{1}{6} \end{bmatrix}$$

$$H(X)=-\sum_{i=1}^{3} p(x_i)\log_2 p(x_i)=-\frac{1}{2}\log_2 \frac{1}{2}-\frac{1}{3}\log_2 \frac{1}{3}-\frac{1}{6}\log_2 \frac{1}{6}=1.46(\text{bit/符号})$$

例 2.9 $X=\{x_1,x_2\}$ 表示发送符号,$Y=\{y_1,y_2\}$ 表示接收符号,已知 $p(x_1)=0.7$, $p(x_2)=0.3$, $p(y_1 \mid x_1)=0.6$, $p(y_2 \mid x_1)=0.4$, $p(y_1 \mid x_2)=0.8$, $p(y_2 \mid x_2)=0.2$,求:(1)$H(X)$;(2)$H(XY)$;(3)$H(Y \mid X)$;(4)$H(X \mid Y)$;(5)$H(Y)$。

解 (1)$H(X)=-0.7\log_2 0.7-0.3\log_2 0.3=0.88(\text{bit/符号})$。

(2) 由 $p(ab)=p(a)p(b \mid a)$,可得

$$p(x_1y_1)=0.42, \quad p(x_1y_2)=0.28$$
$$p(x_2y_1)=0.24, \quad p(x_2y_2)=0.06$$

因此

$$\begin{aligned} H(XY) &= -\sum_{i=1}^{2}\sum_{j=1}^{2} p(x_iy_j)\log_2 p(x_iy_j) \\ &= -0.42\log_2 0.42-0.28\log_2 0.28-0.24\log_2 0.24-0.06\log_2 0.06 \\ &= 1.78(\text{bit/符号}) \end{aligned}$$

(3)

$$\begin{aligned} H(Y \mid X) &= -\sum_{i=1}^{2}\sum_{j=1}^{2} p(x_iy_j)\log_2 p(y_j \mid x_i) \\ &= -0.42\log_2 0.6-0.28\log_2 0.4-0.24\log_2 0.8-0.06\log_2 0.2 \\ &= 0.90(\text{bit/符号}) \end{aligned}$$

(4) 由 $p(y_j)=\sum_{i=1}^{2}p(x_iy_j)$，可得

$$p(y_1)=0.66,\quad p(y_2)=0.34$$

因此

$$H(Y)=-0.66\log_2 0.66-0.34\log_2 0.34=0.93(\text{bit/符号})$$

(5) 由 $p(a\mid b)=\dfrac{p(ab)}{p(b)}$，可得

$$p(x_1\mid y_1)=0.64,\quad p(x_1\mid y_2)=0.82$$
$$p(x_2\mid y_1)=0.36,\quad p(x_2\mid y_2)=0.18$$

因此

$$\begin{aligned}H(X\mid Y)&=-\sum_{i=1}^{2}\sum_{j=1}^{2}p(x_iy_j)\log_2 p(x_i\mid y_j)\\&=-0.42\log_2 0.64-0.28\log_2 0.82-0.24\log_2 0.36-0.06\log_2 0.18\\&=0.85(\text{bit/符号})\end{aligned}$$

例 2.10　已知信源 $X=\{x_1,x_2,x_3\}$、$Y=\{y_1,y_2,y_3\}$ 的联合概率见表 2.1。

表 2.1　信源的联合概率

$p(x_i,y_j)$	x_1	x_2	x_3
y_1	1/12	1/6	1/12
y_2	1/12	1/12	1/6
y_3	1/6	1/12	1/12

求：(1) $H(X)$；(2) $H(XY)$；(3) $H(Y\mid X)$；(4) $H(Y)$；(5) $H(X\mid Y)$。

解　(1) 由 $p(x_i)=\sum_{j}^{3}p(x_i,y_j)$，可得

$$p(x_1)=p(x_2)=p(x_3)=\frac{1}{3}$$

进而可得

$$H(X)=-\frac{1}{3}\log_2\frac{1}{3}-\frac{1}{3}\log_2\frac{1}{3}-\frac{1}{3}\log_2\frac{1}{3}=\log_2 3(\text{bit/符号})$$

(2) $$\begin{aligned}H(XY)&=-\sum_{i=1}^{3}\sum_{j=1}^{3}p(x_iy_j)\log_2 p(x_iy_j)=-6\times\frac{1}{12}\log_2\frac{1}{12}-3\times\frac{1}{6}\log_2\frac{1}{6}\\&=3.08(\text{bit/符号})\end{aligned}$$

(3) 由 $p(y_j\mid x_i)=\dfrac{p(x_iy_j)}{p(x_i)}$，可得信源的前验概率 $p(y_j\mid x_i)$ 见表 2.2。

表 2.2 信源的前验概率

$p(y_j \mid x_i)$	x_1	x_2	x_3
y_1	1/4	1/2	1/4
y_2	1/4	1/4	1/2
y_3	1/2	1/4	1/4

$$\begin{aligned} H(Y \mid X) &= -\sum_{i=1}^{3}\sum_{j=1}^{3} p(x_i y_j)\log_2 p(y_j \mid x_i) \\ &= \frac{1}{3}H\left(\frac{1}{4},\frac{1}{4},\frac{1}{2}\right)+\frac{1}{3}H\left(\frac{1}{2},\frac{1}{4},\frac{1}{4}\right)+\frac{1}{3}H\left(\frac{1}{4},\frac{1}{2},\frac{1}{4}\right)=1.5(\text{bit/ 符号}) \end{aligned}$$

(4) 由 $p(y_i)=\sum_{i}^{3} p(x_i, y_j)$，可得

$$p(y_1)=p(y_2)=p(y_3)=\frac{1}{3}$$

$$H(Y)=-\frac{1}{3}\log_2\frac{1}{3}-\frac{1}{3}\log_2\frac{1}{3}-\frac{1}{3}\log_2\frac{1}{3}=\log_2 3(\text{bit/ 符号})$$

(5) 由 $p(x_i \mid y_j)=\dfrac{p(x_i y_j)}{p(y_j)}$，可得信源的后验概率 $p(x_i \mid y_j)$ 见表 2.3。

表 2.3 信源的后验概率

$p(x_i \mid y_j)$	x_1	x_2	x_3
y_1	1/4	1/2	1/4
y_2	1/4	1/4	1/2
y_3	1/2	1/4	1/4

$$\begin{aligned} H(X \mid Y) &= -\sum_{i=1}^{3}\sum_{j=1}^{3} p(x_i y_j)\log_2 p(x_i \mid y_j) \\ &= \frac{1}{3}H\left(\frac{1}{4},\frac{1}{4},\frac{1}{2}\right)+\frac{1}{3}H\left(\frac{1}{2},\frac{1}{4},\frac{1}{4}\right)+\frac{1}{3}H\left(\frac{1}{4},\frac{1}{2},\frac{1}{4}\right) \\ &= 1.5(\text{bit/ 符号}) \end{aligned}$$

2.3 离散平稳无记忆多符号信源及其信源熵

单个符号是最简单的信源形式，而在实际应用时，多符号信源序列更具有实际应用价值。本节将介绍离散平稳无记忆多符号信源的信息熵、平均符号熵和极限熵等相关概念及其计算。

2.3.1 *n* 次扩展信源熵

单符号信源单次传送一个消息符号，而多符号信源一次可传送一串符号序列，数学上常用随机变量序列 X_i 及其概率 $p(X_i)$ 来描述。相较于单符号信源 a_i 及 $p(a_i)$，如果该信源序

列长度为 n，则称该信源序列为离散平稳无记忆多符号信源的 n 次扩展信源，表示为 $(a^n, p(X))$。计算离散平稳无记忆多符号信源的自信息量和信息熵时，可将每个信源序列类比为一个信源符号，借用离散平稳无记忆单符号信源的相关公式，以完成计算。

例 2.11　已知离散平稳无记忆单符号信源的概率空间为

$$\begin{bmatrix} a \\ p(a_i) \end{bmatrix} = \begin{bmatrix} a_1 & a_2 \\ \frac{2}{3} & \frac{1}{3} \end{bmatrix}$$

求其信源熵及二次扩展信源熵。

解

$$H(a) = -\frac{2}{3}\log_2\frac{2}{3} - \frac{1}{3}\log_2\frac{1}{3} = 0.9(\text{bit/符号})$$

将上述单符号信源概率空间转变为二次扩展信源概率空间形式为

$$\begin{bmatrix} X \\ p(X_i) \end{bmatrix} = \begin{bmatrix} X_1 = a_1a_1 & X_2 = a_1a_2 & X_3 = a_2a_1 & X_4 = a_2a_2 \\ \frac{4}{9} & \frac{2}{9} & \frac{2}{9} & \frac{1}{9} \end{bmatrix}$$

$$H(X) = -\frac{4}{9}\log_2\frac{4}{9} - \frac{2}{9}\log_2\frac{2}{9} - \frac{2}{9}\log_2\frac{2}{9} - \frac{1}{9}\log_2\frac{1}{9} = 1.8(\text{bit/符号})$$

2.3.2　平均符号熵和极限熵

1. 平均符号熵

对于长度为 n 的离散平稳无记忆多符号信源，平均每个符号携带的平均自信息量称为平均符号熵，其数学公式表示为

$$H_n(X) = \frac{1}{n}H(a_1a_2\cdots a_n) \tag{2.23}$$

2. 极限熵

在随机变量序列长度无限大时的平均符号熵称为极限熵，其数学公式表示为

$$H_\infty(X) = \lim_{n\to\infty}H_n(a_1a_2\cdots a_n) = \lim_{n\to\infty}\frac{1}{n}H(a_1a_2\cdots a_n) \tag{2.24}$$

例 2.12　离散平稳无记忆单符号信源概率空间为

$$\begin{bmatrix} a \\ p(a_i) \end{bmatrix} = \begin{bmatrix} a_1 & a_2 \\ 0.4 & 0.6 \end{bmatrix}$$

求其三次扩展信源的平均符号熵。

解　由已知条件推得三次扩展信源的概率空间为

$$\begin{bmatrix} X \\ p(X_i) \end{bmatrix} = \begin{bmatrix} a_1a_1a_1 & a_1a_1a_2 & a_1a_2a_1 & a_1a_2a_2 & a_2a_1a_1 & a_2a_1a_2 & a_2a_2a_1 & a_2a_2a_2 \\ 0.064 & 0.096 & 0.096 & 0.144 & 0.096 & 0.144 & 0.144 & 0.216 \end{bmatrix}$$

其平均符号熵为

$$H_3(X) = \frac{1}{3}(-0.064\log_2 0.064 - 0.096\log_2 0.096 - 0.096\log_2 0.096 -$$
$$0.144\log_2 0.144 - 0.096\log_2 0.096 - 0.144\log_2 0.144 -$$

$$0.144\log_2 0.144 - 0.216\log_2 0.216)$$
$$=0.9(\text{bit/符号})$$

从例 2.12 中易验证,离散平稳无记忆多符号信源的平均符号熵等于其单符号信源熵。

2.4 离散平稳有记忆多符号信源及其信源熵

相比于离散平稳无记忆多符号信源,离散平稳有记忆多符号信源的符号间相互关联,因此其分析相对复杂,需要引入条件概率说明其符号间的相关性。n 维随机变量序列的联合熵可表示为

$$H(X)=H(a_1a_2\cdots a_n)=H(a_1)+H(a_2\mid a_1)+H(a_3\mid a_1a_2)+\cdots+H(a_n\mid a_1a_2\cdots a_{n-1}) \tag{2.25}$$

本节将介绍离散平稳有记忆多符号信源序列的若干性质。

2.4.1 时移性

若存在 L 长的平稳随机序列 $a_1a_2\cdots a_i\cdots a_j\cdots a_n\cdots a_L$,第 i 个和第 j 个符号为 a_i 和 a_j,则其先验概率、联合概率和条件概率满足以下关系。

(1) 先验概率满足:

$$p(a_i)=p(a_j)$$

(2) 联合概率满足:

$$p(a_ia_{i+1})=p(a_ja_{j+1})$$
$$p(a_ia_{i+2})=p(a_ja_{j+2}),\cdots,p(a_ia_{i+1}\cdots a_{i+n})=p(a_ja_{j+1}\cdots a_{j+n})$$

(3) 条件概率满足:

$$p(a_{i+1}\mid a_i)=p(a_{j+1}\mid a_j)$$
$$p(a_{i+2}\mid a_ia_{i+1})=p(a_{j+2}\mid a_ja_{j+1}),\cdots,p(a_{i+n}\mid a_ia_{i+1}\cdots a_{i+n-1})$$
$$=p(a_{j+n}\mid a_ja_{j+1}a_{j+n-1})$$

该性质说明离散平稳有记忆多符号信源序列,其先验概率、联合概率和条件概率仅与相关长度 $1,2,\cdots,n$ 有关,与起始位置 i、j 无关。

2.4.2 递减性

条件熵小于等于非条件熵:

$$H(X\mid Y)\leqslant H(X) \tag{2.26}$$

该性质表明,通过获得消息符号 Y,可以一定程度上减少 X 的不确定性。

平均符号熵 $H_n(X)$ 随着 n 的增加呈现递减性:

$$H_0(X)\geqslant H_1(X)\geqslant H_2(X)\geqslant\cdots\geqslant H_n(X)\geqslant\cdots\geqslant H_\infty(X) \tag{2.27}$$

式中,$H_0(X)$ 为信源符号等概时单符号信源熵(最大熵定理);$H_1(X)$ 为信源符号非等概时单符号无记忆信源熵;$H_2(X)=H(X_2\mid X_1)$ 为一阶马尔可夫信源熵 p;$H_n(X)=H(X_n\mid X_1X_2\cdots X_{n-1})$ 为 $n-1$ 阶马尔可夫信源熵;$H_\infty(X)=\lim\limits_{n\to\infty}H(X_n\mid X_1X_2\cdots X_{n-1})$ 为极限熵。

该性质说明,等概单符号信源熵最大,非等概单符号信源熵其次,多符号信源极限熵最

小。随着信源符号的增多，信源每个符号的平均不确定性减小。

2.4.3　极限熵的数学形式

$$H_\infty(X)=\lim_{n\to\infty}H_n(a_1a_2\cdots a_n)=\lim_{n\to\infty}\frac{1}{n}H(a_1a_2\cdots a_n)=\lim_{n\to\infty}H(a_n\mid a_1a_2\cdots a_{n-1})\tag{2.28}$$

表(2.28)说明，极限熵的求取可通过两种方式，第一种是利用联合熵的平均值获得，第二种是利用条件熵的形式求取。

例 2.13　已知离散平稳信源的单符号概率空间为 $\begin{bmatrix}a\\p(a_i)\end{bmatrix}=\begin{bmatrix}a_1 & a_2 & a_3\\0.2 & 0.3 & 0.5\end{bmatrix}$，该信源符号序列的记忆长度有限，仅与前后两个符号有关联，条件概率 $p(a_j\mid a_i)$ 见表 2.4。

表 2.4　信源条件概率

$p(a_j\mid a_i)$	a_1	a_2	a_3
a_1	0.1	0.2	0.7
a_2	0.3	0.2	0.5
a_3	0.4	0.3	0.3

求其平均符号熵和极限熵。

解　由信源符号概率 $p(a_i)$ 和条件概率 $p(a_j\mid a_i)$，可得其联合概率 $p(a_ia_j)=p(a_i)p(a_j\mid a_i)$ 见表 2.5。

表 2.5　信源联合概率

$p(a_ia_j)$	a_1	a_2	a_3
a_1	0.02	0.04	0.14
a_2	0.09	0.06	0.15
a_3	0.2	0.15	0.15

(1) 由联合熵：

$$H(a_1a_2)=-\sum_{i=1}^{3}\sum_{j=1}^{3}p(a_ia_j)\log_2 p(a_ia_j)=2.95(\text{bit/ 符号})$$

得出其平均符号熵为

$$H_2(a_1a_2)=\frac{1}{2}H(a_1a_2)\approx 1.47(\text{bit/ 符号})$$

(2) 极限熵为

$$H_\infty(a)=\lim_{n\to\infty}H_n(a_1a_2\cdots a_n)=\lim_{n\to\infty}\frac{1}{n}H(a_1a_2\cdots a_n)=\lim_{n\to\infty}H(a_n\mid a_1a_2\cdots a_{n-1})$$

由已知条件可知，信源序列仅与前后两个符号有关联，因此可得

$$\begin{aligned}H_\infty(a)&=\lim_{n\to\infty}H_n(a_1a_2\cdots a_n)\\&=\lim_{n\to\infty}H(a_n\mid a_1a_2\cdots a_{n-1})=H(a_2\mid a_1)\end{aligned}$$

$$= -\sum_{i=1}^{3}\sum_{j=1}^{3} p(a_i a_j)\log_2 p(a_j \mid a_i)$$

$$= -0.02\log_2 0.1 - 0.04\log_2 0.2 - 0.14\log_2 0.7 - 0.09\log_2 0.3 - 0.06\log_2 0.2 - 0.15\log_2 0.5 - 0.2\log_2 0.4 - 0.15\log_2 0.3 - 0.15\log_2 0.3$$

$$= 1.46(\text{bit/符号})$$

从例 2.13 中可知，平均符号熵大于极限熵，即 $H_2(a_1a_2) \geqslant H_\infty(a)$。

2.5 马尔可夫信源(离散非平稳有记忆符号信源)

记忆长度有限的有记忆信源是一类相对简单的有记忆信源，这类信源称为马尔可夫信源，如 m 阶马尔可夫信源，某时刻发出的信源符号只与其前 m 个信源符号有关，与更前面的信源符号不相关。

2.5.1 马尔可夫信源的齐次性 / 时齐性

如果马尔可夫信源的状态转移概率与起始时间无关，即对于任意时刻 t，该时刻的符号序列为 s_t，此时状态转移概率 $p_{ij}(t) = p(s_{t+1} = E_j \mid s_t = E_i) = p_{ij}$ 与时间 t 无关，则该马尔可夫信源具有齐次性 / 时齐性。

2.5.2 m 阶马尔可夫信源的极限熵

$$H_\infty(a) = \lim_{n\to\infty} H_n(a_1a_2\cdots a_n) = \lim_{n\to\infty} H(a_n \mid a_1a_2\cdots a_{n-1}) = H(a_{m+1} \mid a_1a_2\cdots a_m) \quad (2.29)$$

对于齐次 m 阶马尔可夫信源，上述 m 个符号序列 $a_1a_2,\cdots,a_m$ 可称为一个状态。

例 2.14 对于一个二元二阶马尔可夫信源，信源符号集为{0,1}，其条件概率为

$$p(0 \mid 00) = p(0 \mid 01) = 0.2, \quad p(1 \mid 00) = p(1 \mid 01) = 0.8$$

$$p(0 \mid 10) = p(0 \mid 11) = 0.4, \quad p(1 \mid 10) = p(1 \mid 11) = 0.6$$

试画出其状态转移图，并写出状态转移矩阵。

解 该信源是一个二元二阶马尔可夫信源，因此存在四种状态，分别为 00,01,10,11，将这四种状态表示为 E_1、E_2、E_3、E_4。因此，其状态转移图如图 2.2 所示。

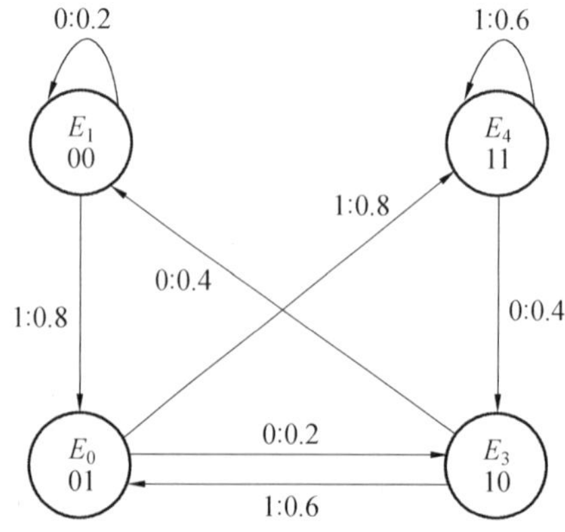

图 2.2 二元二阶马尔可夫信源状态转移图

根据状态转移图得出其状态转移矩阵为

$$P=\begin{bmatrix} p(E_1 \mid E_1) & p(E_2 \mid E_1) & p(E_3 \mid E_1) & p(E_4 \mid E_1) \\ p(E_1 \mid E_2) & p(E_2 \mid E_2) & p(E_3 \mid E_2) & p(E_4 \mid E_2) \\ p(E_1 \mid E_3) & p(E_2 \mid E_3) & p(E_3 \mid E_3) & p(E_4 \mid E_3) \\ p(E_1 \mid E_4) & p(E_2 \mid E_4) & p(E_3 \mid E_4) & p(E_4 \mid E_4) \end{bmatrix}=\begin{bmatrix} 0.2 & 0.8 & 0 & 0 \\ 0 & 0 & 0.2 & 0.8 \\ 0.4 & 0.6 & 0 & 0 \\ 0 & 0 & 0.4 & 0.6 \end{bmatrix}$$

2.5.3　马尔可夫信源转移规律

(1) 马尔可夫信源的当前时刻状态由前一时刻所处的状态和前一时刻信源发出的符号决定。

(2) 马尔可夫信源当前时刻输出符号仅由当前时刻所处的状态决定。

马尔可夫信源的遍历性：若齐次马尔可夫信源的状态转移概率经无穷次转移后存在稳态概率分布：

$$W_j=\sum_{i=1}^{J} W_i p_{ij} \tag{2.30}$$

即存在 J 个状态，并且 $i、j \in \{1,2,\cdots,J\}$，t 时刻状态转移概率 p_{ij}^{t} 满足：

$$\lim_{t \to \infty} p_{ij}^{t}=W_j \tag{2.31}$$

式中，$W_j \geqslant 0,\sum_{i=1}^{J} W_j=1$。

则称马尔可夫信源具有遍历性或者说是各态遍历的。一般的马尔可夫信源为非平稳信源，但是当其满足遍历性时，转变为平稳信源。

例 2.15　四元一阶马尔可夫信源状态转移矩阵为

$$P=\begin{bmatrix} 0.2 & 0.8 & 0 & 0 \\ 0.3 & 0 & 0.6 & 0.7 \\ 0 & 0.4 & 0 & 0 \\ 0.5 & 0 & 0 & 0.5 \end{bmatrix}$$

(1) 求稳态概率分布；(2) 求马尔可夫信源熵 H_∞。

解　令四元一阶马尔可夫信源的 4 个稳态概率分布为 $\boldsymbol{W}=[W_1 \quad W_2 \quad W_3 \quad W_4]$。

(1) 由稳态概率分布关系式 $W_j=\sum_{i=1}^{J} W_i p_{ij},\sum_{i=1}^{J} W_j=1$，可得出

$$\begin{cases} \boldsymbol{WP}=\boldsymbol{W} \\ \sum_{i=1}^{J} W_i=1 \end{cases} \Rightarrow \begin{cases} 0.2W_1+0.3W_2+0.5W_4=W_1 \\ 0.8W_1+0.4W_3=W_2 \\ 0.6W_2=W_3 \\ 0.7W_2+0.5W_4=W_4 \\ W_1+W_2+W_3+W_4=1 \end{cases}$$

解得稳态概率分布为：$W_1=\frac{5}{17},W_2=\frac{4}{17},W_3=\frac{12}{85},W_4=\frac{28}{85}$。

(2) 依据状态转移矩阵 $\boldsymbol{P}$ 和每个状态下输出符号的条件熵，可求出极限熵为

$$H_\infty=\sum_{i=1}^{4}\sum_{j=1}^{4} W_i p(E_j \mid E_i)\log_2 p(E_j \mid E_i)=\sum_{i=1}^{4} W_i H(X \mid E_i)$$

$$= \frac{5}{17}(-0.2\log_2 0.2 - 0.8\log_2 0.8) + \frac{4}{17}(-0.3\log_2 0.3 - 0.6\log_2 0.6 - 0.7\log_2 0.7) + \frac{12}{85}(-0.4\log_2 0.4) + \frac{28}{85}(-0.5\log_2 0.5 - 0.5\log_2 0.5)$$

$$= 0.928(\text{bit/符号})$$

例 2.16 已知三状态马尔可夫状态转移图如图 2.3 所示。

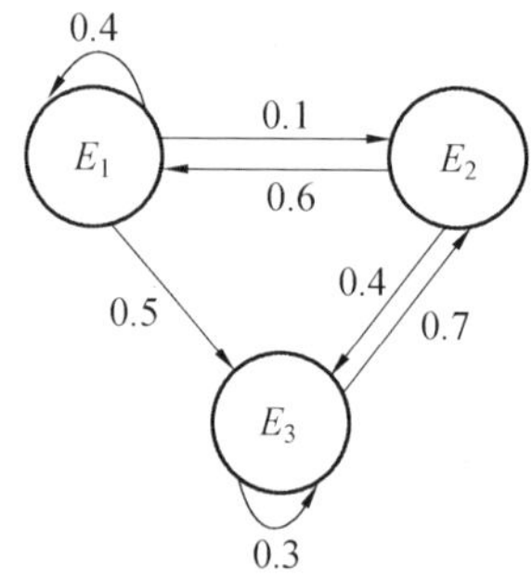

图 2.3 三状态马尔可夫状态转移图

试求其稳态分布和马尔可夫信源熵。

解 由图 2.3,可得出其状态转移概率 $p(W_j \mid W_i)$ 形成的矩阵为

$$\boldsymbol{P} = \begin{bmatrix} 0.4 & 0.1 & 0.5 \\ 0.6 & 0 & 0.4 \\ 0 & 0.7 & 0.3 \end{bmatrix}$$

(1) 由稳态概率分布关系式 $W_j = \sum_{i=1}^{J} W_i p_{ij}$,$\sum_{i=1}^{J} W_j = 1$,可得出

$$\begin{cases} \boldsymbol{WP} = \boldsymbol{W} \\ \sum_{i=1}^{J} W_i = 1 \end{cases} \Rightarrow \begin{cases} 0.4W_1 + 0.1W_2 + 0.5W_3 = W_1 \\ 0.6W_1 + 0.4W_3 = W_2 \\ 0.7W_2 + 0.3W_3 = W_3 \\ W_1 + W_2 + W_3 = 1 \end{cases}$$

解得稳态概率分布为:$W_1 = W_2 = W_3 = \frac{1}{3}$。

$$(2)\ H_\infty = \sum_{i=1}^{4} W_i H(X \mid E_i)$$

$$= \frac{1}{3}H(0.4,0.1,0.5) + \frac{1}{3}H(0.6,0.4) + \frac{1}{3}H(0.7,0.3)$$

$$= 1.07(\text{bit/符号})$$

2.5.4 信源的冗余度

信源的冗余度表明信源序列传输过程中的多余信息,数学上用 1 减极限熵与等概信源熵之比表示,即

$$\gamma = 1 - \frac{H_\infty(X)}{H_0(X)} \tag{2.32}$$

冗余度表明信源序列中各符号间的相互关联程度，信源符号的相关性越强，冗余度越大，反之信源符号的相关性越弱，冗余度越小。

2.6　连续信源及其信源熵

连续信源是时间离散、取值离散的信源符号 / 序列，在实际应用中发挥重要作用，如语音信号、模拟电视等都是连续信源。本节将介绍连续信源的数学模型、信息熵(差分熵)的计算公式以及最大熵定理。

2.6.1　连续信源的数学模型及信源熵

离散信源常用离散随机变量及其概率分布组成的概率空间来描述，而连续信源的符号 / 符号序列是取值连续的随机值，因此可用连续随机变量 X 及其概率密度函数 $p(x)$ 构成的概率空间来描述。

本节将介绍连续信源信息熵的相关公式。

1. 信源熵

$$H(X)=\int_{a}^{b}p(x)\log_2\frac{1}{p(x)}\mathrm{d}x=-\int_{a}^{b}p(x)\log_2 p(x)\mathrm{d}x \tag{2.33}$$

2. 联合熵

$$H(X,Y)=-\int_{-\infty}^{+\infty}\int_{-\infty}^{+\infty}p(x,y)\log_2 p(x,y)\mathrm{d}x\mathrm{d}y=-\int_{-\infty}^{+\infty}\int_{-\infty}^{+\infty}p(x,y)\log_2 p(x,y)\mathrm{d}x\mathrm{d}y \tag{2.34}$$

3. 条件熵

$$\begin{aligned}H(Y,X)&=-\int_{-\infty}^{+\infty}\int_{-\infty}^{+\infty}p(x,y)\log_2 p(y\mid x)\mathrm{d}x\mathrm{d}y\\&=-\int_{-\infty}^{+\infty}\int_{-\infty}^{+\infty}p(x)p(y\mid x)\log_2 p(y\mid x)\mathrm{d}x\mathrm{d}y\end{aligned} \tag{2.35}$$

从上述公式可知，连续信源的信源熵、联合熵和条件熵形式与离散情况相似，仅仅是从离散累加求和变成了积分运算。

例 2.17　已知连续随机变量 $\boldsymbol{X}$ 在$[m,n]$服从均匀分布，求其信源熵。

解　由题意可得出该连续信源的概率密度函数为

$$p(x)=\begin{cases}\dfrac{1}{m-n} & (m\leqslant x\leqslant n)\\0 & (x<m\text{ 或 }x>n)\end{cases}$$

因此

$$H(X)=-\int_{m}^{n}\frac{1}{m-n}\log_2\frac{1}{m-n}\mathrm{d}x=\log_2(m-n)$$

若 $m-n\geqslant 1$，则该连续信源熵为非负；反之，若 $m-n<1$，则该信源熵为负数。因此从例 2.17 可知，连续信源的信源熵不满足非负性。

例 2.18 已知一维连续随机变量服从高斯分布，其概率密度函数为

$$p(x)=\frac{1}{\sqrt{2\pi\sigma^2}}\mathrm{e}^{-\frac{(x-m)^2}{2\sigma^2}}$$

式中，$m=E[x]=\int_{-\infty}^{+\infty}xp(x)\mathrm{d}x$ 为随机变量的均值；$\sigma^2=\int_{-\infty}^{+\infty}(x-m)^2p(x)\mathrm{d}x$ 为其方差。试求该连续信源的信源熵。

解

$$H(X)=-\int_m^n p(x)\ln\frac{1}{\sqrt{2\pi\sigma^2}}\mathrm{e}^{-\frac{(x-m)^2}{2\sigma^2}}\mathrm{d}x=-\int_m^n p(x)\ln\frac{1}{\sqrt{2\pi\sigma^2}}\mathrm{d}x--\int_m^n p(x)\ln\mathrm{e}^{-\frac{(x-m)^2}{2\sigma^2}}\mathrm{d}x$$

$$=\frac{1}{2}\ln(2\pi\sigma^2)\int p(x)\mathrm{d}x-\int p(x)\left[-\frac{(x-m)^2}{2\sigma^2}\right]\ln\mathrm{e}\mathrm{d}x$$

$$=\frac{1}{2}\ln 2\pi\sigma^2+\frac{1}{2}\ln\mathrm{e}=\frac{1}{2}\ln 2\pi\mathrm{e}\sigma^2$$

2.6.2 连续信源的最大熵定理

离散信源的最大熵定理要求离散随机变量等概率，而连续信源的最大熵定理常常附带若干约束条件，本节将从信源输出幅度受限和平均功率受限两种情况给出连续信源的最大熵定理。

1. 幅度受限最大熵定理

信源幅度受限条件下，服从均匀分布的一维/多维连续随机变量的信息熵最大。

证明 设一维连续随机变量 X 在$[m,n]$服从均匀分布，其概率密度函数为

$$p(x)=\begin{cases}\dfrac{1}{m-n} & (m\leqslant x\leqslant n)\\ 0 & (x<m,x>n)\end{cases}$$

令 $q(x)$ 表示除均匀分布以外的其他分布，且 $q(x)$ 和 $p(x)$ 满足

$$\int_{-\infty}^{+\infty}q(x)\mathrm{d}x=1,\quad \int_{-\infty}^{+\infty}p(x)\mathrm{d}x=1$$

连续随机变量 X 在概率分布为 $q(x)$ 和 $p(x)$ 时的信源熵分别为 $H_q(X)$ 和 $H_p(X)$，则

$$H_q(X)=-\int_{-\infty}^{+\infty}q(x)\ln q(x)\mathrm{d}x=-\int_{-\infty}^{+\infty}q(x)\ln q(x)\frac{p(x)}{p(x)}\mathrm{d}x$$

$$=-\int_{-\infty}^{+\infty}q(x)\ln p(x)\mathrm{d}x+\int_{-\infty}^{+\infty}q(x)\ln\frac{p(x)}{q(x)}\mathrm{d}x$$

运用高等数学不等式性质：$\ln y\leqslant y-1,y>0$，可得

$$H_q(X)\leqslant-\int_{-\infty}^{+\infty}q(x)\ln p(x)\mathrm{d}x+\int_{-\infty}^{+\infty}q(x)\left[\frac{p(x)}{q(x)}-1\right]\mathrm{d}x$$

$$=-\ln\frac{1}{m-n}=H_p(X)$$

对于多维情况的证明类似，此处省略。

2. 平均功率受限最大熵定理

信源平均功率受限条件下，服从高斯分布的一维/多维连续随机变量的信息熵最大。

证明　设一维连续随机变量 X 服从均值为 m、方差为 σ^2 的高斯分布，其概率密度函数为

$$p(x)=\frac{1}{\sqrt{2\pi\sigma^2}}\mathrm{e}^{-\frac{(x-m)^2}{2\sigma^2}}$$

令 $q(x)$ 表示除高斯分布以外的其他分布，且 $q(x)$ 和 $p(x)$ 满足：

$$\int_{-\infty}^{+\infty}q(x)\mathrm{d}x=1,\quad \int_{-\infty}^{+\infty}p(x)\mathrm{d}x=1,\quad \int_{-\infty}^{+\infty}xp(x)\mathrm{d}x=m,\quad \int_{-\infty}^{+\infty}xq(x)\mathrm{d}x=m,$$

$$\int_{-\infty}^{+\infty}x^2p(x)\mathrm{d}x=P,\quad \int_{-\infty}^{+\infty}x^2q(x)\mathrm{d}x=P,\quad \sigma^2=E[x^2]-[E(x)]^2=P^2-m^2$$

连续随机变量 X 在概率分布为 $q(x)$ 和 $p(x)$ 时的信源熵分别为 $H_q(X)$ 和 $H_p(X)$，则

$$\begin{aligned}H_q(X)&=-\int_{-\infty}^{+\infty}q(x)\ln q(x)\mathrm{d}x=-\int_{-\infty}^{+\infty}q(x)\ln q(x)\,\frac{p(x)}{p(x)}\mathrm{d}x\\&=-\int_{-\infty}^{+\infty}q(x)\ln p(x)\mathrm{d}x+\int_{-\infty}^{+\infty}q(x)\ln\frac{p(x)}{q(x)}\mathrm{d}x\end{aligned}$$

运用高等数学不等式性质：$\ln y\leqslant y-1,y>0$，可得

$$\begin{aligned}H_q(X)&\leqslant-\int_{-\infty}^{+\infty}q(x)\ln p(x)\mathrm{d}x+\int_{-\infty}^{+\infty}q(x)\left[\frac{p(x)}{q(x)}-1\right]\mathrm{d}x\\&=\frac{1}{2}\ln 2\pi\mathrm{e}\sigma^2=H_p(X)\end{aligned}$$

本章小结

1. 信源的分类依据与数学模型

信源的分类依据与数学模型如图 2.4 所示。

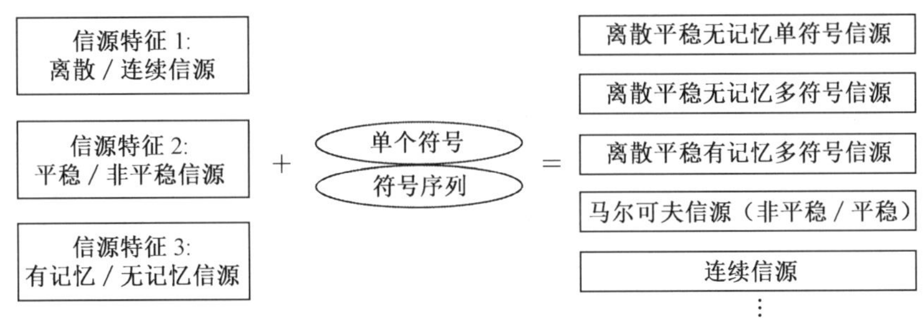

图 2.4　信源的分类依据与数学模型

2. 离散单符号信源的自信息量与信息熵

(1) 信息量。

① 自信息量：

$$I(x_i)=\log_a\frac{1}{p(x_i)}$$

② 联合自信息量：

$$I(x_i,y_i)=-\log_a p(x_i,y_i)$$

③ 条件自信息量：

$$I(y_i\mid x_i)=-\log_a p(y_i\mid x_i)$$

(2) 信息熵。

① 信息熵：

$$H(X)=\sum_{i=1}^{n}p(x_i)\log_2 p(x_i)$$

② 联合熵：

$$H(X,Y)=-\sum_{i=1}^{n}\sum_{j=1}^{n}p(x_i,y_j)\log_2 p(x_i,y_j)$$

③ 条件熵：

$$H(Y\mid X)=\sum_{i=1}^{n}p(x_i)H(Y\mid x_i)=-\sum_{i=1}^{n}\sum_{j=1}^{n}p(x_i,y_j)\log_2 p(y_j\mid x_i)$$

3. 离散信源符号序列的信息熵

(1) 无记忆符号序列的信源熵：

$$H(X)=H(a_1a_2\cdots a_n)=nH(X_1)$$

(2) 有记忆符号序列的信源熵：

$$H(X)=H(a_1a_2\cdots a_n)=H(a_1)+H(a_2\mid a_1)+H(a_3\mid a_1a_2)+\cdots+H(a_n\mid a_1a_2\cdots a_{n-1})$$

(3)m 阶马尔可夫信源序列的极限熵。

极限熵一般表达式：

$$H_\infty(a)=\lim_{n\to\infty}H_n(a_1a_2\cdots a_N)=\lim_{n\to\infty}H(a_n\mid a_1a_2\cdots a_{n-1})=H(a_{m+1}\mid a_1a_2\cdots a_m)$$

稳态概率分布已知时的极限熵：

$$H_\infty=\sum_i W_iH(X\mid E_i)$$

冗余度的计算：

$$\gamma=1-\frac{H_\infty(X)}{H_0(X)}$$

4. 连续信源

(1) 连续信源熵：

$$H(X)=\int_a^b p(x)\log_2\frac{1}{p(x)}\mathrm{d}x=-\int_a^b p(x)\log_2 p(x)\mathrm{d}x$$

(2) 连续信源最大熵定理。

① 信源幅度受限条件下，服从均匀分布的一维 / 多维连续随机变量的信息熵最大。

② 信源平均功率受限条件下，服从高斯分布的一维 / 多维连续随机变量的信息熵最大。

习　题

2.1　袋子里有 100 个小球，其中黑球 60 个，白球 40 个。求：(1) 取出 1 个后放回袋子，任意查看 2 个小球都是黑色的自信息量；(2) 取出后不放回袋子，连续取出 2 个小球，2 个都为黑色的自信息量。

2.2　某天的天气情况及其概率见表 2.6。

表 2.6　某天的天气情况及其概率

天气情况	晴天	阴天	雨天
概率	7/12	1/4	1/6

求：(1) 某天为晴天的自信息量；(2) 某天天气情况的平均自信息量；(3) 假设每天的天气情况相互独立，连续两天天气情况的信息熵。

2.3　张三同学每次考试的成绩与对应概率组成的概率空间见表 2.7。

表 2.7　张三同学考试情况及其概率

X	优	良	中	及格	不及格
$P(x_i)$	1/5	1/4	1/4	1/5	1/10

求：(1) 张三同学考试优秀的自信息量；(2) 张三同学单次考试成绩的平均自信息量；(3) 若每次考试成绩相互独立，连续三次考试的平均自信息量。

2.4　试用熵的可分性计算信源熵 $H\left(\frac{1}{3},\frac{1}{3},\frac{1}{6},\frac{1}{12},\frac{1}{12}\right)$。

2.5　张三抛硬币，其概率空间为 $\begin{bmatrix} X \\ p(x_i) \end{bmatrix}=\begin{bmatrix} x_1 & x_2 \\ \frac{1}{2} & \frac{1}{2} \end{bmatrix}$，李四掷骰子，其概率空间为 $\begin{bmatrix} Y \\ p(y_i) \end{bmatrix}=\begin{bmatrix} y_1 & y_2 & y_3 & y_4 & y_5 & y_6 \\ \frac{1}{6} & \frac{1}{6} & \frac{1}{6} & \frac{1}{6} & \frac{1}{6} & \frac{1}{6} \end{bmatrix}$，抛硬币与掷骰子依次进行一次，且两个事件相互独立，求联合熵 $H(X,Y)$。

2.6　信源发送符号 A 和 B，其概率空间为 $\begin{bmatrix} X \\ p(x_i) \end{bmatrix}=\begin{bmatrix} A & B \\ \frac{2}{5} & \frac{3}{5} \end{bmatrix}$。

求：(1) 信源发送一个符号的信源熵；(2) 信源连续发送 20 个符号的信源熵(其中 A 为 n 个，B 为 $20-n$ 个)。

2.7　试证明 $H(X,Y)=H(X)+H(Y\mid X)$。

2.8　已知离散有记忆信源的概率空间为 $\begin{bmatrix} X \\ p(x_i) \end{bmatrix}=\begin{bmatrix} x_1 \\ \frac{2}{3} \end{bmatrix}$，信源序列长度为 2，其发出符号仅与之前的符号相关联，信源序列可用联合概率 $p(x_ix_j)$ 来描述，已知各符号的联合概率见表 2.8。

表 2.8　信源联合概率

$p(x_ix_j)$	x_1	x_2	x_3
x_1	1/36	1/12	1/3
x_2	1/12	1/36	1/36
x_3	1/3	1/18	1/36

试求:(1) 信源序列的信息熵;(2) 该信源的平均符号熵。

2.9　各态遍历的三状态马尔可夫信源,转移概率矩阵为

$$\boldsymbol{P}=\begin{bmatrix}0.3\\0.2\\0.5\end{bmatrix}$$

试求:(1) 稳态分布;(2) 极限熵;(3) 冗余度。

2.10　各态遍历的四状态齐次马尔可夫信源,其转移概率矩阵为

$$\boldsymbol{P}=\begin{bmatrix}0.2 & 0.2 & 0.3 & 0.2\\0.5 & 0.2 & 0.2 & 0.1\\0.1 & 0.2 & 0.3 & 0.4\\0.4 & 0.2 & 0.1 & 0.3\end{bmatrix}$$

(1) 画出状态转移图;(2) 求稳态概率分布;(3) 求极限熵。

2.11　连续信源在$[0,+\infty]$服从均值为 m 的指数分布,指数分布概率密度函数为 $p(x)=\dfrac{1}{m}\mathrm{e}^{-\frac{x}{m}}$,$m=\int_0^{+\infty}xp(x)\mathrm{d}x$,试求其连续信源熵。

2.12　试证明:均值设限条件下,信源幅度服从指数分布时,连续信源熵最大(指数分布概率密度函数为 $p(x)=\dfrac{1}{m}\mathrm{e}^{-\frac{x}{m}}$,其中 $m=\int_0^{+\infty}xp(x)\mathrm{d}x$ 为均值)。

第 3 章 无失真信源编码

第 2 章介绍了信息熵、互信息量等信息度量的相关知识，本章介绍信源编码的概念、基础理论和编码方法。信源编码的主要目的是提高信息的有效性，减少信息冗余，实现信息压缩。在实现方法上，主要是使编码后的序列符号尽可能等概分布，从而具有最大的信息量，进而描述更多的信息，同时可减少编码后的码字长度，以提高编码效率。

在信源编码环节主要包括无失真信源编码和限失真信源编码。无失真信源编码是指在没有失真的条件下，对信源进行编码，提高压缩效率，也称为无损压缩；而限失真信源编码是在允许一定失真的条件下，进一步减少信息冗余，也称为有损压缩。本章首先介绍信源编码的基本概念，之后介绍无失真信源编码定理，即香农第一定理，最后介绍几种经典的无失真信源编码方法。

3.1 信源编码的相关概念

信源编码的功能是将信源符号转变为码字，缩短码字长度，有效压缩信源。本节将介绍信源编码器的结构和信源编码的分类。

3.1.1 信源编码器的结构

信源编码器的结构如图 3.1 所示。为了理解信源编码器，先引入信源符号集合、单符号信源 / 多符号信源、信源符号长度、信源符号个数、码符号集合、码元数、码字和码字长度等概念。在这些概念的基础上，阐述无失真信源编码的码字与信源符号的映射关系。

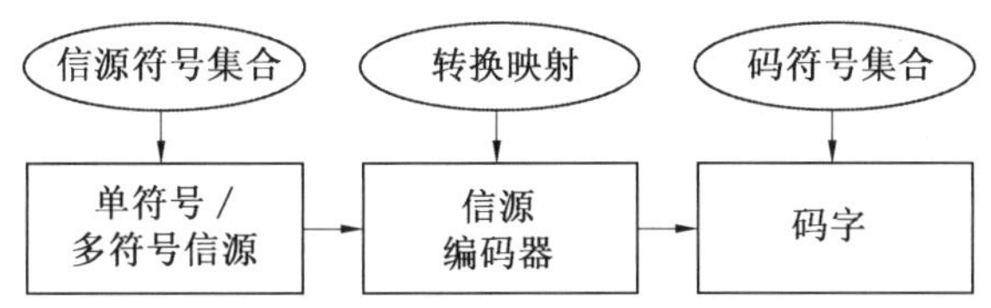

图 3.1 信源编码器的结构

(1) 信源符号集合。构成信源符号 / 序列的符号集合。

(2) 单符号信源 / 多符号信源。由单个符号构成的信源为单符号信源，由多个符号构成的信源为多符号信源。

(3) 信源符号长度。信源符号 / 序列中包含符号集合中元素的个数。

(4) 信源符号个数。信源编码前,单符号信源符号 / 多符号信源符号序列的个数。

(5) 码符号集合。构成码字的符号集合。

(6) 码元数。码符号集合元素的个数。

(7) 码字。经信源编码器编码后的码符号序列。

(8) 码字长度。码字中包含码符号集合中元素的个数。

例 3.1 信源符号集合为 $X=\{x_1,x_2,x_3,\cdots,x_r\}$,则信源符号可以表示为 $s_i=x_j(j\in\{1,2,\cdots,r\})$,同理,信源符号序列可以表示为$s_i=x_m x_n\cdots x_k(m、n、k\in\{1,2,\cdots,r\})$,信源序列$s_1=x_1x_2x_3$ 的信源符号长度为 3。若码符号集合为$Y=\{y_1,y_2,y_3,\cdots,y_s\}$,则其组成的码字为 $W_i=y_o y_p\cdots y_q(o、p、q\in\{1,2,\cdots,r\})$, $W_1=y_1y_2$ 的码字长度为 2。

3.1.2 信源编码的分类

经过信源编码器编码后得到的码字具有多种形式,根据码字长度、码字与信源符号对应关系的不同,码字具有以下几种分类。

1. 按码长的不同分类

按码长的不同分类,信源编码可以分为等长码和变长码。

等长码。信源编码后所有码字的长度都相同。

变长码。信源编码后码字的长度不同。

2. 按码字与信源符号的对应关系分类

按码字与信源符号的对应关系分类,信源编码可分为奇异码和非奇异码。

奇异码。信源编码后存在某个码字与两个或两个以上的信源符号 / 序列相对应。

非奇异码。信源编码后的每个码字仅对应一个信源符号 / 序列。

3. 按码字与信源符号的唯一映射关系分类

按码字与信源符号的唯一映射关系分类,信源编码可分为唯一可译码和非唯一可译码。

唯一可译码。任意有限长的码字序列只能被唯一地翻译为对应的信源序列。

非唯一可译码。任意有限长的码字序列有多个对应的信源序列。

4. 按译码实时性分类

按译码实时性分类,信源编码可分为即时码和非即时码。

即时码。接收到一个码字后,无须参考后续的码字 / 序列就能即刻译码。

非即时码。接收到一个码字后,需要结合后续码字信息,才能译码。

例 3.2 信源与编码方式的情况见表 3.1,判断哪些属于等长码、变长码、奇异码、非奇异码、唯一可译码或非唯一可译码?

解 编码方式 1 为变长码、非奇异码、唯一可译码和即时码;编码方式 2 为变长码、奇异码、非唯一可译码和非即时码;编码方式 3 为变长码、非奇异码、唯一可译码和非即时码;编码方式 4 为等长码、非奇异码、唯一可译码和即时码。

表 3.1　信源与编码方式的情况

信源符号	编码方式 1	编码方式 2	编码方式 3	编码方式 4
s_1	000	0	01	00
s_2	010	10	001	01
s_3	10	00	1	10
s_4	11	10	0001	11

3.1.3　唯一可译码的构造与判决方法

1. 唯一可译码的构造方法

树图法是构造唯一可译码的有效方法，其基本原理是利用树的形状结构模仿码字的构造过程。树图中包含：树根即根结点，表示码字的第一个码符号；树枝即中间结点的连枝，表示码字的中间码符号；树叶即叶结点，表示码字的最后一个码符号。树枝的数目决定了码字中码符号的数目，每个结点能最多伸出的树枝数取决于码符号集中元素的个数。二进制满树结构如图 3.2 所示，三进制非满树结构如图 3.3 所示。

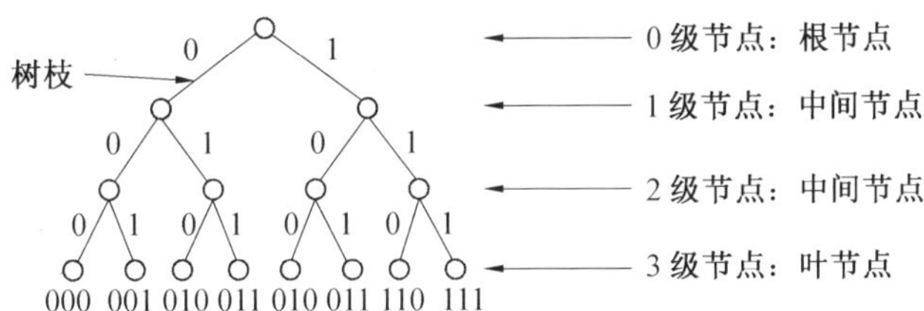

图 3.2　二进制满树结构

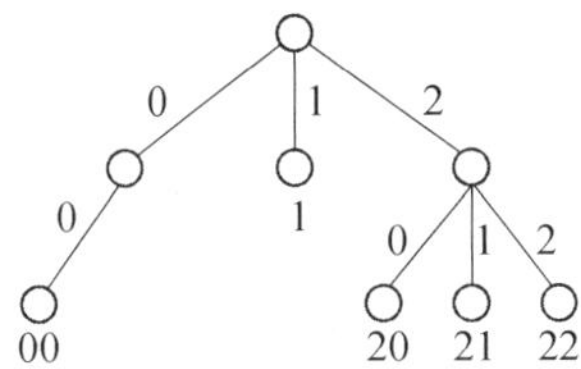

图 3.3　三进制非满树结构

2. 唯一可译码的判别方法

判断已有码字是否是唯一可译码的方法主要有克拉夫特(Kraft) 不等式和尾随后缀法，本节将具体介绍这两种方法。

(1) 克拉夫特不等式。

对于码符号集合 $Y=\{y_1,y_2,y_3,\cdots,y_s\}$，其码元数为 s，编码后的码字为 $W_1,W_2,\cdots,W_n$，其对应的码长为 $l_1,l_2,\cdots,l_n$，则码元数、码字和码字长度需要满足克拉夫特不等式：

$$\sum_{i=1}^{n} s^{-l_i} \leqslant 1 \tag{3.1}$$

若满足克拉夫特不等式条件，则一定存在唯一可译码。值得注意的是，克拉夫特不等式仅仅给出了存在性条件，并未给出唯一可译码的具体编码方法，也不能说明满足克拉夫特不等式的码字一定是唯一可译码，但是该条件可作为判断不是唯一可译码的准则，也就是说，若不满足克拉夫特不等式，则该编码方式一定不是唯一可译码。

证明　克拉夫特不等式。

利用树图法构造唯一可译码的思路证明该不等式。具体来说，在码元数为 s，编码后的码字为 $W_1, W_2, \cdots, W_n$，其对应的码长为 $l_1, l_2, \cdots, l_n$ 条件下，若构造的树图为满树，级数为 N，则在第 N 级包含的总叶结点树为 s^N。若不满足满树结构，某一个码字仅到达 l_i 级（码字长度），则在第 N 级，相比于满树情况，所缺少的叶结点数目为 s^{N-l_i}，而 n 个码字在第 N 级至多缺少的叶结点数目为 $\sum_{i=1}^{n} s^{N-l_i}$，显然这些数量不能多于 N 级满树情况 s^N，即

$$\sum_{i=1}^{n} s^{N-l_i} \leqslant s^N$$

整理可得

$$\sum_{i=1}^{n} s^{-l_i} \leqslant 1$$

证毕。

例 3.3　利用克拉夫特不等式，判断以下两种二元编码是否是唯一可译码。

编码 1：{00,11,1,00}。

编码 2：{00,01,10,1}。

解　对于编码 1，码元数为 2，其码长分别为 $l_1 = l_2 = l_4 = 2, l_3 = 1$，利用克拉夫特不等式：

$$\sum_{i=1}^{4} 2^{-l_i} = 2^{-2} + 2^{-2} + 2^{-1} + 2^{-2} = \frac{5}{4} > 1$$

所以判定编码 1 不是唯一可译码。

对于编式 2，码元数为 2，其码长分别为 $l_1 = l_2 = l_3 = 2, l_4 = 1$，利用克拉夫特不等式：

$$\sum_{i=1}^{4} 2^{-l_i} = 2^{-2} + 2^{-2} + 2^{-2} + 2^{-1} = \frac{5}{4} > 1$$

所以判定编码 2 不是唯一可译码。

(2) 尾随后缀法。

尾随后缀法是通过对所有码字的尾随后缀集合进行分析，若集合中无任一码字，则可判别该码为唯一可译码。归纳尾随后缀法的判别步骤如下。

① 第一步。按照码字长短，以较短码字为优先查找目标，查看其是否是其他码字的前缀，将所有可能的后缀全部列出。

② 第二步。按照第一步查找出的尾随后缀，判断是否是其他码字的前缀，也一并列出相应的新的尾随后缀。

③ 第三步。依次查找，直至不能再发现新的尾随后缀为止。

④ 第四步。判别，如搜索到的所有尾随后缀都不是码字，则可判定其为唯一可译码。

例 3.4　试判断以下两种编码是否是唯一可译码。

编码 1：{11,01,10,1100,1101}。

编码 2:{bb,c,ac,abb,bbabb,abbcd}。

解　对于编码 1,首先从最短码字 11,01,10 开始,逐一寻找对应码字的尾随后缀,查寻得到的尾随后缀为 00,01,0,1,其中 01 是码字,所以判定码 1 不是唯一可译码。

对于编码 2,首先从最短码字 c 开始,逐一寻找对应码字的尾随后缀,查寻得到的尾随后缀为 abb,cd,其中 abb 是码字,所以判定码 2 不是唯一可译码。

3.2　无失真信源编码定理

无失真信源编码定理主要包括等长编码定理和变长编码定理,主要描述编码前信源符号序列长度、信源熵与编码后的码字长度、码元数之间的关系,为实际通信系统的设计提供理论支撑。

3.2.1　等长编码定理

1. 等长编码定理的定义

对于离散平稳无记忆信源进行等长编码,编码前,信源符号 / 序列的长度为 N,信源熵为 $H(S)$,编码后,码字长度为 L,码元数(码符号数) 为 r,则对于任意 $\varepsilon > 0$,当满足 $L\log_2 r \geqslant N[H(S)+\varepsilon]$ 时,存在一种编码方式,使得译码错误率任意小,实现无失真信源编码。反之,若 $L\log_2 r < N[H(S)+\varepsilon]$,则不存在一种等长编码,使得错误概率任意小。

从该定理的关键不等式 $L\log_2 r \geqslant N[H(S)+\varepsilon]$ 可知,其不等式左边 $L\log_2 r=\log_2 r^L$ 表示码字等概时能提供的最大平均自信息量,不等式右边 $N[H(S)+\varepsilon]$ 表示长度为 N 的信源序列能携带的最大平均自信息量,因此不等式 $L\log_2 r \geqslant N[H(S)+\varepsilon]$ 表示编码后码字的平均自信息量大于编码前信源序列的平均自信息量。也就是说,编码后码字总平均自信息量要多到足够描述编码前信源序列的平均自信息量,才能实现无失真的信息编码;反之,如果编码后码字总平均自信息量少于编码前信源序列的平均自信息量,那么即使码长足够大,也不能实现无失真编码。

对于离散平稳有记忆信源的等长编码定理,仅需将信源熵 $H(S)$ 改为极限熵 $H_\infty(S)$。

2. 编码效率 η

编码效率的数学表达式为

$$\eta=\frac{NH(S)}{l\log_2 r}=\frac{H(S)}{\dfrac{l}{N}\log_2 r}=\frac{H(S)}{\bar{R}} \tag{3.2}$$

式中,$\bar{R}=\dfrac{l}{N}\log_2 r$ 为编码信息率,表示编码后每个码字符号的平均自信息量。

编码效率 η 表示编码前总信源序列的平均自信息量与编码后的码字总平均自信息量之比,也表示编码前每个信源符号的平均自信息量与编码后每个码字符号的平均自信息量之比。

3. 最佳等长编码效率

由编码效率公式引出的最佳等长编码效率为

$$\eta=\frac{H(S)}{H(S)+\varepsilon} \tag{3.3}$$

式中，ε 为一个取值很小的常数。因此在该定义下，最佳编码效率接近于 1。

对于等长信源编码，已知信源序列自信息方差 $\sigma^2=D[I(s_i)]$ 和信源熵 $H(S)$，编码错误概率 p_e 与信源序列长度 N、最佳编码效率 η 需要满足以下关系：

$$N\geqslant\frac{\sigma^2}{\varepsilon^2 p_e} \tag{3.4}$$

进而，得到

$$p_e\geqslant\frac{\sigma^2}{H^2(S)}\frac{\eta^2}{(1-\eta^2)N} \quad \text{或} \quad N\geqslant\frac{\sigma^2}{H^2(S)}\frac{\eta^2}{(1-\eta^2)p_e} \tag{3.5}$$

例 3.5 存在一个离散无记忆信源，其概率空间为

$$\begin{bmatrix}X\\P\end{bmatrix}=\begin{bmatrix}a_1 & a_2 & a_3 & a_4 & a_5\\0.1 & 0.2 & 0.3 & 0.3 & 0.1\end{bmatrix}$$

对该信源进行二进制无失真等长信源编码，要求编码效率 $\eta=85\%$，错误概率 $p_e\leqslant10^{-4}$，求编码前信源序列长度 N。

解 该信源的信源熵 $H(X)$ 为

$$H(X)=-\sum_{i=1}^{5}p_i\log_2 p_i=2.17(\text{bit/符号})$$

信源序列自信息方差 σ^2 为

$$\sigma^2=D[I(s_i)]=-\sum_{i=1}^{5}p_i\,(\log_2 p_i)^2-(-\sum_{i=1}^{5}p_i\log_2 p_i)^2=5.09-4.71=0.38$$

进而得到编码前信源符号长度为

$$N\geqslant\frac{\sigma^2}{H^2(S)}\frac{\eta^2}{(1-\eta^2)p_e}=\frac{0.38}{4.71}\times\frac{0.85^2}{(1-0.85^2)\,10^{-4}}=0.21\times10^4$$

从例 3.5 可知，等长信源编码对信源符号的码长要求很高，需要非常长的信源序列，才能满足无失真编码的差错要求，在实际应用中，显然很难得到满足，因此 3.2.2 节中引入的变长编码更具有实用价值。

3.2.2 变长编码定理

对于等长编码，要求码字长度固定，编码效率不高，并且在实际应用中受到了很多限制，而变长编码后的码字长度是不同的，编码效率高，应用广泛。由于变长编码的码字长度是变化的，所以为了分析变长编码的相关参数，引入了平均码长的概念。

1. 平均码长

平均码长为码字长度与对应信源符号概率的统计平均，其数学描述如下。

对于信源：

$$\begin{bmatrix}X\\P\end{bmatrix}=\begin{bmatrix}a_1 & a_2 & a_3 & \cdots & a_q\\p(a_1) & p(a_2) & p(a_3) & \cdots & p(a_q)\end{bmatrix}$$

编码后的码字 $W_1,W_2,\cdots,W_q$ 概率为

$$p(W_1)=p(a_1),\cdots,p(W_q)=p(a_q)$$

码字长度分别为 $l_1, l_2, \cdots, l_q$，则平均码字长度为

$$\bar{L} = \sum_{i=1}^{q} p(a_i) l_i (\text{码符号 / 符号}) \tag{3.6}$$

变长编码的信息传输速率为

$$R = \frac{H(S)}{\bar{L}} (\text{bit/ 码符号}) \tag{3.7}$$

平均码长最小的唯一可译码称为紧致码或最佳码。

2. 单符号信源变长编码定理

对于离散无记忆单符号信源，其信源熵为 $H(S)$，对该信源进行无失真信源编码，若码元为 r，则变长编码的平均码长需要满足：

$$\frac{H(S)}{\log_2 r} \leqslant \bar{L} < \frac{H(S)}{\log_2 r} + 1 \tag{3.8}$$

3. 多符号信源变长编码定理

对于离散平稳无记忆信源序列，信源长度为 N，平均符号熵为 $H_N(S)$，若码元为 r，则变长编码的平均码长需要满足：

$$\frac{NH_N(S)}{\log_2 r} \leqslant \bar{L} < \frac{NH_N(S)}{\log_2 r} + 1 \quad \text{或} \quad \frac{H_N(S)}{\log_2 r} \leqslant \frac{\bar{L}}{N} < \frac{H_N(S)}{\log_2 r} + \frac{1}{N} \tag{3.9}$$

变长编码定理同样说明了编码后码字所能描述的总平均自信息量要多于编码前信源符号 / 序列携带的平均自信息量。若信源序列为离散平稳有记忆信源序列，同样将平均符号熵 $H_N(S)$ 变为极限熵 $H_\infty(S)$。

4. 编码效率 η

变长编码的编码效率的数学表达式为

$$\eta = \frac{NH_N(S)}{\bar{L} \log_2 r} \tag{3.10}$$

式中，r 为码元数。

变长编码的编码效率 η 表示编码前信源序列的总平均自信息量与编码后的码字总平均自信息量之比。

5. 剩余度 γ

变长编码的剩余度为 1 减去编码效率，其数学表达式为 $\gamma = 1 - \eta$。剩余度 γ 用来衡量编码后码字与最佳码（紧致码）的差距。

3.3　典型的无失真信源编码方法

信源编码是实现信息压缩的有效方法，为了实现紧致码的预期，信源编码应遵循的原则是：对于概率大的信源符号，其对应的码字长度应较短，对于概率小的信源符号，其对应的码字长度应较长，并且编码后的码字尽可能等概分布。基于上述编码思想，典型的无失真信源编码包括香农编码、费诺编码和霍夫曼编码。

3.3.1 香农编码

变长编码定理(香农第一定理)阐述了变长编码的码长与信源符号/序列概率之间的转换关系,即对于信源符号或信源序列 X_i,其对应概率为 p_i,则编码后的码字长度 L_i 满足:

$$\log_2 \frac{1}{p_i} \leqslant L_i < \log_2 \frac{1}{p_i} + 1 \tag{3.11}$$

按照上述码长关系构造的码字为香农编码,香农编码具体的编码步骤如下。

对于信源:

$$\begin{bmatrix} X \\ P \end{bmatrix} = \begin{bmatrix} a_1 & a_3 & a_2 & \cdots & a_q \\ p(a_1) & p(a_3) & p(a_2) & \cdots & p(a_q) \end{bmatrix}$$

(1) 第一步:信源概率排序。将信源符号/序列的概率 $p(a_1), p(a_3), p(a_2), \cdots, p(a_q)$,按照由大到小的顺序排列,设排序后的结果为 $p(a_1) \geqslant p(a_2) \geqslant p(a_3) \geqslant \cdots \geqslant p(a_q)$。

(2) 第二步:确定码字长度。根据上述排序后的信源概率,利用码字长度关系 $\log_2 \frac{1}{p(a_i)} \leqslant L_i < \log_2 \frac{1}{p(a_i)} + 1$,确定每个信源符号/序列对应的码字长度。

(3) 第三步:计算累加概率。根据排序后的信源概率,求第 k 个符号的累加概率:

$$P_k = \sum_{i=1}^{k} p(a_i)$$

(4) 第四步:二进制转换。将第 k 个符号的累加概率 P_k 转换成二进制小数,取小数点后 L_i 位,作为排序后第 k 个符号/序列的码字。

例 3.6 对于信源:

$$\begin{bmatrix} X \\ P \end{bmatrix} = \begin{bmatrix} a_1 & a_2 & a_3 & a_4 & a_5 \\ 0.1 & 0.2 & 0.15 & 0.05 & 0.5 \end{bmatrix}$$

试用香农编码进行二元无失真信源编码,并计算平均码长和编码效率。

解 (1) 按照编码步骤进行香农编码,其情况见表 3.2。

表 3.2 香农编码情况

步骤	第一步: 信源概率排序	第二步: 确定码字长度	第三步: 计算累加概率	第四步: 二进制转换
排序后的信源符号	对应概率	码字长度 L_i	累加概率 P_i	码字 W_i
a_5	0.5	1	0	0
a_2	0.2	3	0.5	100
a_3	0.15	3	0.7	101
a_1	0.1	4	0.85	1101
a_4	0.05	5	0.95	11111

为了便于解释,以 a_1 的编码过程进行详细描述。第一步,对信源概率排序,a_1 的概率排

在第四位；第二步，确定码字长度，$\log_2 \frac{1}{p(a_i)} = 3.32 \leqslant L_i < \log_2 \frac{1}{p(a_i)} + 1 = 4.32$，因此，$a_1$ 对应码字的长度为 4；第三步，计算累加概率，为 0.85；第四步，将累加概率 0.85 进行二进制转换，为 1101。

(2) 计算平均码长：

$$\bar{L} = \sum_{i=1}^{5} p(a_i) l_i = 0.5 \times 1 + 0.2 \cdot 3 + 0.15 \times 3 + 0.1 \times 4 + 0.05 \times 5 = 2.2$$

(3) 计算编码效率 η：

$$\begin{aligned} H(a) &= -\sum_{i=1}^{5} p(a_i) \log_2 p(a_i) = -0.5\log_2 0.5 - 0.2\log_2 0.2 - \\ &\quad 0.15\log_2 0.15 - 0.1\log_2 0.1 - 0.05\log_2 0.05 \\ &= 1.92 \end{aligned}$$

$$\eta = \frac{H(a)}{\bar{L}} = \frac{1.92}{2.2} \approx 0.87$$

香农编码结果唯一，编码效率不高，实用性不强，但是由于香农编码是由香农第一定理(无失真信源编码)得出，因此具有较强的理论意义。通常情况下，香农编码不是紧致码(最佳码)，当且仅当对于每一个信源概率和码长满足 $-\log_2 p(a_i) = L_i$ 时，香农编码才是最佳码。

3.3.2　费诺编码

费诺编码将信源概率按照等概划分的思想进行编码，费诺编码具体的实现步骤如下。

(1) 第一步：信源概率排序。将信源概率按照从大到小的顺序排列。

(2) 第二步：近似等概分组。将所有的信源概率划分为近似等概率的两组，并赋予一个码符号(如 0、1)。

(3) 第三步：分组细化。根据已分的两组，再将每个小组进一步分为近似等概率的两个小组，以此类推，继续划分，直至每个信源都为一组。

(4) 第四步：形成码字。按照分组及每个小组赋予的码符号，得到每个信源符号的码字。

例 3.7　对于信源

$$\begin{bmatrix} X \\ P \end{bmatrix} = \begin{bmatrix} a_1 & a_2 & a_3 & a_4 & a_5 & a_6 \\ 0.2 & 0.1 & 0.15 & 0.05 & 0.18 & 0.32 \end{bmatrix}$$

试用费诺编码进行二元无失真信源编码，并计算平均码长和编码效率。

解　(1) 按照编码步骤进行费诺编码，其情况见表 3.3。

(2) 计算平均码长 $\bar{L}$：

$$\bar{L} = \sum_{i=1}^{6} p(a_i) l_i = 0.32 \times 2 + 0.2 \times 2 + 0.18 \times 2 + 0.15 \times 3 + 0.1 \times 4 + 0.05 \times 4 = 2.45$$

(3) 计算编码效率 η：

$$H(a) = -\sum_{i=1}^{6} p(a_i) \log_2 p(a_i)$$

$$= -0.32\log_2 0.32 - 0.2\log_2 0.2 - 0.18\log_2 0.18 - 0.15\log_2 0.15 - 0.1\log_2 0.1 - 0.05\log_2 0.05$$

$$= 2.39$$

$$\eta = \frac{H(a)}{\bar{L}} = \frac{2.39}{2.45} \approx 0.98$$

费诺编码结果不唯一，其利用了树图的思想进行构造，因此费诺编码一定是即时码，但是不一定是最佳码，仅当每次分组，概率接近相等时，才能实现最佳编码。

表 3.3　费诺编码情况

第一步：信源概率排序		第二步：近似等概分组	第三步：分组细化			第四步：形成码字
信源符号 a_i	符号概率 $p(a_i)$	第一次分组	第二次分组	第三次分组	第四次分组	码字
a_6	0.32	1	1			11
a_1	0.2		0			10
a_5	0.18	0	1			01
a_3	0.15		0	1		001
a_2	0.1			0	1	0001
a_4	0.05				0	0000

3.3.3 霍夫曼编码

霍夫曼编码按照较小概率逐级合并的方式实现无失真信源编码，二元霍夫曼编码具体的实现步骤如下。

(1) 第一步：信源概率排序。将 q 个信源概率按照从大到小的顺序排列。

(2) 第二步：小概率合并。将 2 个最小的信源概率分别赋值 0，1，并将两者的概率相加，作为 1 个新的信源符号 / 序列，进而转变成对 $q-1$ 个信源的处理。

(3) 第三步：逐级递推。对新形成的 $q-1$ 个信源概率排序(第一步)、小概率合并(第二步)，形成对 $q-2$ 个信源的处理，依次递推下去，直至将所有的信源概率合并为一个信源为止。

(4) 第四步：反向读数。从最后一级，向前依次读出对应信源的码符号序列，完成编码。

例 3.8　对于信源：

$$\begin{bmatrix} X \\ P \end{bmatrix} = \begin{bmatrix} a_1 & a_2 & a_3 & a_4 & a_5 & a_6 & a_7 \\ 0.2 & 0.1 & 0.15 & 0.05 & 0.18 & 0.19 & 0.13 \end{bmatrix}$$

试用霍夫曼编码进行二元无失真信源编码，并计算平均码长和编码效率。

解　(1) 按照编码步骤进行二元霍夫曼编码，其示意图如图 3.4 所示。

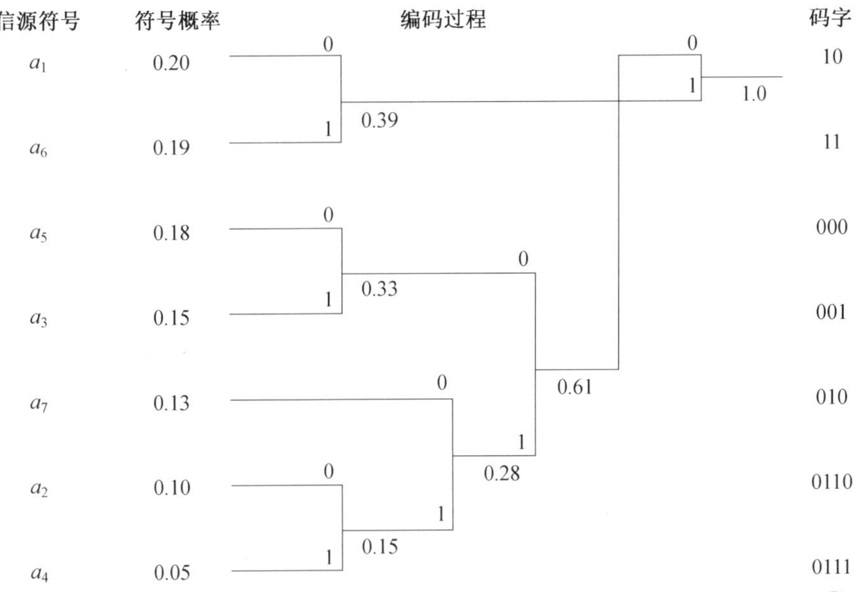

图 3.4　二元霍夫曼编码示意图

(2) 计算平均码长 $\bar{L}$：

$$\bar{L}=\sum_{i=1}^{7}p(a_i)l_i$$
$$=0.2\times2+0.19\times2+0.18\times3+0.15\times3+0.13\times3+0.1\times4+0.05\times4$$
$$=2.76$$

(3) 计算编码效率 η：

$$H(a)=-\sum_{i=1}^{7}p(a_i)\log_2 p(a_i)$$
$$=-0.2\log_2 0.2-0.19\log_2 0.19-0.18\log_2 0.18-0.15\log_2 0.15-$$
$$0.13\log_2 0.13-0.1\log_2 0.1-0.05\log_2 0.05$$
$$=2.71$$

$$\eta=\frac{H(a)}{\bar{L}}=\frac{2.71}{2.76}\approx0.98$$

除了二元霍夫曼编码以外，还可以拓展到 r 元，形成 r 元霍夫曼编码。r 元霍夫曼编码要求信源符号个数 q 满足：$q=(r-1)\mu+r$，其中 μ 为缩减参数，表示概率合并的次数。若信源次数不满足上述条件，也可以通过增加多个 0 概率符号，使其满足该条件。r 元霍夫曼编码具体的实现步骤如下。

(1) 第一步：信源符号个数匹配。判断信源符号数是否满足条件：$q=(r-1)\mu+r$，若不满足该条件，则需要补 0 概率信源符号，使之匹配。

(2) 第二步：信源概率排序。将匹配后的 q 个信源概率按照从大到小的顺序排列。

(3) 第三步：小概率合并。将 r 个最小的信源概率分别赋值 0，1，2，…，$r-1$，并将概率相加，作为 1 个新的信源符号 / 序列，进而转变成对 $q-r+1$ 个信源的处理。

(4) 第四步：逐级递推。对新形成的 $q-r+1$ 个信源概率排序(第二步)、小概率合并(第三步)，形成对 $q-r+1-r+1$ 个信源的处理，依次递推下去，直至将所有的信源概率合并为一个信源为止。

(5) 第五步：反向读数。从最后一级，向前依次读出对应信源的码符号序列，完成编码。

例 3.9 对于信源：

$$\begin{bmatrix} X \\ P \end{bmatrix} = \begin{bmatrix} a_1 & a_2 & a_3 & a_4 & a_5 & a_6 & a_7 & a_8 \\ 0.2 & 0.1 & 0.15 & 0.05 & 0.18 & 0.19 & 0.09 & 0.04 \end{bmatrix}$$

试用霍夫曼编码进行四元无失真信源编码，并计算平均码长和编码效率。

解 (1) 按照编码步骤进行 r 元霍夫曼编码，其示意图如图 3.5 所示。

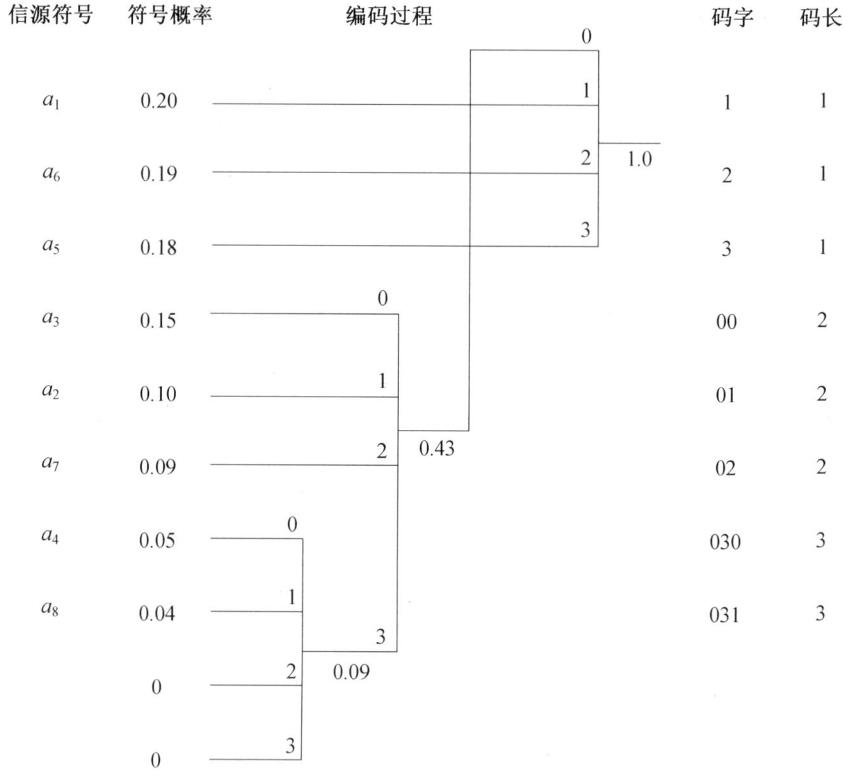

信源符号	符号概率	码字	码长
a_1	0.20	1	1
a_6	0.19	2	1
a_5	0.18	3	1
a_3	0.15	00	2
a_2	0.10	01	2
a_7	0.09	02	2
a_4	0.05	030	3
a_8	0.04	031	3
	0		
	0		

编码过程：a_4(0)、a_8(1)、0(2)、0(3) 合并为 0.09；a_3(0)、a_2(1)、a_7(2)、0.09(3) 合并为 0.43；0.43(0)、a_1(1)、a_6(2)、a_5(3) 合并为 1.0。

图 3.5 r 元霍夫曼编码示意图

(2) 计算平均码长 $\bar{L}$：

$$\begin{aligned} \bar{L} &= \sum_{i=1}^{8} p(a_i) l_i \\ &= 0.2\times1+0.19\times1+0.18\times1+0.15\times2+0.1\times2+0.09\times2+0.05\times3+0.04\times3 \\ &= 1.52 \end{aligned}$$

(3) 计算编码效率 η：

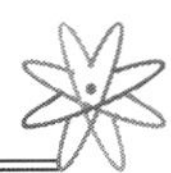

$$
\begin{aligned}
H(a) &= -\sum_{i=1}^{8} p(a_i)\log_2 p(a_i) \\
&= -0.2\log_2 0.2 - 0.19\log_2 0.19 - 0.18\log_2 0.18 - 0.15\log_2 0.15 - \\
&\quad 0.1\log_2 0.1 - 0.09\log_2 0.09 - 0.05\log_2 0.05 - 0.04\log_2 0.04 \\
&= 2.82
\end{aligned}
$$

$$
\eta = \frac{H(a)}{\bar{L}\log_2 r} = \frac{2.71}{3.04} \approx 0.93
$$

霍夫曼编码结果不唯一，但是平均码长一致，霍夫曼编码的编码效率高，既是即时码，也是最佳码。

本章小结

1. 信源编码的基本概念、常用分类和唯一可译码的判别方法

信源编码的基本概念包括信源符号集合、信源符号长度、码符号集合、码字和码字长度等。

信源编码器常用的分类包括等长码与变长码、奇异码与非奇异码、唯一可译码与非唯一可译码、即时码与非即时码。

唯一可译码的常用判别方法包括克拉夫特不等式和尾随后缀法。

2. 无失真信源编码定理

无失真信源编码定理主要包括等长编码定理和变长编码定理。

(1) 等长编码定理。对于离散平稳无记忆信源进行等长编码，编码前，信源符号 / 序列的长度为 N，信源熵为 $H(S)$，编码后，码字长度为 L，码元数（码符号数）为 r，则对于任意 $\varepsilon > 0$，当满足 $L\log_2 r \geqslant N[H(S)+\varepsilon]$ 时，存在一种编码方式，使得译码错误率任意小，实现无失真信源编码；反之，若 $L\log_2 r < N[H(S)+\varepsilon]$，则不存在一种等长编码，使得错误概率任意小。

(2) 单符号信源变长编码定理。对于离散无记忆单符号信源，其信源熵为 $H(S)$，对该信源进行无失真信源编码，若码元为 r，则变长码的平均码长需要满足 $H(S)/\log_2 r \leqslant \bar{L} < H(S)/\log_2 r + 1$。

(3) 多符号信源变长编码定理。对于离散平稳无记忆信源序列，信源长度为 N，平均符号熵为 $H_N(S)$，若码元为 r，则变长编码的平均码长需要满足：$NH_N(S)/\log_2 r \leqslant \bar{L} < NH_N(S)/\log_2 r + 1$。

3. 典型的无失真信源编码方法

香农编码、费诺编码和霍夫曼编码，本章详细介绍编码流程和解题步骤。香农编码、费诺编码和霍夫曼编码是最经典的无失真信源编码方法，阐述其编码步骤，并给出了相关例题。

习　　题

3.1　概述信源编码的常用分类方法。

3.2　概述唯一可译码、即时码的判别过程。

3.3　对以下信源进行香农编码，并计算编码效率：

$$\begin{bmatrix} X \\ P \end{bmatrix} = \begin{bmatrix} a_1 & a_2 & a_3 & a_4 & a_5 & a_6 & a_7 \\ 0.3 & 0.15 & 0.05 & 0.12 & 0.18 & 0.06 & 0.14 \end{bmatrix}$$

3.4　对以下信源进行二元霍夫曼编码，并计算编码效率：

$$\begin{bmatrix} X \\ P \end{bmatrix} = \begin{bmatrix} a_1 & a_2 & a_3 & a_4 & a_5 \\ 0.2 & 0.15 & 0.25 & 0.1 & 0.3 \end{bmatrix}$$

3.5　对以下信源进行费诺编码，并计算编码效率：

$$\begin{bmatrix} X \\ P \end{bmatrix} = \begin{bmatrix} a_1 & a_2 & a_3 & a_4 \\ 0.5 & 0.15 & 0.15 & 0.25 \end{bmatrix}$$

第 4 章

限失真信源编码

第 3 章介绍了无失真信源编码,了解了对信源进行无失真压缩的极限是信息熵,如果码字具备的信息熵小于信源符号的信息熵就会引起失真,但是在实际传输条件下,由于噪声和干扰的存在,失真往往是普遍存在的。另外,在某些应用条件下允许一定的失真是可行的,人耳能接收的频率范围有限、人眼的视觉暂留特征,使得失真在语音信号传输、视频传输领域发挥了特有功能。如何利用信息传输的失真降低信息传输率,节约设备成本,以及进一步压缩信源是限失真信源编码需要解决的关键问题。本章将介绍失真度量、信息率失真函数及其计算、限失真信源编码定理,以及几种典型的限失真信源编码方法。

4.1 失真度量

失真矩阵由失真函数构成,往往用失真函数、失真矩阵和平均失真度对失真进行度量。

4.1.1 失真函数和失真矩阵

1. 失真函数

失真函数是单个发送符号 / 序列与单个接收符号 / 序列一次失真度量的结果。设发送符号为 $X=\{a_1,a_2,a_3,\cdots,a_r\}$,接收符号为 $Y=\{b_1,b_2,b_3,\cdots,b_s\}$,则常用函数 $d(a_i,b_j)(i=1,2,\cdots,r;j=1,2,\cdots,s)$ 描述发送符号与接收符号的一致程度称为失真函数。

常用的失真函数包括汉明失真函数和平方误差失真函数。

(1) 汉明失真函数。

利用汉明距离的定义,若发送符号与接收符号完全相同,则失真函数结果为 0,若发送符号与接收符号不同,则失真函数结果为其汉明距离 1,即

$$d(a_i,b_j)=\begin{cases}0 & (a_i=b_j)\\1 & (a_i\neq b_j)\end{cases} \tag{4.1}$$

式中,$i=1,2,\cdots,r;j=1,2,\cdots,s$。

(2) 平方误差失真函数。

利用发送符号与接收符号之差的平方关系定义失真函数,称为平方误差失真,即

$$d(a_i,b_j)=(a_i-b_j)^2 \tag{4.2}$$

式中,$i=1,2,\cdots,r;j=1,2,\cdots,s$。

2. 失真矩阵

根据失真函数的定义，根据发送符号 $X=\{a_1,a_2,a_3,\cdots,a_r\}$ 与接收符号 $Y=\{b_1,b_2,b_3,\cdots,b_s\}$ 的对应关系，形成如下矩阵：

$$\boldsymbol{D}=\begin{bmatrix} d(a_1,b_1) & d(a_1,b_2) & \cdots & d(a_1,b_s) \\ d(a_2,b_1) & d(a_2,b_2) & \cdots & d(a_2,b_s) \\ \vdots & \vdots & & \vdots \\ d(a_r,b_1) & d(a_r,b_2) & \cdots & d(a_r,b_s) \end{bmatrix} \tag{4.3}$$

该矩阵称为失真矩阵。

例 4.1　设信源发送符号为 $X=\{0,1\}$，接收符号为 $Y=\{0,1\}$，在汉明失真函数的定义下，求失真函数和失真矩阵。

解　发送符号与接收符号对应的失真函数分别为

$$d(0,0)=0,\quad d(0,1)=1,\quad d(1,0)=1,\quad d(1,1)=0$$

相应的失真矩阵为

$$\boldsymbol{D}=\begin{bmatrix} d(0,0) & d(0,1) \\ d(1,0) & d(1,1) \end{bmatrix}=\begin{bmatrix} 0 & 1 \\ 1 & 0 \end{bmatrix}$$

例 4.2　设信源发送符号序列为 $X=\{00,01,10,11\}$，接收符号为 $Y=\{00,01,10,11\}$，在汉明失真函数的定义下，求失真函数和失真矩阵。

解　发送符号与接收符号对应的失真函数分别为

$$\begin{aligned} &d(00,00)=0,\quad d(00,01)=1,\quad d(00,10)=1,\quad d(00,11)=2, \\ &d(01,00)=1,\quad d(01,01)=0,\quad d(01,10)=2,\quad d(01,11)=1, \\ &d(10,00)=1,\quad d(10,01)=2,\quad d(10,10)=0,\quad d(10,11)=1, \\ &d(11,00)=2,\quad d(11,01)=1,\quad d(11,10)=1,\quad d(11,11)=0 \end{aligned}$$

相应的失真矩阵为

$$\boldsymbol{D}=\begin{bmatrix} 1 & 1 & 1 & 2 \\ 1 & 0 & 2 & 1 \\ 1 & 2 & 0 & 1 \\ 2 & 1 & 1 & 0 \end{bmatrix}$$

4.1.2　平均失真度

对失真函数所有的发送符号与接收符号/序列求期望，可求得平均失真度 $\bar{d}$，即若符号为 $X=\{a_1,a_2,a_3,\cdots,a_r\}$，接收符号为 $Y=\{b_1,b_2,b_3,\cdots,b_s\}$，则平均失真度 $\bar{D}$ 为

$$\bar{D}=E[d(a,b)]=\sum_{i,j}P(a_i,b_j)d(a_i,b_j)=\sum_{i,j}P(a_i)p(b_j\mid a_i)d(a_i,b_j) \tag{4.4}$$

式中，$P(a_i)$ 为信源符号概率；$p(b_j\mid a_i)$ 为信道转移概率。

4.2　信息率失真函数

4.2.1　信息率失真函数相关内容

1. 保真度准则

平均失真度 $\bar{D}$ 不大于允许失真度 D，即 $\bar{D} \leqslant D$，该条件称为保真度准则。

2. D 失真许可信道

从平均失真度的表达式可知，当信源符号概率 $P(a_i)$ 和失真函数 $d(a_i,b_j)$ 在一定条件下，某些信道转移概率 $p(b_j \mid a_i)$ 满足保真度准则，而其他转移概率不满足保真度准则。而满足保真度准则的信道转移概率 $p(b_j \mid a_i)$，称为 D 失真许可信道，令 D 失真许可信道集合用 B_D 表示，即

$$B_D = \{p(b_j \mid a_i): \bar{D} \leqslant D\} \tag{4.5}$$

3. 信息率失真函数的定义

固定信源概率的条件下，在 D 失真许可信道集合 B_D 中选取转移概率 $p(b_j \mid a_i)$，使得平均互信息 $I(a,b)$ 最小值，该数值即为信息率失真函数 $R(D)$。该过程的数学描述是若发送符号为 $X=\{a_1,a_2,a_3,\cdots,a_r\}$，接收符号为 $Y=\{b_1,b_2,b_3,\cdots,b_s\}$，$p(b_j \mid a_i)$ 为信道转移概率，则信息率失真函数为

$$R(D) = \min_{p(b_j \mid a_i) \in B_D} \{I(X,Y)\} \tag{4.6}$$

具体来说，信源固定的条件下，平均互信息是信道转移概率的下凸函数，意味着可以寻找到一个信道转移概率，使得平均互信息到达最小值。而信息率失真函数为该过程增加了一个约束条件，即要求平均失真水平满足保真度准则($\bar{D} \leqslant D$)，在该条件下获得平均互信息的最小值，即为信息率失真函数 $R(D)$。它反映了在满足一定失真条件下复现信源所需要的最小速率，与之相对应的概念是信道容量，其反映了在固定信道转移概率的条件下，信道传输信息的最大速率。研究信息率失真函数的目的是在信源固定、允许一定的失真条件下，寻找到信息传输的最小平均自信息量，以节约通信成本。

4.2.2　信息率失真函数的相关性质

1. 信息率失真函数自变量的上下限

信息率失真函数 $R(D)$ 的自变量 D 为允许的平均失真，因此将根据平均失真度的定义，推导 D 的最小值与最大值。

由平均失真度表达式(式(4.4))可以得出如下关系：

$$\begin{aligned} D_{\min} &= \min\left[\sum_{i,j} P(a_i)p(b_j \mid a_i)d(a_i,b_j)\right] \\ &= \sum_i P(a_i)\min\left[\sum_j p(b_j \mid a_i)d(a_i,b_j)\right] \end{aligned} \tag{4.7}$$

通过观察式(4.7)可知,在失真矩阵的每行中选择最小的失真函数 $d(a_i,b_j)$ 对应的信道转移概率 $p(b_j \mid a_i)=1$,信道矩阵相应行中的其余转移概率为0,则该情况下,上式 $D_{\min}$ 可进一步化为

$$D_{\min}=\sum_i P(a_i)\min_j[d(a_i,b_j)] \tag{4.8}$$

式中,$D_{\min}$ 为失真矩阵每行中最小值以相应的信源概率加权求和。

例 4.3 已知信源及其概率分布为 $\begin{bmatrix} X \\ p(x) \end{bmatrix}=\begin{bmatrix} 0 & 1 & 2 \\ \frac{1}{2} & \frac{1}{4} & \frac{1}{4} \end{bmatrix}$,接收符号为 $Y=\{0,1\}$,若选用汉明失真函数,试求其失真矩阵及 $D_{\min}$。

解 (1) 汉明失真函数条件下,得出汉明失真矩阵为

$$\boldsymbol{D}=\begin{bmatrix} d(0,0) & d(0,1) \\ d(1,0) & d(1,1) \\ d(2,0) & d(2,1) \end{bmatrix}=\begin{bmatrix} 0 & 1 \\ 1 & 0 \\ 0 & 0 \end{bmatrix}$$

(2) 从失真矩阵中可知,每一行元素的最小值都为0,则

$$D_{\min}=\sum_i P(a_i)\min_j[d(a_i,b_j)]=\frac{1}{2}\times 0+\frac{1}{4}\times 0+\frac{1}{4}\times 0=0$$

接下来,分析信息率失真函数自变量的上限值,即

$$D_{\max}=\max[\sum_{i,j} P(a_i)p(b_j \mid a_i)d(a_i,b_j)]$$

在完全失真条件下平均失真取得最大值,此时发送符号与接收符号相互独立,即 $p(b_j \mid a_i)=p(b_j)$,而且当失真度大于 $D_{\max}$ 时,即 $D>D_{\max}$,$R(D)=0$,则 $D_{\max}$ 需要选取完全失真的最小值,即

$$\begin{aligned} D_{\max} &= \min[\sum_{i,j} P(a_i)p(b_j)d(a_i,b_j)] \\ &= \min\sum_j p(b_j)[\sum_i P(a_i)d(a_i,b_j)] \end{aligned}$$

为了上式取最小值,需要选取 $[\sum_i P(a_i)d(a_i,b_j)]$ 最小值时对应的 $p(b_j)=1$,则上式 $D_{\max}$ 可进一步转变为

$$D_{\max}=\min_j[\sum_i P(a_i)d(a_i,b_j)]$$

$D_{\max}$ 表示 $[\sum_i P(a_i)d(a_i,b_j)]$ 所对应的接收符号概率 $p(b_j)$ 为1,即失真矩阵每一列 $d(a_i,b_j)$ 以信源概率 $P(a_i)$ 加权求和后,较小项所对应的 $p(b_j)=1$,其余的接收符号概率为0。

例 4.4 对于信源及其概率分布为 $\begin{bmatrix} X \\ p(x) \end{bmatrix}=\begin{bmatrix} a_1 & a_2 \\ \frac{3}{4} & \frac{1}{4} \end{bmatrix}$,失真矩阵为 $\boldsymbol{D}=\begin{bmatrix} 1 & 0 \\ 0 & 1 \end{bmatrix}$,试求其 $D_{\max}$。

解

$$\begin{aligned} D_{\max} &= \min\sum_j p(b_j)[\sum_i P(a_i)d(a_i,b_j)] \\ &= \min\left\{p(b_1)\left[\frac{3}{4}\times 1+\frac{1}{4}\times 0\right],p(b_2)\left[\frac{3}{4}\times 0+\frac{1}{4}\times 1\right]\right\} \end{aligned}$$

$$=\min\left\{p(b_1)\frac{3}{4},p(b_2)\frac{1}{4}\right\}$$

$$=\frac{1}{4}$$

式中，$p(b_1)=0$，$p(b_2)=1$。

2. 信息率失真函数的下凸性

性质 1　$R(D)$ 是平均失真度 D 的下凸函数。

该性质表明，可以找到一个合适的失真度 D，使得信息率失真函数 $R(D)$ 达到极小值。

3. 信息率失真函数的递减性

性质 2　$R(D)$ 是自变量区间$(D_{\min},D_{\max})$内连续、单调的递减函数。

该性质表明，失真度越大，$R(D)$ 越小，即所需要的信息率越小。

4.3　信息率失真函数计算

信息率失真函数计算的总体思想是，在已知信源概率分布和保真度准则的前提下，优化信道转移概率，使得平均互信息最小化。上述思想是典型的约束优化问题，进而可将信息率失真函数的计算问题转化为约束优化问题。信息率失真函数计算包括特例情况的信息率失真函数计算和一般情况的信息率失真函数计算，前者主要有二元信源的信息率失真函数计算和等概信源的信息率失真函数计算，其往往利用互信息量的性质，结合费诺不等式，推得互信息量的下限值，而一般情况的信息率失真函数计算常利用拉格朗日乘子法进行求解。本节主要介绍一般情况的信息率失真函数计算。

为了计算信息率失真函数，其优化问题表达式为

$$R(D)=\min\{I(X,Y)\}=\min\{\sum_{i,j}p(a_i)p(b_j\mid a_i)\log\frac{p(b_j\mid a_i)}{\sum_i p(a_i)p(b_j\mid a_i)}\}$$

约束条件为

$$\begin{cases}p(b_j\mid a_i)\geqslant 0\\ \sum_j p(b_j\mid a_i)=1\\ \sum_{i,j}p(a_i)p(b_j\mid a_i)d(a_i,b_j)=D\end{cases}\tag{4.9}$$

利用拉格朗日乘子法构造辅助函数为

$$F=\sum_{i,j}p(a_i)p(b_j\mid a_i)\log\frac{p(b_j\mid a_i)}{\sum_i p(a_i)p(b_j\mid a_i)}-\mu_i\sum_j p(b_j\mid a_i)-\lambda D\tag{4.10}$$

对式(4.10)中的信道转移概率 $p(b_j\mid a_i)$ 求导，并让结果为 0，则

$$\log p(b_j\mid a_i)-\log_2 p(b_j)-\lambda d(a_i,b_j)-\frac{\mu_i}{p(a_i)}=0\tag{4.11}$$

为了便于计算，令 $\log\theta_i=\dfrac{\mu_i}{p(a_i)}$，则信道矩阵的每个元素都可构成等式方程：

$$p(b_j \mid a_i)=p(b_j)\theta_i \mathrm{e}^{\lambda d(a_i,b_j)} \tag{4.12}$$

代入等式约束$\sum_j p(b_j \mid a_i)=1$,可得

$$\sum_j p(b_j \mid a_i)=\sum_j p(b_j)\theta_i \mathrm{e}^{\lambda d(a_i,b_j)}=1 \tag{4.13}$$

即

$$\theta_i=\frac{1}{\sum_j p(b_j)\mathrm{e}^{\lambda d(a_i,b_j)}} \quad (i=1,2,\cdots,r)$$

两边乘 $p(a_i)$ 并求和:

$$\sum_i p(a_i)p(b_j \mid a_i)=p(b_j)\sum_i p(a_i)\theta_i \mathrm{e}^{\lambda d(a_i,b_j)}=1 \tag{4.14}$$

即

$$\sum_i p(a_i)\theta_i \mathrm{e}^{\lambda d(a_i,b_j)}=1$$

因此,利用约束条件,结合 $p(b_j \mid a_i)=p(b_j)\theta_i \mathrm{e}^{\lambda d(a_i,b_j)}$、$\theta_i=\frac{1}{\sum_j p(b_j)\mathrm{e}^{\lambda d(a_i,b_j)}}(i=1,2,\cdots,r)$ 和$\sum_i p(a_i)\theta_i \mathrm{e}^{\lambda d(a_i,b_j)}=1$,可求出最优的信道转移概率 $p^*(b_j \mid a_i)$。但是求出的最优解是 λ 的表达形式,进一步代入$\sum_{i,j} p(a_i)p(b_j \mid a_i)d(a_i,b_j)=D$和$I(X,Y)=\sum_{i,j} p(a_i)p(b_j \mid a_i)\cdot \log_2 \frac{p(b_j \mid a_i)}{\sum_i p(a_i)p(b_j \mid a_i)}$,可得

$$D(\lambda)=\sum_{i,j} p(a_i)p(b_j)\theta_i d(a_i,b_j)\mathrm{e}^{\lambda d(a_i,b_j)} \tag{4.15}$$

$$R(\lambda)=\lambda D(\lambda)+\sum_i p(a_i)\log_2\theta_i \tag{4.16}$$

最后,考虑 λ 与失真度 D 的关系,综合得出信息率失真函数 $R(D)$。

例 4.5 信源发送符号为 $X=\{0,1\}$,接收符号为 $Y=\{0,1\}$,且失真函数定义为汉明失真,若信源发送符号概率分别为 p 和 $\bar{p}$,试求信息率失真函数 $R(D)$。

解 (1) 利用$\sum_i p(a_i)\theta_i \mathrm{e}^{\lambda d(a_i,b_j)}=1$,得到

$$\begin{cases}\sum_i p(a_i)\theta_i \mathrm{e}^{\lambda d(a_i,b_j)}=\theta_1 p(a_1)\mathrm{e}^{\lambda d(a_1,b_1)}+\theta_2 p(a_2)\mathrm{e}^{\lambda d(a_2,b_1)}=1\\ \sum_i p(a_i)\theta_i \mathrm{e}^{\lambda d(a_i,b_j)}=\theta_1 p(a_1)\mathrm{e}^{\lambda d(a_1,b_2)}+\theta_2 p(a_2)\mathrm{e}^{\lambda d(a_2,b_2)}=1\end{cases}$$

利用汉明失真函数定义和信源发送符号概率,推得

$$\begin{cases}\theta_1 p+\theta_2 \bar{p}\mathrm{e}^{\lambda}=1\\ \theta_1 p\mathrm{e}^{\lambda}+\theta_2 \bar{p}=1\end{cases}$$

即

$$\begin{cases}\theta_1=\dfrac{1}{p(1+\mathrm{e}^{\lambda})}\\[2ex]\theta_2=\dfrac{1}{\bar{p}(1+\mathrm{e}^{\lambda})}\end{cases}$$

(2) 由 $\theta_i=\dfrac{1}{\sum\limits_j p(b_j)\mathrm{e}^{\lambda d(a_i,b_j)}}(i=1,2)$，可得

$$\begin{cases}\dfrac{1}{\theta_1}=p(b_1)\mathrm{e}^{\lambda d(a_1,b_1)}+p(b_2)\mathrm{e}^{\lambda d(a_1,b_2)}\\[2ex]\dfrac{1}{\theta_2}=p(b_1)\mathrm{e}^{\lambda d(a_2,b_1)}+p(b_2)\mathrm{e}^{\lambda d(a_2,b_2)}\end{cases}$$

进而求得接收符号概率 $p(b_1)$ 和 $p(b_2)$ 为

$$\begin{cases}p(b_1)=\dfrac{p-\bar{p}\mathrm{e}^{\lambda}}{1-\mathrm{e}^{\lambda}}\\[2ex]p(b_2)=\dfrac{\bar{p}-p\mathrm{e}^{\lambda}}{1-\mathrm{e}^{\lambda}}\end{cases}$$

(3) 利用 $D(\lambda)=\sum\limits_{i,j}p(a_i)p(b_j)\theta_i d(a_i,b_j)\mathrm{e}^{\lambda d(a_i,b_j)}$，可得

$$D(\lambda)=\frac{\mathrm{e}^{\lambda}}{1+\mathrm{e}^{\lambda}}$$

即 $\lambda=\ln\dfrac{D}{1-D}$。

(4) 利用上式及 $R(\lambda)=\lambda D(\lambda)+\sum\limits_i p(a_i)\log_2\theta_i$，可得

$$\begin{aligned}R(D)&=\lambda D+p\log_2\theta_1+\bar{p}\log_2\theta_2\\&=D\ln\frac{D}{1-D}+p\log_2\frac{1}{p(1+\mathrm{e}^{\lambda})}+\bar{p}\log_2\frac{1}{\bar{p}(1+\mathrm{e}^{\lambda})}\end{aligned}$$

4.4　限失真信源编码定理及其逆定理

通过之前的学习，了解香农第一定理（无失真信源编码定理）在无失真编码条件下，要求编码后码字的平均自信息量要多于编码前信源符号的平均自信息量，而在限失真信源编码条件下，其信息传输的理论下限值是信息率失真函数。本节将给出限失真信源编码定理及其逆定理，为研究限失真信源编码的性能分析和实际应用提供理论依据。

4.4.1　限失真信源编码定理

若离散无记忆信源的信息率失真函数为 $R(D)$，且允许失真度为 $D\geqslant 0$，ε 为任意小的正数，当信息率 $R>R(D)$ 时，一定存在一种信源编码方式，其码字个数 $M\leqslant\exp\{N[R(D)+\varepsilon]\}$，使得编码后的平均失真度 $\bar{D}\leqslant D+\varepsilon$。

该定理表明，信息率失真函数 $R(D)$ 是保真度准则下信息压缩的极限值，若信息传输率 R 高于 $R(D)$，则一定存在一种编码方法，使得平均失真度低于预定值。另外，限失真信源编码定理仍然是一种存在性定理，仅给出了限失真编码的存在条件，并没有给出具体的编码方法。

4.4.2　限失真信源编码逆定理

若离散无记忆信源的信息率失真函数为 $R(D)$，且允许失真度为 $D \geqslant 0$，当信息率 $R < R(D)$ 时，一定不存在一种信源编码方式，其码字个数 $M \leqslant \exp\{N[R(D)]\}$，使得编码后的平均失真度 $\bar{D} \leqslant D$，即若 $R < R(D)$，则平均失真度 $\bar{D} > D + \varepsilon$。

该逆定理表明，若编码后每个信源符号的信息传输率 R 低于信息率失真函数 $R(D)$，则无法在保真度准则下复现信源信息。

限失真信源编码定理及其逆定理总结：待信源确定后，无失真信源编码的信源压缩极限是信源熵 $H(X)$，其本质是一种对信源冗余度的压缩，而限失真信源编码的压缩极限是信息率失真函数，其本质是一种熵压缩编码。

4.5　典型的限失真信源编码方法

在无失真信源编码中，霍夫曼编码、香农编码等都是基于信源间相互独立进行假设，而限失真信源编码往往应用在信源符号间相关性比较强的场景，典型的限失真信源编码主要有预测编码、变换编码和矢量量化等，本节主要介绍预测编码和变换编码。

4.5.1　预测编码

预测编码的主要思路是利用之前接收的信源符号序列，利用某些准则，预测当前的信源符号序列，然后对预测值与实际值之差进行编码，从而实现对强相关信源的高效压缩。以数字视频传输为例，由于强相关信源的相邻图像帧之间的像素值非常接近，而传输每帧图像将消耗大量资源，因此，将视频各个帧的传输转换成传输各个帧之间的差值，由于相邻帧之间的相关性很强，所以绝大多像素值没有变化，传输的帧之间的差值非常小，进而实现数据压缩。

1. 预测编码的编码流程

(1) 第一步：预测模型的构建。根据实际情况和应用场景，确定模型的形式。

(2) 第二步：预测当前信息。利用以往的信源序列，估计预测模型参数，预测当前信源序列。

(3) 第三步：差值编码。对预测值与实际值之差进行限失真信源编码。

2. 预测编码的解码流程

(1) 第一步：差值解码。按照编码规则，对编码的差值进行解码。

(2) 第二步：发送信源估计。解码后的差值与预测值相加，得出原始信源序列。

预测编码按照预测模型的结构可分为线性预测编码和非线性预测编码，线性预测编码

是已知数据与预测数据存在线性关系的编码方法，非线性预测编码是已知数据与预测数据存在非线性关系的编码方法，本节以线性预测编码为例介绍其数学描述。

已知信源符号 $x_1, x_2, x_3, \cdots, x_{r-1}, x_r$，线性预测编码的主要目标是利用先前信源序列 $x_1, x_2, x_3, \cdots, x_{r-1}$ 预测当前符号 x_r，由于线性预测编码中，已知信源符号与预测信源符号满足线性关系，即

$$x_r = f(x_1, x_2, x_3, \cdots, x_{r-1}) = \sum_{i=1}^{r-1} a_i x_i \tag{4.17}$$

因此预测准则选用最小均方误差，即

$$\min_{a_i} g(x_1, x_2, x_3, \cdots, x_{r-1}, x_r) = \min_{a_i} E\left(\sum_{i=1}^{r-1} a_i x_i - x_r\right)^2 \tag{4.18}$$

利用拉格朗日乘子法，对变量 a_i 取偏导数，并让结果为0，即 $\frac{\partial g(x_1, x_2, x_3, \cdots, x_{r-1}, x_r)}{\partial a_i} = 0$，则可求出模型参数 $a_1, a_2, a_3, \cdots, a_{r-1}$，进而得出预测模型。如果上述函数 $g(x_1, x_2, x_3, \cdots, x_{r-1}, x_r)$ 满足非线性关系，则为非线性预测。最后，根据估计的预测模型进行预测编码。

3. 预测编码的特点

(1) 实现简单，编码实时性好。

(2) 抗干扰能力较差，误差易扩散。

(3) 信息压缩比不高。

4.5.2　变换编码

变换编码利用数学变换，将信源序列变换成另一种形式，以去除或减弱信源符号间的相关性，实现有效的信源压缩。在变换编码中，常用的变换方法有离散傅里叶变换、K－L变换、离散余弦变换(DCT)和Walsh变换，若 $x_1, x_2, \cdots, x_r$ 为信源符号/序列，本节将介绍相应的数学变换公式。

1. 离散傅里叶变换

(1) 傅里叶变换公式：

$$X(k) = \sum_{i=1}^{r} x_i e^{-\frac{j2\pi ki}{r}} \quad (k = 1, 2, \cdots, r) \tag{4.19}$$

(2) 傅里叶逆变换公式：

$$x_i = \frac{1}{r} \sum_{k=1}^{r} X(k) e^{\frac{j2\pi ki}{r}} \quad (i = 1, 2, \cdots, r) \tag{4.20}$$

2. K－L变换

若信源序列表示为多个列向量 $\boldsymbol{x}_i$，组成矩阵形式 $\boldsymbol{X} = [\boldsymbol{x}_1 \quad \boldsymbol{x}_2 \quad \cdots \quad \boldsymbol{x}_r]$，对自相关矩阵 $\boldsymbol{R} = E[\boldsymbol{X}\boldsymbol{X}^{\mathrm{H}}]$ 进行特征分解，存得到一组正交基 $\boldsymbol{\eta}_1, \boldsymbol{\eta}_2, \cdots, \boldsymbol{\eta}_N$，则 $\boldsymbol{x}_i$ 表示为

$$\boldsymbol{x}_i = \sum_{j=1}^{N} \alpha_j \boldsymbol{\eta}_j \tag{4.21}$$

式中，α_j 为正交基的线性组合系数。利用该正交基(式(4.21))实现信源序列的表示。

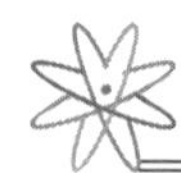

3. 离散余弦变换

(1) 离散余弦变换：

$$X(k)=\alpha(k)\sum_{i=1}^{r}x_i\cos\frac{\pi(2i+1)k}{2r}\quad(k=1,2,\cdots,r)\tag{4.22}$$

式中，$\alpha(k)=\begin{cases}\sqrt{\dfrac{1}{r}} & (k=0)\\ \sqrt{\dfrac{2}{r}} & (k\neq 0)\end{cases}$。

(2) 离散余弦逆变换：

$$x_i=\sum_{k=1}^{r}\alpha(k)X(k)\cos\frac{\pi(2i+1)k}{2r}\quad(i=1,2,\cdots,r)\tag{4.23}$$

式中，$\alpha(k)=\begin{cases}\sqrt{\dfrac{1}{r}} & (k=0)\\ \sqrt{\dfrac{2}{r}} & (k\neq 0)\end{cases}$。

虽然不同的变换编码利用的数学工具不同，但是大体上包含 3 个主要模块，分别为正交变换、变换系数的选择和量化编码。正交变换的作用是将信息映射到另一个处理域，形成一系列统计独立的变换系数，降低信源间的相关性，为信源压缩提供了基础条件；变换系数的选择用以实现解相关处理，基于选择的变换系数进行量化编码，从而实现相干信源序列的有效压缩。

在常用的变换编码方法中，K－L 变换是均方误差准则下的最佳变换，它依靠信源序列的统计特性构建一系列不相关的变换系数，形成变换系数的协方差矩阵对角阵，极大减少了信息序列冗余度。虽然 K－L 变换具有最优性，且理论分析方法完备，但是其变换系数是随着统计特性的变化而变化，该不确定性为 K－L 变换的实际应用带来了诸多不便。离散余弦变换在实际应用中得到了较大推广，因为其变换系数固定，算法实时性好，且理论性能接近于 K－L 变换，同时，相比于离散傅里叶变换，省去了复数运算，仅保留实数操作，便于硬件实现。

本 章 小 结

1. 信源失真的度量方法

信源失真的度量方法包括失真函数、失真矩阵和平均失真度。失真函数描述发送符号与接收符号／序列一次失真的度量方法；失真矩阵由失真函数构成，描述发送符号与接收符号的总体情况；平均失真表示平均意义上发送符号与接收符号的失真情况。

2. 信息率失真函数

固定信源概率的条件下，在 D 失真许可信道集合 B_D 中选取转移概率 $p(b_j\mid a_i)$，使得平均互信息 $I(a,b)$ 取最小值，该数值即为信息率失真函数 $R(D)$。

3. 信息率失真函数计算

信息率失真函数计算包括特例情况的信息率失真函数计算和一般情况的信息率失真函数计算。特例情况的信息率失真函数计算主要针对二元信源和等概信源，往往利用互信息量的计算性质，结合费诺不等式，推得互信息量的下限值，而一般情况的信息率失真函数计算常利用拉格朗日乘子法进行优化求解。

4. 限失真信源编码定理(香农第三定理)

若离散无记忆信源的信息率失真函数为 $R(D)$，且允许失真度为 $D \geqslant 0$，ε 为任意小的正数，当信息率 $R > R(D)$ 时，一定存在一种信源编码方式，使得编码后的平均失真度小于预设值。

5. 典型的限失真信源编码方法

典型的限失真信源编码方法包括预测编码和变换编码。预测编码不直接传输信源符号 / 序列，而是对预测值与实际值之差进行编码；变换编码利用数学变换，将信源序列变换成另一种形式，并对变换后数据进行编码。

变换编码的目标是降低信源相关性，实现高效的信源压缩。

习　　题

4.1　设发送符号 $\begin{bmatrix} X \\ P \end{bmatrix} = \begin{bmatrix} 0 & 1 \\ 0.5 & 0.5 \end{bmatrix}$，接收符号为 $Y = \{0, 1\}$，若选用汉明失真，则：

(1) 写出其失真矩阵；

(2) 计算信息率失真函数自变量的最小值 $D_{\min}$；

(3) 计算信息率失真函数自变量的最大值 $D_{\max}$。

4.2　设发送符号 $\begin{bmatrix} X \\ P \end{bmatrix} = \begin{bmatrix} 0 & 1 \\ p & 1-p \end{bmatrix}$ $(p < 0.5)$，接收符号为 $Y = \{0, 1\}$，若选用汉明失真，则：

(1) 写出其失真矩阵；

(2) 计算信息率失真函数自变量的最小值 $D_{\min}$；

(3) 计算信息率失真函数自变量的最大值 $D_{\max}$；

(4) 写出信息率失真函数表达式 $R(D)$。

4.3　列举无失真信源编码和限失真信源编码的主要区别与联系。

4.4　课外查阅资料，了解限真信源编码方法在数字视频中的应用。

第 5 章 信道模型与信道容量

信号是信息的载体，而信道是信息传输的媒介。相同的信源在不同的信道传输特性一般不同，而不同的信源在相同的信道传输特性通常也存在差异。为了更好地分析信源在信道输入输出特性，从信源的统计特性出发，本章将介绍信道的分类依据与数学模型、互信息量与平均互信息、离散信道的信道容量以及连续信道相关参数。

5.1 信道的分类与数学模型

本节首先介绍信道的分类依据，然后介绍信道的数学模型，最后介绍几种典型的信道，为后续章节介绍信道编码和信号调制奠定理论基础。

5.1.1 信道的分类依据

根据信道的用户数量、信号在信道中的幅度与时间形式、信道输入输出统计特性、信道输出与当前输入关系以及信道中噪声的存在情况，本节介绍了以下五种分类依据。

1. 单用户信道与多用户信道

(1) 单用户信道。仅有一个输入端口、一个输出端口，仅能实现单向信息传输的信道。

(2) 多用户信道。包含多个输入端口、多个输出端口，可实现双向通信的信道。

2. 离散信道、连续信道与波形信道

(1) 离散信道。输入输出信号在幅度上和时间上都是离散的信道。

(2) 连续信道。输入输出信号在幅度上连续和在时间上离散的信道。

(3) 波形信道。输入输出信号在幅度上和时间上都是连续的信道。

3. 平稳信道与非平稳信道

(1) 平稳信道(时不变信道)。信道的统计特性随着时间变化而保持不变，如卫星通信、光纤通信等。

(2) 非平稳信道(时变信道)。信道的统计特性随着时间的变化而变化，如移动通信。

4. 无记忆信道与有记忆信道

(1) 无记忆信道。信道当前时刻的输出仅与当前时刻的输入有关，与更之前的输入无关。

(2) 有记忆信道。信道当前时刻的输出不仅与当前时刻的输入有关，还与更之前的输

入相关。

5. 无噪信道与有噪信道

(1) 无噪信道。不包含噪声的信道，是一种理想情况下的通信场景。

(2) 有噪信道。信道中存在噪声干扰，使得输入输出信源经过信道传输后存在不确定性。

5.1.2　信道的数学模型

真实的物理信道中往往包含各种硬件电路、转换设备，如调制器、滤波器和放大器等，全过程分析非常复杂。针对上述问题，通过研究数学模型为分析信道提供了全新视角，避免分析信号的物理传输特性，仅根据信源通过信道前后的输入输出统计关系，为分析信道提供了便捷可行的数学方法。信道数学模型如图 5.1 所示，假设信道的输入矢量为 $\boldsymbol{X}$，输出矢量为 $\boldsymbol{Y}$，则可利用条件概率 $P(\boldsymbol{Y} \mid \boldsymbol{X})$ 描述通信系统信道对输入输出的依赖关系，通常称该条件概率为转移概率，根据转移概率形成的矩阵称为转移概率矩阵。对信道的描述方法通常包括概率空间[$\boldsymbol{X}, P(\boldsymbol{Y} \mid \boldsymbol{X}), \boldsymbol{Y}$]、转移概率图和状态转移矩阵三种。

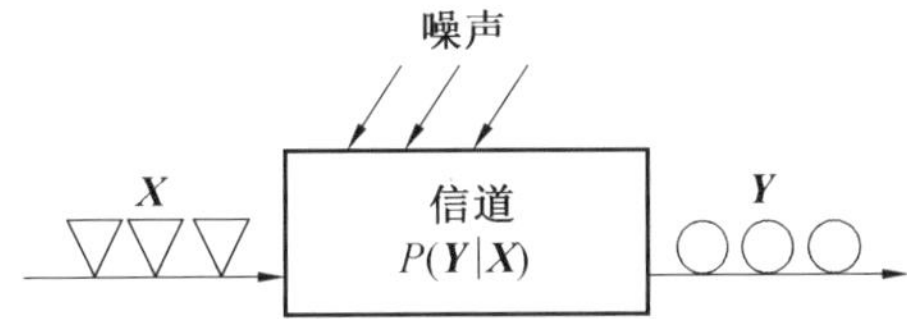

图 5.1　信道数学模型

根据信道有无干扰和有无记忆，将离散信道的转移概率分成三种情况进行讨论。

1. 无干扰(噪声)信道

当信道无干扰或噪声，信道的输入 $\boldsymbol{X}$ 与输出 $\boldsymbol{Y}$ 存在确定的对应关系，即 $\boldsymbol{Y}=f(\boldsymbol{X})$，则转移概率满足：

$$P(\boldsymbol{Y} \mid \boldsymbol{X})=\begin{cases}1 & (\boldsymbol{Y}=f(\boldsymbol{X})) \\ 0 & (\boldsymbol{Y} \neq f(\boldsymbol{X}))\end{cases} \tag{5.1}$$

2. 有干扰无记忆信道

信道中存在干扰，信道当前时刻的输出仅与当前时刻的输入有关，则转移概率满足以下关系：

$$P(\boldsymbol{Y} \mid \boldsymbol{X})=P(y_1 y_2 \cdots y_N \mid x_1 x_2 \cdots x_N)=\prod_{i=1}^{N} P(y_i \mid x_i) \tag{5.2}$$

3. 有干扰有记忆信道

该情况下信道中存在干扰，使得输入输出存在不确定性，而且信道当前时刻的输出不仅与当前时刻的输入有关，还与之前时刻的输入有关。该种信道非常符合实际应用情况，但是分析相对烦琐。实际处理过程中，往往将有干扰有记忆信道简化为无记忆信道或者记忆长度有限的马尔可夫链形式进行分析。

5.1.3 典型信道

本节列出了几种典型的离散无记忆信道，分别为二元对称信道（Binary Symmetric Channel，BSC）、二元删除信道（Binary Erasure Channel，BEC）、离散无记忆信道（Discrete Memoryless Channel，DMC）和波形信道。其中，二元对称信道、二元删除信道和离散无记忆信道通常用于分析信道编码器和解码器性能，波形信道用于分析调制器和解调器参数。

1. 二元对称信道(BSC)

BSC 输入集合和输出集合都包含 2 个元素，即输入集合 $X \in \{0,1\}$，输出集合 $Y \in \{0,1\}$，二元对称信道转移概率如图 5.2 所示，转移概率为

$$P(y_1 \mid x_1) = P(0 \mid 0) = \bar{p} = 1 - p, \quad P(y_2 \mid x_1) = P(1 \mid 0) = p$$

$$P(y_1 \mid x_2) = P(0 \mid 1) = p, \quad P(y_2 \mid x_2) = P(1 \mid 1) = \bar{p} = 1 - p$$

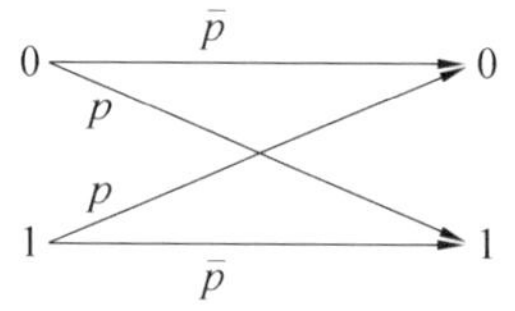

图 5.2 二元对称信道转移概率

相应的信道转移概率矩阵为

$$\boldsymbol{P} = P(Y \mid X) = \begin{bmatrix} P(y_1 \mid x_1) & P(y_2 \mid x_1) \\ P(y_1 \mid x_2) & P(y_2 \mid x_2) \end{bmatrix} = \begin{bmatrix} \bar{p} & p \\ p & \bar{p} \end{bmatrix} \tag{5.3}$$

从图 5.2 中可知，BSC 传输正确（发送 0 接收 0 或者发送 1 接收 1）的概率相同（为 $\bar{p}$），传输错误的概率也相同（为 p），信道转移概率矩阵呈现一种对称结构。

2. 二元删除信道(BEC)

BEC 信道包含 2 个输入元素和 3 个输出元素，即输入集合 $X \in \{0,1\}$，输出集合 $Y \in \{0,?,1\}$，二元删除信道转移概率如图 5.3 所示，转移概率为

$$P(y_1 \mid x_1) = P(0 \mid 0) = p, \quad P(y_2 \mid x_1) = P(? \mid 0) = \bar{p} = 1 - p$$

$$P(y_3 \mid x_1) = P(1 \mid 0) = 0, \quad P(y_1 \mid x_2) = P(0 \mid 1) = 0$$

$$P(y_2 \mid x_2) = P(? \mid 1) = \bar{q} = 1 - q, \quad P(y_3 \mid x_2) = P(1 \mid 1) = q$$

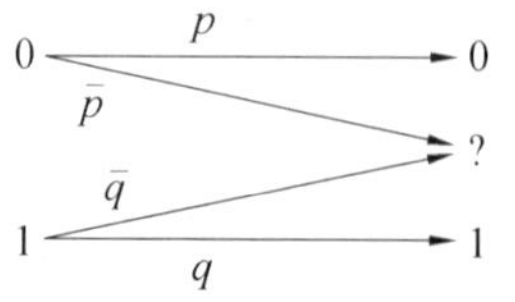

图 5.3 二元删除信道转移概率

相应的信道转移概率矩阵为

$$\boldsymbol{P}=P(Y \mid X)=\begin{bmatrix} P(y_1 \mid x_1) & P(y_2 \mid x_1) & P(y_3 \mid x_1) \\ P(y_1 \mid x_2) & P(y_2 \mid x_2) & P(y_3 \mid x_2) \end{bmatrix}=\begin{bmatrix} p & \bar{p} & 0 \\ 0 & \bar{q} & q \end{bmatrix} \tag{5.4}$$

从图 5.3 中可知，BEC 传输正确的概率不相同(发送 0 接收 0 概率为 p，发送 1 接收 1 概率为 q)，传输错误的概率也不相同，其物理意义表示为当接收端无法判断是 0 还是 1 时，可将其表示为?，进而删除该信息，信道转移概率矩阵呈现一种行对称结构、非列对称结构。

3. 离散无记忆信道(DMC)

DMC 信道包含多个输入元素和多个输出元素，即输入集合 $X \in \{x_1, x_2, \cdots, x_r\}$，输出集合 $Y \in \{y_1, y_2, \cdots, y_s\}$，离散无记忆信道转移概率如图 5.4 所示，由转移概率形成的转移概率矩阵为

$$\boldsymbol{P}=P(Y \mid X)=\begin{bmatrix} P(y_1 \mid x_1) & P(y_2 \mid x_1) & \cdots & P(y_s \mid x_1) \\ P(y_1 \mid x_2) & P(y_2 \mid x_2) & \cdots & P(y_s \mid x_2) \\ \vdots & \vdots & & \vdots \\ P(y_1 \mid x_r) & P(y_2 \mid x_r) & \cdots & P(y_s \mid x_r) \end{bmatrix} \tag{5.5}$$

式中，$\sum_{j=1}^{s} P(y_j \mid x_i)=1$。

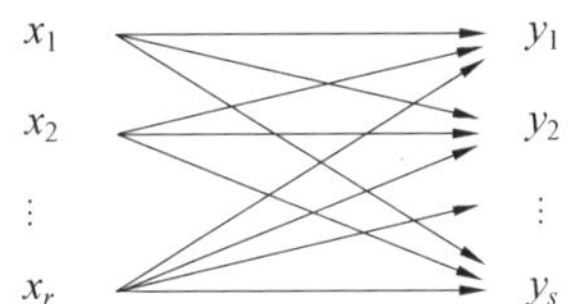

图 5.4　离散无记忆信道转移概率

DMC 是离散无记忆信道的一般形式，而 BSC 与 BEC 是 DMC 的特殊形式。

4. 波形信道

波形信道的输入 $x(t)$ 和输出 $y(t)$ 都是连续的随机变量，若为单符号连续信道，则信道的转移概率密度函数为 $P(y \mid x)$，且满足$\int_R P(y \mid x)\mathrm{d}x=1$；若为多维连续信道，其输入 $X \in \{X_1, X_2, \cdots, X_r\}$ 和输出 $Y \in \{Y_1, Y_2, \cdots, Y_s\}$ 为多维连续随机序列，则信道的转移概率密度函数为

$$P(y_1 y_2 \cdots y_s \mid x_1 x_2 \cdots x_r)$$

且满足：

$$\int_R \cdots \int_R \int_R P(y_1 y_2 \cdots y_s \mid x_1 x_2 \cdots x_r)\mathrm{d}y_1 y_2 \cdots y_s=1 \tag{5.6}$$

若信道的转移概率密度函数满足 $P(y_1 y_2 \cdots y_s \mid x_1 x_2 \cdots x_r)=\prod_{ij} P(y_j \mid x_i)$，则称信道为连续无记忆信道。

5.2　互信息量与平均互信息量

5.2.1　互信息量

1. 互信息量

接收端在收到符号 $y_j(j=1,2,\cdots,n)$ 后，获得的关于 $x_i(i=1,2,\cdots,m)$ 的信息称为互信息量，用 $I(x_i;y_j)$ 表示，其数学表达式为

$$I(x_i;y_j)=I(x_i)-I(x_i\mid y_j)=-\log_2 p(x_i)+\log_2 p(x_i\mid y_j)=\log_2\frac{p(x_i\mid y_j)}{p(x_i)} \tag{5.7}$$

其中，先验概率 $p(x_i)$ 表示待发送符号 x_i 的概率，因此 $I(x_i)$ 表示发送符号 x_i 本身具有的不确定度。后验概率 $p(x_i\mid y_j)$ 表示在收到符号 y_j 后，对发送符号 x_i 的概率，因此 $I(x_i\mid y_j)$ 表示在收到符号 y_j 后，发送符号 x_i 仍具有的不确定性。

因此互信息量具有两层含义，第一层含义为：互信息表示收到符号 y_j 前后，对发送符号 x_i 不确定性的减少量；另一层含义为：收到符号 y_j 以后，获得的关于发送符号 x_i 的信息量。

2. 互信息量的性质

(1) 对称性。

$$I(x_i;y_j)=I(y_j;x_i) \tag{5.8}$$

证明　$I(x_i;y_j)=\log_2\dfrac{p(x_i\mid y_j)}{p(x_i)}=\log_2\dfrac{p(x_i,y_j)}{p(x_i)p(y_j)}=\log_2\dfrac{p(y_j\mid x_i)}{p(y_j)}=I(y_j;x_i)$。

该性质说明，$I(x_i;y_j)$ 与 $I(y_j;x_i)$ 只是发送信息方和接收信息方观察角度的不同，互信息量是相同的。

(2) 互信息量可为任意实数。

若 $p(x_i\mid y_j)>p(x_i)$，则 $I(x_i;y_j)>0$；若 $p(x_i\mid y_j)<p(x_i)$，则 $I(x_i;y_j)<0$；若 $p(x_i\mid y_j)=p(x_i)$，则 $I(x_i;y_j)=0$。

该性质说明，收到符号 y_j 后，对发送符号 x_i 不确定性可能增加，也可能减少。

(3) x_i 与 y_j 相互独立时，互信息量为 0。

证明　$I(x_i;y_j)=\log_2\dfrac{p(x_i\mid y_j)}{p(x_i)}=\log_2\dfrac{p(x_iy_j)}{p(x_i)p(y_j)}=\log_2 1=0$。

该性质说明，当 x_i 与 y_j 相互独立，收到 y_j 后，无法消除 x_i 的不确定性。

例 5.1　单符号信源及其相应概率为

$$\begin{bmatrix}X\\P\end{bmatrix}=\begin{bmatrix}x_1 & x_2 & x_3\\1/2 & 1/4 & 1/4\end{bmatrix}$$

信源的输出为 $Y\in\{y_1,y_2,y_3\}$，信道转移概率矩阵为

$$\boldsymbol{P}=\boldsymbol{P}(Y\mid X)=\begin{bmatrix}P(y_1\mid x_1) & P(y_2\mid x_1) & P(y_3\mid x_1)\\P(y_1\mid x_2) & P(y_2\mid x_2) & P(y_3\mid x_2)\\P(y_1\mid x_3) & P(y_2\mid x_3) & P(y_3\mid x_3)\end{bmatrix}=\begin{bmatrix}1/2 & 1/4 & 1/4\\1/4 & 1/2 & 1/4\\1/4 & 1/4 & 1/2\end{bmatrix}$$

求：(1) 输出符号的概率 $p(Y)$；(2) 互信息量 $I(x_i, y_j)$。

解　(1)$\boldsymbol{P}(Y)=\boldsymbol{P}(X)\boldsymbol{P}(Y \mid X)=[3/8 \quad 5/16 \quad 5/16]$。

(2) 由

$$I(x_i;y_j)=\log_2 \frac{p(x_i \mid y_j)}{p(x_i)}=\log_2 \frac{p(x_i,y_j)}{p(x_i)p(y_j)}=\log_2 \frac{p(y_j \mid x_i)}{p(y_j)}$$

可得

$$I(x_1;y_1)=\frac{4}{3}\ \text{bit/符号}, \quad I(x_2;y_1)=\frac{2}{3}\ \text{bit/符号}$$

$$I(x_3;y_1)=\frac{2}{3}\ \text{bit/符号}, \quad I(x_1;y_2)=\frac{4}{5}\ \text{bit/符号}$$

$$I(x_2;y_2)=\frac{8}{5}\ \text{bit/符号}, \quad I(x_3;y_2)=\frac{4}{5}\ \text{bit/符号}$$

$$I(x_1;y_3)=\frac{4}{5}\ \text{bit/符号}, \quad I(x_2;y_3)=\frac{4}{5}\ \text{bit/符号}, \quad I(x_3;y_3)=\frac{8}{5}\ \text{bit/符号}$$

5.2.2　互信息熵

$I(x_i;y_j)$ 为单个符号 x_i 与 y_j 的互信息量，而 $I(X;Y)$ 表示集合 X 与 Y 的平均互信息量（互信息熵），因此，为了获得互信息熵 $I(X;Y)$ 的表达式，跟条件熵的推导相似，先分析 $I(x_i;y_j)$ 在集合 X 的统计平均值，即集合 X 与单个符号 y_j 的单符号平均互信息量为

$$I(X;y_j)=\sum_i p(x_i \mid y_j)I(x_i;y_j)=\sum_i p(x_i \mid y_j)\log_2 \frac{p(x_i \mid y_j)}{p(x_i)} \tag{5.9}$$

然后，单符号互信息熵 $I(X;y_j)$ 在集合 Y 上的统计平均值，即为 $I(X;Y)$，其表达式为

$$\begin{aligned} I(X;Y) &= \sum_j p(y_j)I(X;y_j)=\sum_i \sum_j p(y_j)p(x_i \mid y_j)\log_2 \frac{p(x_i \mid y_j)}{p(x_i)} \\ &= \sum_i \sum_j p(x_i,y_j)\log_2 \frac{p(x_i \mid y_j)}{p(x_i)} \end{aligned} \tag{5.10}$$

例 5.2　已知离散信源符号为 $X \in \{0,1,2\}$，相应概率空间为 $\begin{bmatrix} X \\ P_X \end{bmatrix}=\begin{bmatrix} 0 & 1 & 2 \\ 1/2 & 1/4 & 1/4 \end{bmatrix}$，经过离散无记忆信道，接收符号为 $Y \in \{0,1,2\}$，信道矩阵 $\boldsymbol{P}_{Y|X}$ 为

$$\boldsymbol{P}_{Y|X}=\begin{bmatrix} 2/3 & 1/6 & 1/6 \\ 1/6 & 2/3 & 1/6 \\ 1/6 & 1/6 & 2/3 \end{bmatrix}$$

求 $I(X;Y)$。

解　由 $p(xy)=p(x)p(y \mid x)$，推得 X 和 Y 的联合，概率为

$$\boldsymbol{P}_{XY}=\begin{bmatrix} 1/3 & 1/12 & 1/12 \\ 1/24 & 1/6 & 1/24 \\ 1/24 & 1/24 & 1/6 \end{bmatrix}$$

由 $\boldsymbol{P}_Y=\boldsymbol{P}_X\boldsymbol{P}_{Y|X}$，推得接收符号 Y 的概率为

$$\boldsymbol{P}_Y = \boldsymbol{P}_X \boldsymbol{P}_{Y|X} = [1/2 \quad 1/4 \quad 1/4]\begin{bmatrix} 2/3 & 1/6 & 1/6 \\ 1/6 & 2/3 & 1/6 \\ 1/6 & 1/6 & 2/3 \end{bmatrix}$$

$$= \begin{bmatrix} \frac{5}{12} & \frac{7}{24} & \frac{7}{24} \end{bmatrix}$$

由 $p(x \mid y) = \dfrac{p(xy)}{p(y)}$,推得条件概率为

$$\boldsymbol{P}_{X|Y} = \begin{bmatrix} 4/5 & 2/7 & 2/7 \\ 1/10 & 4/7 & 1/7 \\ 1/10 & 1/7 & 4/7 \end{bmatrix}$$

$$\begin{aligned} I(X;Y) &= \sum_i \sum_j p(x_i, y_j) \log_2 \frac{p(x_i \mid y_j)}{p(x_i)} \\ &= \frac{1}{3}\log_2 \frac{4/5}{1/2} + \frac{1}{12}\log_2 \frac{1/10}{1/2} + \frac{1}{12}\log_2 \frac{1/10}{1/2} + \\ &\quad \frac{1}{24}\log_2 \frac{2/7}{1/4} + \frac{1}{6}\log_2 \frac{4/7}{1/4} + \frac{1}{24}\log_2 \frac{1/7}{1/4} + \frac{1}{24}\log_2 \frac{2/7}{1/4} + \\ &\quad \frac{1}{24}\log_2 \frac{1/7}{1/4} + \frac{1}{6}\log_2 \frac{4/7}{1/4} \\ &= 1.1 \text{ bit/ 符号} \end{aligned}$$

5.2.3 互信息熵的关联

1. 集合 X 与 Y 非相互独立条件下的信息熵关系

(1)
$$I(X;Y) = H(X) - H(X \mid Y) \tag{5.11}$$

证明
$$\begin{aligned} I(X;Y) &= \sum_i \sum_j p(x_i, y_j) \log_2 \frac{p(x_i \mid y_j)}{p(x_i)} \\ &= \sum_i \sum_j p(x_i, y_j) \log_2 \frac{1}{p(x_i)} + \sum_i \sum_j p(x_i, y_j) \log_2 p(x_i \mid y_j) \\ &= H(X) - H(X \mid Y) \end{aligned}$$

物理意义上,因为 $H(X)$ 表示发送符号本身的不确定性,$H(X \mid Y)$ 表示收到符号 Y 后,仍然对发送符号 X 存在的不确定性,所以互信息熵 $I(X;Y)$ 表示在接收端收到 Y 前后对 X 不确定性的减少程度。也就是说,互信息熵 $I(X;Y)$ 表示通信前后,从符号 Y 获得的关于 X 的平均自信息量。

(2)
$$I(X;Y) = H(Y) - H(Y \mid X) \tag{5.12}$$

证明
$$\begin{aligned} I(X;Y) &= \sum_i \sum_j p(x_i, y_j) \log_2 \frac{p(x_i \mid y_j)}{p(x_i)} \\ &= \sum_i \sum_j p(x_i, y_j) \log_2 \frac{p(x_i, y_j)}{p(x_i)p(y_j)} \\ &= \sum_i \sum_j p(x_i, y_j) \log_2 \frac{p(y_j \mid x_i)}{p(y_j)} \\ &= \sum_i \sum_j p(x_i, y_j) \log_2 \frac{1}{p(y_j)} + \sum_i \sum_j p(x_i, y_j) \log_2 p(y_j \mid x_i) \end{aligned}$$

$$=H(Y)-H(Y\mid X)$$

同理，因为 $H(Y)$ 表示接收符号本身的不确定性，$H(Y\mid X)$ 表示已知发送符号 X 后，仍然对接收符号 Y 存在的不确定性，所以互信息熵 $I(X;Y)$ 表示在已知发送符号 X 前后，对接收符号 Y 不确定性的减少程度。也就是说，互信息熵 $I(X;Y)$ 表示已知发送符号 X 前后，从符号 X 获得的关于 Y 的平均自信息量。

(3)
$$I(X;Y)=H(X)+H(Y)-H(XY) \tag{5.13}$$

证明
$$\begin{aligned}I(X;Y)&=\sum_i\sum_j p(x_i,y_j)\log_2\frac{p(x_i\mid y_j)}{p(x_i)}\\&=\sum_i\sum_j p(x_i,y_j)\log_2\frac{p(x_i,y_j)}{p(x_i)p(y_j)}\\&=\sum_i\sum_j p(x_i,y_j)\log_2\frac{1}{p(x_i)}+\sum_i\sum_j p(x_i,y_j)\log_2\frac{1}{p(y_j)}+\\&\quad\sum_i\sum_j p(x_i,y_j)\log_2 p(x_i,y_j)\\&=H(X)+H(Y)-H(XY)\end{aligned}$$

因为 $H(X)+H(Y)$ 表示发送符号 X 和接收符号 Y 具有的不确定性之和，$H(XY)$ 表示 X 和 Y 的联合不确定性，所以互信息熵 $I(X;Y)$ 表示发送符号与接收符号总不确定性与联合不确定性之差，也就是 X 和 Y 的关联区域。

综上性质，集合 X 与 Y 非相互独立条件下互信息熵与其他信源熵的关系如图 5.5 所示。

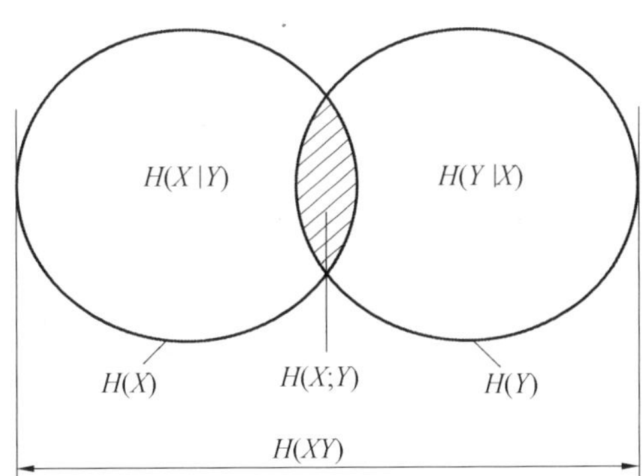

图 5.5　X 与 Y 非独立条件下互信息熵与其他信源熵的关系

除了上述互信息熵与其他信息熵关系外，还可以得出以下关系。

(1)
$$H(X)=H(XY)-H(Y\mid X) \tag{5.14}$$

(2)
$$H(Y)=H(XY)-H(X\mid Y) \tag{5.15}$$

2. 信道疑义度与噪声熵

(1) 信道疑义度 $H(X\mid Y)$。

以输出符号集合 Y 为条件，以输入集合 X 为结果的条件熵 $H(X\mid Y)$，称为信道疑义度。物理意义上，$H(X\mid Y)$ 表示接收端收到符号 Y 后，仍然对发送符号 X 存在的不确定性，该不确定性是由于信道中的噪声或干扰造成的，因为在无干扰和无噪声条件下，信道疑义度

$H(X \mid Y)=0$，正是由于信道中的干扰或噪声，造成了对发送符号 X 的不确定性，进而可知条件熵小于等于无条件熵，即 $H(X \mid Y) \leqslant H(X)$。该性质说明，通信系统在收到符号 Y 后，能在一定程度消减对发送符号 X 的不确定性，最多就是对 X 的不确定性一点都没有消除，即 $H(X \mid Y)=H(X)$。

(2) 噪声熵 $H(Y \mid X)$。

以输入符号 X 为条件，以输出符号 Y 为结果的条件熵 $H(Y \mid X)$，称为噪声熵。物理意义上，$H(Y \mid X)$ 表示已知发送符号 X 后，对接收符号 Y 仍然存在的不确定性，该不确定性同样是由于噪声引起的，在无噪条件下 $H(Y \mid X)=0$。

3. 集合 X 与 Y 相互独立条件下的信息熵关系

(1)
$$I(X;Y)=0 \tag{5.16}$$

该性质说明，在 X 与 Y 相互独立时，从接收符号 Y 中，无法获得关于 X 的信息。

(2)
$$H(X)=H(X \mid Y) \tag{5.17}$$

该性质说明，在 X 与 Y 相互独立时，发送符号本身的不确定性与信道的信道疑义度一致，Y 中不包含 X 的信息。

(3)
$$H(Y)=H(Y \mid X) \tag{5.18}$$

该性质说明，在 X 与 Y 相互独立时，接收符号本身的不确定性与信道的噪声熵一致，X 中不包含 Y 的信息。

(4)
$$H(XY)=H(X)+H(Y) \tag{5.19}$$

综上性质，X 与 Y 独立条件下互信息熵与其他信源熵的关系如图 5.6 所示。

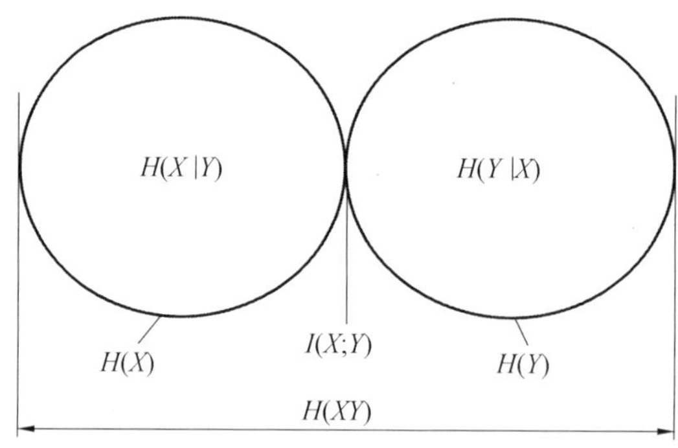

图 5.6 X 与 Y 独立条件下互信息熵与其他信源熵的关系

5.2.4 互信息熵的性质

1. 非负性

$$I(X;Y) \geqslant 0 \tag{5.20}$$

证明

$$\begin{aligned} I(X;Y) &= \sum_i \sum_j p(x_i, y_j) \log_2 \frac{p(x_i \mid y_j)}{p(x_i)} \\ &= \sum_i \sum_j p(x_i, y_j) \log_2 \frac{p(x_i, y_j)}{p(x_i)p(y_j)} \end{aligned}$$

$$= -\sum_i \sum_j p(x_i, y_j) \log_2 \frac{p(x_i)p(y_j)}{p(x_i, y_j)}$$

因为对数函数 $\log_2()$ 为上凸函数，所以应用詹森不等式可得

$$-\sum_i \sum_j p(x_i, y_j) \log_2 \frac{p(x_i)p(y_j)}{p(x_i, y_j)} \geqslant -\sum_i \sum_j \log_2 p(x_i, y_j) \frac{p(x_i)p(y_j)}{p(x_i, y_j)} = -\log_2 1 = 0$$

2. 对称性

$$I(X;Y) = I(Y;X) \tag{5.21}$$

证明

$$\begin{aligned} I(X;Y) &= \sum_i \sum_j p(x_i, y_j) \log_2 \frac{p(x_i, y_j)}{p(x_i)p(y_j)} \\ &= \sum_i \sum_j p(y_j, x_i) \log_2 \frac{p(y_j, x_i)}{p(x_i)p(y_j)} \\ &= I(Y;X) \end{aligned}$$

3. 极值性

$$I(X;Y) \leqslant \min\{H(X), H(Y)\} \tag{5.22}$$

证明

$$I(X;Y) = H(X) - H(X \mid Y)$$

由 $H(X \mid Y) \geqslant 0$，可得

$$I(X;Y) \leqslant H(X)$$

$$I(X;Y) = H(Y) - H(Y \mid X)$$

由 $H(Y \mid X) \geqslant 0$，可得

$$I(X;Y) \leqslant H(Y)$$

4. 凸函数性

$I(X;Y)$ 是信源概率分布 $p(x_i)$ 的上凸函数，$I(X;Y)$ 是信道转移概率 $p(y_j \mid x_i)$ 的下凸函数。

证明　略。

$$\begin{aligned} I(X;Y) &= \sum_i \sum_j p(x_i, y_j) \log_2 \frac{p(x_i \mid y_j)}{p(x_i)} \\ &= \sum_i \sum_j p(x_i) p(y_j \mid x_i) \log_2 \frac{p(y_j \mid x_i)}{p(y_j)} \\ &= \sum_i \sum_j p(x_i) p(y_j \mid x_i) \log_2 \frac{p(y_j \mid x_i)}{\sum p(x_i) p(y_j \mid x_i)} \end{aligned}$$

上式表明，互信息熵 $I(X;Y)$ 是以信源概率分布 $p(x_i)$ 和信道转移概率 $p(y_j \mid x_i)$ 为自变量的函数。进而，由凸函数性中 $I(X;Y)$ 是信源概率分布 $p(x_i)$ 的上凸函数，可得在信道固定的条件下（固定 $p(y_j \mid x_i)$），可通过优化 $p(x_i)$ 获得 $I(X;Y)$ 的最大值；由 $I(X;Y)$ 是信道转移概率 $p(y_j \mid x_i)$ 的下凸函数，可得在固定信源分布条件下（固定 $p(x_i)$），可通过优化 $p(y_j \mid x_i)$ 获得 $I(X;Y)$ 的最小值。

例 5.3　二元信源符号及其概率形成的概率空间为 $\begin{bmatrix} X \\ \boldsymbol{P}_X \end{bmatrix} = \begin{bmatrix} 0 & 1 \\ 1/3 & 2/3 \end{bmatrix}$，经过二元对称

信道，信道矩阵为$\boldsymbol{P}_{Y|X}=\begin{bmatrix}1/4 & 3/4\\3/4 & 1/4\end{bmatrix}$，求：(1)$H(X)$；(2)$H(Y)$；(3)$H(Y\mid X)$；(4)$I(X;Y)$。

解　(1)$H(X)=-\frac{1}{3}\log_2\frac{1}{3}-\frac{2}{3}\log_2\frac{2}{3}=0.92$(bit/符号)

(2) $\boldsymbol{P}_Y=\boldsymbol{P}_X\boldsymbol{P}_{Y|X}=[1/3\quad 2/3]\begin{bmatrix}1/4 & 3/4\\3/4 & 1/4\end{bmatrix}=\begin{bmatrix}\frac{7}{12} & \frac{5}{12}\end{bmatrix}$

$H(Y)=-\frac{7}{12}\log_2\frac{7}{12}-\frac{5}{12}\log_2\frac{5}{12}=0.98$(bit/符号)

(3)$H(Y\mid X)=\sum_i p(x_i)H(Y\mid x_i)=\frac{1}{3}H\left(\frac{1}{4},\frac{3}{4}\right)+\frac{2}{3}H\left(\frac{3}{4},\frac{1}{4}\right)=0.81$(bit/符号)

(4)$I(X;Y)=H(Y)-H(Y\mid X)=0.98-0.81=0.17$ (bit/符号)

5.3　离散信道的信道容量

本节基于信道的数学模型和互信息量的概念，介绍信道容量的概念和计算方法，由理想信道推广到一般信道，由离散单符号信道扩展到离散多符号信道，由离散信道过渡到连续信道，知识点层层衔接，难度系数逐渐深入的学习思路。

(1) 信息传输率。

信道中平均每个符号传送的信息量称为信息传输率，单位为 bit/符号。研究信道的目的是通过研究信道的统计特性，分析信道的传输能力，为实际应用提供理论指导。信息传输能力主要体现在信息传输率，数值上等于互信息熵，其数学表示为

$$R=I(X;Y)\tag{5.23}$$

(2) 信息传输速率。

信道在单位时间内传输的信息量称为信息传输速率，单位为 bit/s。如果传输一个符号需要的时间为 t s，则信息传输速率 R_t 数学表达式为

$$R_t=\frac{I(X;Y)}{t}\tag{5.24}$$

(3) 信道容量。

信道条件下信道的最大传输率称为信道容量，单位为 bit/符号，其数学表达式为

$$C=\max_{p(x)}\{I(X;Y)\}\tag{5.25}$$

由互信息熵的凸函数性可知，$I(X;Y)$ 是信源概率分布 $p(x_i)$ 的上凸函数，因此在固定信道矩阵条件下，可通过优化 $p(x_i)$ 使得 $I(X;Y)$ 获得最大值，这个最大值称为信道容量，而获得信道容量的信源概率分布 $p(x_i)$ 称为最佳输入分布。

5.3.1　典型的理想离散信道的信道容量

典型的理想离散信道包括无噪无损信道、无噪有损信道和有噪无损信道，虽然上述信道实际应用较少，但是可作为学习一般信道的切入知识。

1. 无噪无损信道

无噪无损信道的噪声熵和损失熵都为零，即 $H(Y\mid X)=H(X\mid Y)=0$，其输入输出呈现

一对一的关系，输入符号数为 r，输出符号数为 s，即 $r=s$，其结构如图 5.7 所示。

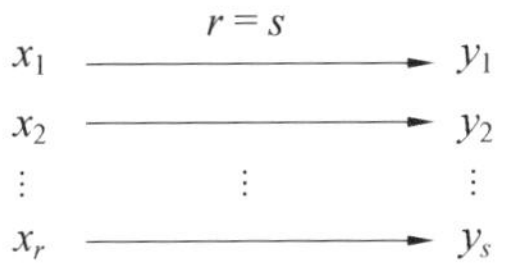

$$\begin{array}{ccc} & r=s & \\ x_1 & \longrightarrow & y_1 \\ x_2 & \longrightarrow & y_2 \\ \vdots & \vdots & \vdots \\ x_r & \longrightarrow & y_s \end{array}$$

图 5.7　无噪无损信道结构

无噪无损信道转移概率(前验概率)和后验概率满足：

$$p(y_j \mid x_i)=p(x_i \mid y_j)=\begin{cases}0 & (i \neq j)\\ 1 & (i=j)\end{cases}$$

因此，其信道矩阵的结构是一个 $r \times s$ 维单位方阵，且 $r=s$，即

$$\boldsymbol{P}=\begin{bmatrix}1 & 0 & \cdots & 0\\ 0 & 1 & \cdots & 0\\ \vdots & \vdots & & \vdots\\ 0 & 0 & 0 & 1\end{bmatrix} \tag{5.26}$$

无噪无损信道的信道容量为

$$\begin{aligned} C &= \max_{p(x)}\{I(X;Y)\}=\max_{p(x)}\{H(X)-H(X \mid Y)\}=\max_{p(x)}\{H(Y)-H(Y \mid X)\}\\ &=H(X)=H(Y)=\log_2 r=\log_2 s \end{aligned} \tag{5.27}$$

到达信道容量所对应的最佳输入分布为输入输出等概，即 $p(x_i)=p(y_j)=\dfrac{1}{r}=\dfrac{1}{s}$。

2. 无噪有损信道

无噪有损信道的噪声熵为零，损失熵不为零，即 $H(Y \mid X)=0$，$H(X \mid Y) \neq 0$，其输入输出呈现多对一的关系，即 $r>s$，其结构如图 5.8 所示。

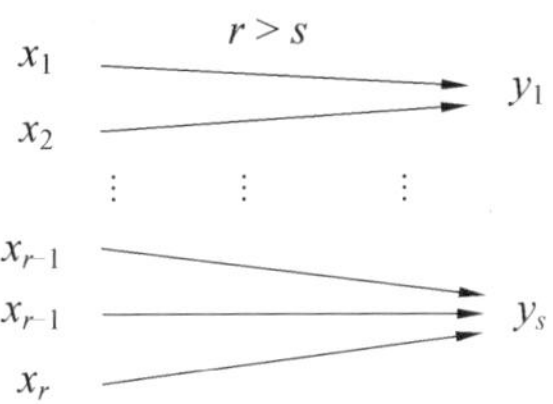

图 5.8　无噪有损信道结构

从上述多对一的关系可知，无噪有损信道的信道矩阵中每一行仅有一个元素，每一列具有多个元素，其 $r \times s$ 维矩阵结构为

$$\boldsymbol{P}=\begin{bmatrix}p(y_1 \mid x_1) & 0 & \cdots & 0\\ p(y_1 \mid x_2) & 0 & \cdots & 0\\ \vdots & \vdots & & \vdots\\ 0 & 0 & 0 & p(y_s \mid x_r)\end{bmatrix} \tag{5.28}$$

无噪有损信道的信道容量为

$$C=\max_{p(x)}\{I(X;Y)\}=\max_{p(x)}\{H(Y)-H(Y \mid X)\}=H(Y)=\log_2 s \tag{5.29}$$

到达信道容量所对应的最佳输出概率分布为输出等概，即 $p(y_j)=\frac{1}{s}$。

3. 有噪无损信道

有噪无损信道的损失熵为零，噪声熵不为零，即 $H(X\mid Y)=0, H(Y\mid X)\neq 0$，其输入输出呈现一对多的关系，即 $r<s$，其结构如图 5.9 所示。

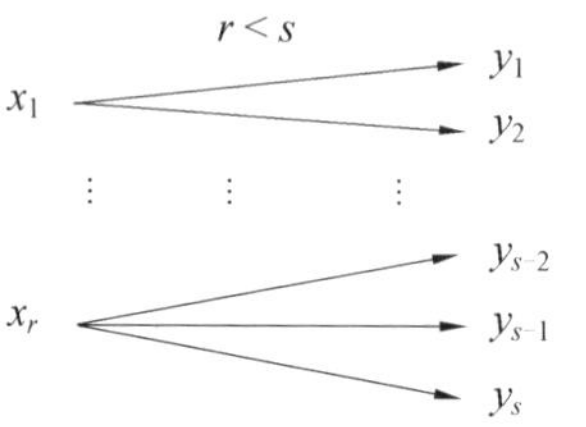

图 5.9　有噪无损信道结构

从上述一对多的关系可知，有噪无损信道的信道矩阵中每一列仅有一个元素，每一行具有多个元素，其 $r\times s$ 维矩阵结构为

$$\boldsymbol{P}=\begin{bmatrix} p(y_1\mid x_1) & p(y_1\mid x_2) & \cdots & 0 \\ 0 & 0 & \cdots & 0 \\ \vdots & \vdots & & \vdots \\ 0 & 0 & 0 & p(y_s\mid x_r) \end{bmatrix} \tag{5.30}$$

有噪无损信道的信道容量为

$$C=\max_{p(x)}\{I(X;Y)\}=\max_{p(x)}\{H(X)-H(X\mid Y)\}=H(X)=\log_2 r \tag{5.31}$$

到达信道容量所对应的最佳输入分布为输入等概，即 $p(x_i)=\frac{1}{r}$。

例 5.4　已知信道矩阵 $\boldsymbol{P}=\begin{bmatrix}1 & 0\\ 0 & 1\end{bmatrix}$，求其信道容量。

解　由信道矩阵结构为一对一，可知该信道为无噪无损信道，因此其信道容量为

$$C=\max_{p(x)}\{I(X;Y)\}=\max_{p(x)}\{H(X)-H(X\mid Y)\}=\log_2 2=1\ \text{bit/ 符号}$$

例 5.5　已知信道矩阵 $P=\begin{bmatrix}1/2 & 1/2 & 0\\ 0 & 0 & 1\end{bmatrix}$，求其信道容量。

解　由信道矩阵结构为一对多，可知该信道为有噪无损信道，因此其信道容量为

$$C=\max_{p(x)}\{I(X;Y)\}=\max_{p(x)}\{H(X)-H(X\mid Y)\}=\log_2 3\ \text{bit/ 符号}$$

例 5.6　已知信道矩阵 $\boldsymbol{P}=\begin{bmatrix}1 & 0\\ 1 & 0\\ 0 & 1\end{bmatrix}$，求其信道容量。

解　由信道矩阵结构为多对一，可知该信道为无噪有损信道，因此其信道容量为

$$C=\max_{p(x)}\{I(X;Y)\}=\max_{p(x)}\{H(Y)-H(Y\mid X)\}=H(Y)=\log_2 3\ \text{bit/ 符号}$$

5.3.2　离散对称信道的信道容量

1. 行对称信道和列对称信道

(1) 行对称信道。

信道矩阵中的每一行都是第一行的置换，则称该信道为行对称信道，如 $\boldsymbol{P}=\begin{bmatrix} p_1 & p_2 & p_3 \\ p_2 & p_3 & p_1 \end{bmatrix}$。行对称信道的矩阵结构为计算噪声熵 $H(Y \mid X)$ 提供了便利，即

$$\begin{aligned} H(Y \mid X) &= -\sum_i p(x_i) \sum_j \mid \underbrace{p(\boldsymbol{x}_j \mid x_i)\log_2 p(y_i \mid x_i)}_{\text{每个相同}} \mid \\ &= \left| \sum_i p(x_i) \right| H(Y \mid x_i) = H(p_1, p_2, \cdots, p_s) \end{aligned} \tag{5.32}$$

因此，行对称信道的信道容量为

$$\begin{aligned} C &= \max_{p(x)}\{I(X;Y)\} = \max_{p(x)}\{H(Y) - H(Y \mid X)\} \\ &= H(Y) - H(p_1 p_2 \cdots p_s) \\ &= \log_2 s - H(p_1 p_2 \cdots p_s) \end{aligned} \tag{5.33}$$

式中，$p_1, p_2, \cdots, p_s$ 为信道矩阵的第一行。

由于信息熵的非负性，行对称信道在输出等概时，达到信道容量。

(2) 列对称信道。

信道矩阵中的每一列都是第一列的置换，则称该信道为列对称信道，如 $\boldsymbol{P}=\begin{bmatrix} p_1 & p_2 \\ p_2 & p_3 \\ p_3 & p_1 \end{bmatrix}$。

利用列对称信道的结构，可得损失熵 $H(X \mid Y)$ 为

$$\begin{aligned} H(X \mid Y) &= -\sum_j p(y_j) \sum_i p(x_i \mid y_j) \log_2 p(x_i \mid y_j) \\ &= \sum_j p(y_j) H(X \mid y_j) \\ &= H(p_1, p_2, \cdots, p_r) \end{aligned} \tag{5.34}$$

因此，列对称信道的信道容量为

$$\begin{aligned} C &= \max_{p(x)}\{I(X;Y)\} \\ &= \max_{p(x)}\{H(X) - H(X \mid Y)\} = H(X) - H(p_1 p_2 \cdots p_r) \\ &= \log_2 r - H(p_1 p_2 \cdots p_r) \end{aligned} \tag{5.35}$$

式中，$p_1, p_2, \cdots, p_r$ 为信道矩阵的第一列。

由于信息熵的非负性，列对称信道在输入等概时，达到信道容量。

2. 对称信道

既是行对称信道也是列对称信道，则称该信道为对称信道，如 $\boldsymbol{P}=\begin{bmatrix} p_1 & p_2 & p_3 \\ p_2 & p_3 & p_1 \\ p_3 & p_1 & p_2 \end{bmatrix}$。对称信道满足行对称信道和列对称信道的所有性质。因此，对称信道的信道容量为

$$C=\max_{p(x)}\{I(X;Y)\}=\max_{p(x)}\{H(Y)-H(Y\mid X)\}=H(Y)-H(p_1p_2\cdots p_s)$$
$$=\max_{p(x)}\{H(X)-H(X\mid Y)\}=H(X)-H(p_1p_2\cdots p_r)$$
$$=\log_2 r-H(p_1p_2\cdots p_r) \tag{5.36}$$

式中，$r=s$，即对称信道的信道矩阵中每一行的元素和每一列的元素相同。

由信道矩阵结构，得出输入等概时，输出必然等概。当输入 / 输出等概时，对称信道到达信道容量。

3. 强对称信道

信道矩阵为方阵，且对角线元素相同，其他位置元素也相同，则称该信道为强对称信道，如：

$$\boldsymbol{P}=\begin{bmatrix} p & \frac{1-p}{r-1} & \frac{1-p}{r-1} & \cdots & \frac{1-p}{r-1} \\ \frac{1-p}{r-1} & p & \frac{1-p}{r-1} & \cdots & \frac{1-p}{r-1} \\ \frac{1-p}{r-1} & \frac{1-p}{r-1} & p & \cdots & \frac{1-p}{r-1} \\ \frac{1-p}{r-1} & \frac{1-p}{r-1} & \frac{1-p}{r-1} & \cdots & p \end{bmatrix}$$

强对称信道是附加约束形式的对称信道，因此可充分利用对称信道的性质，强对称信道的信道容量为

$$C=\max_{p(x)}\{I(X;Y)\}=\max_{p(x)}\{H(X)-H(X\mid Y)\}=H(X)-H(p_1p_2\cdots p_r)$$
$$=\log_2 r-H(p_1p_2\cdots p_r)=\log_2 r-p\log_2 p-(1-p)\log_2\frac{1-p}{r-1} \tag{5.37}$$

4. 准对称信道

信道矩阵不是对称信道(仅满足行对称)，但是经过划分，其每个子阵都是对称信道，则称该信道为准对称信道，如 $\boldsymbol{P}=\begin{bmatrix} p_1 & p_2 & p_3 \\ p_2 & p_1 & p_3 \end{bmatrix}$，可拆分为 2 个对称信道 $\begin{bmatrix} p_1 & p_2 \\ p_2 & p_1 \end{bmatrix}$ 和 $\begin{bmatrix} p_3 \\ p_3 \end{bmatrix}$。

准对称信道的信道容量与经拆分后各子阵元素关系为

$$C=\max_{p(x)}\{I(X;Y)\}=\max_{p(x)}\{H(X)-H(X\mid Y)\}$$
$$=\log_2 r-H(p_1p_2\cdots p_s)-\sum_{k=1}^{n}N_k\log_2 M_k \tag{5.38}$$

式中，在拆分前，r 为输入符号集合个数，且为等概分布，$p_1,p_2,\cdots,p_s$ 为准对称信道中第一行元素，在拆分后，n 为拆分的子阵个数，N_k 为第k 个子阵第一行元素之和，M_k 为第k 个子阵第一列元素之和。

例 5.7 已知信道的信道矩阵为 $\boldsymbol{P}=\begin{bmatrix} 0.6 & 0.4 \\ 0.4 & 0.6 \end{bmatrix}$，求其信道容量。

解 由题意可得该信道为对称信道，利用对称信道的信道容量计算公式可得

$$C=\log_2 r-H(p_1,p_2,\cdots,p_s)=\log_2 2-H(0.6,0.4)=0.028(\text{bit/ 符号})$$

例 5.8　已知信道的信道矩阵为 $\boldsymbol{P}=\begin{bmatrix}0.2 & 0.5 & 0.3\\0.3 & 0.5 & 0.2\end{bmatrix}$，试用矩阵分解方法求其信道容量。

解　将准对称信道矩阵 $\boldsymbol{P}=\begin{bmatrix}0.2 & 0.5 & 0.3\\0.3 & 0.5 & 0.2\end{bmatrix}$ 拆分为 2 个子对称信道，$\boldsymbol{P}=\begin{bmatrix}0.2 & 0.3\\0.3 & 0.2\end{bmatrix}$ 和 $\boldsymbol{P}=\begin{bmatrix}0.5\\0.5\end{bmatrix}$，利用准对称信道的信道容量计算公式可得

$$
\begin{aligned}
C &= \log_2 r - H(p_1 p_2 \cdots p_s) - \sum_{k=1}^{n} N_k \log_2 M_k \\
&= \log_2 2 - H(0.2, 0.5, 0.3) - 0.5\log_2 0.5 - 0.5\log_2 1 \\
&= 0.014(\text{bit/符号})
\end{aligned}
$$

5.3.3　一般离散信道的信道容量

在信道确定的条件下，由于互信息量 $I(X;Y)$ 可看成是输入概率 $p(x_i)$ 的上凸函数，因此，信道容量可看成在输入概率之和为 1 的条件下，优化先验概率 $p(x_i)$，使得互信息量最大的约束优化问题：

$$
\begin{cases}
C = \max\limits_{p(x)}\{I(X;Y)\} \\
\sum\limits_{i=1}^{N} p(x_i) = 1 \\
p(x_i) \geqslant 0
\end{cases}
\tag{5.39}
$$

式中，$i \in \{1,2,3,\cdots,N\}$。

针对上述约束优化问题，利用拉格朗日乘子法构建辅助函数：

$$
F = I(X;Y) - \lambda\left[\sum_{i=1}^{N} p(x_i) - 1\right] \tag{5.40}
$$

为了求 $\dfrac{\partial F}{\partial p(x_i)} = \dfrac{\partial I(X;Y)}{\partial p(x_i)} - \lambda = 0$，需要获得每一项的微分表达式，由于

$$
\begin{aligned}
I(X;Y) &= \sum_{i=1}^{r}\sum_{j=1}^{s} p(x_i, y_j)\,\frac{p(y_j \mid x_i)}{p(y_j)} \\
&= \sum_{i=1}^{r} p(x_i) \sum_{j=1}^{s} p(y_j \mid x_i)\log_2 p(y_j \mid x_i) - \sum_{j=1}^{s} p(y_j)\log_2 p(y_j)
\end{aligned}
\tag{5.41}
$$

$$
p(y_j) = \sum_{i=1}^{r} p(x_i)\, p(y_j \mid x_i) \tag{5.42}
$$

所以

$$
\frac{\partial p(y_j)}{\partial p(x_i)} = p(y_j \mid x_i) \tag{5.43}
$$

$$
\frac{\partial \log p(y_j)}{\partial p(x_i)} = \frac{p(y_j \mid x_i)}{p(y_j)}\log_2 \mathrm{e} \tag{5.44}
$$

$$
\frac{\partial I(X;Y)}{\partial p(x_i)} = \sum_{j=1}^{s} p(y_j \mid x_i)\log_2 p(y_j \mid x_i) - \sum_{j=1}^{s} p(y_j \mid x_i)\log_2 p(y_j) - \sum_{j=1}^{s} p(y_j \mid x_i)\log_2 \mathrm{e}
$$

$$=\sum_{j=1}^{s}p(y_j\mid x_i)\log_2\frac{p(y_j\mid x_i)}{p(y_j)}-\log_2 \mathrm{e} \tag{5.45}$$

因此

$$\frac{\partial F}{\partial p(x_i)}=\frac{\partial I(X;Y)}{\partial p(x_i)}-\lambda=\sum_{j=1}^{s}p(y_j\mid x_i)\log_2\frac{p(y_j\mid x_i)}{p(y_j)}-\log_2 \mathrm{e}-\lambda=0 \tag{5.46}$$

进而信道容量为

$$\begin{aligned}C&=\max_{p(x)}\{I(X;Y)\}=\sum_{j=1}^{s}p(y_j\mid x_i)\log_2\frac{p(y_j\mid x_i)}{p(y_j)}\\&=\sum_{i=1}^{r}p(x_i)\left[\sum_{j=1}^{s}p(y_j\mid x_i)\log_2\frac{p(y_j\mid x_i)}{p(y_j)}\right]\\&=\sum_{i=1}^{r}p(x_i)(\log_2 \mathrm{e}+\lambda)=\log_2 \mathrm{e}+\lambda\end{aligned} \tag{5.47}$$

所以

$$\begin{aligned}\sum_{j=1}^{s}p(y_j\mid x_i)\log_2 p(y_j\mid x_i)&=\sum_{j=1}^{s}p(y_j\mid x_i)\log_2 p(y_j)+C\\&=\sum_{j=1}^{s}p(y_j\mid x_i)[\log_2 p(y_j)+C]\end{aligned} \tag{5.48}$$

若令

$$\psi_j=\log_2 p(y_j)+C$$

则对于一般的信道矩阵，可通过以下等式建立方程组：

$$\sum_{j=1}^{s}p(y_j\mid x_i)\psi_j=\sum_{j=1}^{s}p(y_j\mid x_i)\log_2 p(y_j\mid x_i) \tag{5.49}$$

若 $r=s$，且信道矩阵可逆时，方程组的解唯一，在求出参数 ψ_j 后，可利用 $\begin{cases}p(y_j)=2^{\psi_j-C}\\ \sum_{j=1}^{s}p(y_j)=1\end{cases}$ 求出信道容量和接收符号概率，为

$$\begin{cases}C=\log_2\sum_{j=1}^{s}2^{\psi_j}\\ p(y_j)=2^{\psi_j-C}\end{cases}\quad(j=1,2,3,\cdots,s) \tag{5.50}$$

例 5.9 已知信道的信道矩阵为 $\boldsymbol{P}=\begin{bmatrix}1&0&0\\0.2&0.5&0.3\\0.3&0.5&0.2\end{bmatrix}$，求其信道容量及输入输出符号概率。

解 利用信道矩阵的转移概率，结合 $\sum_{j=1}^{s}p(y_j\mid x_i)\psi_j=\sum_{j=1}^{s}p(y_j\mid x_i)\log_2 p(y_j\mid x_i)$，建立方程组为

$$\begin{cases}\psi_1=0\\0.2\psi_1+0.5\psi_2+0.3\psi_3=0.2\log_2 0.2+0.5\log_2 0.5+0.3\log_2 0.3\\0.3\psi_1+0.5\psi_2+0.2\psi_3=0.3\log_2 0.3+0.5\log_2 0.5+0.2\log_2 0.2\end{cases}$$

解得

$$\begin{cases}\psi_1=0\\ \psi_2=2(0.3\log_2 0.3+0.5\log_2 0.5+0.2\log_2 0.2)=-3\\ \psi_3=0\end{cases}$$

因此

$$C=\log_2\sum_{j=1}^{s}2^{\psi_j}=\log_2(2^0+2^{-3}+2^0)=1.09(\text{bit/符号})$$

又由

$$p(y_j)=2^{\psi_j-C}$$

可得

$$p(y_1)=2^{-1.09},\quad p(y_2)=2^{-4.09},\quad p(y_3)=2^{-1.09}$$

因为

$$[p(y_1),p(y_2),p(y_3)]=[p(x_1),p(x_2),p(x_3)]\boldsymbol{P}$$

所以

$$p(x_1)=p(y_1)+8p(y_2)-17p(y_3),\quad p(x_2)=10p(y_3)-4p(y_2)$$
$$p(x_3)=50p(y_3)-24p(y_2)$$

同时通过上述计算过程可以发现 $C=\max\limits_{p(x)}\{I(X;Y)\}=\sum\limits_{j=1}^{s}p(y_j\mid x_i)\log_2\dfrac{p(y_j\mid x_i)}{p(y_j)}=I(x_i;Y)$，也就是说，单符号 x_i 与接收符号集合 Y 的平均互信息等于信道容量 C，因此引出定理 5.1。

定理 5.1　对于离散信道，若使互信息量 $I(X;Y)$ 取得最大值(信道容量)，输入概率 $p(x_i)$ 需满足以下充要条件。

(1) 对于所有输入符号概率不为 0 的情况，即 $p(x_i)>0$，$I(x_i,Y)=C$。

(2) 对于所有输入符号概率为 0 的情况，即 $p(x_i)=0$，$I(x_i,Y)<C$。

证明　略。

该定理说明，如果输入符号不为零的所有信源符号 x_i 与输出符号集合 Y 的平均互信息 $I(x_i,Y)$ 相等，此时的互信息数值就是信道容量。该定理也可判断某信道是否到达信道容量，但是未给出具体信道容量数值，一般可根据已知条件进一步计算。

5.3.4　离散多符号信道容量

在信道输入端的信源为多符号序列，相应的信道输出端也出现多符号序列，该情况称为离散多符号信道。根据输入输出是否存在记忆性，离散多符号信道分为离散有记忆多符号信道和离散无记忆多符号信道。当信道的输入输出端为 N 个离散符号时，称为单符号离散信道的 N 次扩展。

与离散单符号信道的研究方法类似，离散多符号信道也定义了信道转移概率矩阵，若输入符号序列为 $X^L=x_1x_2\cdots x_N$，$x_i=\{a_1,a_2,\cdots,a_L\}$，输出符号序列 $Y^N=y_1y_2\cdots y_N$，$y_j=\{b_1,b_2,\cdots,b_M\}$，则信道矩阵为 $P(Y^N\mid X^L)$。

例 5.10　离散单符号信道的输入符号为 $x_i=\{0,1\}$，输出符号为 $y_j=\{0,1\}$，信道矩阵

为 $\boldsymbol{P}=\begin{bmatrix} p & 1-p \\ 1-p & p \end{bmatrix}$,求其二次扩展信道的信道容量。

解　由单符号信源的信道矩阵可求得

$$\begin{cases} p(00 \mid 00)=p(0 \mid 0)p(0 \mid 0) \\ p(01 \mid 00)=p(0 \mid 0)p(1 \mid 0) \\ p(10 \mid 00)=p(1 \mid 0)p(0 \mid 0) \\ p(11 \mid 00)=p(1 \mid 0)p(1 \mid 0) \end{cases}$$

以此类推,求得二次扩展信道矩阵为

$$\boldsymbol{P}=\begin{bmatrix} p^2 & p(1-p) & p(1-p) & (^1-p)2 \\ p(1-p) & p^2 & (1-p)^2 & p(1-p) \\ p(1-p) & (1-p)^2 & p^2 & p(1-p) \\ (1-p)^2 & p(1-p) & p(1-p) & p^2 \end{bmatrix}$$

从该矩阵结构可知,该信道为对称信道,因此其信道容量为

$$C=\log_2 4-H(p^2,p(1-p),p(1-p),(1-p)^2)$$

对于无记忆信道的 N 次扩展信道,信道转移概率为

$$P(Y^N \mid X^N)=p(x_1x_2\cdots x_N \mid y_1y_2\cdots y_N)=\prod_{i=1}^{N}p(x_i \mid y_i)$$

对于无记忆信道的 N 次扩展信道,平均互信息表达式为

$$I(X^N;Y^N)=H(X^N)-H(X^N \mid Y^N)=\sum_{i,j}p(X_i^N,Y_j^N)\log_2\frac{p(X_i^N \mid Y_j^N)}{p(X_i^N)}$$

定理 5.2　对于输入为X^N、输出为Y^N长为N的离散无记忆信道,其多符号与单符号互信息熵满足以下关系:

$$I(X^N;Y^N)\leqslant\sum_{i=1}^{N}I(x_i,y_i) \tag{5.51}$$

定理 5.3　对于输入为X^N、输出为Y^N长为N的离散信道,若信源序列符号间无记忆(相互独立),其多符号与单符号互信息熵满足以下关系:

$$I(X^N;Y^N)\geqslant\sum_{i=1}^{N}I(x_i,y_i) \tag{5.52}$$

当信源和信道同时满足无记忆时,式(5.52) 等式成立,即

$$I(X^N;Y^N)=\sum_{i=1}^{N}I(x_i,y_i)$$

更进一步,若输入符号源自相同的符号集合,且概率分布相同,而输出符号也源自相同符号集合,典型情况为离散信道的 N 次扩展,此时,互信息熵满足 $I(X^N;Y^N)=NI(x;y)$。

5.3.5　组合信道

之前介绍的信道模型是基于单个信道结构,而在实际应用中,多个信道联合作用构成组合信道的情况时有发生,常用的组合信道包括串联信道与并联信道,本节将分别介绍其信道矩阵的等价形式。

1. 并联信道

并联信道结构如图 5.10 所示，其可以看成多个信道相互独立，各自传输信息，即每个信道的输出 Y_j 仅与其对应的输入 X_i 有关，与其他子信道无关，因此，并联信道的转移概率为

$$P(Y_1Y_2\cdots Y_N \mid X_1X_2\cdots X_N)=\prod_{i=1}^{N}P(Y_i \mid X_i) \tag{5.53}$$

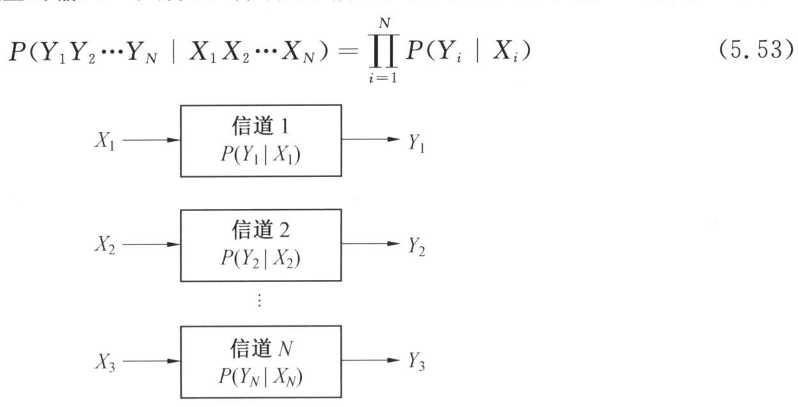

图 5.10　并联信道结构

运用定理 5.2，可得出并联信道的互信息熵满足以下关系：

$$I(X;Y)\leqslant \sum_{i=1}^{N}I(X_i,Y_i) \tag{5.54}$$

当且仅当信源无记忆(独立)时，式(5.54)等式成立，即 $I(X;Y)=\sum_{i=1}^{N}I(X_i,Y_i)$。

2. 串联信道

串联信道结构如图 5.11 所示，多级串联信道的信道矩阵等于多个独立信道矩阵乘积，即

$$P(U \mid X)=P(Y \mid X)P(Z \mid XY)P(U \mid XY\cdots Z) \tag{5.55}$$

进一步，若多级串联信道的输入输出之间构成马尔可夫链，信道矩阵等于多个独立信道矩阵乘积，即

$$P(U \mid X)=P(Y \mid X)P(Z \mid Y)P(U \mid Z) \tag{5.56}$$

X → 信道 1 $P(Y|X)$ → Y → 信道 2 $P(Z|XY)$ → … → Z → 信道 N $P(U|XY\cdots Z)$ → U

图 5.11　串联信道结构

例 5.11　离散二元对称信道的信道矩阵为 $\boldsymbol{P}=\begin{bmatrix} p & 1-p \\ 1-p & p \end{bmatrix}$，若将两个该信道构成串联信道，求其原信道和组合信道的信道容量。

解　利用对称信道的信道容量计算公式，结合原信道的信道矩阵表达式 $\boldsymbol{P}=\begin{bmatrix} p & 1-p \\ 1-p & p \end{bmatrix}$，推得原信道的信道容量为

$$C_1=\log_2 2-H(p)$$

二级串联信道的信道矩阵为

$$\boldsymbol{P}_2=\boldsymbol{PP}=\begin{bmatrix}p & 1-p\\1-p & p\end{bmatrix}\begin{bmatrix}p & 1-p\\1-p & p\end{bmatrix}=\begin{bmatrix}p^2+(1-p)^2 & 2p(1-p)\\2p(1-p) & p^2+(1-p)^2\end{bmatrix}$$

根据对称矩阵信道容量计算公式，推得串联组合信道的信道容量为

$$C_2=\log_2 2-H(2p(1-p))$$

3. 数据处理定理

三级串联信道中，各子信道之间的输入输出满足马尔可夫过程，则组合信道输入输出的互信息熵大于其中子信道两端的互信息熵，称为数据处理定理。图 5.11 所示构成的组合信道，若 X、Y、Z 构成马尔可夫链，则 $I(X;Z)\leqslant I(X;Y)$，$I(X;Z)\leqslant I(Y;Z)$。

在证明数据处理定理之前，先证明引理：$I(XY;Z)\geqslant I(X;Z)(I(XY;Z)\geqslant I(Y;Z))$，当且仅当满足 $p(z\mid xy)=p(z\mid x)(p(z\mid xy)=p(z\mid y))$ 时，等号成立。

证明 $I(XY;Z)=\sum\limits_{i,j,k}p(x_iy_jz_k)\log_2\dfrac{p(z_k\mid x_iy_j)}{p(z_k)}=E\left[\log_2\dfrac{p(z_k\mid x_iy_j)}{p(z_k)}\right]$

$$I(X;Z)=\sum_{i,j}p(x_iy_j)\log_2\frac{p(z_k\mid x_i)}{p(z_k)}=E\left[\log_2\frac{p(z_k\mid x_i)}{p(z_k)}\right]$$

$$\begin{aligned}I(X;Z)-I(XY;Z)&=E\left[\log_2\frac{p(z_k\mid x_i)}{p(z_k)}\right]-E\left[\log_2\frac{p(z_k\mid x_iy_j)}{p(z_k)}\right]\\&=E\left[\log_2\frac{p(z_k\mid x_i)}{p(z_k\mid x_iy_j)}\right]\\&\leqslant\log_2 E\left[\frac{p(z_k\mid x_i)}{p(z_k\mid x_iy_j)}\right]\\&=\log_2\sum_{i,j,k}p(x_iy_jz_k)\frac{p(z_k\mid x_i)}{p(z_k\mid x_iy_j)}\\&=\log_2\sum_{i,j,k}p(x_iy_j)p(z_k\mid x_i)\\&=\log_2 1=0\end{aligned}$$

因此，可得 $I(XY;Z)\geqslant I(X;Z)$，同理可证出 $I(XY;Z)\geqslant I(Y;Z)$。

之后证明数据处理定理，由于 X、Y、Z 构成马尔可夫链，所以 $I(XY;Z)=I(Y;Z)$，利用引理结论 $I(XY;Z)\geqslant I(X;Z)$，可得 $I(X;Z)\leqslant I(Y;Z)$，同理可证出 $I(X;Z)\leqslant I(X;Y)$。

数据处理定理表明，信息经过串联信道传输，组合信道的输入输出互信息熵不多于各个传输环节子信道的互信息量，信息在传输过程中具有不递增的特点。

5.3.6 信道剩余度

在通信系统中，设计者希望信息传输率接近，甚至到达信道容量，以实现信息的高速传输。当信息传输速率达到信道容量时，称为信道匹配，反之，若信息传输速率无法达到信道容量，通常认为信道有剩余。因此，为了描述信道传输与信道容量的匹配程度，引入信道剩余度的概念。

若某传输信道的信道容量为 C，$I(X;Y)$ 为发送信源符号 / 序列 X 与接收符号 / 序列 Y 的平均互信息，则信道剩余度与信道相对剩余度的定义如下。

信道剩余度是指信道容量同发送与接收符号 / 序列间平均互信息之差，即 $C-I(X;$

Y)。

信道相对剩余度为$\frac{C-I(X;Y)}{C}=1-\frac{I(X;Y)}{C}$。

例 5.12　对于离散无记忆信源

$$\begin{bmatrix} a \\ P(a) \end{bmatrix}=\begin{bmatrix} a_1 & a_2 & a_3 & a_4 & a_5 & a_6 \\ 1/4 & 1/16 & 1/8 & 1/32 & 1/2 & 1/32 \end{bmatrix}$$

通过一个无噪无损四元离散信道，试求其信道剩余度。

解　利用无噪无损信道性质：

$$\begin{cases} I(X;Y)=H(X)=H(Y)=1.937\ \text{bit/ 符号} \\ C=\log r=2\ \text{bit/ 符号} \end{cases}$$

得出信道剩余度为

$$C-I(X;Y)=0.063\ \text{bit/ 符号}$$

5.4　连续信道

5.3 节介绍了离散信道及其信道容量的计算方法，相比于离散信道，连续信道的输入输出都是取值连续的随机变量。连续信道的信道容量同样是在信道转移概率确定的条件下，寻找最佳输入概率，使得互信息熵取得最大值。本节将介绍连续信道的互信息熵和几种典型的信道容量计算方法。

5.4.1　连续信道的互信息熵

对于连续信道，输入变量为 X，输出变量为 Y，其平均互信息量的计算表达式为

$$\begin{aligned} I(X;Y) &= \iint_{x,y} p(xy)\log_2\frac{p(x\mid y)}{p(x)}\mathrm{d}x\mathrm{d}y=\iint_{x,y} p(xy)\log_2\frac{p(y\mid x)}{p(y)}\mathrm{d}x\mathrm{d}y \\ &= \iint_{x,y} p(xy)\log_2\frac{p(xy)}{p(x)p(y)}\mathrm{d}x\mathrm{d}y \end{aligned} \tag{5.57}$$

从式(5.57)推得，在连续信道中互信息熵具有与离散情况相似的熵值关系，即

$$I(X;Y)=H(X)-H(X\mid Y)=H(Y)-H(Y\mid X)=H(X)+H(Y)-H(XY) \tag{5.58}$$

与离散信道相同，连续信道互信息熵同样满足非负性、对称性和凸函数性。

5.4.2　连续信道的信道容量

一般连续信道的信道容量计算非常复杂，本节仅介绍几种相对简单的连续信道的信道容量计算方法。

1. 具有加性噪声的连续信道容量

具有加性噪声的连续信道容量即信道的输入变量 X 与信道噪声 N 之间统计独立，在输出端 Y 表现为相加的关系，即 $Y=X+N$；同时，信道中转移概率与噪声概率相同，即 $p(y\mid x)=p(n)$。

因此,在具有加性噪声的连续信道中,噪声熵 $H(Y \mid X)$ 的表达式为

$$\begin{aligned} H(Y \mid X) &= \int_{-\infty}^{+\infty}\int_{-\infty}^{+\infty} p(x)p(y \mid x)\log_2 p(y \mid x)\mathrm{d}x\mathrm{d}y \\ &= \int_{-\infty}^{+\infty} p(x)\mathrm{d}x\int_{-\infty}^{+\infty} p(n)\log_2 p(n)\mathrm{d}n \\ &= \int_{-\infty}^{+\infty} p(n)\log_2 p(n)\mathrm{d}n = H(n) \end{aligned} \tag{5.59}$$

进而得到具有加性噪声的连续信道容量:

$$\begin{aligned} C &= \max_{p(x)}\{I(X;Y)\} = \max_{p(x)}\{H(Y) - H(Y \mid X)\} \\ &= \max_{p(x)}\{H(Y) - H(n)\} = \max_{p(x)} H(Y) - H(n) \end{aligned} \tag{5.60}$$

2. 具有加性高斯噪声的连续信道容量

若信道中存在均值为 0,方差为 σ^2 的高斯噪声 N,即 N 的分布为

$$p(n) = p(y \mid x) = \frac{1}{\sqrt{2\pi\sigma^2}}\mathrm{e}^{-\frac{n^2}{2\sigma^2}}$$

则其均值方差满足:

$$\begin{cases} \int_{-\infty}^{+\infty} p(n) = 1 \\ \int_{-\infty}^{+\infty} np(n)\mathrm{d}n = 0 \\ \int_{-\infty}^{+\infty} n^2 p(n)\mathrm{d}n = \sigma^2 \end{cases} \tag{5.61}$$

由高斯噪声分布信息,得出噪声熵为

$$H(Y \mid X) = H(N) = \frac{1}{2}\log_2 2\pi \mathrm{e}\sigma^2 \tag{5.62}$$

进而得到具有加性高斯噪声的连续信道容量:

$$C = \max_{p(x)}\{I(X;Y)\} = \max_{p(x)}\{H(Y) - H(Y \mid X)\} = \max_{p(x)} H(Y) - \frac{1}{2}\log_2 2\pi \mathrm{e}\sigma^2 \tag{5.63}$$

由于连续信源的信道容量不仅取决于信源的分布情况,还取决于噪声的统计特性。对于特定问题,可根据实际情况进行分析。对于加性噪声信道,带宽为 c,信号功率和噪声功率分别为 σ_{s}^2 和 σ_{n}^2,根据香农公式,可得出信道容量为 $C = B\log_2(1 + \frac{\sigma_{\mathrm{s}}^2}{\sigma_{\mathrm{n}}^2})$。根据连续信道编码定理要求,信息传输速率 R 小于等于信道容量时,可以找到一种信道编码方式,使得误差任意小;反之,信息传输速率 R 大于信道容量时,无法找到一种信道编码方式,使得误差任意小。

5.5 衡量通信系统的性能指标

衡量一个通信系统性能优劣的技术指标有很多种,从消息传输的角度出发,希望在给定信道资源的条件下,通信系统能高效地准确传送消息,对应的性能衡量指标为有效性和可靠性。有效性指在给定的信道条件下能传输信息的多少,可靠性指接收到的信息准确度。模

拟通信与数字通信传输的信号不同，所以二者的有效性和可靠性的性能指标不同。

模拟通信系统的有效性可用有效传输频带来衡量。同一消息采用不同的调制方式，其已调信号占用的频带宽度不同，所需的频带宽度越小，则有效性越高。例如，对话音信号执行双边带调幅，已调信号的带宽为 8 kHz；若用单边带调幅传输话音信号，仅需带宽为 4 kHz，能更有效地传输信息。模拟通信系统的可靠性用接收端最终的输出信噪比来衡量，输出信噪比是指输出信号的平均功率与输出的噪声平均功率之比，即 S/N。信噪比越高，说明噪声对信号的影响越小，系统传输越可靠。

数字通信系统的有效性和可靠性分别用信号的传输速率和差错率来衡量，本节对其进行介绍。

5.5.1　传输速率

数字通信系统的有效性用传输速率来表征。传输速率有两种，一种是码元传输速率，另一种是信息传输速率。

码元传输速率简称码元速率，也称波特率，是指系统单位时间传送码元的数目，记作 R_B，单位是波特(Baud)，常用符号 B 表示。对于 N 进制的数字信号来说，每个符号对应 1 个状态，用时间间隔相等的不同电脉冲波形来表示，即码元，电脉冲的持续时间称为码元长度。数字信号可以理解为由码元序列构成，若每个码元信号持续时间为 T_s(码元长度)，码元速率则为

$$R_B = 码元数 / 秒 = 1/T_s \quad (\text{Baud}) \tag{5.64}$$

波特率仅仅反映出数字通信系统传输数字信号的快慢程度，并不能体现传输信息量的多少，为此，定义了另一个物理量，即信息传输速率，简称信息速率。信息速率也称比特率，指系统单位时间内传送的信息量，记作 R_b，单位是比特 / 秒，常用符号 bit/s 表示，常用单位为 1 kb/s＝1 000 b/s，1 Mb/s＝1 000 kb/s，1 Gb/s＝1 000 Mb/s。

码元传输速率和信息传输速率既有联系又有区别，在二进制的情况下，数字符号只有 2 个，分别为 1 和 0。在 0、1 等概率出现时，一个码元携带 1 bit 信息量，则二进制数字信号的码元速率和信息速率在数值上相等，只是单位不同。但是对于多进制情况是不一样的，每一个码元都可以用多位二进制信号表示。通常 N 进制数字信号，每个码元状态可用 n 位二进制信号表示，即 $N=2^n$，如四进制信号的 4 个不同状态的码元可编码为 2 位二进制信号的不同组合。显然，每个多进制码元所携带的信息量大于 1 bit，则 N 进制数字信号的波特率 R_B、比特率 R_b 的关系为

$$R_b = R_B \log_2 N \quad (\text{bit/s}) \tag{5.65}$$

$$R_B = \frac{R_b}{\log_2 N} \quad (波特) \tag{5.66}$$

例如，某系统 1 s 内传输了 2 400 个码元，其波特率为 2 400 Baud。若采用二进制传输，其信息速率为 2 400 bit/s。而若按四进制传输，则其信息速率为

$$R_b = R_B \log_2 4 = 2 \times 2\,400 = 4\,800(\text{bit/s})$$

采用多进制码元传输数字信息可以提高系统的有效性。在信息速率不变的情况下，可以降低码元速率；反之，在波特率不变的情况下可以提升传输的信息量。

5.5.2 差错率

差错率是衡量系统可靠性好坏的重要指标，常用的差错率有两种表示方法，一种为误码率 P_e，另一种为误比特率 P_b。

误码率是指接收到的错误码元数和总传输码元数之比，表示码元在传输中被传送错误的概率，表示为

$$P_e = \frac{\text{错误码元数}}{\text{传输总码元数}} \tag{5.67}$$

误比特率是指接收到的错误信息比特数与总传输比特数之比，表示传输中丢失的信息量，表示为

$$P_b = \frac{\text{错误比特数}}{\text{传输总比特数}} \tag{5.68}$$

实际通信中，噪声和信道特性的不理想都会影响系统的可靠性。若信道达不到要求，则考虑增加调制或信道编码等技术。另外，有效性和可靠性相互之间是有矛盾的，如在信号功率不变的前提下，调频通信系统的信噪比远高于调幅系统，但这是以增加信号带宽为代价的。在一定条件下，提高了可靠性，就会降低有效性，反之亦然。通信系统的有效性和可靠性需要根据实际情况综合考虑。

本 章 小 结

1. 信道的数学模型和常用的分类方法

概括来说，信道的数学模型是用条件概率描述通信系统输入与输出关系。按照不同的分类原则，可将信道分为单用户信道与多用户信道，离散信道、连续信道与波形信道，平稳信道与非平稳信道，无记忆信道与有记忆信道，无噪信道与有噪信道，其中，涉及几种典型的信道结构，如二元对称信道(BSC)、二元删除信道(BEC)、离散无记忆信道(DMC) 和波形信道。

2. 互信息量与平均互信息量的定义、计算及物理意义

互信息量的计算公式为：$I(x_i;y_j)=\log_2\frac{p(x_i \mid y_j)}{p(x_i)}$，互信息量具有对称性，其数值上可正、可负、可为零；平均互信息量的计算公式为：$I(X;Y)=\sum_i\sum_j p(x_i,y_j)\log_2\frac{p(x_i \mid y_j)}{p(x_i)}$，平均互信息量具有非负性、对称性、极值性和凸函数性。

互信息熵表示在接收端收到前后对不确定性的减少程度，也表示通信前后，从符号 Y 获得的关于 X 的平均自信息量。

3. 离散信道的信道容量

离散信道的信道容量，由几种典型的信道容量计算推广到一般离散信道情况。

典型的离散信道的信道容量包括无噪无损信道、无噪有损信道、有噪无损信道、对称信道、强对称信道和准对称信道。

一般离散信道情况下信道容量的计算思路为，由于在信道矩阵已知的条件下，平均互信息是输入概率 $p(x_i)$ 的上凸函数，所以一般信道容量可看成以先验概率 $p(x_i)$ 为自变量，将先验概率之和等于 1 作为约束条件，以平均互信息最大为目标函数的约束优化问题。

4. 连续信道的信道容量计算

连续信道的信道容量计算与离散情况类似，只不过引入了额外的积分操作，典型的连续信道容量包括具有加性噪声的连续信道容量和具有加性高斯噪声的连续信道容量。

习　　题

5.1　试概述信源熵 $H(X)$、信道疑义度 $H(X \mid Y)$、噪声熵 $H(Y \mid X)$ 和平均互信息量 $I(X;Y)$ 的定义、物理意义以及之间的关联。

5.2　二元对称信道矩阵为 $\begin{bmatrix} 1/4 & 3/4 \\ 3/4 & 1/4 \end{bmatrix}$，若 $p(0)=1/5$，$p(1)=4/5$。求：

(1) 信源熵 $H(X)$、信道疑义度 $H(X \mid Y)$、噪声熵 $H(X \mid Y)$ 和平均互信息量 $I(X;Y)$；

(2) 该信道的信道容量和对应的最佳输入分布。

5.3　某物理信道的信道矩阵为 $\begin{bmatrix} 1/4 & 3/4 & 0 \\ 1/2 & 1/4 & 1/4 \end{bmatrix}$，若信源概率为 $p(0)=a$，$p(1)=1-a$。求：(1) 接收端的平均不确定度 $H(Y)$；(2) 信道噪声熵 $H(Y \mid X)$；(3) 信道容量 C。

5.4　某二元对称信道为 $\begin{bmatrix} a & 1-a \\ 1-a & a \end{bmatrix}$，求：

(1) 该信道的信道容量和对应的最佳输入分布；

(2) 二次扩展信道的信道矩阵和信道容量。

5.5　某离散对称信道的信道矩阵为 $\begin{bmatrix} 1/4 & 1/2 & 1/4 \\ 1/2 & 1/4 & 1/4 \\ 1/4 & 1/4 & 1/2 \end{bmatrix}$，求该信道的信道容量和对应的最佳输入分布。

第 6 章 模拟信号的数字传输

19 世纪中叶以后,随着电报、电话的出现,人类开始利用电和磁的技术来实现通信的目的。在二进制没有普及应用之前,信息的传输基于模拟信号实现,即模拟通信。在一段连续的时间间隔内,模拟信号所代表信息的特征量可以在任意瞬间呈现为任意数值的信号,这种连续性的模拟量分布在生活的各个角落,如声音、图像等。

与数字通信相比,模拟通信有诸多优点,如抗干扰能力强、信号传输质量高、保密性强以及便于信号加工和处理等。但是数字通信系统传输的是数字信号,而诸多信源和信宿处理的大多是模拟消息,需要模拟信号的数字传输。在发送端,需要将模拟信号转换为数字信号的过程,即模 / 数转换,简称 A/D 变换;在接收端,需要将数字信号转换为模拟信号的过程,即数 / 模转换,简称D/A 变换。本章介绍两种模拟信号数字化的转换方法,分别为脉冲编码调制(Pulse Code Modulation,PCM) 和增量调制(ΔM)。PCM 是本章重点介绍的内容,本章详细阐述了脉冲编码调制的过程,以及抽样定理和量化方法。

6.1 脉冲编码调制(PCM)

6.1.1 PCM 基本概念

脉冲编码调制是模拟信号数字化的主要方法,贝尔实验室的工程人员首先开发了 PCM 技术,并于 20 世纪 70 年代末发展起来。PCM 技术的典型应用是语音数字化,语音、图像信息必须数字化才能经过计算机处理,以下是其主要优点。

(1) 抗干扰能力强,失真小。

(2) 传输特性稳定,尤其是远距离信号再生中继时噪声不累积;

(3) 可以采用压缩编码、纠错编码和保密编码等来提高系统的有效性、可靠性和保密性。

脉冲编码调制是将一个时间连续、取值连续的模拟信号变换成时间离散、取值离散的数字信号的过程。图 6.1 所示为 PCM 系统的原理框图,模拟信号经抽样、量化和编码转换为数字信号,即 A/D 的过程,并由数字传输系统传送到接收端;再经 D/A 的过程,即与编码相对应的译码和低通滤波的过程,恢复为信源的模拟信号。显然,PCM 的过程可以分为抽样、量化和编码 3 个步骤,其过程是对模拟信号先抽样为离散信号,再量化为数字信号,最后编码为 0,1 数字信号。

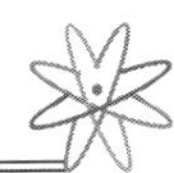

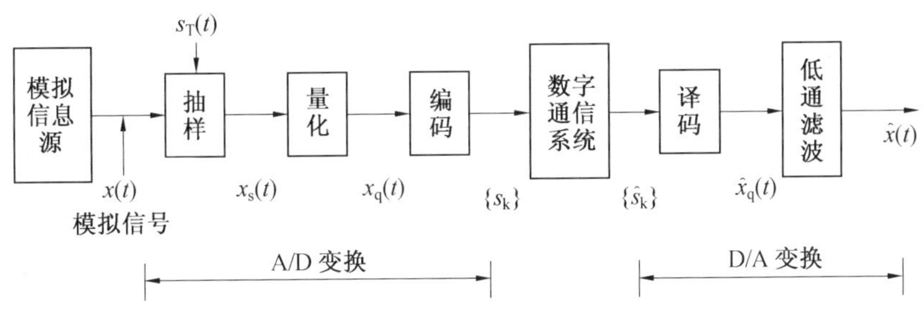

图 6.1　PCM 系统的原理框图

抽样是将模拟信号在时间离散化，每隔一个相等的时间间隔，采集连续信号的一个样值，变为脉冲幅度调制(PAM)信号；量化是将样值(PAM信号)幅度离散化，变为量化值(有有限个量化值)；编码是用二进制码组表示有限个量化值，在后续章节中分别介绍。

6.1.2　模拟信号的抽样概念与抽样定理

1. 模拟信号的抽样

如图 6.1 所示，对模拟信号的抽样是 PCM 过程的第一步，实现对模拟信号在时间域上的离散化过程，即将一个时间上连续、幅度上也连续的模拟信号变换成时间上离散、幅度上连续的信号。抽样是以固定的时间间隔采集连续信号的样值信号，即在等间隔时间点上对连续模拟信号取值。

通常用周期的窄脉冲串与连续信号相乘，完成对模拟信号的抽样，这一过程常用抽样器来完成，如图6.2所示，可以将抽样器看作是一个开关。假定任一模拟信号 $x(t)$ 接入开关的输入端，开关状态决定输出结果，当开关处于闭合时，开关的输出值等于输入值，即设定输出为 $x_s(t)$，则 $x_s(t)=x(t)$；然而当开关处于断开时，输出 $x_s(t)$ 的值为零，这里抽样器输出的 $x_s(t)$ 即为抽样采集的样值信号。如果开关的打开和关闭受到周期窄带脉冲(抽样脉冲)串 $S_T(t)$ 控制，脉冲出现时开关闭合，模拟信号通过；脉冲消失时开关断开，如图 6.2 所示。输出 $x_s(t)$ 是一串等间隔的、幅值变化的脉冲序列，$x_s(t)$ 序列中每个脉冲的幅值是抽样脉冲 $S_T(t)$ 中对应窄带脉冲时刻的输入信号 $x(t)$，其时间域上是离散的。

如果脉冲序列 $S_T(t)$ 是由冲激脉冲组成的，等间隔时间为 T_s，则 $x_s(t)$ 是在时间点 nT_s(n 为整数)上对模拟信号取值，抽样值 $x(t)$ 是在该时刻唯一的一个瞬时值，抽样后输出的样值信号 $x_s(t)=x(nTs)$，称为理想抽样。实际上冲激脉冲序列是不可实现的，通常只能采用可实现的周期窄脉冲串。在抽样脉冲持续时间里，抽样输出 $x_s(t)$ 的脉冲顶部随 $x(t)$ 变化，这种抽样称为自然抽样。

2. 低通抽样定理

若要传输模拟信号，不一定要传输模拟信号本身，如 PCM 只传输按抽样定理得到的抽样值即可。抽样过程是任何模拟信号数字化的第一步，在发送端的抽样过程将模拟信号转换成样值信号，相应的在接收端要实现重建任务，即在接收端不失真地恢复出原模拟信号。抽样时所用的窄脉冲称为抽样脉冲，抽样脉冲的重复频率称为抽样频率。

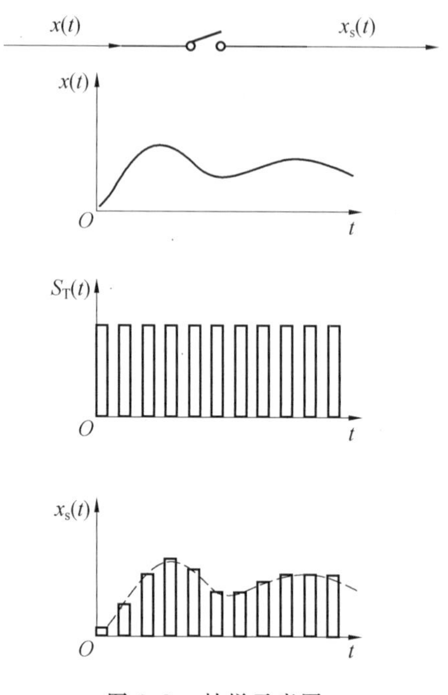

图 6.2　抽样示意图

(1) 样值信号频谱。

如图 6.2 所示，抽样过程的模型可抽象为一个乘法器表示，即

$$x_s(t)=x(t)\cdot S_T(t) \tag{6.1}$$

式中，$S_T(t)$ 是重复周期为 T_s、脉冲幅度为 1、脉冲宽度为 τ 的周期性窄带脉冲序列，即抽样脉冲序列，其理论上可以看作一串冲击串，如图 6.3 所示，设定抽样频率为 f_s，角频率为 w_s，则

$$S_T(t)=\delta_T(t)=\sum_{-\infty}^{+\infty}\delta_T(t-nT_s) \tag{6.2}$$

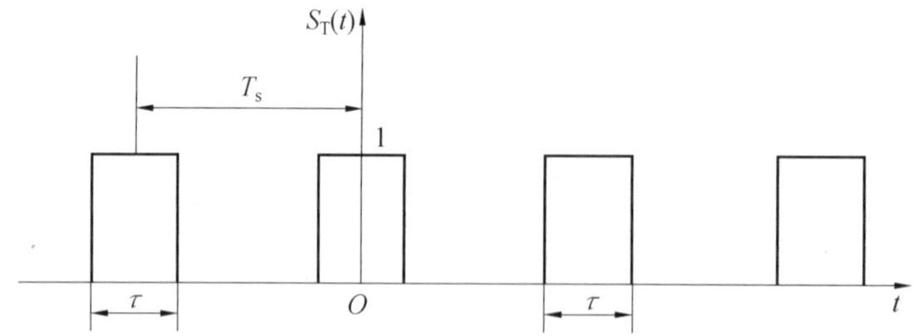

图 6.3　抽样脉冲

$S_T(t)$ 用傅里叶级数展开可表示为

$$S_T(t)=A_0+2\sum_{n=1}^{\infty}A_n\cos n\omega_s t$$

计算可得

$$\omega_s=\frac{2\pi}{T_s}=2\pi f_s,\quad A_0=\frac{\tau}{T_s},\quad A_n=\frac{\tau}{T_s}\cdot\frac{\sin\frac{n\omega_s\tau}{2}}{\frac{n\omega_s\tau}{2}}$$

其频谱为

$$S_T(\omega)=\delta_T(\omega)=\frac{2\pi}{T_s}\sum_{n=-\infty}^{\infty}\delta(\omega-n\omega_s) \tag{6.3}$$

式(6.1) 中,抽样输出的样值信号 $x_s(t)$ 为模拟信号 $x(t)$ 调制脉冲信号 $S_T(t)$ 得到,所以 PCM 的抽样是一个脉冲调制的过程,或者说是脉冲振幅调制(PAM) 的过程。则

$$\begin{aligned}x_s(t)=x(t)\cdot S_T(t)=A_0x(t)+2A_1x(t)\cos\omega_st+\\2A_2x(t)\cos2\omega_st+\cdots+2A_nx(t)\cos n\omega_st\end{aligned} \tag{6.4}$$

之后分析样值信号 $x_s(t)$ 的频谱。

若设定 $x(t)$ 为单一频率 Ω 的正弦波,即 $x(t)=A_\Omega\sin\Omega t$，则式(16.4) 中 $x_s(t)$ 各项包含的频率成分分别为第一项 Ω,第二项 $\omega_s\pm\Omega$,第三项 $2\omega_s\pm\Omega$,…,第 n 项 $n\omega_s\pm\Omega$,ω_s 为基波的频率。

分析可得,抽样样值信号的各项频率成分除含有 Ω 外,还有 $n\omega_s$ 的上、下边带;第一项中包含了原模拟信号 $x(t)=A_\Omega\sin\Omega t$ 的全部信息,只是幅度差$\frac{\tau}{T_s}$ 倍。

若设定 $x(t)$ 信号是带限的模拟信号,其频率函数为 $x(\omega)$,最高频率为 f_m,则 $x(t)$、$S_T(t)$、$x_s(t)$ 信号频谱及波形如图 6.4 所示。设样值信号 $x_s(t)$ 的频谱函数为 $x_s(\omega)$,则

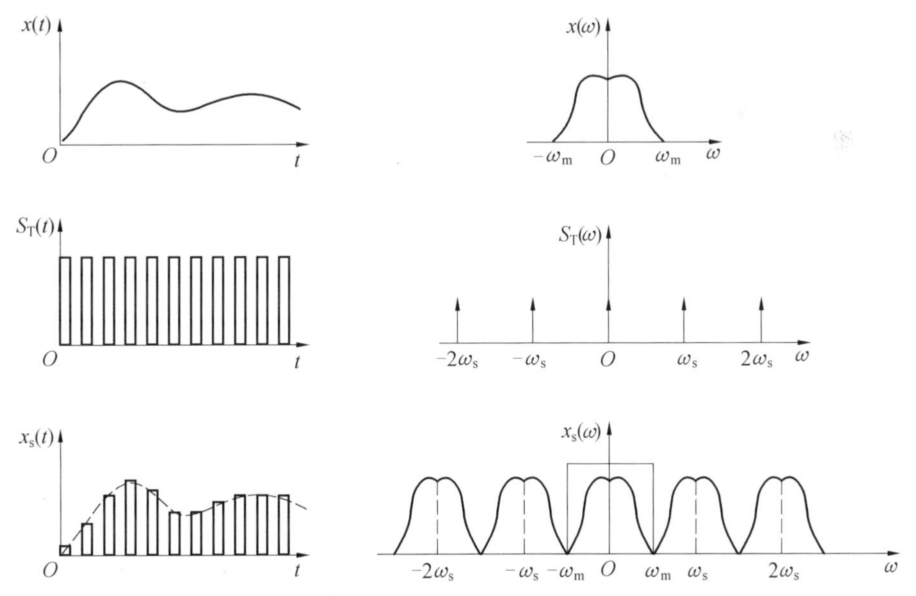

图 6.4　$x(t)$、$x_T(t)$、$x_s(t)$ 信号频谱及波形

$$x_s(\omega)=\frac{1}{2\pi}[x(\omega)*s_T(\omega)]=\frac{1}{2\pi}\left[x(\omega)*\frac{2\pi}{T_s}\sum_n\delta(\omega-n\omega_s)\right]=\frac{1}{T_s}\sum_n x(\omega-n\omega_s) \tag{6.5}$$

从式(6.5)可知，$x_s(\omega)$的波形是由一连串的间隔为ω_s的$x(\omega)$叠加组成。因$x(\omega)$为双边带，显然在$\omega_s \geqslant 2\omega_m$的前提下，样值信号的频谱$x_s(\omega)$不会发生重叠现象，从理论上来说，就可以通过一个截止频率为f_m的理想低通滤波器将样值信号$x_s(\omega)$中的第一个$x(\omega)$过滤出，恢复出原始信号$x(t)$；若不满足$\omega_s \geqslant 2\omega_m$的条件，则样值信号$x_s(\omega)$中的$x(\omega)$会出现重叠，如图6.5所示，以至于无法过滤出一个干净的$x(\omega)$。

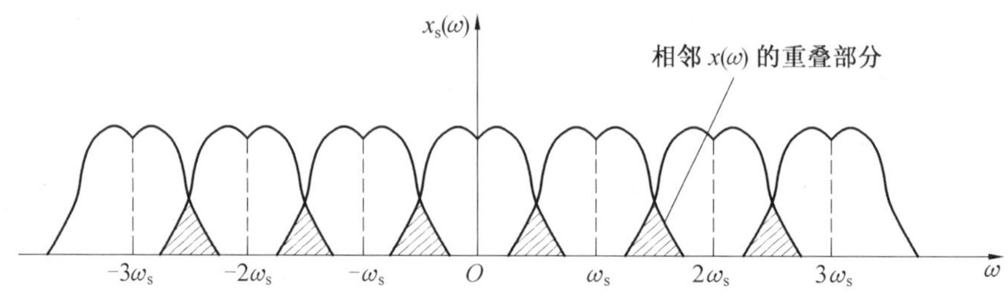

图6.5 频谱重叠示意图

(2) 低通抽样。

从图6.4中可以看出，只要频谱间不发生重叠现象，就可以通过截止频率为f_m的理想低通滤波器恢复原始信号。如上述假设抽样频率为f_s，若忽略干扰问题，那么保证接收端正确地重建模拟信号必须要考虑的问题之一，即为f_s必须满足什么条件？这就是抽样定理定义的内容，即研究能满足从离散信号中恢复出原始模拟信号的抽样频率。

低通抽样定理内容：对于频带为$0 \sim f_m$的低通模拟信号$x(t)$，即低频频率f_L很低，最高频率为f_m的模拟信号来说，只要抽样信号频率$f_s \geqslant 2f_m$，则$x(t)$将被其样值信号$x_s(t)$完全确定，在接收端可不失真地取出原模拟信号。

定理也可以理解为，抽样信号$S_T(t)$的重复频率f_s必须不小于模拟信号最高频率的两倍，即$f_s \geqslant 2f_m$。抽样信号的重复周期T_s为f_s的倒数，则抽样过程在时间上是以T_s为单位间隔进行的，T_s定义为抽样间隔。

(3) 奈奎斯特间隔。

奈奎斯特间隔是指能唯一确定信号$f(t)$的最大抽样间隔，而能唯一确定信号$f(t)$的最小抽样频率称为奈奎斯特速率。由定义可知，奈奎斯特间隔为$1/2f_m$，即奈奎斯特速率为$2f_m$。

(4) 信号的重建。

由上述分析可知，利用低通滤波器可完成信号重建的任务。样值信号中原模拟信号的幅度只为抽样前的$\frac{\tau}{T_s}$倍，因为τ很窄，所以还原出的信号幅度过小。为了提升重建的信号幅度，通常采取增加展宽电路，将样值脉冲τ展宽，从而提升信号幅度。理论和实践表明，当增加展宽电路后，在脉冲幅度调制的信号中，低频信号提升的幅度多，高频信号提升的幅度小，易产生失真。为了消除这种影响，在低通滤波器后加均衡电路，要求均衡电路对低频信号衰减大，对高频信号衰减小。

抽样定理是模拟信号数字化的理论依据，但是实际滤波器的特性不是理想的，因此常取$f_s > 2f_m$。在选定f_s后，对模拟信号的f_m必须给予限制，其方法为在抽样前加一低通滤波

器，在保证不失真的前提下限制 f_m，保证 $f_s > 2f_m$。

通常认为，话音信号的频率范围是 300 ～ 3 400 Hz，抽样频率最小应为 $2f_m = 6\ 800$ Hz。为防止频谱重叠，需要留一定的防卫带，同时又便于计算，CCITT① 规定话音信号抽样频率为 8 000 Hz，即防卫带为 1 200 Hz，抽样间隔（抽样周期）为 $T_s = \frac{1}{8\ 000}$ Hz = 125 μs。

3. 带通抽样定理

在实际工程中经常遇到连续性信号是带通型的，其频谱不是从直流开始，若设上截止频率为 f_H，下截止频率为 f_L，则带通信号的频谱在 $f_L \sim f_H$ 之间的一段频带内。此时并不需要抽样频率高于两倍的上截止频率，可按照带通抽样定理确定抽样频率，这样获得的样值信号占有的带宽更小。

带通抽样定理：一个带通信号 $x(t)$，其频率限制在 $f_L \sim f_H$ 之间，带宽为 $B = f_H - f_L$，如果最小抽样速率 $f_s = 2f_H/m$，m 为一个不超过 f_H/B 的最大整数，那么 $x(t)$ 就可完全由抽样值确定。

带通定理可以分两种情况讨论。

(1) 若最高频率 f_H 为带宽的整数倍，$f_H = nB$。因为 $f_H/B = n$ 是整数，所以 $m = n$，抽样频率 $f_s = 2f_H/m = 2B$。

(2) 若最高频率 f_H 不为带宽的整数倍，即 $f_H = nB + MB$，n 为整数，$0 \leqslant M < 1$。进一步推出 $\frac{f_H}{B} = n + M$，显然 $m = n$，所以能恢复原信号的最小抽样频率为

$$f_s = \frac{2f_H}{m} = \frac{2(n+M)B}{n} = 2B\left(1 + \frac{M}{n}\right) \tag{6.6}$$

式中，n 为一个不超过 f_H/B 的最大整数；$M = \frac{f_H}{B} - n\ (0 \leqslant M < 1)$。

由上述分析可知，抽样不失真的基本要求是样值序列的频谱间不重叠，这样就可以采用带通滤波器恢复原来的带通信号，本节从频域角度对带通抽样定理进行说明。

设 $X(\omega)$ 是带通信号 $x(t)$ 的频谱，为讨论方便，设 $f_L = 2B$，则最高频率 f_H 为带宽 B 的 3 倍，如图 6.6(a) 所示，其中实线部分表示频谱 Ⅰ，虚线部分表示频谱 Ⅱ。根据带通抽样定理，$M = 0$，采样频率 $f_s = 2B = 2(f_H - f_L)$，如图 5.6(b) 所示；若 $f_s < 2B$，则在 $X_s(\omega)$ 中的 Ⅰ、Ⅱ 频谱势必重叠，产生混叠现象，说明带通信号的采样频率最低为 $f_s = 2B$。如果要用低通滤波器恢复原始信号，其带宽只需等于原始信号带宽 B 即可。

若将 $x(t)$ 看成一个低通型信号（把频谱的上、下边带用虚线连起来），根据低通抽样定理，抽样频率 $f_s = 2f_H$ 对其进行抽样，得到图 6.6(c) 的样值信号频谱 $X_s(\omega)$。从图中可以看出，频谱没有重叠，但是频谱 Ⅰ、Ⅱ（上、下边带）之间有空频带，如果要用低通滤波器恢复原始信号的话，其带宽需要 $3B$。显然，按带通信号采样，频谱不重叠，占用频带的宽度明显减小了，这是带通抽样定理的意义所在。

---

① CCITT 是国际电报电话咨询委员会，是现在国际电信联盟 ITU－T 的前身。

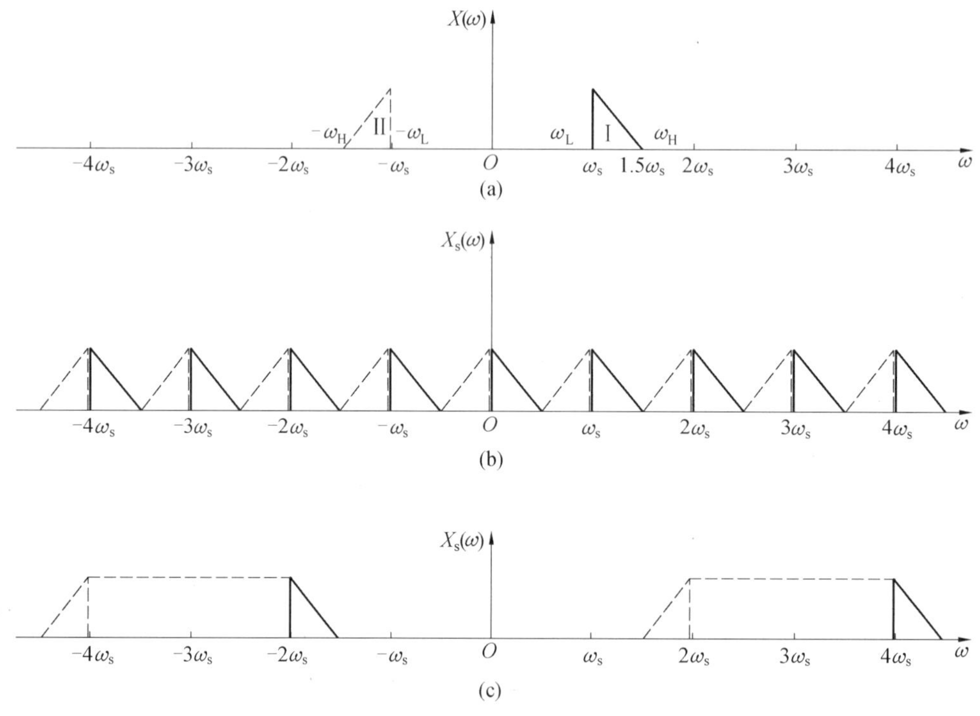

图 6.6　带通型信号的抽样频谱

6.1.3　量化

在 PCM 过程中，抽样之后是对样值信号进行量化，量化是将连续函数中无限个数值的样值集合映射为离散的有限个数值集合的过程，其目的是将抽样信号在幅值上进行离散化处理，即将无限个可能的取值变为有限个，通常采用四舍五入的原则进行数值量化，本节对量化进行更深入的讨论。

1. 量化的概念

量化是将幅度连续变化的样值转换为取值有限的离散样值，也就是说，模拟信号经过抽样后，成为时间上离散、幅度上连续的抽样样值信号，但仍不是数字信号，不能直接在数字通信系统中传输。

量化的基本过程是将幅度划分为若干个区间，取该区间预先规定的某个参考电平作为信号值。量化原理如图 6.7 所示，设量化后的信号为 $x_q(t)$，抽样后的样值信号为 $x_s(t)$，$x_q(t)$ 是对量化前信号 $x_s(t)$ 的近似。

图 6.7 中的 4 个概念。量化值是指确定量化后的取值；量化级是指量化值的个数，也可以说区间个数，或称为量化层；量化间隔是指相邻两个量化值之差，也称量化台阶"△"；量化误差是指 $x_q(KT)$ 与 $x_s(KT)$ 之间的差值。

当抽样速率一定时，量化级越多，量化误差越小，$x_q(t)$ 与 $x_s(t)$ 越接近，即近似程度将会越高。但是，量化间隔越小，需要的量化级越多，处理和传输越复杂。量化既需控制量化

级又需要使量化误差尽量小，二者需要综合考虑。

量化误差与噪声一样，会导致信号的失真。但量化误差与噪声有本质区别，量化误差是由输入信号的数字量化引起，而噪声信号与输入信号间无此关系。但由于量化失真在信号中的表现类似于噪声，所以也被称为量化噪声。

常用的量化方式有均匀量化和非均匀量化两种。均匀量化是采用等量化间隔进行量化的方法，如图 6.7 所示，又称为线性量化，适合信号是均匀分布的情况，如量化间隔均为 1，由于采用四舍五入进行量化，因此均匀量化的量化误差最大值是 0.5。一般来说，均匀量化的量化误差最大绝对值是 0.5 个量化间隔。

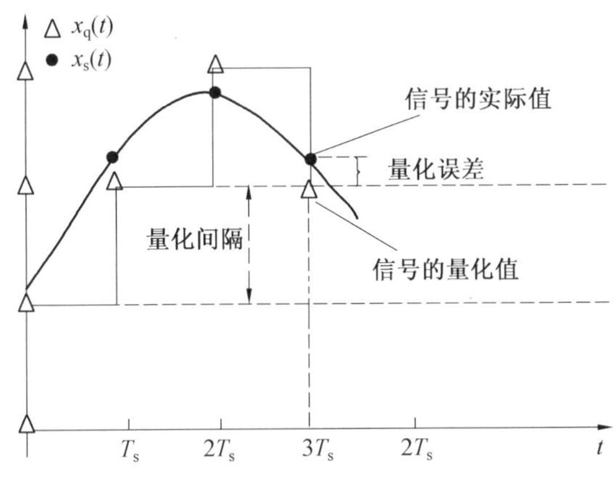

图 6.7　量化原理

均匀量化实现容易，但缺点明显。无论信号幅值大（大信号）或者信号幅值小（小信号），均匀量化噪声是一样的，都是 0.5 个量化间隔，但相对误差却相差很大。如信号值为 6，均匀量化噪声为 0.5，而相对误差为 0.5/6＝1/12，即相对误差是量化值的 1/12；而当信号为 1，均匀量化噪声仍为 0.5，但相对误差却为 0.5/1＝1/2，相对误差达到量化值的一半。这种相对误差可以表示量化的信噪比，大信号与小信号的量化信噪比相差 6 倍，意味着小信号的信噪比不足。

在均匀量化前提下，通过增加量化级数可以降低小信号的相对误差，提升小信号的信噪比，但是量化级数的增多，带来的负面问题是系统的简单性、可靠性和经济性等指标的降低。显然，需要寻找既提高小信号的信噪比，又不过多地增加量化级（细化量化间隔）的量化方法，这就是非均匀量化法。量化间隔不相等的量化称作非均匀量化，也称作非线性量化。如果使小信号的量化间隔宽度小些，而大信号的量化间隔宽度大些（或不变），就可使小信号信噪比和大信号信噪比都位于符合要求的范围之内，数字电视、语音因小信号丰富均采用非均匀量化。

2. 压缩扩张技术

压缩扩张技术是常用的一种非均匀量化方法，其一般的思路是，先将模拟信号抽样值进行压缩，使小信号放大，大信号缩小，再进行均匀量化编码。实质上是对大幅度的样值取大的量化间隔，小幅度的样值取小的量化间隔，接收端再相反处理。

如图 6.8 所示，在抽样电路后加上一个名为压缩器的信号处理电路，该电路的特点是对

弱小信号有比较大的放大倍数(增益),而对大信号的增益却比较小。抽样后的信号经过压缩器后发生畸变,大信号没有得到多少增益,而弱小信号却得到了不正常的放大(提升),相比之下,大信号好像被压缩了,压缩器由此得名。对压缩后的信号再进行均匀量化,相当于对信号进行了非均匀量化。

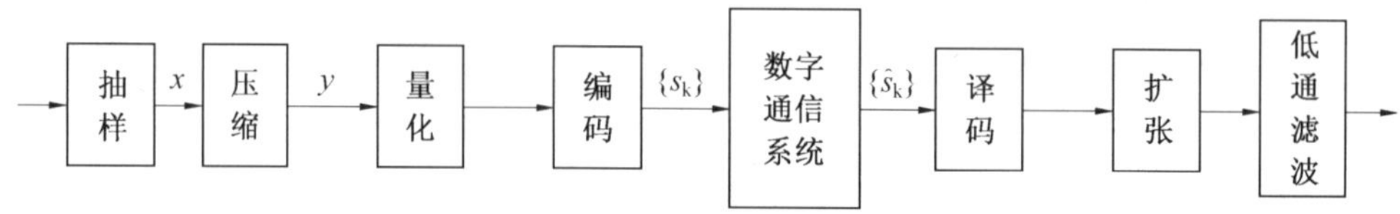

图 6.8　非均匀量化编码示意图

在接收端译码器后添加一个扩张器,为了恢复原始样值信号,必须将接收到的经压缩后的信号还原成压缩前的信号,完成还原工作的电路就是扩张器,它的特性正好与压缩器相反,对小信号压缩,对大信号提升。为了保证信号的不失真,规定压缩特性与扩张特性合成后为一条直线,也就是说,单独的压缩或扩张对信号进行的是非线性变换,但是信号先压缩再扩张好似通过了一个线性电路。

压扩式非均匀量化一般采用对数的量化器,保证量化器输出的信噪比为一常数,与输入信号幅度无关。目前国际上广泛采用的两种对数压缩特性,分别为 μ 压缩律和 A 压缩律,美国采用 μ 压缩律,我国和欧洲各国均采用 A 压缩律。如图 6.8 所示,设定 y 为归一化的压缩器输出($-1 \leqslant y \leqslant 1$),$x$ 为归一化的压缩器输入($-1 \leqslant x \leqslant 1$),因为 y 是奇对称的,所以此处只给出 A 压缩律特性 $x \geqslant 0$ 部分:

$$y=\begin{cases}\dfrac{Ax}{1+\ln x} & (0 \leqslant x \leqslant \dfrac{1}{A}) \\[2ex] \dfrac{1+\ln Ax}{1+\ln A} & (\dfrac{1}{A} < x \leqslant 1)\end{cases} \tag{6.7}$$

式中,A 为压缩系数,表示压缩程度,国际上通常取 $A=87.6$。

式(6.7)显示为分段函数,在 $0 \leqslant x \leqslant 1/A$ 的范围内,压缩特性为一直线,对应均匀量化特性;在 $1/A < x \leqslant 1$ 范围内是对数特性,对应非均匀量化。在 A 取不同的数值时,y 的压缩特性是不同的,显然,A 取值越大,对大信号压缩越多,对小信号放大倍数越大;$A=1$ 则没有压缩,即为均匀量化,特性曲线如图 6.9(a) 所示。

μ 压缩律与 A 压缩律的性能基本相似,μ 压缩律输出信号 y 与输入信号 x 之间满足:

$$y=\frac{\ln(1+\mu x)}{\ln(1+\mu)} \quad (0 \leqslant x \leqslant 1) \tag{6.8}$$

式中,y、x、μ 的含义与 A 压缩律一样,国际上通常取 $\mu=255$。在 $\mu=255$、量化级为 256 时,μ 压缩律对小信号信噪比的改善优于 A 压缩律,特性曲线如图 6.9(b) 所示。

对数压缩特性曲线是连续曲线,早期的压缩特性是利用非线性的模拟器件来实现的,如二极管的非线性等,但是模拟器件的重复性和稳定性较差,很难保证压缩扩张特性的一致性。通常采用折线来近似压缩特性,可以采用数字技术,即利用数字电路来实现,对于 A 压缩律曲线,采用 13 段折线近似,对于 μ 压缩律曲线,采用 15 段折线近似。

A 压缩律的 13 段折线示意图如图 6.10 所示,图中给出了 $x \geqslant 0$ 的折线近似,将输入信

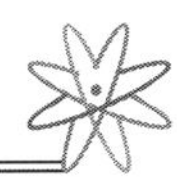

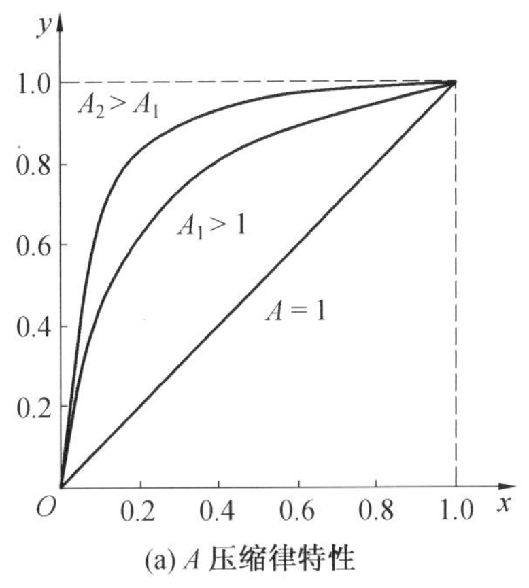

(a) A 压缩律特性

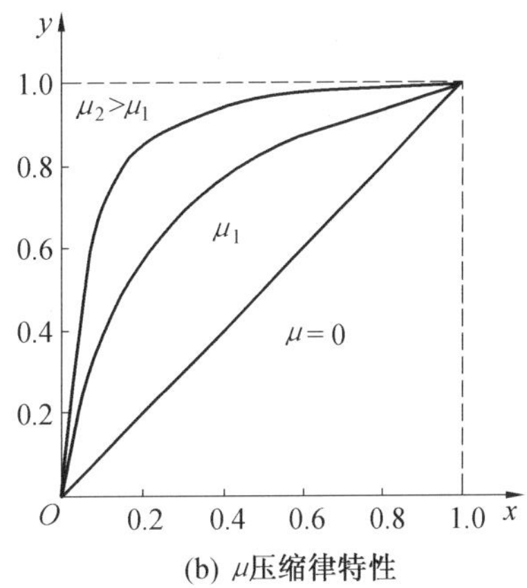

(b) μ压缩律特性

图 6.9　两种对数压缩特性

号的幅值归一化处理为 0 ～ 1 之间(横坐标)，把横坐标划分成不均匀的 8 个区间，从 0 开始每个间隔区间长度依次增倍，第一区间到第八区间分别为 0 ～ 1/128、1/128 ～ 1/64、1/64 ～ 1/32、1/32 ～ 1/16、1/16 ～ 1/8、1/8 ～ 1/4、1/4 ～ 1/2、1/2 ～ 1。输出信号 y 的幅值也归一化处理在 0 ～ 1 区间，以 $\frac{1}{8}$ 为间隔均匀划分成 8 个区间，分别为 0 ～ 1/8、1/8 ～ 2/8，依次递推，第八区间为 7/8 ～ 1。

使 x 与 y 对应，则在第一象限中可做出 8 条折线段，在第三象限的 −1 ～ 0 中，x 与 y 各区间相对应，也可做出 8 条折线段，与第一象限中的 8 条线段以原点为奇对称，合起来共有 16 条折线段。由于正向第一、二区间和负向第一、二区间的折线的斜率相同，这四段实际上为一条直线，因此，正、负双向的折线总共有 13 条，故称其为 13 折线。

均匀量化和非均匀量化都是属于无记忆的标量量化，后续章节会讨论有记忆的量化，如增量调制。

例 6.1　对话音信号进行 PCM 传输，已知话音信号的带宽大约为 4 kHz，则求：

(1) 满足抽样定理的最低抽样频率；

(2) 若抽样后按 128 级量化，PCM 系统的信息传输速率为多少？

解　(1) 话音信号为低通信号，所以 $f_H = 4$ kHz，依据低通抽样定理可知，最低抽样频率为

$$f_s = 2f_H = 8 \text{ kHz}$$

(2)128 级量化，一个抽样值用 7 个码元，所以波特率 R_B 为

$$R_B = 7 \times 8\ 000 = 56 \text{ k(Baud)}$$

因为是二进制码元，所以信息传输速率 $R_b = R_B = 56$ kb/s。

例 6.2　带通信号的频带范围是 85 ～ 153 kHz，求其最低抽样频率 f_{smin}。

解　因为信号带宽 $B = f_H - f_L = 153 - 85 = 68$ kHz，根据带通抽样定理，$f_H/B = 2.25$，n 取 2，则 $M = 2.25 - 2 = 0.25$，所以其最低同样频率为 $f_{smin} = 2 \times 68(1 + 0.25/2) = 153$ kHz。

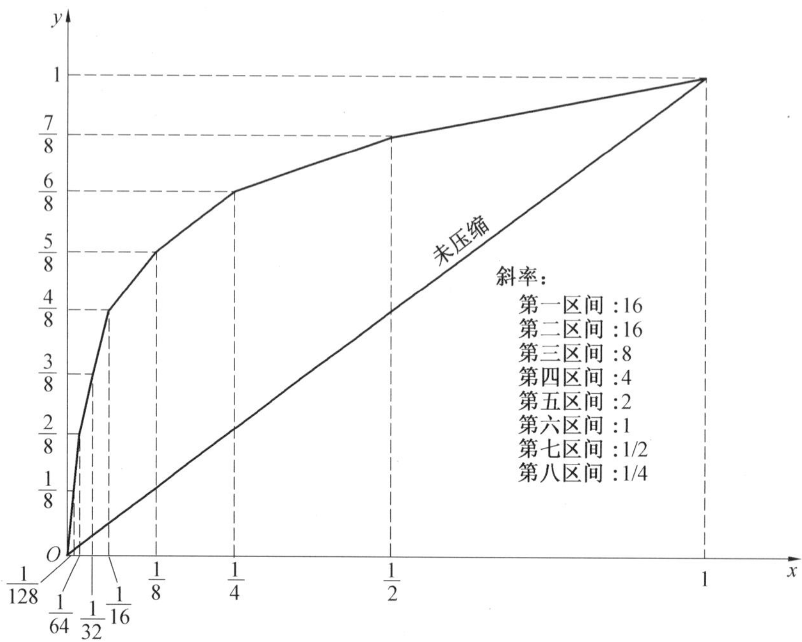

图 6.10 *A* 压缩律的 13 段折线示意图

6.1.4 编码

经过量化后的信号虽然是数字信号，但这种信号并不适合直接传输，二元码的电路简单和抗噪能力较强，PCM 一般采用二元码。编码任务是用二进制码组去表示量化后的十进制量化值的大小，即把量化后信号电平值转换成二进制码组，涉及的问题主要有两方面，一方面是如何确定二进制码组的位数，另一方面是应该采用什么码型。

1. 编码位数

若量化电平总数为 M(量化级数)，为保证编码不重复，则二进制编码位数应大于或等于 $\log_2 M$，一般取 $M=2^n$，n 为编码的位数。

通常采用四舍五入的量化方法，抽样信号的量化过程存在量化噪声。对于均匀量化，当信号取值为对称区间，如$[-a,a]$，则 PCM 系统输出端平均量化信噪比为

$$\frac{S}{N}=M^2=2^{2n} \tag{6.9}$$

由式(6.9)可知，信噪比同编码位数 n 成正比，即编码位数越多，信噪比越高，通信质量越好，每增加一位码，信噪比可提高 6 dB。再由量化级数与编码位数的指数关系，可以得出结论，码组长度越长，码字数就越多，可表示的状态就越多，则量化级就可以增加，量化间隔随之减小，量化噪声也随之减小。但码组长度越长，对电路的精度要求越高，同时要求码元速率(波特率)越高，从而要求信道带宽越宽，编码位数与量化噪声需要综合考虑。PCM 编码对抽样样值通常进行 256 级量化，对应 256 个码字，即编码位数 $n=8$。

2. 编码码型

目前常用的编码码型有自然二进制码(Natural Binary Code，NBC)、折叠二进制码

(Folded Binary Code,FBC) 和格雷二进制码(Gray or Reflected Binary Code,RBC) 三种，其中,折叠二进制码最适合话音信号的编码。三种码型的编码规律见表 6.1,为简单起见，表中只给出 16 个量化值,即编码位数 $n=4$。

表 6.1　三种码型的编码规律

量化值序号	自然二进制码	折叠二进制码	格雷二进制码
15	1111	1111	1000
14	1110	1110	1001
13	1101	1101	1011
12	1100	1100	1010
11	1011	1011	1110
10	1010	1010	1111
9	1001	1001	1101
8	1000	1000	1100
7	0111	0000	0100
6	0110	0001	0101
5	0101	0010	0111
4	0100	0011	0110
3	0011	0100	0010
2	0010	0101	0011
1	0001	0110	0001
0	0000	0111	0000

自然二进制码直接将量化值用二进制表示,即熟悉的十进制正整数的二进制表示,简单,直观。当产生误码时,译码后会造成较大误差,如 0111, 传输过程中第一位误码,则译码为 1111,相差 8 级,误码引起的统计误差比较大,所以 PCM 系统很少用自然二进制编码。

折叠二进制码由自然二进制码演变而来,表 6.1 下半部分最高位为 0,其余位由下而上按自然二进制码进行编码;上半部分最高位为 1,其余位由上而下按自然二进制码进行编码。除去最高位,折叠二进制码的上半部分与下半部分呈倒影关系,最高位表示信号极性，其余位是信号的绝对值,与信号的量化电平相对应,适合表示双极性的信号。折叠二进制码对小信号误码的影响小,如大信号 1111,误码一位为 0111,折叠二进制码为 15 个量化级的误差,但小信号 1000,误码一位为 0000,仅一个量化级的误差。这种特性对语音信号十分有利,因此语音信号在 PCM 系统中大多采用折叠二进制码。

折叠二进制码用第一位表示极性后,仅对一半信号量级采取单极性的编码方法,可以简化编码过程。对于 $A=87.6$,13 段折线的 PCM 编码,若用 8 位折叠二进制码表示抽样量化电平,由于信号的样值有正负,所以左起第一位表示量化值极性,其余 7 位表示抽样量化值的绝对大小,也就是说,无论输入信号是正还是负,都是按 8 段折线编码。左边第二位到第

四位共 8 种可能状态表示 8 个定义区间，其余 4 位的 16 种可能状态定义每段区间内的 16 个均匀量化级。

具体做法是在 y 轴将每段均分成 16 等分，与其对应的 x 轴的每段也得到 16 个均匀的量化级，8 段共有 128 个量化级。虽然各段内的 16 个量化级是均匀的，但因段落长度不等，所以不同段落间的量化级是非均匀的。输入信号小时，段落短，量化级间隔小，反之，量化间隔大。其中，最小量化间隔为 $\frac{1}{128}/16=\frac{1}{2\ 048}$，最大量化间隔为 $\frac{1}{2}/16=\frac{1}{32}$，它是最小量化间隔的 64 倍。

如果在均匀量化的情况下，想要达到最小量化间隔，需要 2 048 个量化级，即需要 11 位二进制码组来实现传输。而采用非均匀量化和折叠二进制码，为达到相同的信噪比（达到相同的通话质量），只要 128 个量化级，即 7 位二进制码组即可实现传输。

格雷二进制码也称为发射二进制码，编码特点是相邻的两组代码只有 1 位不同；而且从 0000 开始，由低位到高位每次只变 1 位码符，只当后面码不能变时，才变前面 1 位码。格雷二进制码的优点是错码引起的误差小于自然二进制码和折叠二进制码，缺点是编码较为复杂。

6.2　增量调制（ΔM）

PCM 系统中每个量化值用一个码组表示，码长越长，可表示的量化级数越多，但需要的系统带宽越宽，编码解码设备也越复杂，那么能否找到更简单的减少占用带宽的方法完成信号的模 / 数转换？本节介绍一种一位二进制编码的方法，即增量调制（Delta Modulation, DM），它采用更简单的方法完成信号的模数转换。

增量调制是 1946 年由法国工程师 De Loraine 提出，主要在军事通信和卫星通信中广泛使用，有时也作为高速大规模集成电路中的 A/D 转换器使用。

6.2.1　ΔM 的调制原理

增量调制将模拟信号转换成一位二进制码编码组成的数字信号序列，一位二进制码只能代表两种状态，不可能表示抽样值的大小，用一位二进制编码表示的是相邻抽样值的相对大小，即相邻抽样值的相对变化，以此来反映模拟信号的变化规律。首先将信号瞬时值与前一个抽样时刻的量化值之差进行判定，再对这个差值的正负进行编码，如果差值为正，则发 1 码；如果差值为负，则发 0 码。显然，码 1 和码 0 只是表示信号相对于前一抽样时刻量化值的增减，不代表信号值的大小，这种将差值编码用于通信的方式称为增量调制。增量调制波形示意图如图 6.11 所示，进一步理解增量调制的基本原理。

图 6.11 中，$g(t)$ 为一个频带有限的模拟信号，时间轴 t 的抽样时刻为 $i\Delta t(i=1,2,3,\cdots)$，如果 Δt 很小，则在间隔为 Δt 的相邻抽样时刻上得到的 $g(t)$ 值的差值也很小。这里将代表 $g(t)$ 幅度的纵轴分成若干个小的等间隔区间 σ，如图 6.11 所示，模拟信号 $g(t)$ 可用一个时间间隔 Δt 和台阶 σ 的阶梯波形 $g'(t)$ 来逼近，只要 Δt 和台阶 σ 都足够小，则 $g(t)$ 和 $g'(t)$ 非常接近。σ 称为量化台阶，台阶的高度 σ 也称作增量 Δ，阶梯波形只有上升一个量化

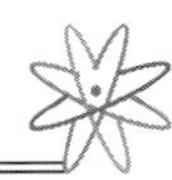

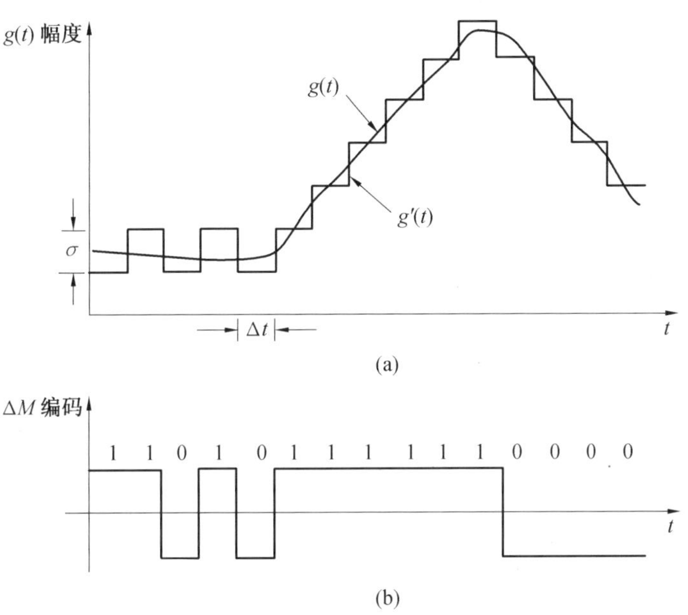

图 6.11　增量调制波形示意图

台阶 σ 或下降一个量化台阶 σ 两种情况，用 1 码来表示正增量，即上升一个量化台阶 σ；用 0 码来表示负增量，即下降一个量化台阶 σ。例如设定 $g'(i\Delta t\_)$ 是第 i 个抽样时刻前一瞬间的量化值，当 $g(i\Delta t) > g'(i\Delta t\_)$ 时，上升一个 σ，发 1 码，当 $g(i\Delta t) < g'(i\Delta t\_)$ 时，下降一个 σ，发 0 码。

这样图 6.11 中阶梯波 $g'(t)$ 就可以用一串二进制编码序列来表示，即对信号只用一位二进制编码即可，此时的二进制编码序列不是代表某一时刻的抽样值，每一位码值反映的是曲线向上或向下的变化趋势，所以 DM 也称为 ΔM 调制。

ΔM 系统的增量调制原理框图如图 6.12 所示，发送端 ΔM 的输入为模拟信号 $g(t)$，量化编码则由一个双稳判决器执行，输出双极性二进制编码序列，即 $g_i(t)$。$g_i(t)$ 反馈到一个理想的积分器，积分器具有记忆功能，积分输出得到 $g'(t)$。该积分器又具有解码功能，又称为本地解码器(译码器)。

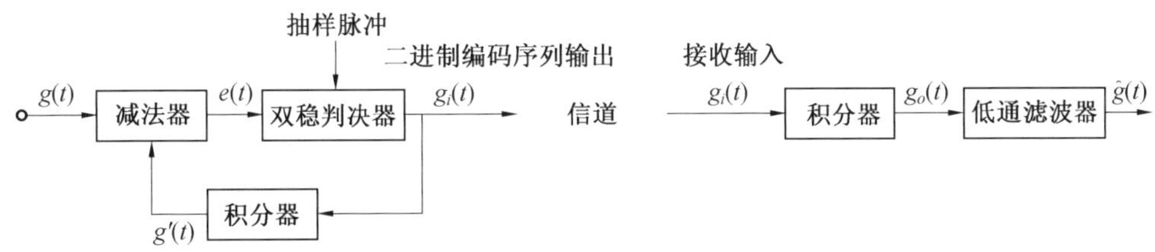

图 6.12　ΔM 系统的增量调制原理框图

$g(i\Delta t)$ 和 $g'(i\Delta t\_)$ 的差值 $e(t)$，由一个比较电路(减法器)实现。设 $g'(0_-)=0$(即 $t=0$ 时刻前一瞬间的量化值为零)，根据图 6.11，具体的增量调制过程可描述如下。

(1)$t=0$ 时，$e(0)=g(0)-g'(0-)>0$，则 $g_i(0)=1$。

(2) $t=\Delta t$ 时，$e(\Delta t)=g(\Delta t)-g'(\Delta t\_)>0$，则 $g_i(\Delta t)=1$。

(3) $t=2\Delta t$ 时，$e(2\Delta t)=g(2\Delta t)-g'(2\Delta t\_)<0$，则 $g_i(2\Delta t)=0$。

(4) $t=3\Delta t$ 时，$e(3\Delta t)=g(3\Delta t)-g'(3\Delta t\_)>0$，则 $g_i(3\Delta t)=1$。

(5) $t=4\Delta t$ 时，$e(4\Delta t)=g(4\Delta t)-g'(4\Delta t\_)<0$，则 $g_i(4\Delta t)=0$。

(6) $t=5\Delta t$ 时，$e(5\Delta t)=g(5\Delta t)-g'(5\Delta t\_)>0$，则 $g_i(5\Delta t)=1$。

(7) $t=6\Delta t$ 时，$e(6\Delta t)=g(6\Delta t)-g'(6\Delta t\_)>0$，则 $g_i(6\Delta t)=1$。

依次类推，即可得到图 6.13(a) 中 ΔM 输出的二进制序列波形 $g_i(t)$。图 6.13(a)、(b) 对应积分器的输入 $g_i(t)$ 与输出 $g'(t)$，从图 6.13(b) 中可以看到，积分器的输出波形并不是阶梯波形，实际上是由折线构成的斜变波形。因 $\sigma=\Delta$，所以在所有抽样时刻 t_i 上斜变波形与阶梯波形的值相等，保证了在抽样时刻能为比较器提供正确的参考值，因此，斜变波形同样起到跟踪原来模拟信号波形效果。

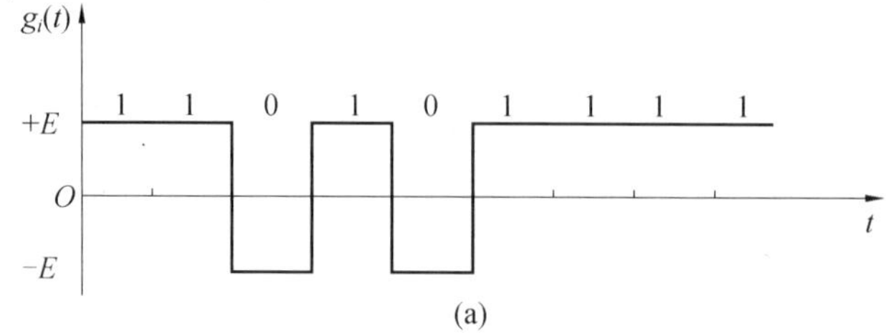

(a)

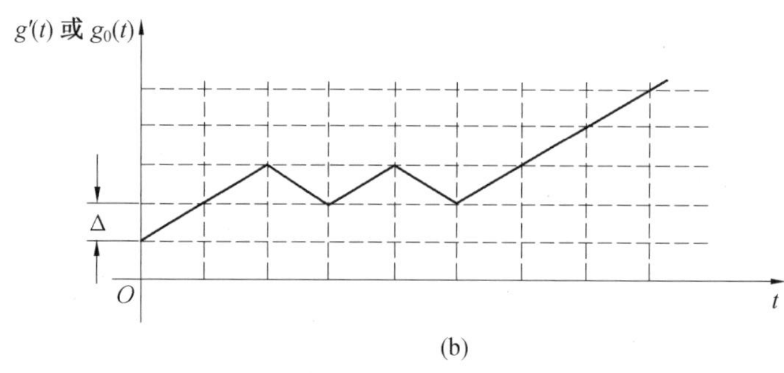

(b)

图 6.13　增量调制过程示意图

6.2.2　ΔM 的解调原理

如图 6.12 所示，发送端调制出的信号必须在接收端通过解调恢复出原始模拟信号。ΔM 信号的解调相对简单，用一个本地解码器（积分器）和低通滤波器实现，常采用 RC 积分器作为接收端和发送端的积分器。解调过程即图 6.13(b) 的积分过程，忽略信道传输的误码问题，假设接收端接收信号仍为 $g_i(t)$，则积分器输出斜变波形 $g_0(t)$。每收到一个 1 码（对应正脉冲）时，积分器输出生成一个正斜变（$\sigma/\Delta t$），对应抽样间隔时间 Δt，使积分器输出上升一个量化台阶 σ 值；每收到一个 0 码（对应负脉冲）时，使积分器输出下降一个量化台阶 σ 值；当收到连 1 码时，表示信号 $g_0(t)$ 连续增长；当收到连 0 码时，表示信号 $g_0(t)$ 连续下降。这样就可以恢复出原模拟信号 $g(t)$ 的跟踪波形。积分器输出的波形经低通滤波器，滤除波形中的高频成分，获得原始模拟信号的重建信号 $\hat{g}(t)$，从而实现了数 / 模转换。

为了保证解调质量，对解码器(积分器) 有两点要求。

(1) 积分器输出的斜变波形每次上升或下降一致的量化台阶，即正负斜率大小一样。

(2) 积分器应具有记忆功能，即输入为连 1 或连 0 码时，输出波形能连续上升或下降。

6.2.3　量化噪声和过载噪声

增量调制存在量化失真的问题，对误差的定义包括两部分，即过载噪声和量化噪声。对于本地解码器信号(即阶梯曲线) 来说，因为在 ΔM 中每个抽样间隔内只容许有一个量化电平的变化，当增量 σ 和时间间隔 Δt 给定时，在每个抽样间隔里的最大上升和下降斜率是一个定值，没有变化。因此，当模拟信号频率过高，或者说模拟信号斜率陡变时，会出现调制输出曲线信号跟不上模拟信号变化的现象。换句话说，在抽样周期里，当输入的模拟信号的斜率比抽样周期决定的阶梯波固定斜率大时，量化台阶的大小便跟不上输入信号的变化，从而造成斜率过载失真，这样的波形失真或信号误差被称为过载噪声，如图 6.14 所示。

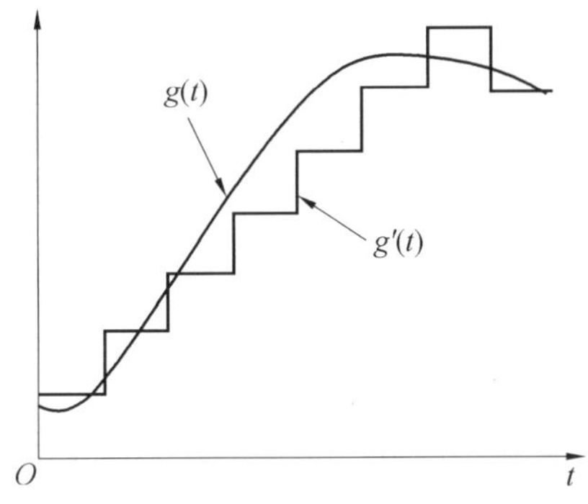

图 6.14　过载噪声

另外，增量调制本身会产生误差，ΔM 利用调制输出的阶梯曲线和原始模拟信号的差值进行编码，也就是按正负增量台阶来量化。显然，即使调制输出曲线信号跟上模拟信号变化，仍存在误差，这样的误差被称为一般量化误差或量化噪声。若设定一般量化误差为 $e(t)$，显然 $e(t)=g(t)-g'(t)$。正常情况下，$e(t)$ 在$(-\sigma, +\sigma)$ 范围内波动，这表明一般量化误差 $e(t)$ 的大小与量化台阶 σ 相关，量化台阶越小，则 $e(t)$ 越小。

量化台阶的大小不仅与量化噪声有关，还与过载噪声有关。阶梯波 $g'(t)$ 每抽样间隔 Δt 时间增长 σ，为此，设定 K 为阶梯波 $g'(t)$ 一个量化台阶的斜率，则其最大可能斜率(也为最大跟踪斜率) 为

$$K=\frac{\sigma}{\Delta t}=\sigma f_s \tag{6.10}$$

式中，f_s 为抽样频率。

若模拟信号 $g(t)$ 的斜率为 $\mathrm{d}g(t)/\mathrm{d}t$，为了不发生过载失真，必须使模拟信号 $g(t)$ 的最大斜率小于 K 的最大可能值，即

$$\left|\frac{\mathrm{d}g(t)}{\mathrm{d}t}\right|_{\max}\leqslant\frac{\sigma}{\Delta t}=\sigma f_s$$

当模拟信号的斜率大于跟踪斜率时，就会出现过载现象，为过载条件；当模拟信号斜率等于跟踪斜率时，为临界条件；当模拟信号斜率小于跟踪斜率时，为不过载条件。

显然，对给定的模拟信号增量调制时，通过增大量化台阶σ或者提升抽样频率f_s都可以提高阶梯波的最大跟踪斜率，从而降低过载噪声。但是为降低量化噪声，需要尽量减小量化台阶σ，这与通过调整量化台阶降噪出现了矛盾，σ值的选取需要折中考虑，适当选取。提高抽样频率f_s不仅可以很好地减小过载噪声，还可以降低量化噪声，在实际应用中，ΔM系统的抽样频率高于PCM系统（一般高于两倍以上）。

为满足不发生过载现象的条件，实现有效调制，实际上对输入模拟信号有一定的限制。本节采用单音频信号作为输入进行介绍，假设输入单音频信号为$g(t)=A\cos\omega t$，其斜率为

$$\frac{\mathrm{d}g(t)}{\mathrm{d}t}=A\omega\cos wt$$

斜率最大值为

$$\left|\frac{\mathrm{d}g(t)}{\mathrm{d}t}\right|_{\max}=A\omega$$

模拟信号是单音频信号时，不发生过载失真的条件为

$$A\omega\leqslant\sigma f_s$$

在输入的单音频信号幅度和频率都一定的情况下，为了不发生过载失真，使f_s满足

$$f_s\geqslant\frac{A}{\sigma}\omega$$

一般情况下，$A\gg\sigma$，进一步说明ΔM系统的抽样频率f_s的取值远远高于PCM系统的抽样频率。

在量化台阶和抽样频率一定的情况下，当模拟信号的幅度或频率增加时，信号斜率有可能超过跟踪波的最大可能斜率，引起过载。为了避免过载发生，在临界情况下，输入信号的频率和幅度关系为

$$A_{\max}=\frac{\sigma f_s}{\omega}=\frac{\sigma f_s}{2\pi f}\tag{6.11}$$

式中，f为单音频信号的频率。

从式(6.11)可知，输入信号允许的最大幅度与σ和f_s成正比，与输入信号的频率成反比，因此输入信号幅度的最大允许值必须随信号频率的上升而下降，这正是增量调制不能实际应用的原因。因此，在实际应用中，多采用ΔM的改进型，如增量总和调制（$\Delta-\Sigma$）和自适应增量调制。

6.2.4 PCM和ΔM的性能比较

PCM系统的特点是采用多路信号统一n位编码，如语音信号一般采用8位编码；ΔM系统的特点是单路信号单用一个编码设备，只用一位二进制编码进行编码，但这一位编码不表示信号抽样值的大小，而是表示抽样时刻信号曲线的变化趋势。

ΔM与PCM相比具有以下特点。

(1) 若编码速率不高，则ΔM的量化信噪比高于PCM。

(2) 在同样误码条件下，ΔM系统质量优于PCM系统。ΔM系统的误码只会引起2σ的脉冲幅度误差波动，但是PCM系统的误码则会引起抽样值的误判。所以ΔM抗误码性能好，一般可用于误比特率为$10^{-2}\sim10^{-3}$的信道，PCM可用于误比特率为$10^{-4}\sim10^{-6}$的信

道。

(3)ΔM 编码设备简单，话路增减方便灵活。

6.3　改进的增量调制

实际的 ΔM 系统是简单增量调制系统，量化台阶 σ 是固定不变的，而抽样频率的改变总是有限的，这导致系统对量化噪声和过载噪声的改善能力有限。对于直流、频率较低的信号或频率很高的信号，简单增量调制系统均会造成较大的量化噪声，从而造成信息的丢失。为了克服简单增量调制的缺点，出现了改进型的增量调制方法，如增量总和调制、自适应增量调制和数字检测音节控制调制等方法。本节简要讨论增量总和调制和自适应增量调制。

6.3.1　增量总和调制

增量总和调制的基本思想是通过对输入的模拟信号进行积分处理，使高频分量的幅度得到下降，从而更改了信号的变化性质，使其更适合于简单增量调制；增量调制之后，为了不失真恢复原信号，则要在简单增量调制的接收端系统中增加一次微分的过程，对高频进行补偿。先对信号求和(积分)，再进行增量调制的这一过程，称为增量总和调制($\Delta-\Sigma$)。本节以单音频信号为例简单分析增量总和调制的原理。

设一个单音频正弦型信号 $g(t)=A\cos\omega t$，信号最大斜率为 $K_{\max}=A\omega$。在 A 一定的前提下，信号的频率与信号的斜率成正比，频率增高则斜率增大，当频率达到一定值时，该斜率可能会大于系统最大跟踪斜率，显然对该信号直接进行简单增量调制可能会出现过载现象。基于 $\Delta-\Sigma$ 原理，先对 $g(t)=A\cos\omega t$ 进行积分处理，得到 $G(t)$：

$$G(t)=\frac{A}{\omega}\sin\omega t=A'\sin\omega t \tag{6.12}$$

式中，$A'=\dfrac{A}{\omega}$，则 $G(t)$ 的最大斜率变为 $K'_{\max}=A'\omega=A$，显然 $K'_{\max}$ 小于 $K_{\max}$(因为 ω 大于 1)，而且 $K'_{\max}$ 与信号频率无关，$G(t)$ 的斜率大于系统最大跟踪斜率的可能性降低，再对 $G(t)$ 进行 ΔM 调制就减少了过载失真现象。之所以不能肯定说不会过载，是因为若 $K_{\max}$ 远大于最大跟踪斜率，存在 $K'_{\max}$ 仍大于最大跟踪斜率的可能性。

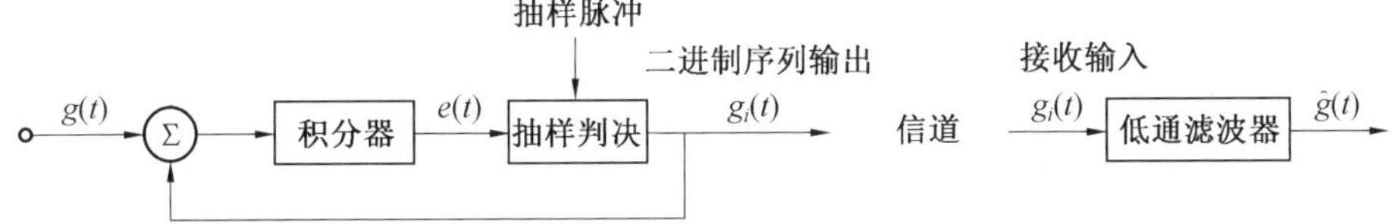

图 6.15　增量总和调制系统框图

根据 $\Delta-\Sigma$ 原理，首先对输入信号进行积分，之后编码器输出的二进制序列经积分器反馈，形成跟踪波，执行简单增量调制。增量总和调制的系统框图如图 6.15 所示，与图 6.12 相比，图 6.15 少了一个积分器，原因是系统引入了积分的性质，即两个积分信号的代数和等于两个信号代数和的积分：

$$\int g(t)\mathrm{d}t-\int g_i(t)\mathrm{d}t=\int[g(t)-g_i(t)]\mathrm{d}t$$

增量总和调制的解调只需要一个低通滤波器，如图 6.15 所示。简单增量调制其实是微分调制，这里增量本身就有微分之意，以 Δt 为抽样时间，以 σ 为量化台阶，实现跟踪波对输入信号的跟踪逼近，这一过程与数学中的微分概念相似，所以 ΔM 信号被认为携带输入信号的微分信息，则在接收端对其再进行一次积分，以此解调重建原始信号。但是增量总和调制先对输入信号执行积分，再进行微分调制，显然积分与微分的作用相互抵消了，所以调制输出的脉冲信号已不具有微分特性，其直接反映的是输入信号的幅度信息，在接收端也不再需要积分器，直接采用低通滤波器恢复重建原始模拟信号。增量总和调制系统适合于传输具有近似平坦功率谱的信号，如经过预加重的电话信号。

6.3.2　自适应增量调制(ADM)

为满足斜率过载抑制，则希望量化台阶足够大，但是为减小量化误差，又希望尽量减小量化台阶，若是能使 DM 的量化台阶的增量 Δ 不再是定值，而是满足适应信号变化的要求。当输入信号变化快时，能增大 Δ；相反，信号变化缓慢时，减少 Δ，这是自适应增量调制的基本想法，以此来适应信号斜率的变化，这种 Δ 自适应的增减很好地保证增量调制的阶梯波跟踪模拟信号的变化。

连续可变斜率增量调制(Continuously Variable Slope Delta Modulation，CVSD)是一种使用较多的自适应增量调制器。已知连续出现多个 1(或多个 0)，信号有出现过载的可能，所以 CVSD 规定，如果调制器连续输出 3 个相同的码，则量化台阶加上一个大的增量 Δ，反之，则量化台阶增加一个小的增量 Δ。CVSD 的自适应规则为

$$\Delta(n)=\begin{cases}\beta\Delta(n-1)+\delta & (y(n)=y(n-1)=y(n-2))\\ \beta\Delta(n-1) & (\text{其他})\end{cases}\tag{6.13}$$

式中，$y(n)$ 为编码输出的二值序列；δ 是增变量，输入信号连续上升，则 $y(n)$ 连续输出 1，则 δ 为正，反之为负；β 为控制因子，在 $0\sim1$ 之间取值，通过 β 可以调节增量调制，使其适应输入信号变化所需时间的长短。

本章小结

数字通信系统传输可靠，是未来的发展方向，然而自然界的许多信号是模拟信号，将模拟信号转化为数字信号传输可以利用数字传输的优点。模拟信号转化为数字信号称为 A/D 变换，数字信号传输到接收端后，执行反变换，即 D/A 变换。本章围绕着 A/D 变换展开，阐述了脉冲编码调制(PCM)、增量调制(ΔM)和改进的增量调制。

1. 脉冲编码调制(PCM)

脉冲编码调制(PCM)是用一组二进制编码来代替连续信号抽样值的通信方式(将模拟信号的抽样量化值变换成代码)，其原理框图如图 6.1 所示。

(1) 抽样。按抽样定理将时间上连续的模拟信号转换成时间上离散的抽样样值信号。根据信号分为低通抽样定理和带通抽样定理，定理内容见 6.1.2 节。

(2) 量化。将幅度上仍连续的样值信号进行幅度离散，即指定 M 个规定的样值，将抽样值用最接近的量化值表示，具体内容见 6.1.3 节。

(3) 编码。用二进制编码组表示量化后的 M 个量化值，常用编码方法见 6.1.4 节。

2. 增量调制(ΔM)

增量调制(ΔM)相当于将原始信号(调制信号)进行微分，将调制信号的微分信息(变化趋势)调制到二进制脉冲序列上，其原理框图如图 6.12 所示。

ΔM 的调制和解调方法，以及量化噪声和过载噪声的具体含义见 6.2 节。

3. 增量总和调制($\Delta-\Sigma$)和自适应增量调制(ADM)

增量总和调制($\Delta-\Sigma$)是对调制信号先进行积分处理，再进行增量调制，增量总和调制是将调制信号积分后的微分信息调制到二进制脉冲序列上。从调制原理上看，增量总和调制比简单增量调制多一个积分过程，而在解调上少一个积分过程，内容详见 6.3.1 节。

自适应增量调制(ADM)是一种能自动调节量化台阶的增量调制，以此来适应信号斜率的变化，内容详见 6.3.2 节。

习　　题

6.1　数字通信中，为什么要进行抽样和量化？

6.2　抽样之后的信号频谱在什么条件下不会出现频谱混叠？

6.3　已知信号为 $f(t)=\cos \pi t+\cos 3\pi t$，并用理想的低通滤波器来接收抽样后的信号，确定最小抽样频率是多少？

6.4　什么是均匀量化？均匀量化方法的缺点是什么？

6.5　某信号波形如图 6.16 所示，用 $n=3$ 的 PCM 传输，假设抽样频率为 8 kHz，并从 $t=0$ 时刻开始抽样。试标明：

(1) 各抽样时刻的位置；

(2) 各抽样时刻的抽样值；

(3) 各抽样时刻的量化值(均匀量化)；

(4) 将各量化值编成折叠二进制码。

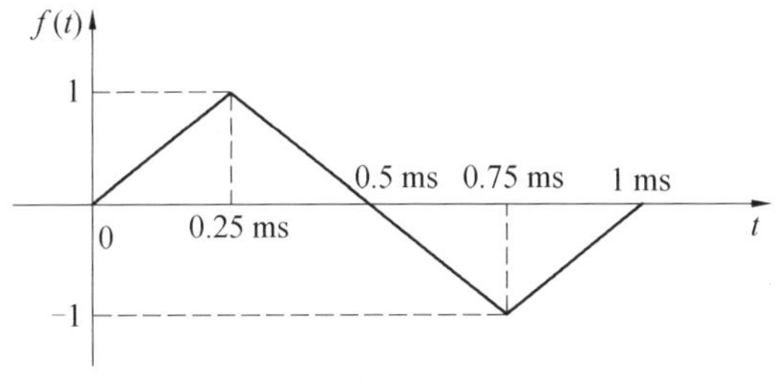

图 6.16　题 6.5 图

6.6　设一个模拟信号 $f(t)=1+3\cos \omega t$，若对 $f(t)$ 进行 24 级均匀量化，求编码的二进制码组长度和量化台阶。

6.7　ΔM 调制中的二进制输出和 $\Delta - \Sigma$ 调制的二进制输出分别代表什么？

6.8　ΔM 调制与 PCM 调制是两种模拟信号数字化的方法，试分析各自的优缺点？

6.9　已知一个话音信号的最高频率分量 $f_H = 3.4$ kHz，幅度 $A = 1$ V。若抽样频率 $f_s = 32$ kHz，求增量调制量化台阶 σ。

6.10　脉冲编码调制 PCM，为什么要进行压缩和扩张。

6.11　信号 $f(t) = A\sin 2\pi f_0 t$ 进行 ΔM 调制，若量化台阶 σ 和抽样频率 f_s 选择既保证不过载，又保证不会因信号振幅太小而使增量调制器不能正常编码，在 σ 为定值的前提下，分析 f_s 与 f_0 的关系式。

6.12　某低通信号的最高频率为2.5 kHz，量化级数为128，采用二进制编码，每一组二进制编码内还要增加1 bit用来传递铃流信号，误码率为 10^{-3}。试求传输10 s后平均的误码比特数为多少？

第 7 章 有噪信道编码

由通信系统基本结构可知，信源编码之后是信道编码，信源编码的目的是减少冗余，对信息进行压缩，提高通信系统的有效性。但是在实际传输条件中，信道条件非常复杂，理想信道几乎不存在，在各种干扰和噪声的影响下，信源编码后的码元符号/序列抗扰性非常差，严重影响信息传输准确性。基于上述问题，信道编码的主要作用是提高通信系统的可靠性，为达到该目的，需要在信源编码后，增加一定的冗余，包括各种形式的纠错、检错的码元符号，以适应信道的传输要求，降低信息传输的误码率。本章主要介绍信道编码的基本概念、典型的译码规则和信道编码定理，以及几种典型信道编码方法。

7.1 信道编码基本概念与原理

在通信系统中，信道编码是信源编码下一个重要环节，其位置如图 7.1 所示，主要作用是提高通信传输的可靠性，实现信息传输的差错控制，涉及的主要概念有信道编码、信道译码、错误概率和译码规则。

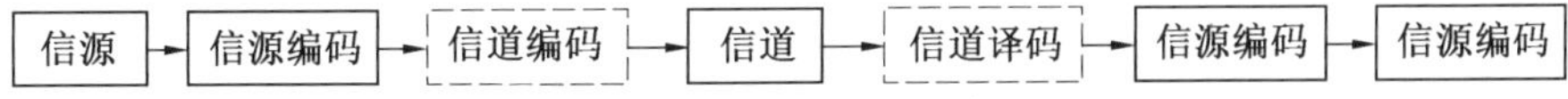

图 7.1 信道编码在通信系统中的位置

7.1.1 信道编码与信道译码

信道编码。对于经信源编码后获得的码字序列，按照一定的设计规则，转换成具有抗干扰能力的码符号序列。加入校验信息后，冗余有所提高，抗扰性增强，传输效率降低。

信道译码。按照信道编码的规则，依靠接收符号信息，去除冗余，“猜测”发送符号的过程。

7.1.2 译码规则与错误概率

1. 译码规则

译码规则是指对于接收符号或符号序列，推断其发送符号的规律。用数学符号描述为，设单个发送符号为 $X=\{x_1,x_2,x_3\cdots,x_r\}$，经过信道传输，接收符号为 $Y=\{y_1,y_2,y_3\cdots,y_s\}$，译码规则相当于构建一个函数 $F(\cdot)$，根据某个接收符号 y_j，确定其发送符号 x_i 的过程，

即

$$F(y_j)=x_i \quad (i=1,2,\cdots,r,j=1,2,\cdots,s) \tag{7.1}$$

2. 错误概率

错误概率是指信息传输过程中，在某译码规则下，对接收符号推断出错的概率。若接收端收到符号 y_j，利用译码规则 $F(y_j)=x_i$，得出发送的符号为 x_i，如果实际发送符号为 x_i，则为正确译码，反之，实际发送符号不为 x_i，则为译码错误，由每个接收符号译码错误发生时出现的概率称为错误概率。

例 7.1 设二元对称信道的输入符号为 $X=\{0,1\}$，输出符号为 $Y=\{0,1\}$，信道矩阵为 $\boldsymbol{P}=\begin{bmatrix}\frac{1}{4} & \frac{3}{4}\\ \frac{3}{4} & \frac{1}{4}\end{bmatrix}$，其信道转移概率如图 7.2 所示。译码规则 1：$\begin{cases}F(0)=0\\F(1)=1\end{cases}$，译码规则 2：$\begin{cases}F(0)=1\\F(1)=0\end{cases}$，试求在发送信源等概条件下，上述两种译码规则下的平均错误概率，进而判别哪种译码规则更优。

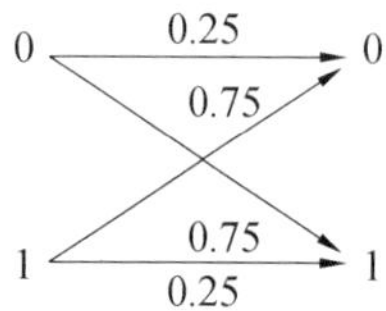

图 7.2　二元对称信道转移概率

解　根据错误概率定义，可写出在译码规则 1 下的平均错误概率计算公式为

$$p_{E1}=p(y_j=0)p(x_i=1\mid y_j=0)+p(y_j=1)p(x_i=0\mid y_j=1)$$

为了计算 p_{E1}，需要知道接收符号概率 $p(y_j)$ 和后验概率 $p(x_i\mid y_j)$。因此，利用信道矩阵中的条件转移概率 $p(y_j\mid x_i)$ 和发送符号概率 $p(x_i)=0.5$，推得

$$\begin{cases}p(y_j=0)=0.5\\p(y_j=1)=0.5\end{cases},\quad\begin{cases}p(x_i=1\mid y_j=0)=0.75\\p(x_i=0\mid y_j=1)=0.75\end{cases}$$

进而可得

$$\begin{aligned}p_{E1}&=p(y_j=0)p(x_i=1\mid y_j=0)+p(y_j=1)p(x_i=0\mid y_j=1)\\&=0.5\cdot0.75+0.5\cdot0.75=0.75\end{aligned}$$

同理，可写出在译码规则 2 下的平均错误概率计算公式为

$$\begin{aligned}p_{E2}&=p(y_j=0)p(x_i=0\mid y_j=0)+p(y_j=1)p(x_i=1\mid y_j=1)\\&=0.5\cdot0.25+0.5\cdot0.25=0.25\end{aligned}$$

由于译码规则 2 下的平均错误概率小于译码规则 1，所以对于该信道，译码规则 2 更优。

该例题说明错误概率不仅与信道的转移概率有关，还取决于译码规则。在信道矩阵确定的条件下，译码规则发挥了非常重要的作用。

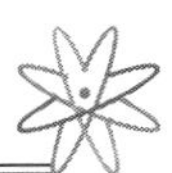

7.2　有噪信道编码定理及其逆定理

7.2.1　信息传输率

编码前消息的对数与编码后码长的比值为信息传输率，即 $R=\frac{\log M}{n}$，其中 M 为编码前的消息数，n 为编码后的码长。该定义说明，在消息数一定的条件下，编码后码长越长，信息传输率越低；编码后码长一定的条件下，消息数越少，信息传输率越低。

7.2.2　有噪信道编码定理(香农第二定理)

离散平稳无记忆信道的信道容量为 C，若满足信息传输率 $R<C$，则只要码长足够长，一定存在一种编码，使得平均错误概率任意小。

7.2.3　有噪信道编码逆定理

离散平稳无记忆信道的信道容量为 C，若满足信息传输率 $R>C$，则一定不存在一种编码，使得平均错误概率任意小。

有噪信道编码定理及其逆定理树立了信道编码的理论依据，也说明了信道容量在信息传输过程中发挥了阈值的作用，即信息传输率大于信道容量，无法实现错误任意小；反之，信息传输率小于信道容量，则可以近似实现无差错传输。同时，也在设计通信系统时给出启示，若要实现错误任意小，则需要降低传输速率或者提升信道容量。值得强调的是，有噪信道编码定理仅给出了存在性定理，即信道编码是否存在，但是并没有给出具体的编码方法。

7.3　典型的译码规则

信道编码的目标是实现差错控制，降低错误概率，而由于译码规则对错误概率具有重要影响，本节将介绍三种典型的译码规则，分别为最大后验译码准则、最大似然译码准则和最小距离译码准则，及其错误概率的计算和准则适用条件。

7.3.1　最大后验译码准则

最大后验译码准则是指对于某一个接收符号 y_j，使其后验概率 $p(x^* \mid y_j)$ 最大的条件概率所对应的发送符号 x^* 为译码规则，即满足 $p(x^* \mid y_j) \geqslant p(x_i \mid y_j)(i=1,2,\cdots,r)$ 时的译码规则为 $F(y_j)=x^*$。

最大后验译码准则意味着如果已知(或推得)后验概率矩阵：

$$\boldsymbol{P}_{x|y}=\begin{bmatrix} p(x_1 \mid y_1) & p(x_1 \mid y_2) & \cdots & p(x_1 \mid y_s) \\ p(x_2 \mid y_1) & p(x_2 \mid y_2) & \cdots & p(x_2 \mid y_s) \\ \vdots & \vdots & & \vdots \\ p(x_r \mid y_1) & p(x_r \mid y_2) & \cdots & p(x_r \mid y_s) \end{bmatrix} \tag{7.2}$$

可利用该矩阵，按列查找相对较大值，以形成译码规则，即若第一列的 $p(x_2 \mid y_1)$ 为该列最大值，则按照最大后验译码准则，收到符号 y_1 的译码规则为 $F(y_1)=x_2$，以此类推，可以获得每一个接收符号的译码规则。该准则下的平均错误概率为

$$p_E = \sum_{j=1}^{s} p(y_j)[1-p(x^* \mid y_j)] = \sum_{j=1}^{s} p(y_j)\sum_{i\neq *} p(x_i \mid y_j) \tag{7.3}$$

从式(7.3)可知，在最大后验译码准则条件下，平均错误概率等于接收符号概率与其对应列中的非最大值以外的后验概率乘积的统计平均，或者说是联合概率条件下，在联合概率矩阵中，除了每列译码规则 $F(y_j)=x_i$ 对应的联合概率 $p(x_i, y_j)$ 以外的所有联合概率之和。

例 7.2　若已知信道的接收符号为 $Y=\{y_1, y_2, y_3\}=\{0,1,2\}$，其概率为 $p(0)=\frac{1}{3}$，$p(1)=\frac{1}{3}$，$p(2)=\frac{1}{3}$，后验概率矩阵为

$$\boldsymbol{P}_{x|y} = \begin{bmatrix} p(x_1 \mid y_1) & p(x_1 \mid y_2) & p(x_1 \mid y_3) \\ p(x_2 \mid y_1) & p(x_2 \mid y_2) & p(x_2 \mid y_3) \\ p(x_3 \mid y_1) & p(x_3 \mid y_2) & p(x_3 \mid y_3) \end{bmatrix} = \begin{bmatrix} \frac{1}{3} & \frac{1}{6} & \frac{1}{2} \\ \frac{1}{6} & \frac{1}{2} & \frac{1}{3} \\ \frac{1}{2} & \frac{1}{3} & \frac{1}{6} \end{bmatrix}$$

试利用最大后验译码准则确定译码规则，并求出平均错误概率。

解　利用最大后验译码准则，选取后验概率最大的对应发送符号作为译码规则，于是按列查找，各列中最大的元素分别为 $p(x_3 \mid y_1)$，$p(x_2 \mid y_2)$，$p(x_1 \mid y_3)$，因此，译码规则为

$$\begin{cases} p(y_1) = x_3 \\ p(y_2) = x_2 \\ p(y_3) = x_1 \end{cases}$$

相应的译码规则下，平均错误概率为

$$\begin{aligned} p_E &= \sum_{j=1}^{s} p(y_j)[1-p(x^* \mid y_j)] = \sum_{j=1}^{s} p(y_j)\sum_{i\neq *} p(x_i \mid y_j) \\ &= \frac{1}{3}\left(\frac{1}{3}+\frac{1}{6}+\frac{1}{3}+\frac{1}{6}+\frac{1}{3}+\frac{1}{6}\right) \\ &= \frac{1}{2} \end{aligned}$$

最大后验准则为设计译码规则提供了选择依据，但是该设计准则仍然存在若干问题，首先，后验概率不容易获得，即使利用贝叶斯公式，也需要知道发送符号概率和信道转移概率；其次，除了考虑信道矩阵以外，发送符号概率也在设计准则中发挥关键作用。基于上述问题，如果仅依靠信道矩阵设计译码规则，将极大简化规则的设计过程。

7.3.2　最大似然译码准则

最大似然译码准则是指某一个接收符号 y_j 在信道矩阵中，选择列最大的转移概率 $p(y_j \mid x^*)$ 所对应的发送符号 x^*，构建译码规则，即若信道矩阵的第 i 列满足 $p(y_j \mid x^*) \geqslant$

$p(y_j \mid x_i)(i=1,2,\cdots,r)$，则构建的译码规则为 $F(y_j)=x^*$。

该准则下的平均错误概率为

$$p_E=\sum_{j=1}^{s} p(y_j)[1-p(x^* \mid y_j)]=\sum_{j=1}^{s} p(y_j)\sum_{i\neq *} p(x_i \mid y_j)$$
$$=\sum_{j=1}^{s}\sum_{i\neq *} p(x_i y_j)=\sum_{j=1}^{s}\sum_{i\neq *} p(x_i)p(y_j \mid x_i) \tag{7.4}$$

从式(7.4)可知，该错误概率表示发送符号概率 $p(x_i)$ 与前验概率 $p(y_j \mid x_i)$ 乘积的统计平均，或者说在联合概率矩阵中，除了每列译码规则 $F(y_j)=x_i$ 对应的联合概率 $p(x_i,y_j)$ 以外的所有联合概率之和。

例 7.3　已知信道矩阵为

$$\boldsymbol{P}_{x\mid y}=\begin{bmatrix} p(y_1 \mid x_1) & p(y_2 \mid x_1) & p(y_3 \mid x_1) \\ p(y_1 \mid x_2) & p(y_2 \mid x_2) & p(y_3 \mid x_2) \\ p(y_1 \mid x_3) & p(y_2 \mid x_3) & p(y_3 \mid x_3) \end{bmatrix}=\begin{bmatrix} \frac{2}{3} & \frac{1}{6} & \frac{1}{6} \\ \frac{1}{6} & \frac{1}{6} & \frac{2}{3} \\ \frac{1}{6} & \frac{2}{3} & \frac{1}{6} \end{bmatrix}$$

试利用最大似然译码准则确定译码规则，若输入等概，求出平均错误概率。

解　利用最大似然译码准则，首先查找信道矩阵每一列中的最大元素，分别为 $p(y_1 \mid x_1)$，$p(y_2 \mid x_3)$，$p(y_3 \mid x_2)$，相应的译码规则为

$$\begin{cases} p(y_1)=x_1 \\ p(y_2)=x_3 \\ p(y_3)=x_2 \end{cases}$$

该准则下的平均错误概率为

$$p_E=\sum_{j=1}^{s} p(y_j)[1-p(x^* \mid y_j)]=\sum_{j=1}^{s} p(y_j)\sum_{i\neq *} p(x_i \mid y_j)$$
$$=\sum_{j=1}^{s}\sum_{i\neq *} p(x_i y_j)=\sum_{j=1}^{s}\sum_{i\neq *} p(x_i)p(y_j \mid x_i)$$
$$=\frac{1}{3}\left(\frac{1}{6}+\frac{1}{6}+\frac{1}{6}+\frac{1}{6}+\frac{1}{6}+\frac{1}{6}\right)$$
$$=\frac{1}{3}$$

7.3.3　最小距离译码准则

汉明距离是指 2 个码字 $\boldsymbol{X}=x_1x_2\cdots x_N$ 和 $\boldsymbol{Y}=y_1y_2\cdots y_N$，其对应码元位置上不同符号的个数，即 $\boldsymbol{X}$ 和 $\boldsymbol{Y}$ 的汉明距离 $d(\boldsymbol{X},\boldsymbol{Y})$ 为

$$d(\boldsymbol{X},\boldsymbol{Y})=\sum_{i=1}^{N} x_i \oplus y_i \tag{7.5}$$

例 7.4　求 2 个码字 $\boldsymbol{X}=101101$ 和 $\boldsymbol{Y}=011001$ 的汉明距离。

解　从 2 个码字可以看出，$\boldsymbol{X}$ 和 $\boldsymbol{Y}$ 的第一个、第二个和第四个码元符号不一样，因此，2

个码字的汉明距离为 $d(\boldsymbol{X},\boldsymbol{Y})=\sum_{i=1}^{N}x_i \oplus y_i=3$。

最小距离译码准则是指收到一个码字后，在发送码字集合中选择与其汉明距离最小的码字作为该接收码字的译码规则。

例 7.5 若发送码字分别为 $\boldsymbol{X}_1=110011$、$\boldsymbol{X}_2=100001$ 和 $\boldsymbol{X}_3=000001$，若接收码字为 $\boldsymbol{Y}_1=000011$，试利用最小距离译码准则判断发送的码字。

解 由汉明距离公式，得出 $d_1(\boldsymbol{X}_1,\boldsymbol{Y}_1)=\sum_{i=1}^{N}x_i \oplus y_i=2$，$d_2(\boldsymbol{X}_2,\boldsymbol{Y}_1)=\sum_{i=1}^{N}x_i \oplus y_i=2$，$d_3(X_3,Y_1)=\sum_{i=1}^{N}x_i \oplus y_i=1$，因此，当收到符号 $\boldsymbol{Y}_1=000011$，对应译码为 $F(\boldsymbol{Y}_1)=\boldsymbol{X}_3$。

7.3.4 各准则间的关联

1. 最大似然与最大后验译码准则

性质 1 当输入等概时，最大后验与最大似然译码准则等价。

证明 由最大后验译码准则，对于后验概率矩阵中的第 $j\in\{1,2,3,\cdots,s\}$ 列元素，有

$$p(x^* \mid y_j)\geqslant p(x_i \mid y_j) \quad (i\in\{1,2,3,\cdots,r\})$$

利用贝叶斯公式

$$p(x_i \mid y_j)=\frac{p(x_i)p(y_j \mid x_i)}{p(y_j)}$$

可推得

$$\frac{p(x^*)p(y_j \mid x^*)}{p(y_j)}\geqslant\frac{p(x_i)p(y_j \mid x_i)}{p(y_j)}$$

进而得出

$$p(x^*)p(y_j \mid x^*)\geqslant p(x_i)p(y_j \mid x_i)$$

因此，当输入等概时，即 $p(x^*)=p(x_i)$，最大似然译码准则等价于最大后验译码准则。

该性质说明，当输入等概时，最大似然与最大后验译码准则等价，反之，若输入不等概，则采用最大似然译码准则不一定使得错误概率最小。

2. 最大似然与最小距离译码准则

性质 2 对于平稳无记忆二元对称信道，最大似然与最小距离译码准则等价。

证明 对于二元对称信道，设发送符号序列为 $\boldsymbol{X}_i=x_1x_2\cdots x_N$，$x_i\in\{0,1\}(i=1,2,\cdots,N)$，接收符号序列为 $\boldsymbol{Y}_j=y_1y_2\cdots y_N$，$y_j\in\{0,1\}(j=1,2,\cdots,N)$，若 $p(0\mid 0)=p(1\mid 1)=p>0.5$，$p(1\mid 0)=p(0\mid 1)=\bar{p}<0.5$，且 $\boldsymbol{X}_i$ 和 $\boldsymbol{Y}_j$ 的汉明距离为 $d(\boldsymbol{X}_1,\boldsymbol{Y}_1)=D$，则易得出信道转移概率为

$$p(\boldsymbol{Y}_j \mid \boldsymbol{X}_i)=p(y_1y_2\cdots y_N \mid x_1x_2\cdots x_N)=\prod_{i,j=1}^{N}p(y_j \mid x_i)=\bar{p}^D p^{N-D}$$

由此得出，汉明距离（为 $d(\boldsymbol{X}_1,\boldsymbol{Y}_1)=D$）越小，$p(\boldsymbol{Y}_j \mid \boldsymbol{X}_i)$ 越大，也就是说，收到符号序列 $\boldsymbol{Y}_j$ 后，在信道矩阵的第 j 列中，查到转移概率最大的元素，这个元素就是与接收符号序列 $\boldsymbol{Y}_j$ 汉明距离最小的码字 $\boldsymbol{X}_i$，进而形成译码规则，$F(\boldsymbol{Y}_j)=\boldsymbol{X}_i$。因此，从上述过程可知，对于平稳

无记忆二元对称信道，最大似然与最小距离译码准则等价。

7.4　纠错编码的分类、工作机制与线性分组码

7.1 节和 7.2 节介绍了信道编码的基本概念、理论依据和译码规则，本节将介绍纠错编码的分类、差错控制的工作机制与线性分组码的编码译码方法。

7.4.1　纠错编码的基本分类

实际系统中，噪声和干扰是普遍存在的，因此纠错编码是实现差错控制的有效方法，在众多的纠错编码中，本节介绍几种主要的分类方式。

1. 按照功能划分分类

按照功能划分，纠错编码可分为检错码与纠错码。

检错码是指仅能检测错误的编码。

纠错码是指既能检测错误，又能纠正错误的编码。

从广义上来说，纠错码是包含了检错与纠错功能，本书提到的纠错码都包含了检错功能。

2. 按信息码元与监督码元关系分类

编码后的码字包含信息码元与监督码元，按照其映射关系，纠错编码可分为线性码和非线性码。

线性码是指监督码元是信息码元的线性映射。

非线性码暗指监督码元与信息码元满足非线性映射。

3. 按码组间的关联性分类

按码组间的关联程度，纠错编码可分为分组码与卷积码。

分组码是指将信息序列分割为多个独立的码组，本组的监督码元仅与本组的信息码元有关，与其他码组的信息码元无关。

卷积码是指本码组的监督码元不仅与本组的信息码元有关，还与其他码组的信息码元相关。

4. 按编码前后码元位置关系分类

按编码前后信息码元与监督码元位置是否发生变化，纠错编码分为系统码与非系统码。

系统码是指编码前后信息元的位置保持不变。

非系统码是指编码前后信息元的位置发生变化。

5. 按适用的差错类型分类

按适用的差错类型分类，纠错编码可分为随机差错纠错码、突发差错纠错码和混合差错纠错码。

随机差错纠错码可以纠正随机噪声造成的传输错误。

突发差错纠错码可以应对突发错误。

混合差错纠错码不仅可以纠正随机差错，也可以纠正突发差错。

7.4.2　纠错编码的工作机制

在通信系统中，按照纠错检错机制进行差错控制，工作方式主要包括前向纠错(FEC)、信息反馈(IRQ)、反馈重发(ARQ)和混合纠错(HEC)。

1. 信息反馈

接收端收到消息序列后，原样反馈给发送端，以判断是否出错，信息反馈机制是一种相对简单、原始的差错控制方式，仅适用于对传输速度、实时性要求低的场景。

2. 反馈重发

发送端传送具有判别功能的检错码，接收端收到消息后，根据预先约定的规律判断是否出错，如果发现错误，则通过反馈系统告知发送端，重新发送原信息，直至接收端获得正确消息为止。反馈重发工作机制是一种非实时传输系统，对于实时性要求高的场景并不适用。

3. 前向纠错

发送端传送具有监督信息的码字序列，接收端按照双方的监督规则，能识别和纠正错误信息。因此，前向纠错机制是一种实时传输系统，适合高速、实时传输场景。

4. 混合纠错

混合纠错机制融合了前向纠错和反馈重发，在纠错能力以内时，利用前向纠错机制，自动纠正码字错误，若存在错误过多，无法纠正，则运用反馈重发机制，让发送端重新发送。

7.4.3　线性分组码

信道编码方法繁多，不同的对比条件下具有多种分类方式。在这些方法中，线性分组码是一类最简单、实用的信道编码，了解线性分组码的编码方法有助于学习、理解信道编码机制。因此，本节将详细介绍线性分组码的基本概念、监督矩阵与生成矩阵、纠错检错能力及其错误检测方法。

1. 线性分组码的基本概念

线性分组码是将信息序列分成若干相互独立等长的二进制码组，每个码组内，监督码元与信息码元满足线性关系，本组内的监督码元与其他码组的信息码元无关。线性分组码相关规律总结如下。

(1) 若每个码组的总信息位数为 n，其中包含 k 个信息位，$n-k$ 个监督位，则可将线性分组码表示为 (n,k)。

(2) 由于信息位长度为 k，则该线性分组码由 2^k 个不同的码组，故有 2^k 个码字与其对应。

(3) 线性分组码是一类编码，汉明码、BCH 码和 RS 码都属于线性分组码。

2. 监督矩阵

监督矩阵是指对于线性分组码 (n,k)，能表示监督码元与信息码元线性关系的 $(n-k)\times$

n 维矩阵，往往用以判别码字是否出现差错，即若分组码的码字为 $\boldsymbol{C} \in \boldsymbol{R}^{n\times 1}$，则存在监督矩阵 $\boldsymbol{H} \in \boldsymbol{R}^{(n-k)\times n}$，使得 $\boldsymbol{HC}^{\mathrm{T}} = 0$。

一致监督矩阵是指对于线性分组码(n,k)，当监督矩阵 $\boldsymbol{H} \in \boldsymbol{R}^{(n-k)\times n}$ 确定后，若 $\boldsymbol{H}$ 的右侧子阵是$(n-k)\times(n-k)$ 维的单位阵，则该监督矩阵 $\boldsymbol{H}$ 称为一致监督矩阵。

对于线性分组码(7,3)，$\boldsymbol{C} = c_1 \quad c_2 \quad c_3 \quad c_4 \quad c_5 \quad c_6 \quad c_7$，$c_1$、$c_2$、$c_3$、$c_4$ 为信息码元，c_5、c_6、c_7 为监督码元，监督码元与信息码元满足以下关系：

$$\begin{cases} c_1 = m_1 \\ c_2 = m_2 \\ c_3 = m_3 \\ c_4 = m_4 \\ c_5 = m_1 + m_2 \\ c_6 = m_2 + m_3 \\ c_7 = m_3 + m_4 \end{cases} \tag{7.6}$$

式(7.6)中的＋不是算数加法，而是模 2 加，对上式进行变换，可得到监督码元与信息码元的关系，因此依靠上述关系形成的矩阵为监督矩阵，监督码元与信息码元的映射为

$$\begin{cases} c_5 = c_1 + c_2 \\ c_6 = c_2 + c_3 \\ c_7 = c_3 + c_4 \end{cases} \tag{7.7}$$

进而，得到

$$\begin{cases} c_1 + c_2 + c_5 = 0 \\ c_2 + c_3 + c_6 = 0 \\ c_3 + c_4 + c_7 = 0 \end{cases} \tag{7.8}$$

于是，可得

$$\begin{bmatrix} 1 & 1 & 0 & 0 & 1 & 0 & 0 \\ 0 & 1 & 1 & 0 & 0 & 1 & 0 \\ 0 & 0 & 1 & 1 & 0 & 0 & 1 \end{bmatrix} \begin{bmatrix} c_1 \\ c_2 \\ c_3 \\ c_4 \\ c_5 \\ c_6 \\ c_7 \end{bmatrix} = 0 \tag{7.9}$$

若令

$$\boldsymbol{H} = \begin{bmatrix} 1 & 1 & 0 & 0 & 1 & 0 & 0 \\ 0 & 1 & 1 & 0 & 0 & 1 & 0 \\ 0 & 0 & 1 & 1 & 0 & 0 & 1 \end{bmatrix} = [\boldsymbol{P}_{3\times 4} \quad \boldsymbol{I}_{3\times 3}] \tag{7.10}$$

则 $\boldsymbol{HC}^{\mathrm{T}} = 0$。式(7.10)表明了线性分组码中信息码元与监督码元的确切关系，因此称矩阵 $\boldsymbol{H}$ 为一致监督矩阵。监督矩阵的行数 $n-k$ 代表了线性分组码中监督码元的个数，监督矩阵的列数代表了线性分组码的码组长度 n，监督矩阵 $\boldsymbol{H}$ 中存在一个单位子阵，监督矩阵常用于

判别某码字是否传输正确。

3. 生成矩阵

对于线性分组码(n,k)，当k维信息码元确定后，利用$k\times n$维生成矩阵$\boldsymbol{G}$，可以得到对应的n维码字$\boldsymbol{C}$，发挥该作用的矩阵称为生成矩阵。

监督码元与信息码元初始关系可以表示为

$$\begin{cases} c_1 = m_1 \\ c_2 = m_2 \\ c_3 = m_3 \\ c_4 = m_4 \\ c_5 = m_1 + m_2 \\ c_6 = m_2 + m_3 \\ c_7 = m_3 + m_4 \end{cases} \tag{7.11}$$

推得

$$\begin{aligned} \boldsymbol{C} &= [c_1 \quad c_2 \quad c_3 \quad c_4 \quad c_5 \quad c_6 \quad c_7] \\ &= \boldsymbol{mG} = [m_1 \quad m_2 \quad m_3 \quad m_4] \begin{bmatrix} 1 & 0 & 0 & 0 & 1 & 0 & 0 \\ 0 & 1 & 0 & 0 & 1 & 1 & 0 \\ 0 & 0 & 1 & 0 & 0 & 1 & 1 \\ 0 & 0 & 0 & 1 & 0 & 0 & 1 \end{bmatrix} \\ &= \boldsymbol{m}[\boldsymbol{I}_{4\times 4} \quad \boldsymbol{Q}_{4\times 3}] \end{aligned} \tag{7.12}$$

从式(7.12)可知，生成矩阵$\boldsymbol{G}$的左侧子阵是一个4×4的单位阵，如果信息码元已知，可以利用式(7.12)得到信道编码后的码字。

例 7.6 若线性分组码(7,3)的生成矩阵为

$$\boldsymbol{G} = \begin{bmatrix} 1 & 0 & 0 & 0 & 1 & 0 & 0 \\ 0 & 1 & 0 & 0 & 1 & 1 & 0 \\ 0 & 0 & 1 & 0 & 0 & 1 & 1 \end{bmatrix}$$

若信息元$\boldsymbol{m} = [c_1 \quad c_2 \quad c_3]$为$000 \sim 111$，试求其信道编码后的码字。

解 利用生成矩阵的定义，信道编码后的码字与信息码元、生成矩阵的关系为

$$\boldsymbol{C} = [c_1 \quad c_2 \quad c_3 \quad c_4 \quad c_5 \quad c_6 \quad c_7] = \boldsymbol{mG}$$

可得

$$\begin{aligned} &\boldsymbol{C}_0 = [000]\boldsymbol{G} = 0000000, \quad \boldsymbol{C}_1 = [001]\boldsymbol{G} = 0010011 \\ &\boldsymbol{C}_2 = [010]\boldsymbol{G} = 0100110, \quad \boldsymbol{C}_3 = [011]\boldsymbol{G} = 0110101 \\ &\boldsymbol{C}_4 = [100]\boldsymbol{G} = 1000100, \quad \boldsymbol{C}_5 = [101]\boldsymbol{G} = 1010111 \\ &\boldsymbol{C}_6 = [110]\boldsymbol{G} = 1100010, \quad \boldsymbol{C}_7 = [111]\boldsymbol{G} = 1110001 \end{aligned}$$

4. 生成矩阵与监督矩阵的转换关系

从生成矩阵的结构可以看出，生成矩阵中每一个行向量都是一个码字，所以，利用监督矩阵的关系式$\boldsymbol{HC}^{\mathrm{T}} = \boldsymbol{0}$，可得

$$\boldsymbol{H}_{(n-k)\times n}\boldsymbol{G}_{k\times n}^{\mathrm{T}} = \boldsymbol{0}_{(n-k)\times k} \tag{7.13}$$

又由于

$$\boldsymbol{H}_{(n-k)\times n}=[\boldsymbol{P}_{(n-k)\times k}\quad \boldsymbol{I}_{(n-k)\times(n-k)}],\quad \boldsymbol{G}_{k\times n}=[\boldsymbol{I}_{k\times k}\quad \boldsymbol{Q}_{k\times(n-k)}]$$

推得

$$\boldsymbol{Q}_{k\times(n-k)}=\boldsymbol{P}^{\mathrm{T}}_{(n-k)\times k} \tag{7.14}$$

也就是说，监督矩阵和生成矩阵中的非单位子阵互为转置，因此，通过式(7.14)可以实现生成矩阵与监督矩阵的相互转换。

5. 线性分组码的纠错检错能力

(1) 最小距离。在线性分组码中，任意 2 个码字汉明距离的最小值，称为最小距离。

(2) 最小质量。码字中非零元素的个数，称为汉明质量，故在线性分组码中，最小质量为任意码字汉明质量的最小值。

(3) 检错能力。一个线性分组码至多能检测出 t 个错误，则码的检错能力为 t。

(4) 纠错能力。一个线性分组码至多能纠正 l 个错误，则码的纠错能力为 l。

线性分组码中，最小距离与纠错、检错能力关系表述如下。

性质 3　若线性分组码中的最小距离为 $d_{\min}$，则该编码能检测出 t 个错误的充要条件为

$$d_{\min}=t+1 \tag{7.15}$$

即 $t=d_{\min}-1$。

性质 4　若线性分组码中的最小距离为 $d_{\min}$，则该编码能纠正 l 个错误的充要条件为

$$d_{\min}=2l+1 \tag{7.16}$$

即 $l=\lfloor \frac{d_{\min}-1}{2} \rfloor$，式中，$\lfloor \cdot \rfloor$ 表示向下取整运算($\lfloor 2.4 \rfloor=2$)。

性质 5　若线性分组码中的最小距离为 $d_{\min}$，则该编码能纠正 l 个错误的同时，检测出 t 个错误的充要条件为

$$d_{\min}=l+t+1 \tag{7.17}$$

例 7.7　若存在码字 $\boldsymbol{C}_1=0011001$，$\boldsymbol{C}_2=0111011$，$\boldsymbol{C}_3=1011000$，$\boldsymbol{C}_4=0000100$，计算码的最小距离、检错能力和纠错能力。

解

$$d(\boldsymbol{C}_1,\boldsymbol{C}_2)=2,\quad d(\boldsymbol{C}_1,\boldsymbol{C}_3)=2,\quad d(\boldsymbol{C}_1,\boldsymbol{C}_4)=4$$
$$d(\boldsymbol{C}_2,\boldsymbol{C}_3)=4,\quad d(\boldsymbol{C}_2,\boldsymbol{C}_4)=6,\quad d(\boldsymbol{C}_3,\boldsymbol{C}_4)=4$$

(1) 首先，码的最小距离为 $d_{\min}=2$。

(2) 然后，该码用于检测，至多能检测出 $t=d_{\min}-1=1$ 个错误，因此该码的检错能力为 1。

(3) 最后，该码用于纠错，至多能纠正 $l=\lfloor \frac{d_{\min}-1}{2} \rfloor=0$ 个错误，因此该码的纠错能力为 0。

6. 线性分组码的伴随式

在发送端，信道编码问题实质是监督矩阵 $\boldsymbol{H}$ 或生成矩阵 $\boldsymbol{G}$ 的构造问题，监督矩阵或生成矩阵确定后，就可以实现信道编码。而在接收端，如何检验接收到的码字是否错误，是信道译码的关键。伴随式 $\boldsymbol{S}$ 在错误检验过程中发挥重要作用，假设发送码字为 $\boldsymbol{C}$，接收码字为 $\boldsymbol{R}$，传输过程中存在噪声 $\boldsymbol{E}$，则该过程可以表示为

$$\boldsymbol{R}=\boldsymbol{C}+\boldsymbol{E} \tag{7.18}$$

无差错条件下，即 $\boldsymbol{E}=\boldsymbol{0}$，利用监督矩阵的关系：$\boldsymbol{HC}^{\mathrm{T}}=\boldsymbol{0}$ 或 $\boldsymbol{CH}^{\mathrm{T}}=\boldsymbol{0}$，可以得到伴随式：

$$\boldsymbol{S}=\boldsymbol{RH}^{\mathrm{T}} \text{ 或 } \boldsymbol{S}^{\mathrm{T}}=\boldsymbol{HR}^{\mathrm{T}} \tag{7.19}$$

因此伴随式 $\boldsymbol{S}$ 是判别接收码字是否出错的重要参考。而相应的 $\boldsymbol{E}$ 称为差错图样，差错图样确定码字的具体出错位置。

为了获得差错图样 $\boldsymbol{E}$，利用伴随式：

$$\boldsymbol{S}_{1\times(n-k)}=\boldsymbol{RH}^{\mathrm{T}}=(C+\boldsymbol{E})\boldsymbol{H}^{\mathrm{T}}=\boldsymbol{E}_{1\times n}\boldsymbol{H}_{(n-k)\times n}^{\mathrm{T}} \tag{7.20}$$

式(7.20)可以看成一个线性方程，包含 n 个未知数，方程的等式数为 $n-k$ 个，其解有无穷多个。所以对于一个差错图样，有多个解与其对应，往往利用概率译码、最大似然译码等方法加以确定。为了简化该处理过程，在实际应用中，将差错图样做成表格，当接收到信息后，利用计算的差错图样与表格匹配，从而确定差错位置。

二元编码中伴随式共有 2^{n-k} 种可能，而其中包含 1 个错误的有 n 个，包含 2 个错误的有 C_n^2 个，以此类推，纠正 u 个错误，共有 $\sum_{i=1}^{u} C_n^i$ 个可能，为了保证线性分组码能纠正 u 个错误能力，需要满足

$$2^{n-k} \geqslant \sum_{i=1}^{u} C_n^i \tag{7.21}$$

例 7.8 某线性分组码(6,2)的生成矩阵为

$$\boldsymbol{G}=\begin{bmatrix}1&0&0&0&1&1\\0&1&1&1&0&0\end{bmatrix}$$

若接收端获得的码字为 $\boldsymbol{R}=101010$，试构造标准译码表，并估计实际发送码字 $\boldsymbol{C}$。

解 (1) 步骤 1，令信息组 $\boldsymbol{m}$ 为 00,01,10,11，利用 $\boldsymbol{C}=\boldsymbol{mG}$，得出信道编码后的码字为

$$\boldsymbol{C}_0=000000,\quad \boldsymbol{C}_1=011100,\quad \boldsymbol{C}_2=101011,\quad \boldsymbol{C}_3=111111$$

(2) 步骤 2，利用生成矩阵 $\boldsymbol{G}$ 与监督矩阵 $\boldsymbol{H}$ 的子阵转置关系，可以获得监督矩阵为

$$\boldsymbol{H}=\begin{bmatrix}0&1&1&0&0&0\\0&1&0&1&0&0\\1&0&0&0&1&0\\1&0&0&0&0&1\end{bmatrix}$$

(3) 步骤 3，求出伴随矩阵为 $\boldsymbol{S}$ 为

$$\boldsymbol{S}^{\mathrm{T}}=\boldsymbol{HE}^{\mathrm{T}}$$

当传输无差错时，伴随矩阵 $\boldsymbol{S}=0$；当存在 1 个差错时，伴随矩阵 $\boldsymbol{S}^{\mathrm{T}}$ 等于监督矩阵 $\boldsymbol{H}$ 对应的列；当发生 2 个错误时，$\boldsymbol{S}^{\mathrm{T}}$ 等于 $\boldsymbol{H}$ 对应的两个列的和。

由于伴随式的个数位 $2^{n-k}=2^4=16$，在错误图样中，代表无差错的图样为 1 种，代表 1 个差错的图样为 $C_6^1=6$ 种，代表 2 个差错的图样为 $C_6^2=15$ 种，因此剩余的 9 个伴随式在 15 种 2 个差错的图样中选择，选择结果不唯一。

无差错的错误图样为 $\boldsymbol{E}_0=000000$。

1 个差错的错误图样为 $\boldsymbol{E}_1=100000$，$\boldsymbol{E}_2=010000$，$\boldsymbol{E}_3=001000$，$\boldsymbol{E}_4=000100$，$\boldsymbol{E}_5=000010$，$\boldsymbol{E}_6=000001$。

首先，代入 $\boldsymbol{S}=\boldsymbol{E}\boldsymbol{H}^{\mathrm{T}}$，得到相应的伴随式为

$$\boldsymbol{S}_0=0000,\quad \boldsymbol{S}_1=0011,\quad \boldsymbol{S}_2=1100,\quad \boldsymbol{S}_3=1000,$$
$$\boldsymbol{S}_4=0100,\quad \boldsymbol{S}_5=0010,\quad \boldsymbol{S}_6=0001$$

剩余的 9 个伴随式为

$$\boldsymbol{S}_7=0101,\quad \boldsymbol{S}_8=0110,\quad \boldsymbol{S}_9=0111,\quad \boldsymbol{S}_{10}=1001,\quad \boldsymbol{S}_{11}=1010,$$
$$\boldsymbol{S}_{12}=1011,\quad \boldsymbol{S}_{13}=1101,\quad \boldsymbol{S}_{14}=1110,\quad \boldsymbol{S}_{15}=1111$$

利用 $\boldsymbol{S}^{\mathrm{T}}=\boldsymbol{H}\boldsymbol{E}^{\mathrm{T}}$，推得 $\boldsymbol{S}_7=0101$ 的错误图样 $\boldsymbol{E}_7$ 为 000101，011001，100110，111010，按最小质量（等价于最大似然）选择 $\boldsymbol{E}_7=000101$。同理，推得 $\boldsymbol{S}_8=0110$ 的错误图样 $\boldsymbol{E}_8$ 为 000110，011010，100101，111001，按最小质量选择 $\boldsymbol{E}_8=000110$，以此类推，获得 $\boldsymbol{S}_9\sim\boldsymbol{S}_{15}$ 的错误图样，即

$$\boldsymbol{E}_9=100100,\quad \boldsymbol{E}_{10}=001001,\quad \boldsymbol{E}_{11}=001010,$$
$$\boldsymbol{E}_{12}=101000,\quad \boldsymbol{E}_{13}=010001,\quad \boldsymbol{E}_{14}=010010,\quad \boldsymbol{E}_{15}=110000$$

最终形成的标准阵列译码情况见表 7.1。

表 7.1　标准阵列译码情况

$\boldsymbol{S}_0=0000$	$\boldsymbol{C}_0+\boldsymbol{E}_0=000000$	$\boldsymbol{C}_1+\boldsymbol{E}_0=011100$	$\boldsymbol{C}_2+\boldsymbol{E}_0=100011$	$\boldsymbol{C}_3+\boldsymbol{E}_0=111111$
$\boldsymbol{S}_1=0011$	$\boldsymbol{C}_0+\boldsymbol{E}_1=100000$	$\boldsymbol{C}_1+\boldsymbol{E}_1=111100$	$\boldsymbol{C}_2+\boldsymbol{E}_1=000011$	$\boldsymbol{C}_3+\boldsymbol{E}_1=011111$
$\boldsymbol{S}_2=1100$	$\boldsymbol{C}_0+\boldsymbol{E}_2=010000$	$\boldsymbol{C}_1+\boldsymbol{E}_2=001100$	$\boldsymbol{C}_2+\boldsymbol{E}_2=110011$	$\boldsymbol{C}_3+\boldsymbol{E}_2=101111$
$\boldsymbol{S}_3=1000$	$\boldsymbol{C}_0+\boldsymbol{E}_3=001000$	$\boldsymbol{C}_1+\boldsymbol{E}_3=010100$	$\boldsymbol{C}_2+\boldsymbol{E}_3=101011$	$\boldsymbol{C}_3+\boldsymbol{E}_3=110111$
$\boldsymbol{S}_4=0100$	$\boldsymbol{C}_0+\boldsymbol{E}_4=000100$	$\boldsymbol{C}_1+\boldsymbol{E}_4=011000$	$\boldsymbol{C}_2+\boldsymbol{E}_4=100111$	$\boldsymbol{C}_3+\boldsymbol{E}_4=111011$
$\boldsymbol{S}_5=0010$	$\boldsymbol{C}_0+\boldsymbol{E}_5=000010$	$\boldsymbol{C}_1+\boldsymbol{E}_5=011110$	$\boldsymbol{C}_2+\boldsymbol{E}_5=100001$	$\boldsymbol{C}_3+\boldsymbol{E}_5=111101$
$\boldsymbol{S}_6=0001$	$\boldsymbol{C}_0+\boldsymbol{E}_6=000001$	$\boldsymbol{C}_1+\boldsymbol{E}_6=011101$	$\boldsymbol{C}_2+\boldsymbol{E}_6=100010$	$\boldsymbol{C}_3+\boldsymbol{E}_6=111110$
$\boldsymbol{S}_7=0101$	$\boldsymbol{C}_0+\boldsymbol{E}_7=000101$	$\boldsymbol{C}_1+\boldsymbol{E}_7=011001$	$\boldsymbol{C}_2+\boldsymbol{E}_7=100110$	$\boldsymbol{C}_3+\boldsymbol{E}_7=111010$
$\boldsymbol{S}_8=0110$	$\boldsymbol{C}_0+\boldsymbol{E}_8=000110$	$\boldsymbol{C}_1+\boldsymbol{E}_8=011010$	$\boldsymbol{C}_2+\boldsymbol{E}_8=100101$	$\boldsymbol{C}_3+\boldsymbol{E}_8=111001$
$\boldsymbol{S}_9=0111$	$\boldsymbol{C}_0+\boldsymbol{E}_9=100100$	$\boldsymbol{C}_1+\boldsymbol{E}_9=111000$	$\boldsymbol{C}_2+\boldsymbol{E}_9=000111$	$\boldsymbol{C}_3+\boldsymbol{E}_9=011011$
$\boldsymbol{S}_{10}=1001$	$\boldsymbol{C}_0+\boldsymbol{E}_{10}=001001$	$\boldsymbol{C}_1+\boldsymbol{E}_{10}=010101$	$\boldsymbol{C}_2+\boldsymbol{E}_{10}=101010$	$\boldsymbol{C}_3+\boldsymbol{E}_{10}=110110$
$\boldsymbol{S}_{11}=1010$	$\boldsymbol{C}_0+\boldsymbol{E}_{11}=001010$	$\boldsymbol{C}_1+\boldsymbol{E}_{11}=010110$	$\boldsymbol{C}_2+\boldsymbol{E}_{11}=101001$	$\boldsymbol{C}_3+\boldsymbol{E}_{11}=110101$
$\boldsymbol{S}_{12}=1011$	$\boldsymbol{C}_0+\boldsymbol{E}_{12}=101000$	$\boldsymbol{C}_1+\boldsymbol{E}_{12}=110100$	$\boldsymbol{C}_2+\boldsymbol{E}_{12}=001011$	$\boldsymbol{C}_3+\boldsymbol{E}_{12}=010111$
$\boldsymbol{S}_{13}=1101$	$\boldsymbol{C}_0+\boldsymbol{E}_{13}=010001$	$\boldsymbol{C}_1+\boldsymbol{E}_{13}=001101$	$\boldsymbol{C}_2+\boldsymbol{E}_{13}=110010$	$\boldsymbol{C}_3+\boldsymbol{E}_{13}=101110$
$\boldsymbol{S}_{14}=1110$	$\boldsymbol{C}_0+\boldsymbol{E}_{14}=010010$	$\boldsymbol{C}_1+\boldsymbol{E}_{14}=001110$	$\boldsymbol{C}_2+\boldsymbol{E}_{14}=110001$	$\boldsymbol{C}_3+\boldsymbol{E}_{14}=101101$
$\boldsymbol{S}_{15}=1111$	$\boldsymbol{C}_0+\boldsymbol{E}_{15}=110000$	$\boldsymbol{C}_1+\boldsymbol{E}_{15}=101100$	$\boldsymbol{C}_2+\boldsymbol{E}_{15}=100011$	$\boldsymbol{C}_3+\boldsymbol{E}_{15}=001111$

(4) 步骤 4，为了估计发送码字 $\boldsymbol{C}$，先计算其伴随式 $\boldsymbol{S}=\boldsymbol{R}\boldsymbol{H}^{\mathrm{T}}=0001$，其对应的差错图样为 $\boldsymbol{E}=000001$，可判断其第六位出错，进而获得原始发送码字为 $\boldsymbol{C}=\boldsymbol{R}+\boldsymbol{E}=101011$。

根据最小码距与纠错检错能力的关系，进一步说明，由于发送码字的最小距离为 $d_{\min}=3$，因此其最多能够纠正 1 个错误，检测出 2 个错误。

7.5 典型的信道编码方法

7.4 节介绍了线性分组码的编译码方法，本节在上述基础上介绍几种具体的编码方法，典型的线性分组码包括汉明码和循环码，对于树码主要介绍卷积码等相关编译码知识。

7.5.1 汉明码

汉明码是线性分组码的一种，它于 1950 年被汉明提出，是能纠正 1 个错误的纠错码，对于二进制汉明码(n,k)，若要具备纠正能力为 1，其长为 n 的码组中每一位都可能出错，共有 n 种情况，加上无差错情况，总共有 $n+1$ 种可能，而监督码长为$(n-k)$，则可以表示为 2^{n-k} 种情况。因此，汉明码的码组长度与信息码元长度需要满足以下关系：

$$2^{n-k}=n+1 \tag{7.22}$$

所以汉明码可以表示为$(n,k)=(2^{n-k}-1,k)$。

二进制汉明码(n,k)在纠错过程中具有特定优势，具体表现在，其监督矩阵 $\boldsymbol{H}$ 的维数为$(n-k)\times n$，而$(n-k)$个码元能组成的列矢量个数至多为 2^{n-k}，除去全零矢量后，共有 $2^{n-k}-1$ 种可能，该数值与矩阵列数 n 相同(汉明码满足 $n=2^{n-k}-1$)，所以，只要将监督矩阵 $\boldsymbol{H}$ 按二进制数值从左向右排布，就可以得到非系统码形式的监督矩阵 $\boldsymbol{H}$，此时，发生单个错误的伴随矩阵对应于 $\boldsymbol{H}$ 中的相应列。若要得到系统码形式的监督矩阵 $\boldsymbol{H}$，需要经过初等列变换即可。

例 7.9 构造一个二元(15,11)汉明码。

解 由于汉明码的监督位数为 $15-11=4$，总共有 $2^4=16$ 种可能，除去全零矢量，剩余 15 种组合，按二进制大小表示成监督矩阵：

$$\boldsymbol{H}=\begin{bmatrix}0&0&0&0&0&0&0&1&1&1&1&1&1&1&1\\0&0&0&1&1&1&1&0&0&0&0&1&1&1&1\\0&1&1&0&0&1&1&0&0&1&1&0&0&1&1\\1&0&1&0&1&0&1&0&1&0&1&0&1&0&1\end{bmatrix}$$

将上述非系统码形式的监督矩阵，转换成系统码形式：

$$\boldsymbol{H}=\begin{bmatrix}0&0&0&0&1&1&1&1&1&1&1&1&0&0&0\\0&1&1&1&0&0&0&1&1&1&1&0&1&0&0\\1&0&1&1&0&1&1&0&0&1&1&0&0&1&0\\1&1&0&1&1&0&1&0&1&0&1&0&0&0&1\end{bmatrix}$$

利用监督矩阵与生成矩阵非单位子阵的转换关系，推得生成矩阵为

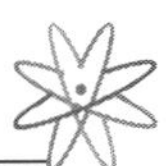

$$\boldsymbol{G}=\begin{bmatrix}0&0&1&1\\0&1&0&1\\0&1&1&0\\0&1&1&1\\1&0&0&1\\1&0&1&0\\1&0&1&1\\1&1&0&0\\1&1&0&1\\1&1&1&0\\1&1&1&1\end{bmatrix}$$

进而将信息码元 $\boldsymbol{m}=00000000000\sim 11111111111$，利用公式 $\boldsymbol{C}=\boldsymbol{mG}=\boldsymbol{G}$ 构建码字 $\boldsymbol{C}$。

7.5.2　循环码

循环码是线性分组码的一个重要子类，相比于其他的线性分组码，它最主要的特点是，码字 $\boldsymbol{C}$ 中任何一个码字循环移位后产生的新码字仍然是原码组中的码字。即若 $\boldsymbol{C}_1=c_{n-1}c_{n-2}c_{n-3}\cdots c_1c_0$ 为码组中的码字，那么向左移 1 位 $\boldsymbol{C}_2=c_{n-2}c_{n-3}\cdots c_1c_0c_{n-1}$，向右移 1 位 $\boldsymbol{C}_3=c_0c_{n-1}c_{n-2}c_{n-3}\cdots c_1$，或者是左右移动多位，产生的新码字 $\boldsymbol{C}_2$、$\boldsymbol{C}_3$ 都是源码组中的码字。无线通信领域广泛使用的 BCH 码、RS 码都属于循环码。

1. 循环码的表示、生成与监督

为了描述循环码的循环特性，常用码多项式描述。若码组中的任意码字为 $\boldsymbol{C}=c_{n-1}c_{n-2}c_{n-3}\cdots c_1c_0$，则其码多项式为

$$\boldsymbol{C}(x)=c_{n-1}x^{n-1}+c_{n-2}x^{n-2}+c_{n-3}x^{n-3}+\cdots+c_1x+c_0 \tag{7.23}$$

由于循环码 (n,k) 共有 2^k 个码字，而某一个码的循环仅能循环 n 次，故循环码不可能由一个码字循环得到。可以证明，循环码的生成多项式 $\boldsymbol{g}(x)$ 是一个次数最低($n-k$ 次)的多项式，即它的 $g_{n-k}=1$，$g_0=1$，由生成多项式可以得到循环码的生成矩阵 $\boldsymbol{G}(x)$。该过程可描述为，若循环码的生成多项式为

$$\boldsymbol{g}(x)=x^{n-k}+\cdots+g_{n-2}x^{n-2}+g_{n-3}x^{n-3}+\cdots+g_1x+1$$

则 $k\times n$ 维的生成矩阵可表示为

$$\boldsymbol{G}(x)=\begin{bmatrix}x^{k-1}g(x)\\ \vdots\\ xg(x)\\ g(x)\end{bmatrix} \tag{7.24}$$

利用生成矩阵，构造循环码的码字，即

$$\begin{aligned}\boldsymbol{C}(x)&=\boldsymbol{mG}(x)=[m_{k-1}\quad m_{k-2}\quad\cdots\quad m_1\quad m_0]\boldsymbol{G}(x)\\&=\sum_{i=0}^{k-1}m_ix^i\boldsymbol{g}(x)=\boldsymbol{m}(x)\boldsymbol{g}(x)\end{aligned} \tag{7.25}$$

循环码 (n,k) 的生成多项式 $g(x)$ 具有以下结论。

(1) 根据码字结构 $\boldsymbol{C}(x)=\boldsymbol{m}(x)\boldsymbol{g}(x)$ 可以看出，生成多项式 $\boldsymbol{g}(x)$ 是所有码多项式中次数最低的。

(2) 生成多项式 $\boldsymbol{g}(x)$ 一定是 x^n+1 的因子，该性质是由生成多项式的定义得出，即 $x^n+1=\boldsymbol{g}(x)\boldsymbol{h}(x)$，或者说 $\boldsymbol{g}(x)$ 可以整除 x^n+1，即 $g(x)\mid x^n+1$。

(3) 由 $x^n+1=\boldsymbol{g}(x)\boldsymbol{h}(x)$ 可知生成多项式不唯一，但是 $\boldsymbol{g}(x)$ 是其中次数最低($n-k$ 次)的多项式。或者说，若 $\boldsymbol{g}(x)$ 是 x^n+1 的 $n-k$ 次因子，则 $\boldsymbol{g}(x)$ 是循环码(n,k) 的生成矩阵。

从循环码的设计步骤中可知，对多项式 x^n+1 进行因式分解，$x^n+1=\boldsymbol{g}(x)\boldsymbol{h}(x)$，其中生成多项式为 $\boldsymbol{g}(x)$ 的阶次为 $n-k$，而因式分解的另一个多项式 $\boldsymbol{h}(x)$ 即为循环码的监督多项式，监督多项式用来判别码多项式是否是循环码的码字，因为循环码中码字的多项式与监督多项式 $\boldsymbol{h}(x)$ 乘积后，再取模 x^n+1 的结果为 0，即

$$\boldsymbol{C}(x)\boldsymbol{h}(x)=\boldsymbol{m}(x)\boldsymbol{g}(x)\boldsymbol{h}(x)=\boldsymbol{m}(x)(x^n+1),\quad \bmod(x^n+1)=0 \tag{7.26}$$

2. 循环码的构造步骤

循环码(n,k) 的构造过程主要分为以下两步。

(1) 第一步。对 x^n+1 进行因式分解，获得 $n-k$ 次的生成多项式 $\boldsymbol{g}(x)$；

(2) 第二步。根据获得的生成多项式 $\boldsymbol{g}(x)$，利用 $\boldsymbol{C}(x)=\boldsymbol{m}(x)\boldsymbol{g}(x)=(m_{k-1}x^{k-1}+\cdots+m_1x^1+m_0)\boldsymbol{g}(x)$ 构造码字。

例 7.10 以 $\boldsymbol{g}(x)=x^3+x+1$ 为生成多项式，构造循环码(7,4)。

解 按照循环码的设计步骤。第一步，对 x^7+1 进行因式分解，得 $x^7+1=(x+1)\cdot(x^3+x^2+1)(x^3+x+1)$，选择幂次为 $n-k=7-4=3$ 的多项式为生成多项式，幂次为 3 的多项式有 2 个(x^3+x^2+1) 和(x^3+x+1)，皆可构建生成多项式，按照题意要求，选择的生成多项式为 $g(x)=x^3+x+1$。

第二步，利用 $\boldsymbol{C}(x)=\boldsymbol{m}(x)\boldsymbol{g}(x)=(m_{k-1}x^{k-1}+\cdots+m_1x^1+m_0)\boldsymbol{g}(x)$ 构建循环码，组建的循环码(7,4) 见表 7.2。

表 7.2 循环码中信息码元与码字的对应情况

信息码元 $m_3m_2m_1m_0$	对应码字	信息码元 $m_3m_2m_1m_0$	对应码字
0000	0000000	1000	1011000
0001	0001011	1001	1010011
0010	0010110	1010	1001110
0011	0011101	1011	1000101
0100	0101100	1100	1110100
0101	0100111	1101	1111111
0110	0111010	1110	1100010
0111	0110001	1111	1101010

3. 循环系统码的构建

观察例 7.10，通过生成多项式的方法获取码字，往往都是非系统码，通常的方法是对非

系统码进行搬移，在此直接给出系统码变换公式：

$$\boldsymbol{C}(x)=x^{n-k}\boldsymbol{m}(x)+\boldsymbol{r}(x) \tag{7.27}$$

式中，$\boldsymbol{m}(x)$ 为信息元多项式；$\boldsymbol{r}(x)=x^{n-k}\boldsymbol{m}(x)\bmod \boldsymbol{g}(x)$，$\boldsymbol{g}(x)$ 为生成多项式。

生成矩阵的表达式：

$$\boldsymbol{G}(x)=\begin{bmatrix} x^{k-1}g(x) \\ \vdots \\ xg(x) \\ g(x) \end{bmatrix}=\begin{bmatrix} G_{k-1}(x) \\ \vdots \\ G_1(x) \\ G_0(x) \end{bmatrix} \tag{7.28}$$

因为生成矩阵的每一行都是一个码字，通过上述系统码转换公式，可得系统码生成矩阵为

$$\boldsymbol{G}_{\mathrm{s}}(x)=\begin{bmatrix} x^{n-1}+r_1(x) \\ \vdots \\ x^{n-i}+r_i(x) \\ \vdots \\ x^{n-k}+r_k(x) \end{bmatrix}=\begin{bmatrix} G_{k-1}(x) \\ \vdots \\ G_{n-i}(x) \\ \vdots \\ G_0(x) \end{bmatrix} \tag{7.29}$$

式中，$r_i(x)=x^{k-i}x^{n-k}\bmod \boldsymbol{g}(x)=x^{n-i}\bmod \boldsymbol{g}(x)$（取模 / 求余）。

例 7.11　以 $\boldsymbol{g}(x)=x^4+x^3+x^2+1$ 为生成多项式，构造一个(7,3) 系统循环码。

解　按照循环码的设计步骤，第一步进行因式分解：

$x^7+1=(x+1)(x^3+x+1)(x^3+x^2+1)=(x^4+x^3+x^2+1)(x^3+x^2+1)$

根据题意要求，选择的生成多项式为 $g(x)=x^4+x^3+x^2+1$。

根据非系统码生成矩阵形式，得到

$$\boldsymbol{G}(x)=\begin{bmatrix} x^2g(x) \\ xg(x) \\ g(x) \end{bmatrix}=\begin{bmatrix} x^6+x^5+x^4+x^2 \\ x^5+x^4+x^3+x \\ x^4+x^3+x^2+1 \end{bmatrix}$$

得到相应的生成矩阵为

$$\boldsymbol{G}=\begin{bmatrix} 1 & 1 & 1 & 0 & 1 & 0 & 0 \\ 0 & 1 & 1 & 1 & 0 & 1 & 0 \\ 0 & 0 & 1 & 1 & 1 & 0 & 1 \end{bmatrix}$$

经过初等行变换(第 1 行与第 2 行相加，第 2 行与第 3 行相加)：

$$\boldsymbol{G}_{\mathrm{s1}}=\begin{bmatrix} 1 & 0 & 0 & 1 & 1 & 1 & 0 \\ 0 & 1 & 0 & 0 & 1 & 1 & 1 \\ 0 & 0 & 1 & 1 & 1 & 0 & 1 \end{bmatrix}$$

也可根据由非系统码为系统码的转换公式

$$\boldsymbol{G}_{\mathrm{s2}}(x)=\begin{bmatrix} x^6+r_1(x) \\ x^5+r_2(x) \\ x^4+r_3(x) \end{bmatrix}=\begin{bmatrix} x^6+x^3+x^2+x \\ x^5+x^2+x+1 \\ x^4+x^3+x^2+1 \end{bmatrix}$$

获得系统码的生成矩阵后，可利用公式 $\boldsymbol{C}=\boldsymbol{mG}$，获得循环码字。

7.5.3 卷积码

卷积码的监督码元的映射关系，不仅与本码组的信息码元有关，还与之前若干个码组的信息码元相关。其优点是可以有效减少码字长度，编码性能更优越，其不足之处在于无确切的编码代数结构，不易于运用数学工具进行分析。与线性分组码不同，卷积码常表示为(n,k,L)，其中n为码组长度，k为每个码组信息码元的长度，L为当前码组的监督码元除了与当前码组的信息码元相关外，还与之前L个码组相关。

对分组码的描述方法有解析法和图解法等，本节仅以解析法为例进行卷积码编码，以7.12为例说明解析法。对于图解法和相关解码方法，读者可自行查阅相关资料。

例 7.12 卷积码(4,3,2)的编码结构如图7.3所示，若本时刻的输入码组为$\boldsymbol{m}^i=010$，前两个时刻的输入码组分别为$\boldsymbol{m}^{i-1}=110$和$\boldsymbol{m}^{i-2}=001$，求输出码字$\boldsymbol{C}^i$。

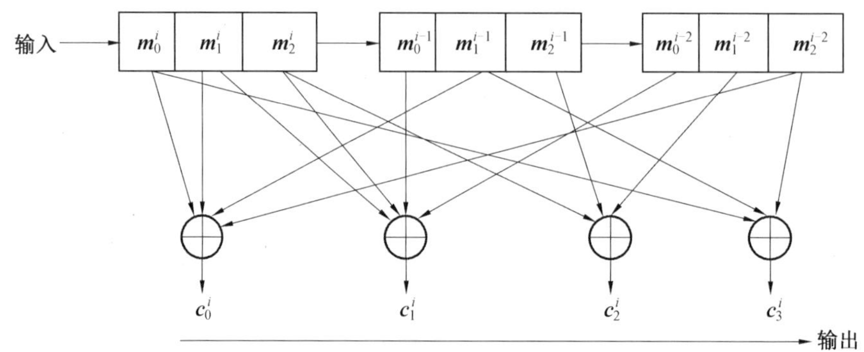

图 7.3 卷积码的编码结构

解 定义变量g_{ij}^m，其中m为第m时刻或第m个码组，i为第i个信息码元m_i^m，j为第j个输出码元c_j^m，则g_{ij}^m为第m个码组中第i个信息码元和第j个输出码元的链接情况，可以得出以下关系：

$$\boldsymbol{G}^0=\begin{bmatrix} g_{00}^i & g_{01}^i & g_{02}^i & g_{03}^i \\ g_{10}^i & g_{11}^i & g_{12}^i & g_{13}^i \\ g_{20}^i & g_{21}^i & g_{22}^i & g_{23}^i \end{bmatrix}=\begin{bmatrix} 1 & 0 & 0 & 1 \\ 1 & 1 & 0 & 0 \\ 0 & 1 & 1 & 0 \end{bmatrix}$$

$$\boldsymbol{G}^1=\begin{bmatrix} g_{00}^{i-1} & g_{01}^{i-1} & g_{02}^{i-1} & g_{03}^{i-1} \\ g_{10}^{i-1} & g_{11}^{i-1} & g_{12}^{i-1} & g_{13}^{i-1} \\ g_{20}^{i-1} & g_{21}^{i-1} & g_{22}^{i-1} & g_{23}^{i-1} \end{bmatrix}=\begin{bmatrix} 0 & 1 & 0 & 0 \\ 1 & 0 & 0 & 1 \\ 0 & 0 & 1 & 0 \end{bmatrix}$$

$$\boldsymbol{G}^2=\begin{bmatrix} g_{00}^{i-2} & g_{01}^{i-2} & g_{02}^{i-2} & g_{03}^{i-2} \\ g_{10}^{i-2} & g_{11}^{i-2} & g_{12}^{i-2} & g_{13}^{i-2} \\ g_{20}^{i-2} & g_{21}^{i-2} & g_{22}^{i-2} & g_{23}^{i-2} \end{bmatrix}=\begin{bmatrix} 0 & 1 & 0 & 0 \\ 0 & 0 & 1 & 0 \\ 1 & 0 & 0 & 1 \end{bmatrix}$$

进而，输出码字表示为

$$\boldsymbol{C}^i=\boldsymbol{m}^i\boldsymbol{G}^i+\boldsymbol{m}^{i-1}\boldsymbol{G}^{i-1}+\boldsymbol{m}^{i-2}\boldsymbol{G}^{i-2}=1000$$

例7.12中的$\boldsymbol{G}^i$具有推广性，表示卷积码的生成矩阵，将其表示为生成矩阵的一般形式：

$$\boldsymbol{C}=\boldsymbol{C}^i\boldsymbol{C}^{i-1}\boldsymbol{C}^{i-2}\cdots$$

$$=\boldsymbol{m}^i\boldsymbol{G}^i+\boldsymbol{m}^{i-1}\boldsymbol{G}^{i-1}+\boldsymbol{m}^{i-2}\boldsymbol{G}^{i-2}+\cdots$$

$$=(\boldsymbol{m}^i\boldsymbol{m}^{i-1}\boldsymbol{m}^{i-2}\cdots)\begin{bmatrix} G^i & G^{i-1} & G^{i-2} & \cdots & 0 & 0 \\ 0 & G^i & G^{i-1} & G^{i-2} & \cdots & 0 \\ 0 & 0 & G^i & G^{i-1} & G^{i-2} & \cdots \end{bmatrix}$$

卷积码的译码方法主要有代数译码与概率译码。最具代表性的代数译码方法是大数逻辑译码；概率译码的方法主要有序列译码与维特比译码法。与代数译码相比，概率译码的误码率相对更低，所以在通信领域得到广泛的应用，读者可自行查阅相关资料，由于篇幅原因，不再过多介绍。

本章小结

1. 有噪信道编码的概念与编码定理

(1) 信源编码的目的是提高通信的有效性，信道编码的目的是提高通信系统的可靠性。信道编码的相关概念包括信道编码、信道译码、译码规则和错误概率。

(2) 有噪信道编码定理(香农第二定理)：离散平稳无记忆信道，信道容量为 C，若满足信息传输率 $R<C$，则只要码长足够长，则一定存在一种编码，使得平均错误概率任意小。

(3) 有噪信道编码逆定理。离散平稳无记忆信道的信道容量为 C，若满足信息传输率 $R>C$，则一定不存在一种编码，使得平均错误概率任意小。

2. 信道编码的译码规则

最大后验译码准则、最大似然译码准则、最小距离译码准则及各准则之间的联系。

(1) 最大后验译码准则是指对于某一个接收符号 y_j，使其后验概率 $p(x^*\mid y_j)$ 最大的条件概率所对应的发送符号 x^* 为译码规则。

(2) 最大似然译码准则是指某一个接收符号 y_j 在信道矩阵中，选择列最大的转移概率 $p(y_j\mid x^*)$ 所对应的发送符号 x^*，构建译码规则。

(3) 最小距离译码准则是指收到一个码字后，在发送码字集合中选择与其汉明距离最小的码字作为该接收码字的译码规则。

3. 纠错编码的分类、工作机制与线性分组码

(1) 纠错编码的基本分类包括检错码与纠错码，线性码和非线性码，分组码与卷积码，随机差错纠错码、突发差错纠错码与混合差错纠错码等；

(2) 纠错编码的工作方式主要包括信息反馈(IRQ)、前向纠错(FEC)、反馈重发(ARQ)和混合纠错(HEC)。

(3) 介绍线性分组码的基本概念、监督矩阵、生成矩阵、监督矩阵与生成矩阵的转换关系以及线性分组码的伴随式。

4. 典型的信道编码方法

介绍了几种典型信道编码，如汉明码、循环码和卷积码的编码步骤和实现方法。

习　　题

7.1　概述信道编码的几种典型译码规则，说明其联系。

7.2　存在离散无记忆信道，信道矩阵为

$$\begin{bmatrix} 1/2 & 1/4 & 1/4 \\ 1/4 & 1/2 & 1/4 \\ 1/4 & 1/4 & 1/2 \end{bmatrix}$$

若输入符号概率分别为 $p(0)=1/3$，$p(1)=1/2$，$p(0)=1/6$，试求其最佳译码时的错误概率。

7.3　已知 5 个码组 00000、00110、10111、00101、11000。

(1) 试求其最小码距；

(2) 分析其纠错能力与检错。

7.4　已知(7,3) 码的生成矩阵为

$$\boldsymbol{G}=\begin{bmatrix} 1 & 0 & 0 & 1 & 0 & 0 & 1 \\ 0 & 1 & 0 & 0 & 1 & 1 & 1 \\ 0 & 0 & 1 & 1 & 1 & 0 & 0 \end{bmatrix}$$

(1) 列出其许用码组；

(2) 求其对应的监督矩阵。

7.5　查阅资料，对循环码和卷积码进行应用举例。

第 8 章 数字信号的基带传输

基带信号有模拟信号和数字信号之分，不做调制处理的模拟信号称为模拟基带信号，未做调制处理的数字信号称为数字基带信号。数字通信系统是以数字信号为载体传输信息，数字信号来自于模数转换和计算机等各种数据终端设备，这些信号的频谱有一个共同的特点，即频谱从零或零附近开始，分布在低频段，而且其功率主要集中在一个有限的频带。这种数字基带信号可以直接在信道上传输，即为数字信号的基带传输；也可以对其进行高频载波调制，从而实现频带传输。本章主要介绍数字信号的基带传输，分析基带信号的基本概念和频谱特性，重点阐述基带传输系统的组成、码间串扰的概念以及实现无码间串扰传输的基本方法与理论，最后介绍 m 序列的概念、性质和应用，以及眼图。

8.1 基带信号的分析

数字基带信号在一般情况下可以表示为一个数字码元序列$\{a_n\}$，a_n为码元，二进制传输时，a_n为随机出现的 1 或 0；M进制传输时，a_n有 0，1，2，…，$M-1$共M个随机出现的值。这种码元序列是随机数字序列，将数字序列赋予信息，则被称为二进制信息码、M进制信息码或数据(二机制或M进制)。

最常见的数字基带信号形式是电脉冲序列，通常用不同幅度的电脉冲表示码元的有限个取值。如高电平表示 1，设其矩形脉冲幅度为A；低电平表示 0，幅度为 0 的矩形脉冲。传输数字基带信号的系统称为数字基带通信系统，很多短距离传输的有线信道常采用基带信号承载信息，如局域网。

8.1.1 数字基带信号的码型编码原则

通常将数字信息的电脉冲表示形式称为码型，即码型指数字信息的信号波形，数字基带信号的波形类型繁多，如矩形脉冲、升余弦脉冲和高斯脉冲等。矩形脉冲易于形成和变换，信源输出的信号波形常用的是矩形脉冲。实际的基带传输系统有诸多对基带信号的传输要求，归纳起来，对传输所用的基带信号的要求主要有以下两方面。

(1) 传输码型的选择，要求将原始基带信号编制成适合信道特性和系统工作要求的传输用的码型。

(2) 所选码型的波形设计，要求波形适宜在信道中传输。

前一方面是码型编码的问题，后一方面是基带脉冲波形选择的问题。本节讨论前一问题，后一问题将在后续章节中讨论。

通常由信源编码输出的数字信号多为经自然编码的电脉冲序列，如高电平表示 1，低电平(0 电平) 表示 0。在实际基带传输系统中，并非所有的原始数字基带信号都能在信道中不失真地传输，以及在接收端正确地接收。例如，含有丰富直流和低频成分的基带信号不适宜在具有电容耦合电路的设备或者传输频带低端受限的信道(广义信道) 中传输，信号有可能造成严重畸变；再例如，一般基带传输系统都是从接收的基带信号中提取位同步信号，显然位同步信号依赖于基带信号的码型，如果基带码元序列出现长时间的连 0 码或连 1 码，则长时间出现不变的电平，从而使位同步恢复系统难以精确获取位同步信号，使接收端在确定各个码元的位置时遇到困难。

对于信源编码输出的数字基带信号，通常经过码型编码转换为线路传输码型，以满足传输要求。适合在有线信道中传输的数字基带信号为传输码(也称为线路码)，将信源编码的数字信号转换为线路传输码型的过程，属于信道编码的过程；反之，由码型还原为原来数字信号的过程，属于信道译码的过程。

不同的码型具有不同的特性，信道编码根据实际需求合理选择，通常需要考虑的因素，或者说需要遵循的原则，可以归纳为以下几点。

(1) 对于频带低端受限的信道，线路码型应不含有直流分量和较少的低频分量。

(2) 要求误比特率较低，即使产生误码，译码时产生误码扩散的影响越小越好。

(3) 便于从基带信号中提取码元同步信息。

(4) 尽量减少频谱中的高频分量，以节省传输频带并减小串扰。

(5) 码型具有一定的纠错、检错能力。

(6) 编码方案能适应信源变化，不受发送消息类型的限制，具有与信源的统计特性无关的性质。

(7) 码型变换设备应尽量简单，易于实现。

8.1.2 基带信号的常用码型

常用的线路码型有四种，分别是二元码、三元码、多元码和块编码，这些编码形式都属于基带类型，本节主要介绍几种常用的二进制基带信号的二元码、三元码和多进制码型，了解它们的编码特点，阐述它们的优缺点和应用。

1. 单极性不归零码

二进制的单极性(Unipolar) 指码元的取值仅为 +1 和 0，不归零(No Return-to-Zero，NRZ) 指码元的电脉冲波形在一个码元周期 T_s 内电平维持不变。单极性不归零码如图 8.1(a) 所示，用高电平代表二进制符号的 1，即 +1，0 电平代表 0。

单极性 NRZ 码的优点是码型简单，易于产生，用 TTL 或 CMOS 数字电路即可，所以它是很多终端设备的输出码型。但是单极性 NRZ 码存在诸多缺点，如有直流分量、不能直接提取同步信号和传输时要求信道的一端接地等，所以它不适合远距离传输。

2. 单极性归零码

归零码(Return-to-Zero，RZ) 指脉冲在一个码元周期 T_s 内，高电平只能持续一段时间

τ，其余时间归零。单极性归零码如图 8.1(b) 所示，0 电平表示 0，二进制符号 1 的高电平在整个码元时隙持续一段时间 τ 后回到 0 电平，τ/T_s 称作占空比，如果高电平持续时间 τ 为码元周期 T_s 的一半，则称为半占空码。单极性归零码的优点是含有位同步信息，可直接提取定时信号，所以它是其他码型在提取位同步信号时常采用的一种过渡码型。

3. 双极性不归零码

二进制的双极性(Polar) 表示码元 a_n 的取值为 +1 和 −1，即正负脉冲。双极性不归零码(也称双极性码) 如图 8.1(c) 所示，它用正电平代表二进制符号的 1，负电平代表 0，且在整个码元周期 T_s 内电平维持不变。

双极性 NRZ 码缺点在于序列中不含有位同步信息，以下是双极性码的优点。

(1) 当二进制符号序列中的 1 和 0 等概出现时，无直流分量。

(2) 双极性码型的判决电平为 0，稳定且容易设置，因此抗噪声性能较好。

(3) 无接地问题，可以在电缆等无接地线路上传输。

双极性 NRZ 码常在 CCITT 的 V 系列接口标准或 RS−232 接口标准中使用。

4. 双极性归零码

双极性归零码如图 8.1(d) 所示，代表二进制符号 1 和 0 的正、负电平分别在各自码元周期内持续一段时间 τ 后回到 0 电平，同单极性归零码一样，如果电平持续时间 τ 为码元周期 T_s 的一半，则称为半占空码。它的优点与双极性不归零码相似，应用时只要在接收端加一级整流电路，就可将序列变换为单极性归零码，所以双极性 RZ 含有位同步信息。

上述四种码型是最简单的二元码基带信号，幅度取值只有两种电平，分别对应于二进制码的 1 和 0。虽然双极性归零码看似幅度取值存在三种电平，但是它仍是用正负极性脉冲来表示两种信息。四种码型的信息 1 与 0 分别对应 2 个传输电平，信号都是独立取值，相邻信号之间没有制约关系，所以这些码型不具有检测错误的能力。不归零码有丰富的低频和直流分量，不适合有交流耦合的传输信道。另外，当信息中出现长 1 串或长 0 串时，不归零码呈现连续的固定电平，码元周期内没有电平跃变，也就无法提取码元同步信息。为此，这些码型不适合长距离信息传送，通常只用于设备内部和近距离的传输。之后介绍用两位表示一位的二元码和用电平的相对变化表示信息的二元码。

5. 差分码

差分码是一种二元码，差分码的信息符号 1 和 0 是用相邻码元电平的相对变化来表示，而不是用具体的电平幅度，如图 8.1(e) 所示。在电报通信中，常将 1 称为传号，将 0 称为空号。若用电平跳变表示 1，称为传号差分码，这时相邻电平不变则表示 0；反之，若用电平跳变表示 0，则称为空号差分码。传号差分码和空号差分码分别记作 NRZ(M) 和 NRZ(S)，图 8.1(e) 所示为 NRZ(M)。差分码中电平只具有相对意义，又称为相对码。

由于差分码的信息存在于相邻电平的变化之中，可以消除设备初始状态的影响，所以当接收端收到的码元出现极性与发送端完全相反的情况时也能正确判决。差分码应用广泛，在相位调制系统中常用于解决载波相位模糊问题。

6. 数字双相码

数字双相码(Biphase) 是一种二元码，又称曼彻斯特码或称分相码，如图 8.1(f) 所示。

它属于 1B2B 码，即用 2 位二进制编码表示信息中的 1 位码。在原二进制信息的 1 个码元周期内用 2 个电平表示，方波形脉冲表示 1(+)，反相波形脉冲表示 0(—)，二者都是双极性非归零脉冲。一种表示规定 1 码可以用"+ —"脉冲，即用 10 表示 1，"0" 码用"— +"脉冲表示，即用 01 表示 0。

数字双相码在每个码元周期的中心都有电平跳变，含有位同步信息，而且在 1 个码元间隔时间内的两种电平各占一半，所以不含直流成分。但是因为双相码是 1B2B 码，所以它的频带加倍，传输速率增加一倍。常在本地数据网中采用该码型作为传输码型，主要用于局域网的数据传送，如以太网等。

数字双相码是用绝对电平波形来表示的，若将 0，1 用相邻码元波形的变或不变来表示，如相邻周期的方波波形相同表示 0，相反则代表 1，形成了差分双相码，通常也称为条件双相码，记作 CDP 码，一般称为差分曼彻斯特码，令牌环网常用这种码型。

7. CMI 码

CMI(Coded Mark Inversion) 码是传号反转码的简称，归类于 1B2B 码，它也是一种双极性二电平不归零码。如图 8.1(g) 所示，CMI 码将信息码流中的 1 码用交替出现地"+ +""— —" 表示，即交替地用 11 和 00 两位码表示；0 码用"— +" 脉冲表示，即用 01 表示。

从 CMI 码编码特点可知，码元以及码元之间存在丰富的波形跳变，便于同步信息提取，且没有直流分量。另外，CMI 中 10 为禁用码组，导致编码不会出现 3 个以上的连码，如果传输正确，则接收码流中出现的最大脉冲宽度是一个半码元间隔，可用这一规律进行宏观检测。由于 CMI 码具有诸多优点，被原 CCITT 建议作为 PCM 四次群的接口码型，它还是光纤通信中常用的线路传输码型。

8. 密勒码

密勒(Miller) 码也称为延迟调制码，它实际上是数字双相码的差分形式。1 码要求码元起点电平取其前面相邻码元的末相，并且在码元间隔的中点存在极性跳变，由前面相邻码元的末相决定是选用"+ —" 脉冲，还是"— +" 脉冲；对于 0 码，若为单个 0，其电平与前面相邻码元的末相一致，且在整个码元间隔中维持电平不变；若为连 0 情况，2 个相邻 0 码之间需要有极性跳变，如图 8.1(h) 所示。

密勒码输出码流中最大脉冲宽度是 2 个码元间隔，出现在 101 情况，而最小宽度是一个码元间隔，这一规律可以检测传输的误码或线路的故障。密勒码直流分量少，频带窄，频带宽度仅是数字双相码的一半，它最初被用于气象、卫星通信和磁带记录，后来在低速基带数传机中得到了应用。

以上是二元码，之后介绍三元码。三元码又称为准三元码或伪三元码，是利用信号脉冲幅度三种取值来表示二进制数字 1 和 0，信息的参量取值仍然为 2 个，并未将二进制数转换为三进制数。三种取值可记作 + A、0、— A，或记作 +1、0、—1。三元码的码型类型丰富，被广泛地应用于脉冲编码调制的线路传输码型。

9. AMI 码

AMI(Alternate Mark Inversion) 码是传号交替反转码，编码时将原二进制信息码流中的 1(传号) 用交替出现的正、负脉冲表示，信号脉冲为正负交替的半占空比的归零码；0 用 0

电平表示。所以在AMI码的输出码流中共有三种电平表示二进制符号，如图8.1(i)所示。

AMI码中正负电平脉冲交替出现，所以个数大致相等，显然无直流分量，低频分量较小。接收端将基带信号经全波整流变为单极性归零码，可提取位同步信息，解码容易。另外，传号交替反转码的规则为接收端检错纠错提供了依据，如发现有不符合这个规则的脉冲时，说明传输中出现错误。

AMI码的最大缺点是在信息码流中出现长连0时，AMI码长期电平不跳变，这对定时信息的提取造成困难。所以，PCM传输线路中，通常连0码个数不允许超过15个。

10. HDB_n 码

在信息码流中连0过多时，AMI码的定时信息提取会受到影响，从而增加误码。为克服这一问题，出现了AMI码的改进码型，n阶高密度双极性码记作HDB_n码，即是AMI码的一种改进型。1码(传号)采用$+1$和-1交替的半占空归零的信号表示，连0码个数小于或等于n时，0码用0电平表示；若连0码个数大于n时，HDB_n码则采用在连0码中插入1码，从而破坏大于n的连0状态。这种插入方法是利用1脉冲，用长度为n的特定码组取代$n+1$位连0码，增加了1脉冲的密度，这种增加的脉冲被称为破坏脉冲，破坏了信息1码序列的极性交替。接收端通过扫描破坏脉冲和特定码组就可以确定连0的位置，从而恢复原码元序列中的n个连0。这里的特定码组被称为取代节，有B00…0V和00…V两种结构，每种取代节都是$n+1$位码。

三阶高密度双极性码HDB_3码($n=3$)，保证连0个数不能大于3，它也是伪三元码，如图8.1(j)所示。每当出现4个连0码时，用取代节B00V或000V代替，其中V表示破坏极性交替变化规律的传号，也就是破坏脉冲；原信息码中的传号都用B脉冲表示，HDB_3编码规则如下。

(1) 信息码流序列中的1码编为±B码；序列中各V码之间的极性正负交替。

(2) 出现4个连0码时，2个相邻V脉冲之间的B脉冲数为奇数时，0000用000V取代；若为偶数时，0000用B00V取代，序列中各B码之间满足极性交替。

(3)V码破坏B码之间正负极性交替原则，V码的极性应与其前最后一个B码的极性相同，而V码后第一个出现的B码极性则与其相反。

HDB_3码解决了连0串不能提取同步信息的问题，而且它无直流分量。利用V脉冲编码特点，HDB_n码有传输差错的宏观检测能力。HDB_3码是应用较广泛的码型，被大量应用于复接设备中，如ΔM、四次群以下的A压缩律PCM终端设备的接口码型。

11. mBnB 码

在编码时，mBnB码($m<n$)将输入信息序列每m个bit分为一组，再编成n个bit的码字输出，例如1B2B码、5B6B码等，本节主要介绍5B6B码。

5B6B码编码时，信息流序列每5个bit为一组，共有2^5(32)种组合，编码输出6个bit一组，共有2^6(64)种组合。在2^6种可能的组合中选择2^5种适宜的码字与输入序列5B码的2^5种组合一一对应。

编码时先设定权重d，设定1码权重为1，0码权重为-1，d为码组中1码权重与0码权重的数字和，在6B的64个组合中，当码1和码0个数相等时，$d=0$，此时有$C_6^3=20$个；若为

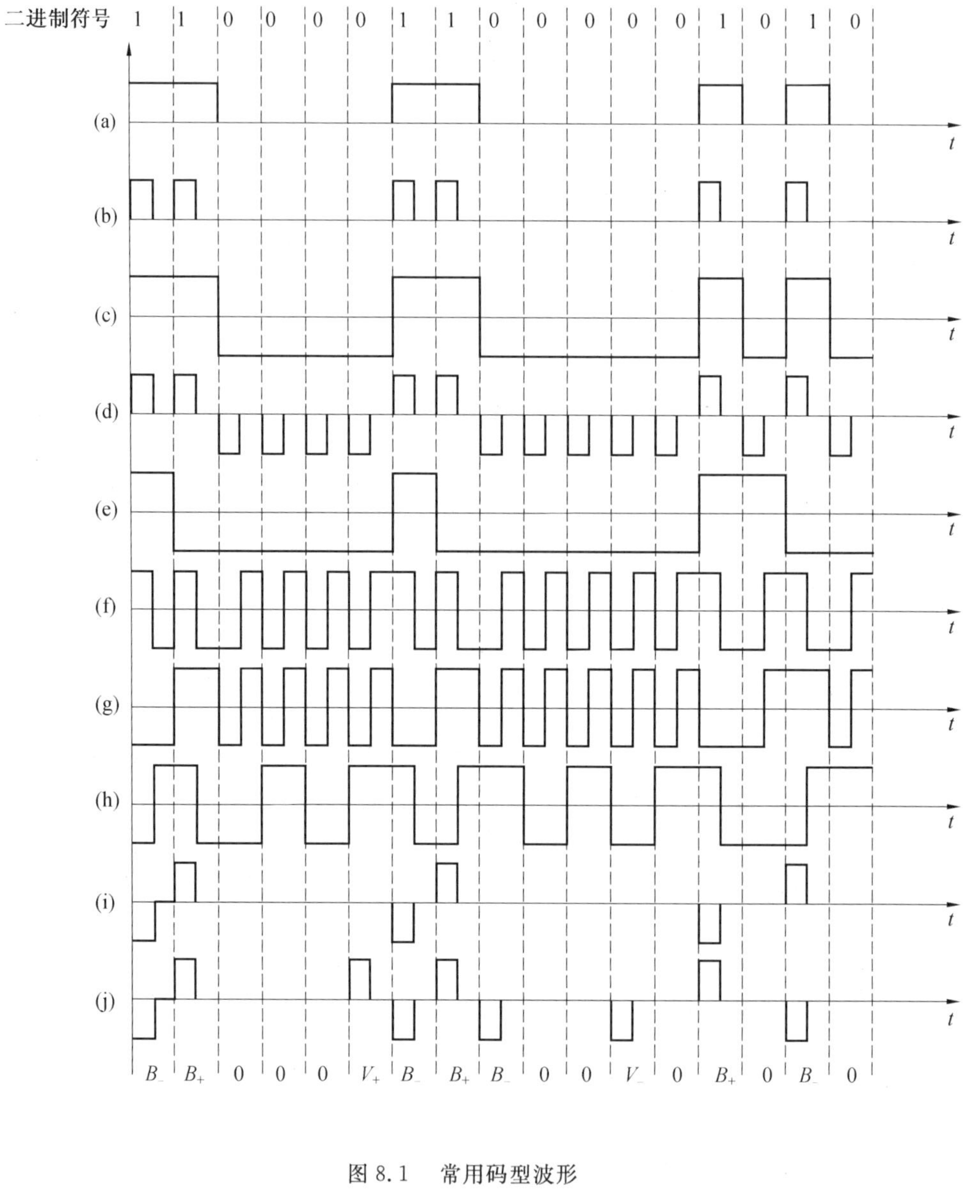

二进制符号 1 1 0 0 0 0 1 1 0 0 0 0 0 1 0 1 0

(a) (b) (c) (d) (e) (f) (g) (h) (i) (j)

B_- B_+ 0 0 0 V_+ B_- B_+ B_- 0 0 V_- 0 B_+ 0 B_- 0

图 8.1　常用码型波形

4 个 1 码、2 个 0 码或 4 个 0 码、2 个 1 码，则 $d=\pm 2$，此时有 $C_6^2=C_6^4=15$ 个。显然 $d=\pm 2$ 和 $d=0$ 对应码字个数已达到 50 个，多于 32 个，根据尽量选择低权重码组的原则，所以 $d=\pm 4$、$d=\pm 6$ 等其余组合可以不用考虑。

根据不同的目的提出的编码方案，对应的编码表是不同的。表 8.1 为 5B6B 码的编码规则表，重点在于直流分量最低，有正、负两种变换模式。编码时如果前一个码组的数字和 $d=0$，则保持原模式不变；$d=\pm 2$ 时，为保持输出码流中的 1、0 码等概率出现，要正、负模式交替采用，具有以下特性。

(1) 不中断通信业务，输出码流中最长的连 0 码数或连 1 码数为 5。

(2) 同步状态下每个码组结束时，d 的可能值为 0 或 ±2。利用每个输出码字结束时的累计 d 值，可以建立正确的分组同步。

(3) 不中断通信业务，误码监测时码组是连起来的，运行数字和应在一定范围(－4 ～ ＋4) 内变化，超出此范围意味着发生了误码。

5B6B 码的传输速率和频带宽度比原序列增加了 20%，但换取了低频分量小、可实行在线误码检测和能迅速同步等优点，常用于 100 baseTX 快速以太网、FDDI 等。

表 8.1　5B6B 码的编码规则表

输入二元码组(5B 码)	输出二元码组(6B 码)			
	正模式	数字和	负模式	数字和
00000	110010	0	110010	0
00001	110011	＋2	100001	－2
00010	110110	＋2	100010	－2
00011	100011	0	100011	0
00100	110101	＋2	100100	－2
00101	100101	0	100101	0
00110	100110	0	100110	0
00111	100111	＋2	000111	0
01000	101011	＋2	101000	－2
01001	101001	0	101001	0
01010	101010	0	101010	0
01011	001011	0	001011	0
01100	101100	0	101100	0
01101	101101	＋2	000101	－2
01110	101110	＋2	000110	－2
01111	001110	0	001110	0
10000	110001	0	110001	0
10001	111001	＋2	010001	－2
10010	111010	＋2	010010	－2
10011	010011	0	010011	0
10100	110100	0	110100	0
10101	010101	0	010101	0
10110	010110	0	010110	0
10111	010111	＋2	010100	－2

续表8.1

输入二元码组(5B码)	输出二元码组(6B码)			
	正模式	数字和	负模式	数字和
11000	111000	0	011000	−2
11001	011001	0	011001	0
11010	011010	0	011010	0
11011	011011	+2	001010	−2
11100	011100	0	011100	0
11101	011101	+2	001001	−2
11110	011110	+2	001100	−2
11111	001101	0	001101	0

8.1.3 多进制基带信号

数字信息有多种符号则为多进制，相应的信号则有多种电平表示，即多进制信号。M 进制信号($M>2$)对应 M 元码，即多元码，每个码元符号可以用一个二进制码组表示。二进制的 n 位码组，可以用 $M=2^n$ 元码表示，即 M 的取值为2的幂次，如四元码，因为2位二进制码对应 $M=2^2=4$，所以2位二进制码组就用四元码表示，可以用四进制信号实现传输。多进制基带信号与二进制信号相比，获得了更小的信号带宽，其比特率(信息传输速率)大于波特率(码元传输速率)，所以，在相同比特率的情况下，多元码的波特率为二元码波特率的 $\frac{1}{\mathrm{lb}M}$。如四元码与二元码相比，若二者比特率均为2，则二元码的波特率为2，但四元码的波特率为1。

相反来说，在码元速率一定时，多进制码可提高信息速率，码元的一个脉冲可以代表多个二进制符号，即一个二进制码组。在高速数字传输系统中，这种信号形式得到了广泛应用，如在综合业务数字网中(ISDN)，以电话线为传输媒介的数字用户环的基本传输速率为144 kb/s，CCITT建议的线路码型为四元码2B1Q。在2B1Q中，2个二进制码元用1个四元码表示，如图8.2所示，为了减小在接收时因错误判定幅度电平而引起的误比特率，通常采用格雷二进制码表示，此时相邻幅度电平所对应的码组之间只发生1个比特错误。

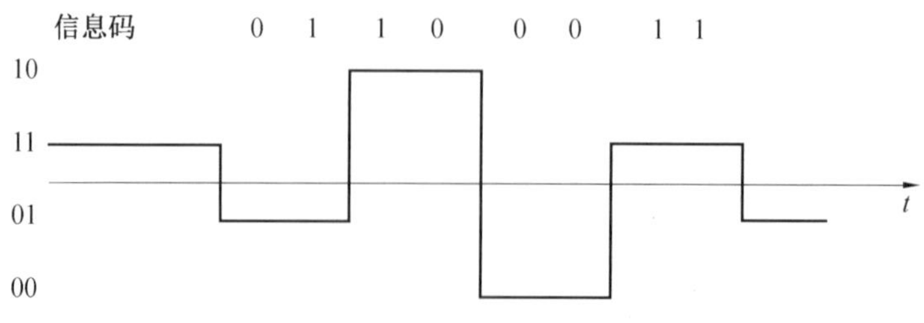

图8.2　2B1Q码的波形

8.1.4　数字基带信号功率谱

分析数字基带信号的频谱特性，设计合理的消息代码结构，以适应给定信道的传输特性，这是数字基带传输必须考虑的问题。

在实际通信中，被传送的信息是收信者事先未知的，数字基带信号是随机脉冲序列，所以面临的是随机序列的谱分析问题。显然，随机信号不能用确定的时间函数表示，也没有确定的频谱函数，只能从统计数学的角度，频域的特性用功率谱描绘。数字基带信号的功率谱特性由线路码的脉冲形状和数据序列的统计特性决定。功率谱一般包含两部分，连续谱和离散谱。只要功率谱的方差不为零，则连续谱总是存在的，信号功率的带宽和频率上的分布情况可以从连续谱的频谱分布中得到。

通过随机脉冲序列的功率谱，可获知信号功率的分布，主要功率集中的频段即为信号带宽，进而获得信道带宽和传输网络（滤波器、均衡器等）传输函数的确定依据。离散谱不一定存在，它与脉冲波形及出现的概率有关。若随机序列的均值为零，此时信号的功率谱中不存在离散分量。但是离散谱的存在非常重要，利用功率谱中是否存在离散谱，可以确定采取怎样的方式获取位同步定时信息等。对于功率谱中没有离散谱的二进制随机脉冲序列，接收端需要设法变换基带信号的码型，使功率谱中出现离散分量。不同形式的数字基带信号具有不同的频谱结构，本节简单介绍单极性二进制码序列的功率谱特性。

1. 单极性不归零二进制码序列

设 1 码和 0 码等概率出现，码元宽度 $\tau=T_s$，如图 8.3 所示，数字基带信号的功率谱取决于单个脉冲波形频谱函数，其功率谱分布似花瓣状，在功率谱第一个过零点之内的主瓣最大。单码元（1 码）的单极性不归零二进制码的功率谱密度函数 $G_1(f)$，在 $f=0$ 处有最大值：$G_1(0)=AT_s$，在 $f=kf_s$ 处（k 为整数）抽样函数值为 0。

从图 8.3(b) 中可以看出，主瓣内集中了信号的绝大部分功率，信号带宽 B 近似为第一个过零宽度，单极性不归零二进制码带宽 $B=f_s$。主瓣的宽度可以作为信号的近似带宽，即为谱零点带宽。

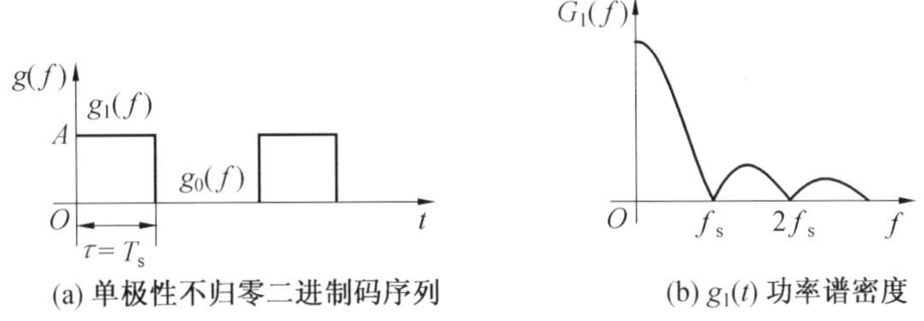

(a) 单极性不归零二进制码序列　　(b) $g_1(t)$ 功率谱密度

图 8.3　单极性不归零二进制码序列和功率谱密度

2. 单极性归零二进制码序列

如图 8.4 所示，归零码的占空比 $\tau=\dfrac{1}{2}$，功率谱存在连续谱，也存在离散谱，取第一个过零点为频带宽度，则 $B=2f_s$，是单极性不归零二进制码序列的两倍。离散频谱出现在 kf_s 上

(k 为奇数),所以单极性归零码存在位同步信息。归零码的占空比越小,频带越宽。

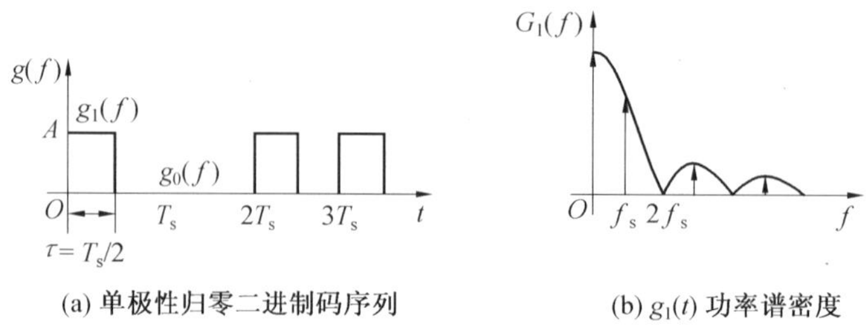

(a) 单极性归零二进制码序列　　(b) $g_1(t)$ 功率谱密度

图 8.4　单极性归零二进制码序列和功率谱密度

8.2　基带传输系统的组成

数字基带信号传输系统的典型模型如图 8.5 所示,基带信号的传输特性与信号产生过程的两个步骤相关,即码型编码和波形形成。

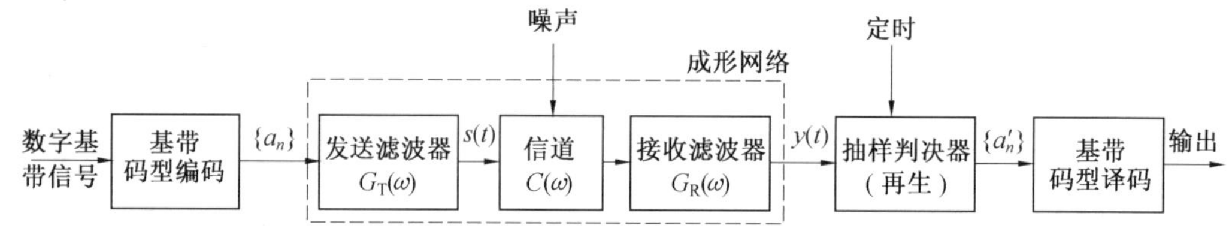

图 8.5　数字基带信号传输系统的典型模型

基带码型编码电路输出的是窄脉冲序列$\{a_n\}$,可以近似理解为 δ 脉冲序列,二进制信号仅仅关注取值,0、1 或者是 ± 1;发送滤波器限制发送信号频带,同时改变窄带脉冲序列$\{a_n\}$的基带波形,使波形适合信道传输,通常滤波器输出为升余弦滚降波形 $s(t)$;信道中传输信号波形被噪声影响,会给传输波形造成随机畸变;接收滤波器的作用是滤除混在接收信号中的噪声,对失真波形进行适当补偿;抽样判决器实现对接收滤波器输出的信号波形 $y(t)$ 放大、限幅和整波,进一步提高信噪比,之后进行数字逻辑信号的判决识别,输出基带脉冲序列的重建信号$\{a'_n\}$;基带码型译码将$\{a'_n\}$ 还原成原始信码。

在数字信号的传输中,信息携带在码元波形的幅度上。接收端经过再生判决如果能准确地恢复出幅度信息,则原始信码就能无误地得到传送。即使信号经传输后整个波形发生了变化,但只要再生判决的抽样值能反映其所携带的幅度信息,用再次抽样的方法仍然可以准确无误地恢复原始信码。也就是说,只需研究特定时刻的波形幅值怎样可以无失真传输即可,不必要求整个波形保持不变。

如图 8.5 所示,成形网络的作用是将每个码元的 δ 脉冲变换为所需的接收波形 $y(t)$,它主要由发送滤波器、信道和接收滤波器组成。假设系统只在 $t=nT_s$ 时发送一个数据 a_n,其他时间未发送数据,显然,数字基带信号在频域内的延伸范围主要取决于单个脉冲波形的频谱函数,则成形网络的接收输出波形 $y(t)$ 与系统成形网络的冲激响应成正比,因此接收波形 $y(t)$ 的频谱函数 $Y(\omega)$ 可看作成形网络的传递函数,即

$$Y(\omega)=G_{\mathrm{T}}(\omega)C(\omega)G_{\mathrm{R}}(\omega) \tag{8.1}$$

$Y(\omega)$ 可看作基带传输系统的总传输特性，在本书后续的介绍中，用传递函数和冲激响应来描述无串扰信号的频域和时域特性。

8.3　无码间串扰的基带传输

数字信号传输的质量指标主要有两种，分别为传输速率和误码率，传输速率一定，误码率则成为主要的性能指标。信号在传输过程中不可避免地叠加信道噪声，当噪声幅度过大时，将会引起接收端的判断错误；除了信道噪声，信号传输出现误码的另一个主要原因是码间串扰(Inter Symbol Interference，ISI)，二者是影响基带信号可靠传输的主要因素，且都与基带传输系统的传输特性密切相关。为此，将码间串扰和噪声的影响减到足够小的程度是基带传输系统总传输特性的设计目标。码间串扰和信道噪声产生的机理不同，需要分别讨论，本节主要分析在无噪声的环境下，如何抑制码间串扰对基带信号传输的影响。

根据傅里叶变换的特点，窄脉冲的波形是时间有限信号，因此在频域内占用的带宽是无限的，但信道总是带限的，信号经频带受限的系统传输，使其频带变窄，波形在时域上必定会变宽，无限延伸。图 8.6(a) 所示为二进制码元序列中的单个 1 码，其经过发送滤波器后，形成正的升余弦波形，如图 8.6(b) 所示，此波形经信道传输产生了延迟和失真，如图 8.6(c) 所示，这个 1 码的拖尾延伸到了下一个码元时隙内，并且抽样判决时刻也会向后推移至波形最

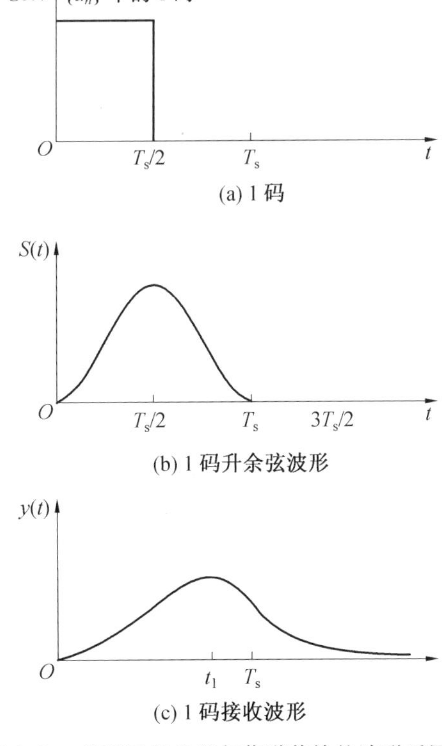

图 8.6　单码元经发送与信道传输的波形延展

高峰出现处(图中设为 t_1)。

因为基带信号脉冲是一个序列,如图 8.7 所示,码元波形延展所出现的拖尾现象,导致前面的码元对后面的若干码元都会造成不良影响,即临近的码元脉冲间会相互干扰。这种在接收端脉冲重叠造成判决困难的现象即码间串扰(或符号间干扰)。码间串扰是数字通信系统中除噪声干扰外最主要的干扰,它与加性的噪声干扰不同,是一种乘性的干扰。造成码间干扰的原因有很多,实际上,只要传输信道的频带是有限的,就会造成一定的码间干扰。

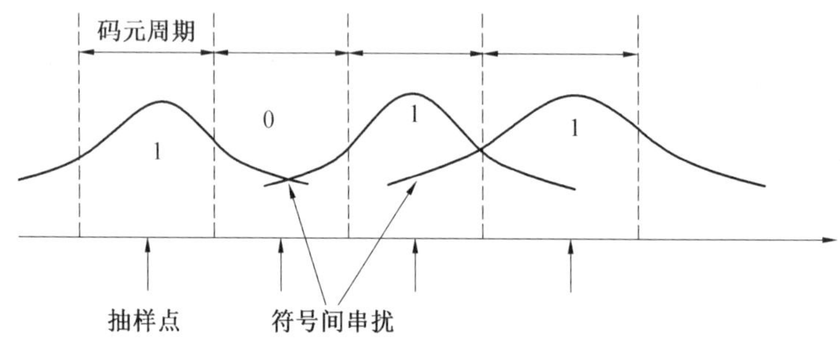

图 8.7　码间串扰示意图

8.3.1　无码间串扰的基带传输特性

为保证基带传输系统的可靠性,应在有效传输有用信号的同时尽量抑制码间串扰和噪声。为便于讨论,本节将基带传输系统模型简化,如图 8.8 所示。

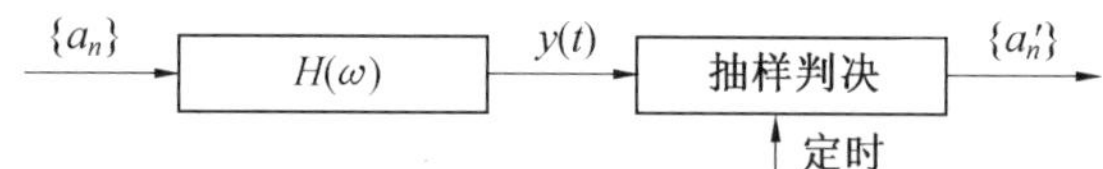

图 8.8　基带传输系统简化模型图

忽略信道噪声,则图中 $H(\omega)=G_T(\omega)C(\omega)G_R(\omega)$,是发送滤波器、信道和接收滤波器总和,为基带系统的传输特性。

码元之间相互干扰只和它们之间的相对时间位置有关,讨论单个脉冲波形传输的情况就可以了解基带信号传输的过程。若设定码元周期为 T_s,当无码间串扰时,系统的冲激响应可以满足:

$$h(kT_s)=\begin{cases}1 & (k=0)\\ 0 & (k\text{ 为其他整数})\end{cases} \tag{8.2}$$

由式(8.2)可知,除当前码元的抽样时刻($k=0$ 点)有抽样值之外,在其他各抽样点上的取值均应为 0,对其他码元的抽样没有影响。

根据傅氏变换函数,可以写出

$$h(kT_s)=\frac{1}{2\pi}\int_{-\infty}^{\infty}H(\omega)e^{\mathrm{j}\omega kT_s}\mathrm{d}\omega \tag{8.3}$$

满足式(8.3)的 $H(\omega)$ 就是能实现无码间串扰的基带传输函数。

8.3.2　无码间串扰的理想低通滤波器

理想的无码间串扰的基带传输函数是理想低通滤波器的传输特性:

$$H(\omega)=\begin{cases}KT_s & (|\omega|\leqslant \pi/T_s)\\ 0 & (|\omega|>\pi/T_s)\end{cases} \tag{8.4}$$

式中，K 为常数代表带内衰减，截止角频率 $\omega_0=\dfrac{\pi}{T_s}$。

系统冲激响应 $h(t)$ 波形如图 8.9 所示，从图中可以看到，在 t 轴上，如果传输一个脉冲串，输入数据以 $R_B=\dfrac{1}{T_s}$ 的波特率进行传输，各码元在各自抽样时刻出现函数最大值。如图 8.9 所示，在 $t=0$ 时，有最大抽样值的这个码元在其他码元抽样时刻 $KT_s(k=\pm 1,\pm 2,\cdots)$ 为 0，说明在抽样时刻上的码间干扰是不存在的。也就是说，定义带宽 B_N 为

$$B_N=\frac{\omega_0}{2\pi}=\frac{\pi/T_s}{2\pi}=\frac{1}{2T_s}\quad (\text{Hz})$$

这样的理想低通滤波器，输入数据的最高码元速率为$\dfrac{1}{T_s}=2B_N$ 波特，如果发送码元波形的时间间隔为 T_s，接收端在 $t=nT_s$ 时抽样，接收信号在各抽样点上无码间串扰。反之，数据若以高于 $2B_N$ 波特的速率传输，则码间串扰不可避免。

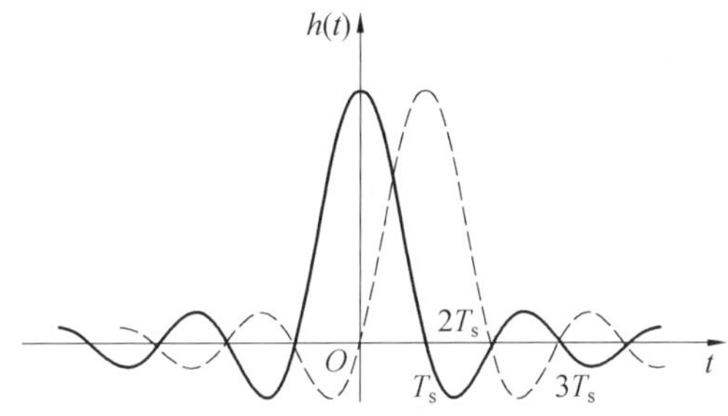

图 8.9　系统冲激响应 $h(t)$ 波形

数字信号在传输过程中不要求整个波形保持不变，接收端再生抽样判决如果能准确恢复出幅度信息，原始信息就能无误地传送，研究保证特定时刻的波形幅值可以无失真传输即可。奈奎斯特第一、第二和第三准则阐述了基带信号可以无失真传输第一、第二和第三无失真条件，即讨论了数字序列在无噪声信道传输时的无失真条件。本章主要介绍奈奎斯特第一无失真条件，也称为抽样值无失真条件。

8.3.3　奈奎斯特(Nyquist)定理(奈奎斯特第一准则)

奈奎斯特第一准则定义了在无噪声线性信道传输时的无失真条件：接收波形满足抽样值无串扰的充要条件是仅在本码元的抽样时刻上有最大值，而对其他码元的抽样时刻信号值无影响，即在抽样点上不存在码间干扰。

当基带传输系统具有理想低通滤波器特性时，传输一个信号要 $1/(2T_s)$ 的最小传输带宽(T_s 为每个码元传送时间)，即码元速率是截止频率两倍，此时系统输出波形在峰值点上不产生前后符号间干扰。

定义频带利用率 η_s，定量说明传输系统的带宽与码元传输速率的关系，单位为 Baud/Hz，即单位频带的码元传输速率：

$$\eta_s = \frac{\text{码元传输速率}}{\text{传输带宽}} = \frac{R_B}{B_N} \tag{8.5}$$

$1/2T_s$ 为最小传输带宽，这是在抽样值无串扰条件下，基带系统传输所能达到的极限情况。也就是说，不论二元码还是多元码，基带系统所能提供的最高频带利用率 η_s 是单位频带内每秒传 2 个码元。$1/2T_s$ 被定义为奈奎斯特带宽，T_s 定义为奈奎斯特间隔，为此，若 B_N 为奈奎斯特带宽：

$$B_N = \omega_0/2\pi = \frac{\pi/T_s}{2\pi} = \frac{1}{2T_s} = \frac{R_B}{2} \quad (\text{Hz}) \tag{8.6}$$

奈奎斯特速率为

$$R_B = 2B_N = \frac{1}{T_s} \tag{8.7}$$

频带利用率的另一个定义为

$$\eta_b = \frac{\text{信息传输速率}}{\text{传输带宽}} = \frac{R_b}{B} \tag{8.8}$$

式中，η_b 单位为 bit/(s·Hz)，即单位频带的信息传输速率。二进制时码元速率 R_B 与信息速率 R_b 在数量上相等，这时频带利用率 η_b 的最大值为 2 bit/(s·Hz)。若码元序列为 M 元码，则基带系统传输 M 元码所能达到的最高频带利用率 $\eta_b = 2\,\text{lb}M$(bit/(s·Hz))。如不特别说明，常用信息速率定义的频带利用率，如式(8.8) 所示，指的是单位频带内每秒最多可传的比特数。

但是，理想低通特性的无串扰传递条件只有理论上的意义，它给出了基带传输系统传输能力的极限值。理想低通特性的基带传输系统实际上很难达到，其主要的问题在于理想低通的传输特性意味着有无限陡峭的过渡带，这在工程上是无法实现的。另外，即使获得了这种传输特性，其冲激响应波形的尾部衰减特性很差，尾部仅按 $1/t$ 的速度衰减，这导致接收波形再生抽样判决时，抽样定时脉冲必须准确无误，若稍有偏差，就会引入码间串扰。但是抽样的时刻不可能完全没有时间上的误差，这就需要寻找实际条件下可用的无串扰的码元信号波形。

讨论奈奎斯特第一准则的等效低通特性，满足式(8.2) 要求的 $H(\omega)$。

对式(8.3) 的积分区间以角频率间隔 $2\pi/T_s$ 分割，得到

$$h(kT_s) = \frac{1}{2\pi}\sum_{i=-\infty}^{\infty}\int_{(2i-1)\pi/T_s}^{(2i+1)\pi/T_s} H(\omega)e^{j\omega kT_s}\,d\omega$$

变量代换：令 $\tau = \omega - 2i\pi/T_s$，变量代换后再用 ω 代替 τ，则有

$$h(kT_s) = \frac{1}{2\pi}\sum_{i=-\infty}^{\infty}\int_{-\pi/T_s}^{\pi/T_s} H\left(\omega + \frac{2\pi i}{T_s}\right)e^{j\omega kT_s}\,d\omega$$

因上式之和为一致收敛，求和与积分的次序互换，系数中引入 T_s，上式可写成

$$h(kT_s) = \frac{T_s}{2\pi}\int_{-\pi/T_s}^{\pi/T_s} \frac{1}{T_s}\sum_i H\left(\omega + \frac{2\pi i}{T_s}\right)e^{j\omega kT_s}\,d\omega \tag{8.9}$$

由式(8.2) 的限定，若满足无码间串扰的要求，则

$$\frac{1}{T_s}\sum_i H\left(\omega + \frac{2\pi i}{T_s}\right) = 1 \quad \left(|\omega| \leqslant \frac{\pi}{T_s}\right) \tag{8.10}$$

或

$$\sum_i H\left(\omega+\frac{2\pi i}{T_s}\right)=T_s \quad \left(|\omega|\leqslant\frac{\pi}{T_s}\right) \tag{8.11}$$

式(8.11)为检验给定的系统特性函数是否会引起码间串扰提供了准则。由该式可知，传递函数 $H(\omega)$ 在 ω 轴上以 $2\pi/T_s$ 为间隔分开，然后分段平移到区间$(-\pi/T_s,\pi/T_s)$内，再相互叠加，合成 $\sum_i H\left(\omega+\frac{2\pi i}{T_s}\right)$，只要合成结果为常数，既满足式(8.11)的要求，这种特性称为等效低通特性，图 8.10 所示为满足抽样值无失真条件的传递函数。

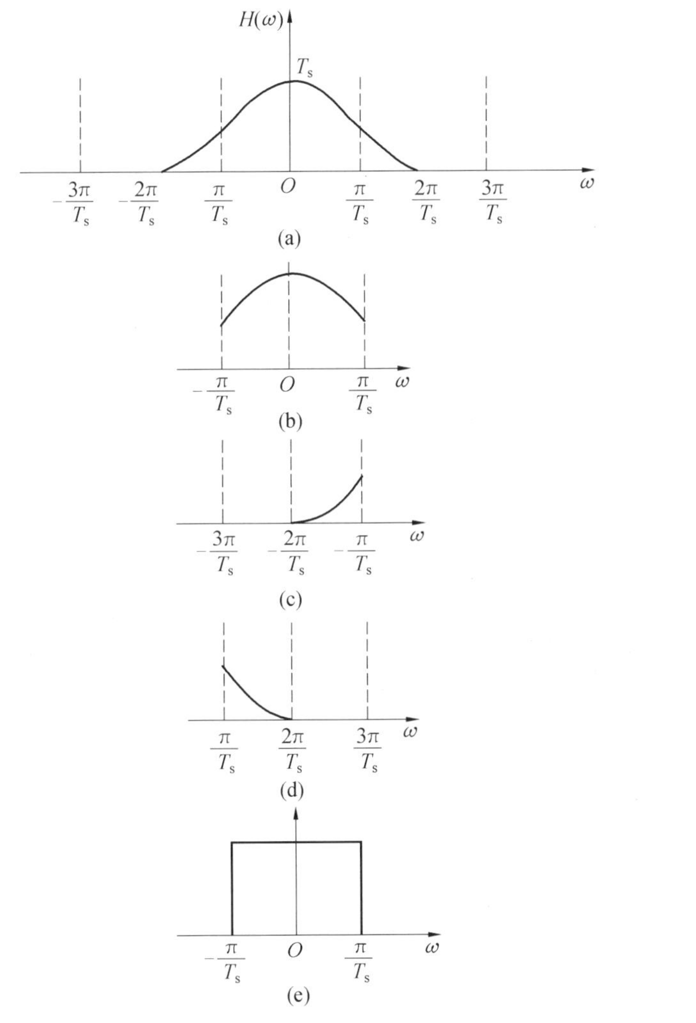

图 8.10　满足抽样值无失真条件的传递函数

如图 8.10(a)所示，这是一个具有升余弦滚降特性传递函数的低通滤波器，滚降系数为 1。升余弦滚降信号的频域过渡特性以 π/T 为中心，具有奇对称升余弦形状，简称升余弦信号，这里的滚降是指信号的频域过渡特性或频域衰减特性。

从图 8.10(b)、图 8.10(c)和图 8.10(d)中可以看出，ω 轴上 3 个分割区间$(-\pi/T_s,\pi/T_s)$、$(-3\pi/T_s,-\pi/T_s)$、$(\pi/T_s,3\pi/T_s)$分别移到$(-\pi/T_s,\pi/T_s)$区间，并迭加，得到的

等效特性为一矩形，如图 8.10(e) 所示，符合等效低通特性。此低通滤波器截止角频率为 $\frac{2\pi}{T_s}$，所以带宽 $B=1/T_s$；当传输速率为 $R_B=1/T_s$ 时，此基带传输系统可以实现无码间串扰。

综上所述，在实际条件下，传输网络不可能是理想低通的，通常采用满足各种对称条件的滚降低通滤波器来等效理想低通，升余弦特性及其单位冲激响应如图 8.11 所示。

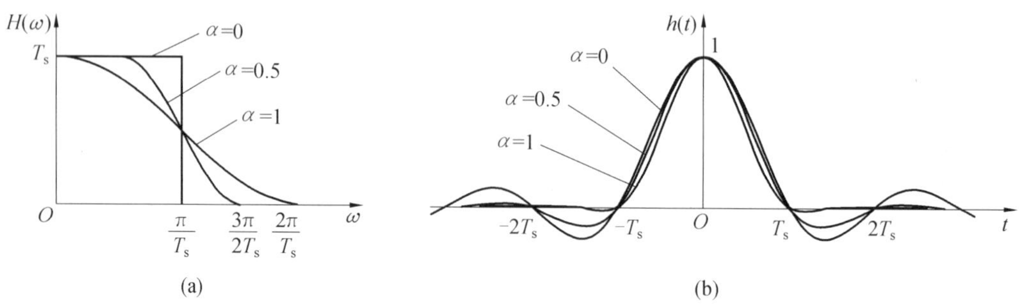

图 8.11　升余弦特性及其单位冲激响应

8.3.4　升余弦滚降低通滤波器

能形成升余弦信号的基带系统的传递函数为

$$H(\omega)=\begin{cases} T_s & \left(|\omega|\leqslant \frac{(1-\alpha)\pi}{T_s}\right) \\ \frac{T_s}{2}\left[(1-\sin\frac{T_s}{2\alpha}\left(\omega-\frac{\pi}{T_s}\right)\right] & \left(\frac{(1-\alpha)\pi}{T_s}<|\omega|\leqslant\frac{(1+\alpha)\pi}{T_s}\right) \\ 0 & \left(|\omega|>\frac{(1+\alpha)\pi}{T_s}\right) \end{cases} \tag{8.12}$$

式中，α 为滚降系数 $0\leqslant\alpha\leqslant1$。

如图 8.11 所示，滚降系数 α 也称为滚降因子，$\alpha=\omega/\omega_n$，定义为带宽的扩展量与奈奎斯特带宽 $\omega_n=2\pi B_N$ 之比。$\alpha=0$ 时，是理想低通特性，随着 α 增加，所占频带增加；$\alpha=1$ 时，所占频带的带宽最宽，$\omega=\frac{2\pi}{T_s}$，$B=\frac{1}{T_s}$，$B=2B_N$，频带利用率仅是理想系统的一半，降为 $\eta_B=1$ Baud/ Hz；$0\leqslant\alpha\leqslant1$ 范围内，带宽 $B=(1+\alpha)B_N=\frac{(1+\alpha)}{2T_s}$，频带利用率 $\eta_B=\frac{R_B}{B}=\frac{2}{1+\alpha}$。升余弦滚降信号以频带利用率的降低为代价换来了可靠性提升，如图 8.11(b) 所示，$0\leqslant\alpha\leqslant1$ 时单位冲激响应的拖尾振荡起伏近似按 $1/t^3$ 的速度衰减，α 取值越大，拖尾幅度越小且衰减速度越快，所以升余弦特性实现容易。

除升余弦特性外，其他具有滚降特性的传输函数，如直线滚降等，同样满足等效低通准则，可以实现无码间串扰传输。另外，为了减小抽样定时脉冲误差带来的影响，滚降系数 α 一般取值不能太小，通常选择 $\alpha\geqslant0.2$。

例 8.1　理想低通型信道的截止频率为 4 000 Hz，当传输以下二电平信号时，求信号的频带利用率和最高信息速率。

(1) 理想低通信号；

(2)$\alpha=0.6$ 的升余弦滚降信号。

解　(1) 理想低通信号的频带利用率为 $\eta_b=2\ \text{bit/(s·Hz)}$，取信号的带宽为信道带宽，由 η_b 的定义式可求出最高信息传输速率为

$$R_b=\eta_b B=2\times 3\,000=6\,000(\text{bit/s})$$

(2) 升余弦滚降信号的频带利用率为

$$\eta_b=\frac{2}{1+\alpha}=\frac{2}{1+0.6}=1.25(\text{bit/(s·Hz)})$$

取信号的带宽为信道的带宽，可求出最高信息传输速率为

$$R_b=\eta_b B=1.25\times 4\,000=5\,000(\text{bit/s})$$

8.4　加扰与解扰

数字基带传输过程中，对信号有基本的要求，如不希望二进制数字序列中出现长连 0 的形式，因为这种信号不利于定时同步信号的提取。对长连 0 问题，可以用 8.1 节中码型编码的方法进行解决。

本节从另外一个角度解决长连 0 问题。如果信源信号是随机信号，在很大程度上不会发生上述问题。但是实际上信源信息存在内在的相关性，不一定是随机的，如可能出现长 0 串，或是周期信号等。对数字基带信号进行随机化处理的过程称为扰码，反之，在接收端通过去随机化将原始信号恢复出来的过程称为解扰，完成扰码和解扰的电路称为扰码器和解扰器。

扰码技术采用随机序列与数字信号运算，改变数字信号的统计特性，使其近似于白噪声统计特性，使数字信号转化为随机序列。但这种扰乱是人为的，是有规律的，是可以解除的。通常采用足够随机的伪随机序列来加扰，它既具有类似的随机序列特性，又容易同步再生。m 序列是最常用的一种伪随机序列，扰码器通常是一个 m 序列发生器，实际应用中通常使用线性反馈移位寄存器来实现 m 序列。

8.4.1　m 序列

1. m 序列的产生

线性反馈移位寄存器是由 n 级串接的移位寄存器和反馈逻辑线路组成的动态移位寄存器组成，且反馈逻辑线路只由模 2 和构成。初始状态设定后，在时钟触发下，各级寄存器状态向右移位，末级反馈到输入端。随着时钟节拍的推移，其中任何一级寄存器的输出都会产生一个序列，被称为移位寄存器序列。

m 序列是一种常用的伪随机序列，由带线性反馈的移位寄存器产生，具有最长的周期，所以它可以看作是最长线性反馈移位寄存器序列的简称。n 级线性反馈移位寄存器的结构如图 8.12 所示，反馈逻辑用图中反馈线通或断的连接状态表示。C_i 表示反馈线的两种可能连接状态，$C_i=0$ 表示反馈线断开，说明对应位置的寄存器输出未参加反馈，$C_i=1$ 表示反馈

线通,说明对应位置的输出加入反馈中,末级反馈 $C_n=1$ 到输入端的反馈 $C_0=1$。n 级寄存器的状态分别为 0 或 1,但是不能全取 0,否则输出状态将为全 0。因此,一般形式的线性反馈逻辑表达式为

$$a_n = c_1 a_{n-1} \oplus c_2 a_{n-2} \oplus c_3 a_{n-3} \cdots \oplus c_n a_0 = \sum_{i=1}^{n} c_i a_{n-i} \quad (\text{模 2 和}) \tag{8.13}$$

或者

$$0 = \sum_{i=0}^{n} C_i a_{n-1} \tag{8.14}$$

除全 0 状态外还有 2^n-1 种状态,在反馈线设计合理的情况下,n 级线性反馈移位寄存器输出序列必将经历各态后才会再循环,则输出序列周期为 2^n-1,最大周期即 m 序列。显然,只能产生一个 m 序列,寄存器不同的初始状态只影响 m 序列不同相位,但不是每个线性反馈移位寄存器都能产生 m 序列,之后讨论产生 m 序列的充要条件。

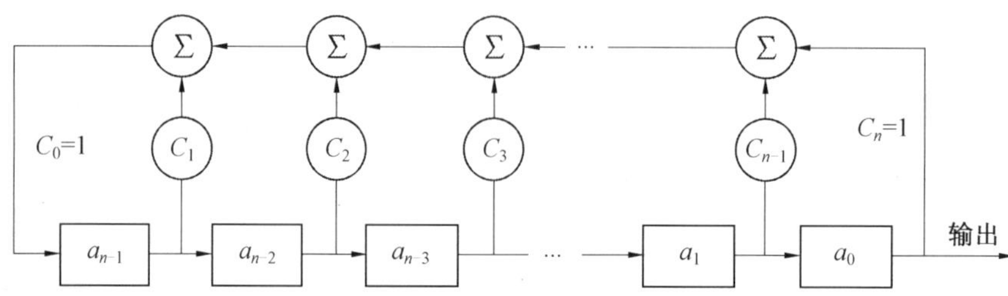

图 8.12　n 级线性反馈移位寄存器结构图

用多项式 $F(x)$ 来描述线性反馈移位寄存器的反馈连接状态:

$$F(x) = \sum_{i=0}^{n} C_i x^i \tag{8.15}$$

式中,x 的幂次表示反馈相应位置。

式(8.15)称为线性反馈移位寄存器的特征多项式,特征多项式与输出序列的周期关系密切。研究表明,当特征多项式是本原多项式,即 $F(x)$ 满足下列 3 个条件时,一定能产生 m 序列。

(1)$F(x)$ 是既约多项式,即不能再进行分解因式的多项式。

(2)$F(x)$ 可整除 $x^p+1(p=2^n-1)$。

(3)$F(x)$ 不能整除 $x^q+1(q<p)$。

这样产生 m 序列的充要条件就等价于寻找本原多项式,目前已找到许多本原多项式,并编制成表。实际应用时,只需再查找相应级数的本原多项式来构造线性反馈逻辑即可。表 8.2 给出其中部分本原多项式,每个 n 只给出一个反馈系数,用八进制表示对应给出一个多项式。为了使 m 序列发生器尽量简单,常用只有 3 项或 4 项的本原多项式。

表 8.2　本原多项式系数

级数 n	周期	本原多项式系数的八进制表示	代数式
2	3	7	x^2+x+1
3	7	13	x^3+x+1
4	15	23	x^4+x+1
5	31	45	x^5+x^2+1
6	63	103	x^6+x+1
7	127	211	x^7+x^3+1
8	255	435	$x^8+x^4+x^3+x^2+1$
9	511	1021	x^9+x^4+1
10	1023	2011	$x^{10}+x^3+1$

以表 8.2 中 4 级线性反馈移位寄存器为例，分析本原多项式与 m 序列的对应关系。反馈系数为 23，对应特征多项式为互逆的 2 个多项式，见表 8.3，其 $F_2(x)$ 对应的线性反馈移位寄存器如图 8.13 所示。

表 8.3　4 级线性反馈移位寄存器的本原多项式

本原多项式系数		代数式
2	3	—
0　1　0	0　1　1	—
C_4　C_3	C_2　C_1　C_0	$F_1(x)=x^4+x+1$
C_0　C_1	C_2　C_3　C_4	$F_2(x)=x^4+x^3+1$

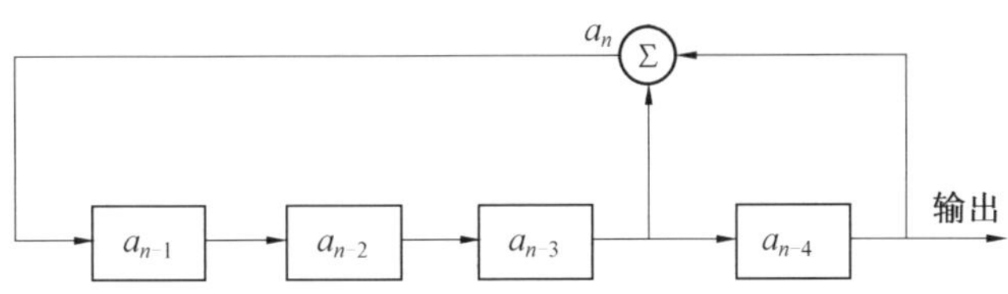

图 8.13　4 级线性反馈移位寄存器

假设在初始状态，$a_{n-1}=a_{n-2}=a_{n-3}=0$，$a_{n-4}=1$。二进制模 2 和的反馈逻辑，无进位，则得到的各级寄存器输出序列见表 8.4。在第 15 节拍时，移位寄存器的状态与第 0 拍的状态（即初始状态）相同，即从第 16 拍开始重复第 1 拍至第 15 拍的过程。该移位寄存器的状态具有周期长度为 15，即最长周期 m 序列。只要初始状态不是全 0，从任何一级寄存器得到的输出序列都是最长线性反馈移位寄存器序列，即周期为 15 的序列，只不过节拍不同而已。若从末级输出，以初始节拍开始，则得到序列 $a_{n-4}=100010011010111$。

表 8.4　m 序列发生器状态转移流程图

时钟	a_{n-1}	a_{n-2}	a_{n-3}	a_{n-4}	$a_n=a_{n-3}a_{n-4}$	时钟	a_{n-1}	a_{n-2}	a_{n-3}	a_{n-4}	$a_n=a_{n-3}a_{n-4}$
初始	0	0	0	1	1	8	0	1	0	1	1
1	1	0	0	0	0	9	1	0	1	0	1
2	0	1	0	0	0	10	1	1	0	1	1
3	0	0	1	0	1	11	1	1	1	0	1
4	1	0	0	1	1	12	1	1	1	1	0
5	1	1	0	0	0	13	0	1	1	1	0
6	0	1	1	0	1	14	0	0	1	1	0
7	1	0	1	1	0	15	0	0	0	1	1

2. m 序列的性质

m 序列具有非常优秀的数字理论特性，本节介绍它的主要理论特性。

(1) 均衡性。

m 序列中 1 码和 0 码的个数具有均衡性，其序列周期为 2^n-1，则 0 码出现数目为 $2^{n-1}-1$，1 码出现数目为 2^{n-1}，即 0 码的个数总是比 1 码的个数少 1 个。

(2) 游程。

游程是指在一个序列周期中相同的码元连续出现的合称，连码的数目为游程的长度。m 序列中共有 2^{n-1} 个游程，长度为 i 的游程占游程总数的$\frac{1}{2^i}(1\leqslant i\leqslant n-2)$；此外，还有一个长为 n 的连 1 游程和一个长为 $n-1$ 的连 0 游程。

(3) 循环相加性。

某个 n 级线性反馈移位寄存器产生的 m 序列为$\{x_p\}$，与其任意循环移位 r 的序列$\{x_{p-r}\}$的模 2 和，得到的仍是此 m 序列的另一个循环移位序列，生成后的 m 序列可以看作是原 m 序列经过延时后的结果。如 0100111 向右循环移位 1 次产生序列 1010011，模 2 和后的序列为 1110100，相当于原序列循环右移 3 位后得到的序列。

(4) 自相关特性。

可以根据移位相加特性来验证 m 序列的自相关特性，已知移位相加后得到的仍是 m 序列，序列中 0 码的个数比 1 码的个数少 1 个。当采用二进制数字 0 和 1 代表码元的可能取值时，周期为 p 的 m 序列的自相关函数定义为

$$R(j)=\frac{A-D}{A+D}=\frac{A-D}{p} \tag{8.16}$$

在一个周期内，m 序列与其 j 次移位的序列在对应位置码元取值相同和不相同的数目 A、D，显然，$A+D=p$。当 j 为非零整数时，可得 $A-D=-1$；j 为零时，$A-D=p$。因此，m 序列的自相关函数 $R(j)$ 是一个周期函数，且只有两种取值，即

$$R(j)=\begin{cases}1 & (j=0)\\ \dfrac{-1}{p} & (j=\pm1,\pm2,\cdots,\pm(p-1))\end{cases} \tag{8.17}$$

由上述理论特性可见，m 序列具有类似于随机二元序列的特性，又是周期确定的序列，故被定义为一种伪随机序列，或伪噪声序列，记做 PN 序列。

8.4.2　加扰解扰系统

加扰技术不用增加多余度而搅乱信号，改变数字信号的统计特性，这种技术是建立在线性反馈移位寄存器理论基础之上，采用 m 序列实现加扰系统。经验证，一个周期为 q 的输入序列，经周期为 $p=2^n-1$ 的 m 序列加扰器之后，输出序列的周期是 q 和 p 的最小公倍数 LCM(q,p)，显然，当寄存器级数 n 取值合理时，m 序列的周期足以使短周期的信源序列变成周期较长的序列。

扰码器和解扰器的原理如图 8.14 所示，扰码器能使包括连 0 码（或连 1 码）在内的任何输入序列变为伪随机码，将其应用在基带传输系统的发送端，作为码型变换使用，从而限制连 0 码的个数。接收端的解扰器采用的是一种前馈线性移位寄存器结构，反馈逻辑与扰码器相同，可以自动地将扰码后的序列恢复为原始序列。

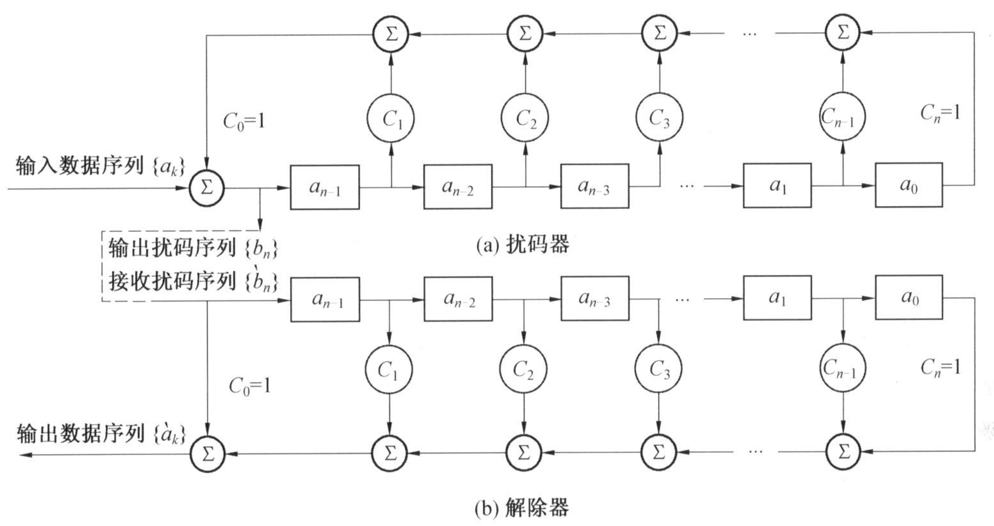

图 8.14　扰码器和解码器的原理

扰码解扰技术也有缺点，系统传输过程中出现的单一误码可能会引起接收端解扰器产生多个误码，造成差错扩散，这种误码增值是由反馈逻辑引入的，显然，反馈项数越多，差错扩散越严重。

8.5　眼　　图

在实际的通信工程中，传输系统是非理想的，如信道特性是时变的（变参信道）、定时同步存在误差、滤波器等部件不理想等等，这导致系统一定存在不同程度的噪声和码间串扰。除了用专用精密仪器进行定量的测量以外，为了便于直观估计实际系统的性能，还可以用简单实验观测的方法定性的对系统性能进行分析，眼图就是一种可以方便地估计系统性能的实验方法。

数字传输系统的接收滤波器输出的数字基带信号加到示波器的输入端，调整示波器的水平扫描周期，使示波器的扫描周期与接收码元的周期同步，由于荧光屏的余辉作用，示波器屏幕上呈现的图形是若干个码元重叠后的图形。对于二进制信号波形，这个图形很像人的眼睛，称为眼图。若串扰和噪声在传输中产生严重的畸变和失真，可以在眼图上清楚地显示出来，以此来估价一个基带传输系统的优劣程度。

二元码的波形及眼图如图 8.15 所示，示波器将输入波形每隔 T_s 秒重复扫描一次，利用示波器的余辉作用，将扫描所得的波形重叠在一起。不存在码间干扰和噪声时，每次重叠上去的迹线都会和原先重合，即此时的迹线图形既细又清晰，如图 8.15(b) 所示为“开启”的眼图。若存在码间干扰和噪声，序列波形变坏，就会造成眼图迹线杂乱，线条模糊，如图 8.15(d) 所示的眼图的眼皮厚重，甚至部分闭合。

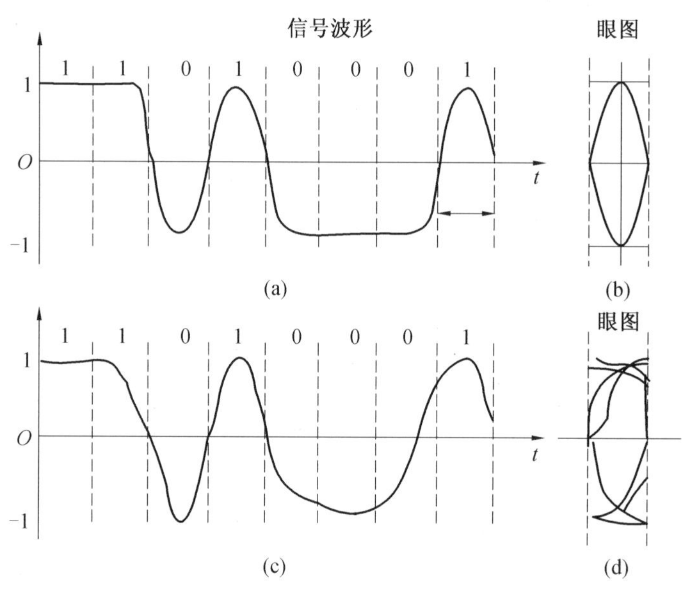

图 8.15　二元码的波形及眼图

“眼睛”张开的大小表明了失真的严重程度。为便于说明眼图和系统性能的关系，理想的眼图模型如图 8.16 所示，衡量眼图质量的几个重要参数如下。

(1) 最佳判决时刻对应于“眼睛”张开最大的时刻，此时的信噪比最大。

(2) 最佳判决门限电平对应于眼图的中央横轴。

(3) 眼图的阴影区的垂直高度表示信号的畸变范围。

(4) 抽样时刻上、下两阴影区的间隔距离的一半为噪声容限，它体现了系统的抗噪声能力。

(5) 过零点畸变情况可由眼图斜边与横轴交叉范围反映出来，过零点失真越大，对定时的提取越不利。

(6) 定时误差的灵敏度由斜边的斜率反映，斜率越大对定时误差越灵敏。

总之，掌握了眼图的各个指标，就可以直观地衡量系统的性能，定性评估信号传输的基本质量。

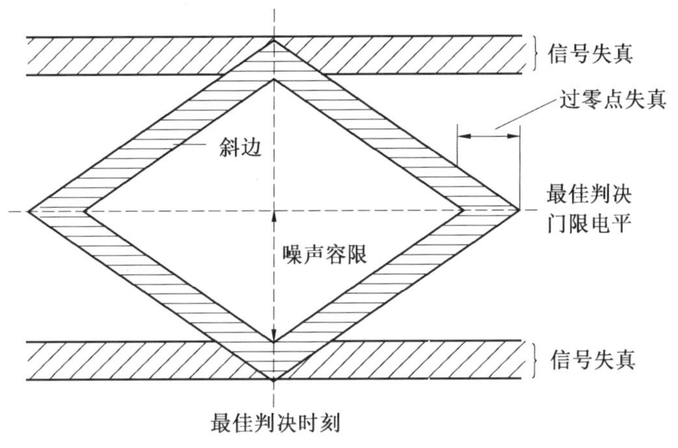

图 8.16　理想的眼图模型图

本章小结

如果在数字通信系统中信号的传递过程始终保持信号频谱在零频率附近，该通信系统被称为数字信号的基带传输系统（或数字基带传输系统）。本章围绕提高数字基带传输系统传输信息的有效性和可靠性展开了讨论。

（1）通过对基带信号传输特性的分析，了解码间串扰是除噪声干扰之外影响数字通信系统可靠性最主要的干扰。

（2）通过学习基带信号的一些常用码型，了解通信系统的可靠性与信道编码的关系。不同的传输码型具有不同的位定时信息的提取能力和对信道特性的匹配能力，详见 8.1 节。

（3）通过学习奈奎斯特第一准则，了解通信系统的有效性不可能无限提高，即在信道带宽受限和无码间串扰的条件下，可传送的最高码元速率数值上等于信道带宽的两倍。

（4）通过学习奈奎斯特第一准则，了解什么样的波形适合无码间串扰的传输，详见 8.2 节。

（5）通过学习 m 序列，获得传输信号码型连 0 码问题的解决方法，详见 8.3 节。

（6）8.4 节介绍了眼图，眼图是一种可以方便地估计系统性能的实验方法。

习　　题

8.1　已知信息代码为 110010110，试画出单极性不归零码、双极性不归零码、单极性归零码、差分码、数字双相码、CMI 码和密勒码。

8.2　简述基带系统中选择线路码型需要遵循的原则。

8.3　已知二元信息代码为 0110100001001100001，分别画出 AMI 码、HDB_3 码。

8.4　简述基带传输系统的构成及各部分功能。

8.5　某一具有升余弦传输特性 $\alpha=1$ 的无码间串扰的传输系统，截止频率为 5 kHz，试求:该系统的最高无码间串扰的码元传输速率为多少? 频带利用率为多少?

8.6 理想低通型信道的截止频率为 3 000 Hz,当传输以下二电平信号时,求信号的频带利用率和最高信息速率。

(1) 理想低通信号。

(2) $\alpha=0.4$ 的升余弦滚降信号。

8.7 已知某信道的截止频率为 100 kHz,码元持续时间为 10 μs 的二元数据流,若采用滚降因子 $\alpha=0.75$ 的升余弦滚降滤波器后,能否在此信道中传输?

8.8 设定加扰器的特征多项式为 $F(x)=x^5+x^3+1$,假设信源序列是周期为 6 的序列 000111,加扰器初始状态为全 1。

(1) 画出加扰器和解扰器的原理图。

(2) 判断加扰序列周期。

8.9 已知信息速率为 64 kb/s 的二进制数据流,经过具有 $\alpha=0.5$ 的升余弦滚降传输特性信道。求:

(1) 传输带宽。

(2) 频带利用率。

第 9 章 数字信号的频带传输

在通信系统中实际使用的信道多为带通型信道，如各个频段的无线信道、限定频率范围的同轴电缆和光线等。数字基带信号往往具有丰富的低频成分，只适合在低通型信道中传输（如双绞线），为了使数字信号能在带通型信道中传输，必须采用数字调制方式，将原基带信号的频率搬移到带通型信道上传送。本章主要介绍二进制数字信号的数字调制与数字解调的原理和方法，如幅移键控（ASK）、频移键控（FSK）和相移键控（PSK），并对多进制信号的数字调制方法进行简单介绍。

9.1 数字调制

与模拟信号调制类比，如果调制信号是数字脉冲序列就称为数字调制，或称数字载波调制；接收端由已调信号恢复出数字基带信号的过程称为数字解调。如图 9.1 所示，数字调制所用载波一般是连续的正弦型信号，从理论上来说，载波形式可以是任意的（如三角波、方波等），只要适合在带通型信道中传输即可，之所以在实际通信中多选用正弦型信号，是因为它具有形式简单、便于产生和接收等特点。与模拟调制中的幅度调制、频率调制和相位调制相对应，数字调制也分为幅移键控（ASK）、频移键控（FSK）和相移键控（PSK）三种基本方式。

图 9.1　数字调制传输框图

键控是指一种开关控制的调制方式，如对于二进制数字信号，由于调制信号只有 2 个状态，调制后的载波参量只具有 2 个取值，其调制过程就像用调制信号去控制 1 个开关，从 2 个具有不同参量的载波中选择相应的载波输出，即用载波的某些离散状态来表示数字基带信号的离散状态，从而形成已调信号。键控就是这种数字调制方式的形象描述，三种数字调制的键控波形如图 9.2 所示。

为什么一定要在带通型信道中传输数字信号呢？主要原因是带通型信道比低通型信道带宽大得多，将低频信号转换成高频信号，利于在信道中发送或传输，如电话线中要求频率 12 ～ 152 kHz，话音不能直接传输，必须经过调制；利于信道复用，使用同一信道可以采用频分复用技术传输多路信号，若要利用无线电信道，必须将低频信号转换成高频信号。另外，还可以改善系统的性能，减少噪声和干扰，便于进行频率分配，实现在指定的频带上传输特定的信号。

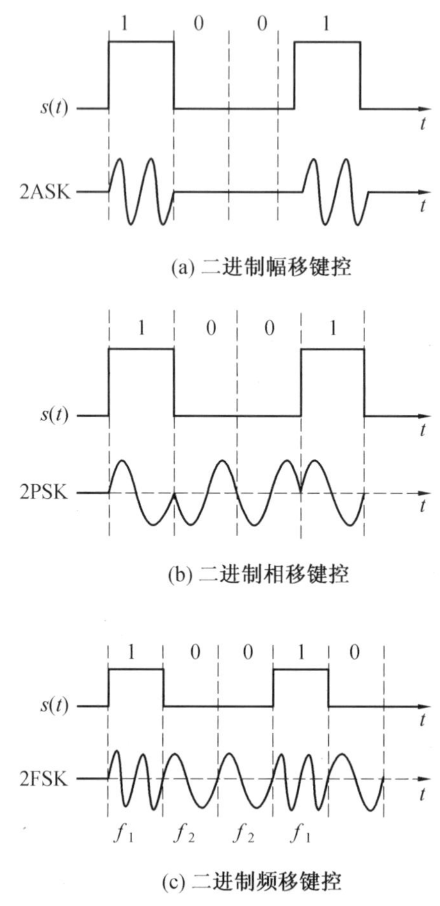

图 9.2　三种数字调制的键控波形图

9.2　二进制幅移键控(2ASK)

9.2.1　2ASK 调制的基本原理

用数字基带信号对正弦载波的幅度进行控制的方式称为幅移键控,若基带信号为二进制数字信号,则记作 2ASK。在 2ASK 中,载波幅度随着调制信号 1 和 0 的取值而在 2 个状态之间变化。二进制幅移键控中最简单的形式称为通－断键控(OOK),即载波在数字信号 1 或 0 的控制下来实现通或断。OOK 信号的时域表达式为

$$s_{\mathrm{OOK}}(t)=a_n A\cos\omega_c t \tag{9.1}$$

式中,A 为载波幅度;ω_c 为载波频率;a_n 为二进制数字信息,a_n 可表示为

$$a_n=\begin{cases}1 & (\text{出现概率 } P)\\ 0 & (\text{出现概率 } 1-P)\end{cases} \tag{9.2}$$

如当序列 a_n 为 1001 时,对应的对载波信号进行调制 OOK 的典型波形如图 9.3 所示。

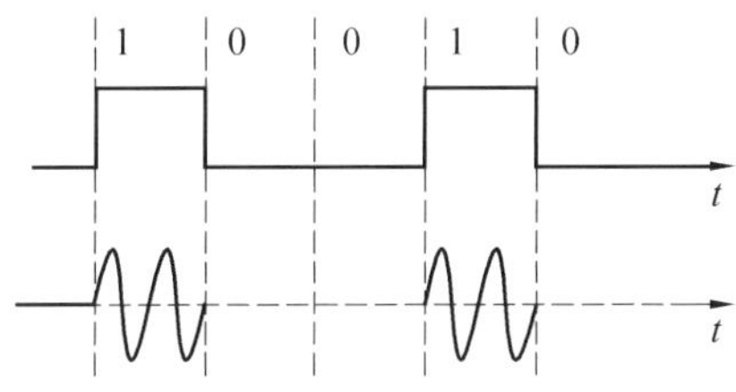

图 9.3　OOK 的典型波形图

在一般情况下，调制信号是具有一定波形形状的二进制脉冲序列，可表示为

$$b(t)=\sum_{n}a_{n}g(t-nT_{s}) \tag{9.3}$$

式中，T_s 为调制信号间隔；$g(t)$ 为单极性不归零脉冲信号的时间波形；a_n 为二进制数字信息。

为此，二进制幅移键控信号的一般时域表达式为

$$s_{2ASK}(t)=\left[\sum_{n}a_{n}g(t-nT_{s})\right]\cos\omega_{c}t \tag{9.4}$$

式(9.4) 为双边带调幅信号的时域表达式，它说明 2ASK(OOK) 信号是双边带调幅信号。

9.2.2　OOK 信号的频域特性

若二进制序列的功率谱密度为 $P(\omega)$，2ASK 信号的功率谱密度为 $P_{2ASK}(\omega)$，由式(9.4) 可知，2ASK 信号功率谱可由基带信号功率谱与载波信号频谱卷积求得。$P(\omega)$ 与 $P_{2ASK}(\omega)$ 对应关系为

$$P_{2ASK}(\omega)=\frac{1}{4}[P(\omega+\omega_{c})+P(\omega-\omega_{c})] \tag{9.5}$$

由式(9.5) 可知，幅移键控信号的功率谱是基带信号功率谱的线性搬移，所以 2ASK 调制为线性调制，其频谱宽度是二进制基带信号的两倍，图 9.4 所示为 OOK 信号的功率谱示意图。由于基带信号是矩形波，其频谱宽度从理论上来说为无穷大，以载波 ω_c 为中心频率，在功率谱密度的第一对过零点之间集中了信号的主要功率，因此，通常取第一对过零点的带宽定义为传输带宽，称为谱零点带宽。

由图 9.4(b) 可知，OOK 信号的谱零点带宽 $B=2f_b$，f_b 为基带信号的谱零点带宽，在数量上与基带信号的码元速率 R_b 相同。进一步说明 OOK 信号的传输带宽是码元速率的 2 倍，其频带利用率 $\eta=0.5$ bit/(s·Hz)。

如第 8 章所述，为了限制频带宽度，常采用带限信号作为基带信号。图 9.5 中基带信号为升余弦滚降信号时，2ASK 信号的功率谱密度示意图。

9.2.3　2ASK 调制

2ASK 的产生方法主要有两种。第一种，可以将 2ASK 信号当作载波与 $s(t)$ 二者的乘积，因此对其进行调制时需要采用模拟乘法器，即乘积法。第二种，2ASK 信号的传播与载波的通断有直接联系，也就是说，可以用模拟开关控制载波通断，此时二进制序列 $s(t)$ 可以

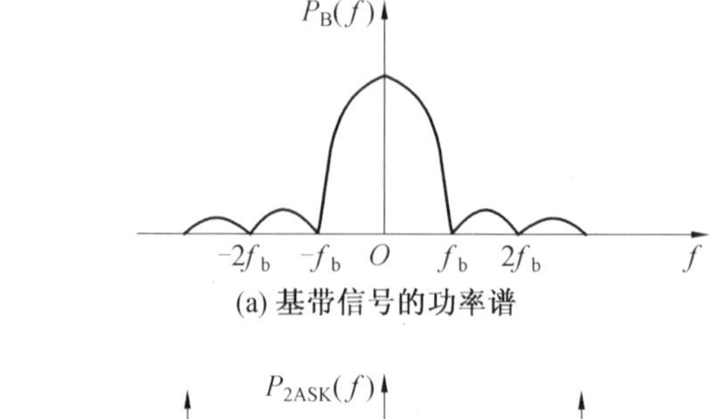

(a) 基带信号的功率谱

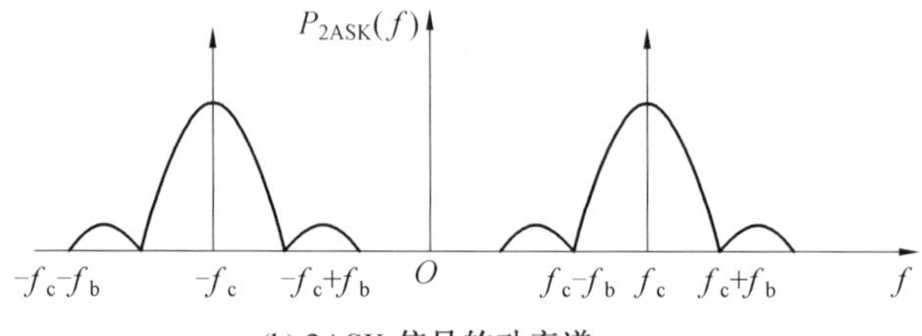

(b) 2ASK 信号的功率谱

图 9.4 OOK 信号的功率谱示意图

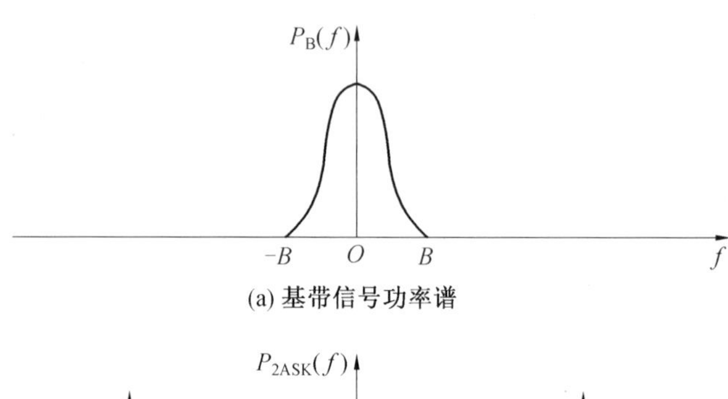

(a) 基带信号功率谱

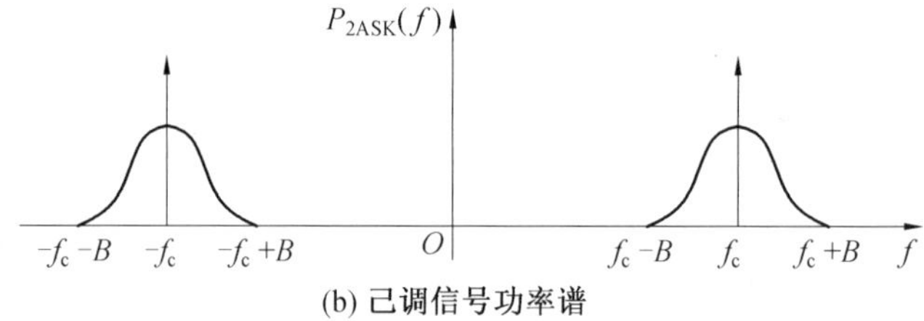

(b) 已调信号功率谱

图 9.5 升余弦滚降基带信号的 2ASK 信号的功率谱示意图

进行调节，$s(t)=1$ 时开关导通，$s(t)=0$ 时开关截止，即通－断键控法。图 9.6 所示分别为乘积法的原理图和通－断键控法的原理图。

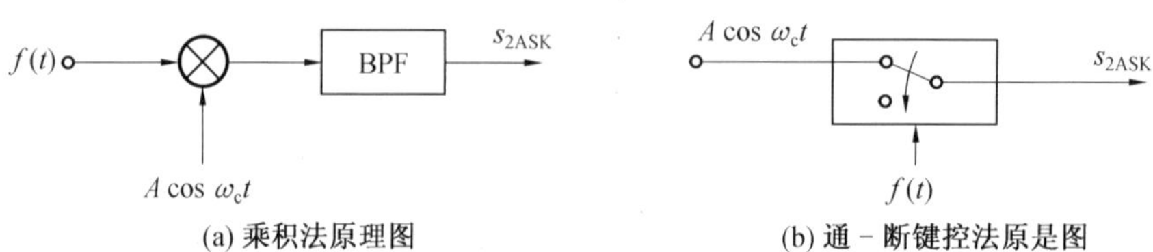

(a) 乘积法原理图 (b) 通－断键控法原是图

图 9.6 2ASK 调制器原理图

9.2.4　2ASK 解调

2ASK 信号经过高斯信道传输，受到信道加性热噪声的干扰，叠加噪声的混合波形在接收机进行解调。2ASK 是一种100%的 AM 调制信号，信号解调方法包括相干解调法和非相干解调法，非相干解调法和相干解调法的解调原理图如图 9.7(a)、图 9.7(b) 所示，非相干解调可用简单的包络检测。

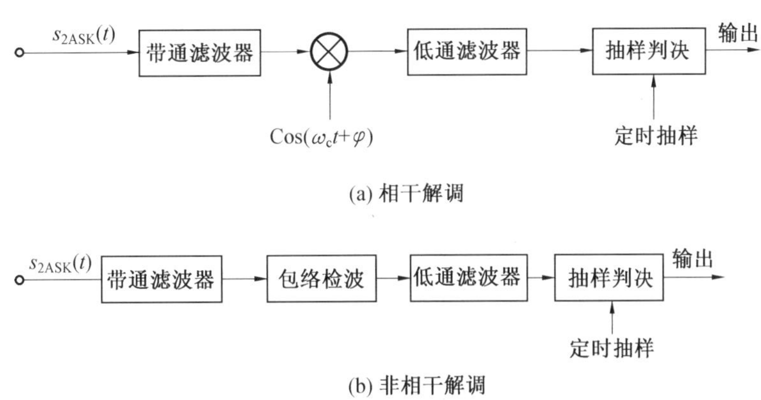

图 9.7　2ASK 解调原理图

由于被传输的是数字信号 1 和 0，因此，在每个码元持续期间要用抽样判决电路对低通滤波器的输出做一次判决以确定信号取值。相干解调需要在接收端产生一个本地的相干载波，解调时，让已调信号通过带通滤波器后滤除部分噪声，然后通过相乘器与相干载波相乘进行整流，最后通过低通滤波器滤除高频分量，抽样判决后还原成原基带信号。相干解调需要提供准确的相干载波，其设备相对复杂。总体来说，2ASK 是以控制载波幅度或是否发送载波来传送信息，对于较高速率的无线信道已不再使用，它的抗干扰能力远不如其他很多类型的调制方式，仅作为一种类型进行简单介绍，但提供的性能分析方法却有理论意义。

9.3　二进制频移键控(2FSK)

频移键控又称数字频率调制，二进制频移键控记作 2FSK。数字频移键控是用载波的频率来传送数字信息，即用所传送的数字消息控制载波的频率。

9.3.1　2FSK 调制的基本原理

二进制频移键控通过完全不一样的 2 个频率 f_1、f_2 产生的振荡源来体现信号 1 和 0，然后用 1 和 0 去控制 2 个独立振荡源的交替输出。当输入序列为 1001 时，已调 2FSK 的输出波形如图 9.8 所示，图中 f_1 代表 1，f_2 代表 0。

如图 9.8 所示，2FSK 信号在形式上如同 2 个不同频率交替发送的 ASK 信号的叠加，一个对 0 码调幅，一个对 1 码调幅，因此已调信号的时域表达式为

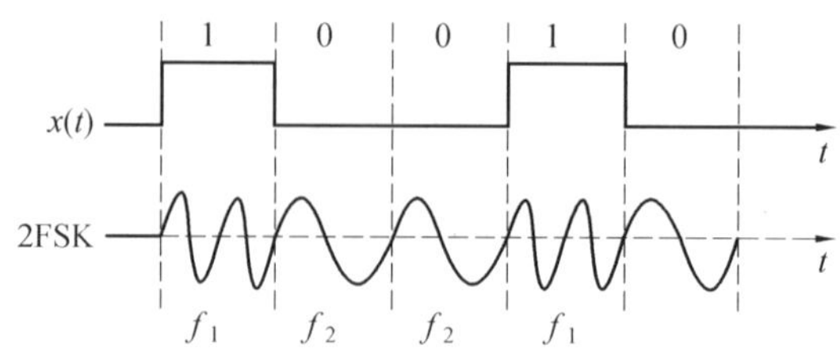

图 9.8　2FSK 信号典型波形

$$s_{2FSK}(t)=\left[\sum_n a_n g(t-nT_s)\right]\cos(\omega_1 t+\varphi_n)+\left[\sum_n \bar{a}_n[g(t-nT_s)]\right]\cos(\omega_2 t+\theta_n)$$

$$=\left[\sum_n a_n g(t-nT_s)\right]\cos(\omega_1 t+\varphi_n)+\left[\sum_n \bar{a}_n g(t-nT_s)\right]\cos(\omega_2 t+\theta_n) \quad (9.6)$$

式中，$g(t)$ 为单个矩形脉冲；T_s 为脉冲持续时间；φ_n 和 θ_n 分别为第 n 个信号码元(1 或 0) 的初始相位，通常可令其为零；$\bar{a}_n$ 是 a_n 的反码，二者可表示为

$$a_n=\begin{cases}1 & (\text{概率 } P)\\ 0 & (\text{概率 } 1-P)\end{cases},\quad \bar{a}_n=\begin{cases}0 & (\text{概率 } P)\\ 1 & (\text{概率 } 1-P)\end{cases}$$

或者以另一种形式给出已调信号的数学表达式为

$$s_{2FSK}(t)=\begin{cases}A\cos\omega_1 t & (\text{发送 } 1)\\ A\cos\omega_2 t & (\text{发送 } 0)\end{cases} \quad (9.7)$$

9.3.2　2FSK 调制和解调

2FSK 信号的产生方法主要有两种。一种可以采用模拟调频电路实现，与 FM 相同，利用压控振荡器直接产生，如图 9.9(a) 所示；另一种可以采用键控法实现。模拟法产生的 2FSK 信号相位是连续变化的，而采用键控法得到的 2FSK 信号，只要码元间隔时刻 T_s 一到，载波立即发生切换，造成载波的相位变化是不连续的，称为相位不连续的 FSK 调制，相位不连续会引起带宽增大。如图 9.9(b) 所示，2 个独立的振荡器作为 2 个频率的载波发生器，它们受控于输入的二进制信号，二进制信号通过 2 个门电路控制其中 1 个载波信号通过。

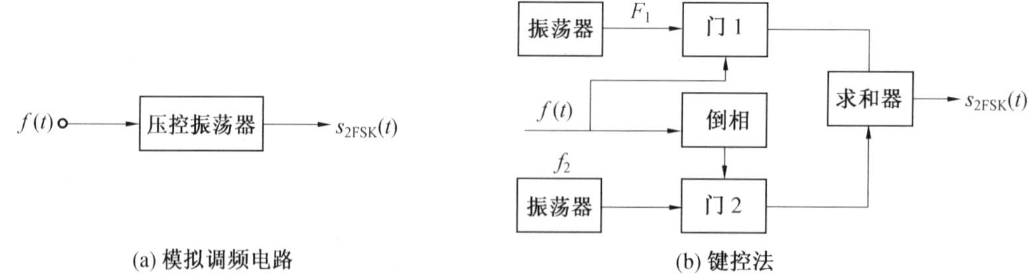

图 9.9　2FSK 信号产生方法的示意图

2FSK 信号的解调也有非相干解调和相干解调两种。2FSK 信号可以看作是用 2 个频率源交替传输得到的，其解调原理是将 2FSK 信号分解为上下两路 2ASK 信号分别进行解调，然后进行判决，这里的抽样判决是直接比较两路信号的抽样值的大小，可以不专门设置门限。所以 2FSK 接收机由 2 个并联的 2ASK 接收机组成，2FSK 信号的非相干解调和相干解

调原理如图 9.10(a) 和图 9.10(b) 所示。

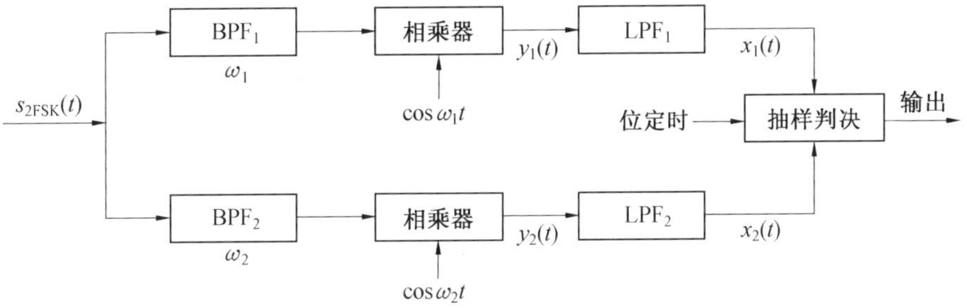

(a) 相干解调

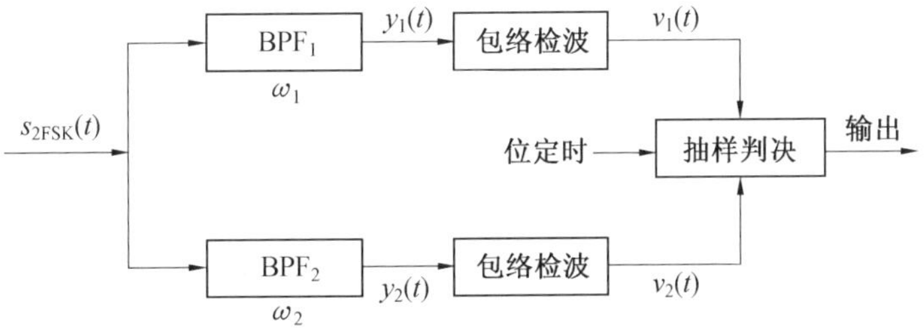

(b) 非相干解调

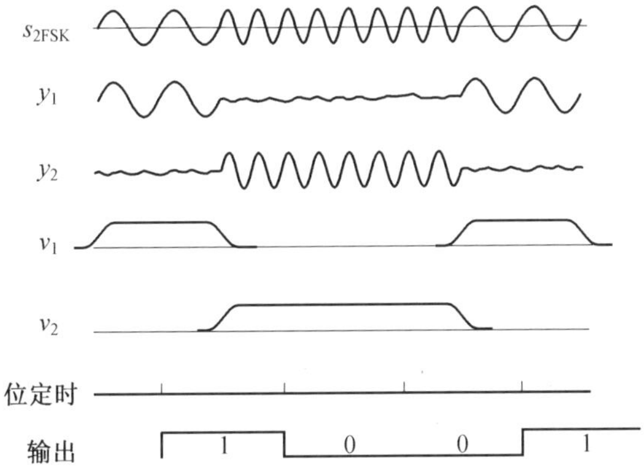

(c) 非相干解调各点波形图

图 9.10　2FSK 信号解调器

考虑成本等综合因素，在 2FSK 系统中很少使用相干解调，以图 9.10(b) 的非相干解调原理为例画出了各点波形图，如图 9.10(c) 所示。图中的抽样判决电路是一个比较器，在判决时刻对上下两支路低通滤波器(LPF) 送出的信号电平进行比较，如果上支路输出的信号大于下支路，判为 1 码，反之判为 0 码。

2FSK 信号还有其他的解调方法，其中过零检测法是一种常用且简便的解调方法。过零检测法的基本思想是，利用不同频率的正弦波在一个码元间隔内过零点数目的不同，来检测已调波中频率的变化，其原理框图及各点波形分别如图 9.11(a) 和图 9.11(b) 所示。

图 9.11(a) 中限幅器将接收序列整形为矩形脉冲，送入微分整流器，得到尖脉冲(尖脉冲的个数代表了过零点数)，在一个码元间隔内尖脉冲数目的多少直接反映载波频率的高

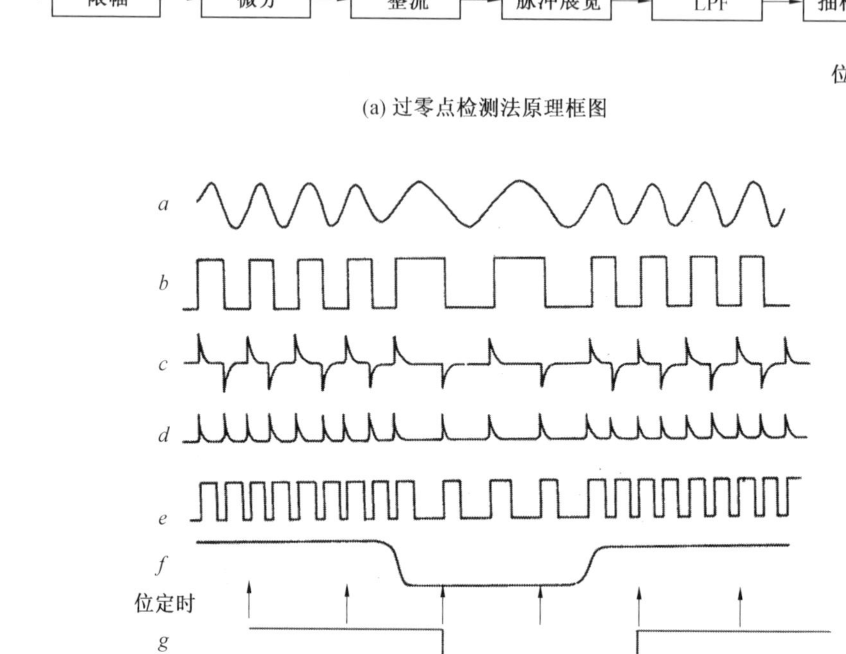

(a) 过零点检测法原理框图

(b) 过零点检测法各点波形

图 9.11　2FSK 信号过零检测法

低，所以只要将其展宽为具有相同宽度的矩形脉冲，经低通滤波器滤除高次谐波后，两种不同的频率就转换成了两种不同幅度的信号(图 9.11(b) 中 f 点的波形)，送入抽样判决器即可恢复原信息序列。

9.3.3　2FSK 调制的频域特性

确定一个 2FSK 信号的频谱通常是相当困难的，经常采用实时平均测量的方法确定频谱。

2FSK 的功率谱计算较复杂，对于相位不连续的 2FSK 信号的功率谱密度可以近似表示成 2 个不同载频的 2ASK 信号功率谱密度的叠加，因此 2FSK 频谱可以近似表示成中心频率分别为 f_1 和 f_2 的 2 个 2ASK 频谱的组合。2FSK 信号的功率谱的表示为

$$P_{2FSK}(f)=\frac{1}{4}[P_{s1}(f-f_1)+P_{s1}(f+f_1)]+\frac{1}{4}[P_{s2}(f-f_2)+P_{s2}(f+f_2)] \tag{9.8}$$

设 2 个载频的中心频率为 f_c，频差为 Δf，即 $f_c=\frac{f_1+f_2}{2}$，$\Delta f=f_1-f_2$。设 R_s 是数字基带信号的速率，则可以定义调制指数(或频移指数)h 为

$$h=\frac{f_2-f_1}{R_s}=\frac{\Delta f}{R_s} \tag{9.9}$$

图 9.12 所示为 $h=0.5$、$h=0.7$、$h=1.5$ 时 2FSK 信号的功率谱示意图，功率谱以 f_c 为

中心对称分布，在 Δf 较小时功率谱为单峰。随着 Δf 的增大，f_1 和 f_2 之间的距离增大，功率谱出现了双峰。

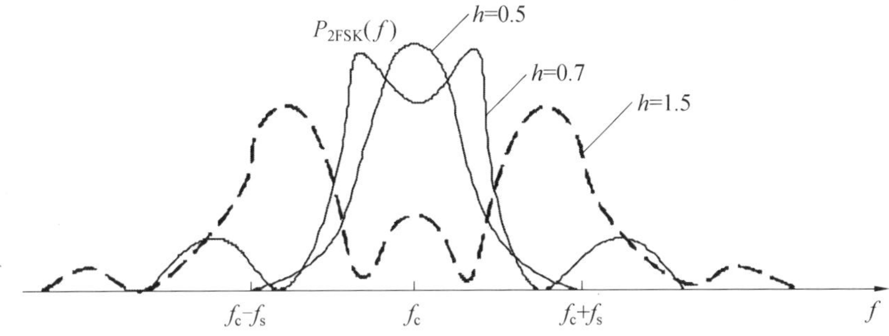

图 9.12　2FSK 信号功率谱示意图

传输由单极性矩形脉冲序列调制产生的 2FSK 信号所需的带宽近似为

$$B_{2FSK} \approx 2f_B + |f_2 - f_1| \tag{9.10}$$

式中，f_B 为基带信号的带宽。

二进制 FSK 信号的功谱密度由离散频率分量 f_c、$f_c + n\Delta f$、$f_c - n\Delta f$ 组成，其中 n 为整数。相位连续的 FSK 信号的功率谱密度函数最终按照频率偏移的负四次幂衰落，如果相位不连续，功率谱密度函数按照频率偏移的负二次幂衰落。

9.4　二进制相移键控

相移键控是用载波的相位变化来传递信息，振幅和频率保持不变，它有绝对相移键控（2PSK）和二进制相对相移键控（2DPSK）两种工作方式。

9.4.1　绝对相移键控（2PSK）

在 2PSK 中，以载波的固定相位为参考，通常用与载波相同的 0 相位表示 1 码，π 相位表示 0 码。因此，2PSK 信号的时域表达式为

$$s_{2PSK}(t) = A\cos(\omega_c t + \varphi_n) \tag{9.11}$$

式中，φ_n 为第 n 个符号的绝对相位，即 $\varphi_n = \begin{cases} 0 & (\text{发送 } 1) \\ \pi & (\text{发送 } 0) \end{cases}$。

当数字信号的传输速率 $R_s = 1/T_s$ 与载波频率间有整数倍关系时，2PSK 信号的典型波形如图 9.13 所示。若 1 个码元内只画 1 个载波周期（设载波初相位为 0），则图中给出对应输入序列 1011001 的已调波形。

与式(9.4) 相对应，可以写出 2PSK 的另一种时域表达式，即

$$s_{2PSK}(t) = \left[\sum_n a_n g(t - nT_s)\right]\cos\omega_c t \tag{9.12}$$

式中，a_n 为双极性，$a_n = \begin{cases} +1 & (\text{概率 } P) \\ -1 & (\text{概率 } 1-P) \end{cases}$。

将式(9.12) 所示的 2PSK 信号与式(9.4) 所示的 2ASK 信号相比，它们的表达式在形式

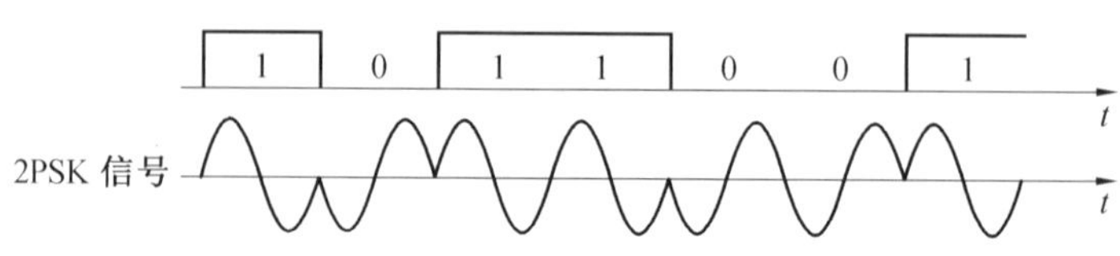

图 9.13　2PSK 信号的典型波形

上是相同的，其区别在于 2PSK 信号是双极性不归零码的双边带调制，而 2ASK 信号是单极性非归零码的双边带调制。由于双极性不归零码没有直流分量，因此 2PSK 信号是抑制载波的双边带调制。

由于调制信号只有 2 个值，2ASK、2FSK 和 2PSK 之间有着内在的联系，显然，2FSK 和 2PSK 都以 2ASK 为基础，2FSK 可由 2 个 2ASK 组合而成，而将 2ASK 系数 a_n 的取值 0 改为 -1 就是 2PSK。

1. 2PSK 的功率谱密度

如上述分析可知，2PSK 信号的功率谱与 2ASK 信号的功率谱相同，只是少了一个离散的载波分量，也属于线性调制，2PSK 信号的功率谱密度如图 9.14 所示。

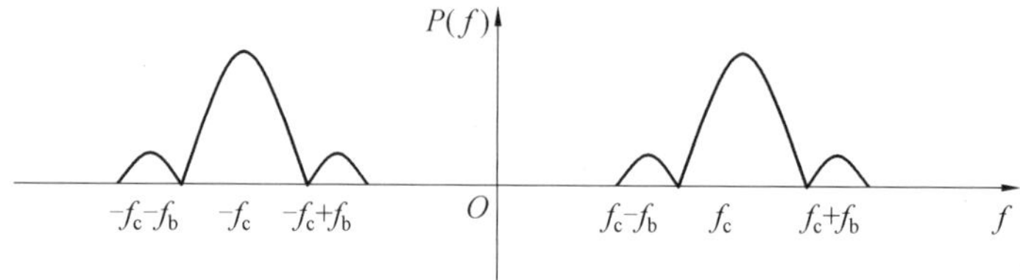

图 9.14　2PSK 信号的功率谱密度

其带宽与 2ASK 相同，即

$$B=2f_c=\frac{2}{T}$$

2. 2PSK 调制与解调

2PSK 调制可以采用模拟法，也可以采用相移键控法，对应的调制器可以采用相乘器，也可以采用相位选择器，如图 9.15 所示。

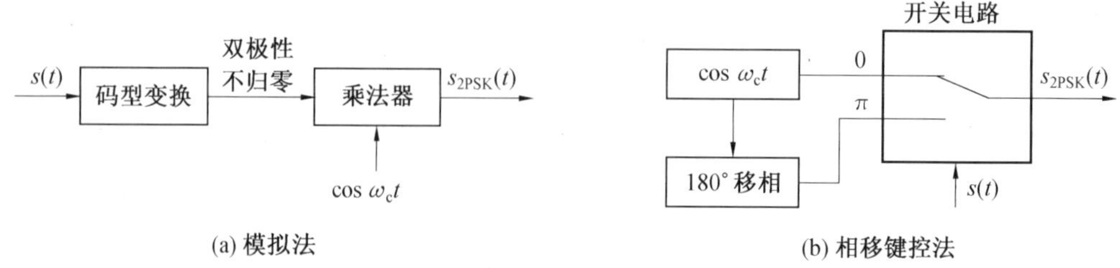

图 9.15　2PSK 调制器

2PSK 信号同样可以采用相干解调法，如图 9.16(a) 所示。另一种方法与模拟调相波的解调一样，采用鉴相器进行解调如图 9.16(b) 所示，鉴相器的作用是将输入的已调信号与本地载波信号的极性进行比较，这种解调方法通常称为极性比较法。

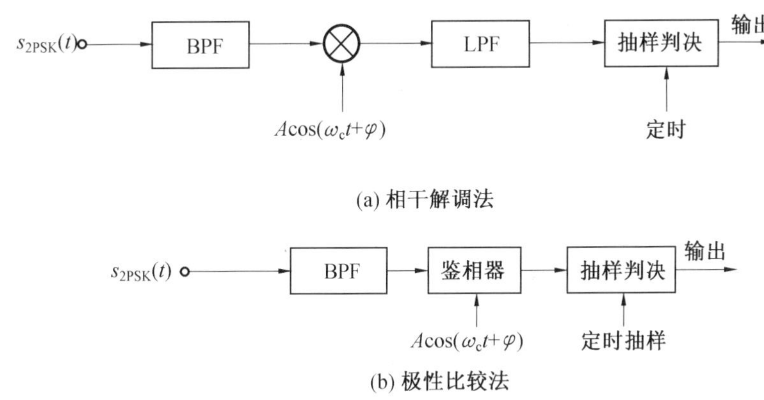

图 9.16　2PSK 解调器

3. 2PSK 的倒 π 现象

在绝对调相方式中，发送端是以某一个相位作基准，然后用载波相位相对于基准相位的绝对值（0 或 π）来表示数字信号，因此在接收端也必须有一个固定的基准相位作参考。显然，在接收端获得合理的本地载波一是一个关键问题，如果这个本地载波的参考相位发生变化（0 → π 或 π → 0），则恢复的数字信号也会发生错误（1 变成了 0 或 0 变成了 1），这种现象通常称为 2PSK 方式的 0、π 倒置现象或反向工作。

本地载波从接收信号中恢复的常用方法是平方环电路或科斯塔斯环（Costas）电路，若设两种电路中的压控振荡器（VCO）输出载波与调制载波之间的相位差为 $\Delta\varphi$，则在 $\Delta\varphi = n\pi$（n 为任意整数）时，VCO 都处于稳定状态。也就是说，经 VCO 恢复出来的本地载波与所需要的相干载波可能同相，也可能反相，即 0、π 相位模糊度。为了克服这种现象，实际应用中一般不采用 2PSK 方式，而采用相对调相 2DPSK 方式。

9.4.2　二进制相对相移键控（2DPSK）

在 2PSK 信号中，调制信号的 1 和 0 对应的是 2 个确定不变的载波相位（如 0 和 π），由于它是利用载波相位绝对数值的变化来传送数字信息，因此又称为绝对调相。为了克服 2PSK 的 0、1 倒置现象，利用前后码元载波相位相对数值的变化来传送数字信息，这种方法称为相对调相。

相对调相信号的产生过程为：首先对数字基带信号进行差分编码，即由绝对码变为相对码（差分码），再进行绝对调相。这种二进制相对调相信号是通过在 2PSK 调制器的输入端加一级差分编码电路来实现的，又可以称为二进制相对相移键控信号，记作 2DPSK。

1. 2DPSK 调制

差分码分为传号差分码或空号差分码。传号差分码编码时，2DPSK 对信息序列码元所取相位的定义为，以前一码元的末相为参考，序列中出现 1 码时，输出载波相位变化 π；序列中出现 0 码时，输出载波相位不变。载波相位的相对变化携带了数字信息：

$$b_n = a_n \oplus b_{n-1} \tag{9.13}$$

式中，$\oplus$ 为模 2 和；b_{n-1} 为 b_n 的前一个码元，最初的 b_{n-1} 可任意设定。

2DPSK 调制方法基本类似于 2PSK 调制，采用模拟法或键控法，只是调制信号需要经过码型变换，将绝对码变为相对码。模拟法是先将原始二进制数进行差分编码，编码的输入结果是单极性码，再将单机行码进行电平转换变成双极性码，最后将双极性码与载波相乘，就可以利用不同的相位携带数字信息。

键控法是通过振荡器产生载波，并将载波进行调相，形成两路相位不同的两路信号，通过 1 和 0 控制开关，使不同的相位信号通过，携带不同数字信息。

2DPSK 调制器及波形示意图如图 9.17 所示，已调 2DPSK 的输出波形如图 9.17(c) 所示，设定输入序列为 10010110。

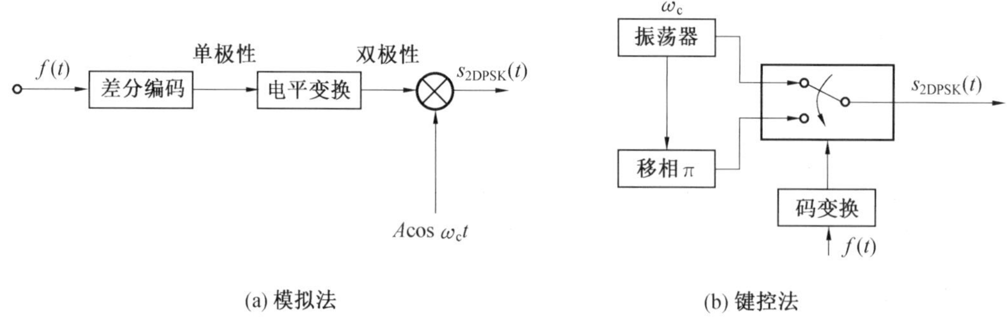

(a) 模拟法　　(b) 键控法

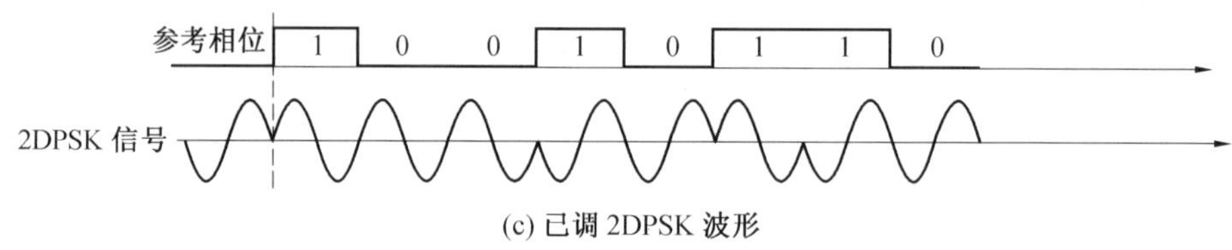

(c) 已调 2DPSK 波形

图 9.17　2DPSK 调制器及波形示意图

2. 2DPSK 解调

2DPSK 信号的解调方法基本同 2PSK，但解调后的信号为相对码，需要进行码型变换，将相对码变换成为绝对码。

2DPSK 信号可以采用相干解调法进行解调，由于本地载波相位模糊度的影响，解调得到的相对码$\overline{b_n}$也是 1 和 0 倒置的。但由相对码恢复为绝对码时，要按规则进行差分译码：

$$\overline{a_n} = \overline{b_n} \oplus \overline{b_{n-1}}$$

式中，$\overline{b_{n-1}}$ 为$\overline{b_n}$ 的前一个码元。

这样得到的绝对码只是反映了相邻两个相位的变化，即改变或者不改变，所以不会发生任何倒置现象。2DPSK 信号的相干解调之所以能克服载波相位模糊的问题，就是因为数字信息是用载波相位的相对变化来表示的。图 9.18 所示为相干解调器的原理及其各点波形的示意图，2DPSK 的相干解调器原理如图 9.18(a) 所示，各点波形示意图如图 9.18(b) 所示。

差分码必须先假设一个参考电平，这里假设参考电平为高电平。2DPSK 信号的另一种

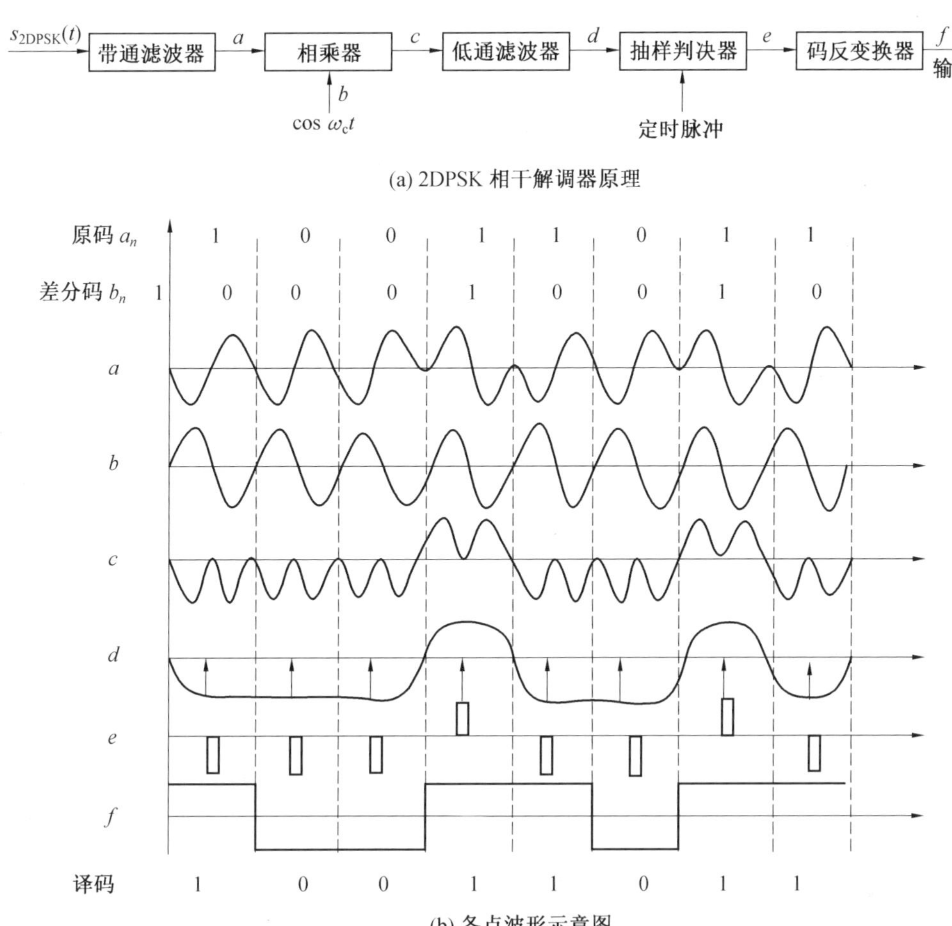

(a) 2DPSK 相干解调器原理

(b) 各点波形示意图

图 9.18　2DPSK 相干解调器的原理及其各点波形示意示意图

解调方法是差分相干解调(又称延迟解调),其解调原理及各点波形示意图如图 9.19 所示。用这种方法解调时不需要恢复本地载波,可由收到的信号单独完成,只需将 DPSK 信号延迟一个码元间隔 T_s,然后与 DPSK 信号本身相乘。相乘结果反映了码元的相对相位关系,经过低通滤波器后可直接进行抽样判决恢复出原始数字信息,不需要差分译码。

图 9.19 中抽样判决器的判决原则,抽样值大于 0 时判 0,抽样值小于 0 时判 1。

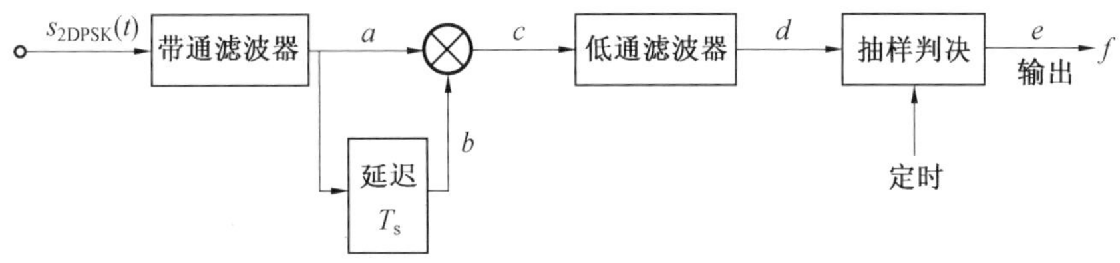

(a) 差分相干解调原理框图

图 9.19　2DPSK 差分相干解调原理及各点波形示意图

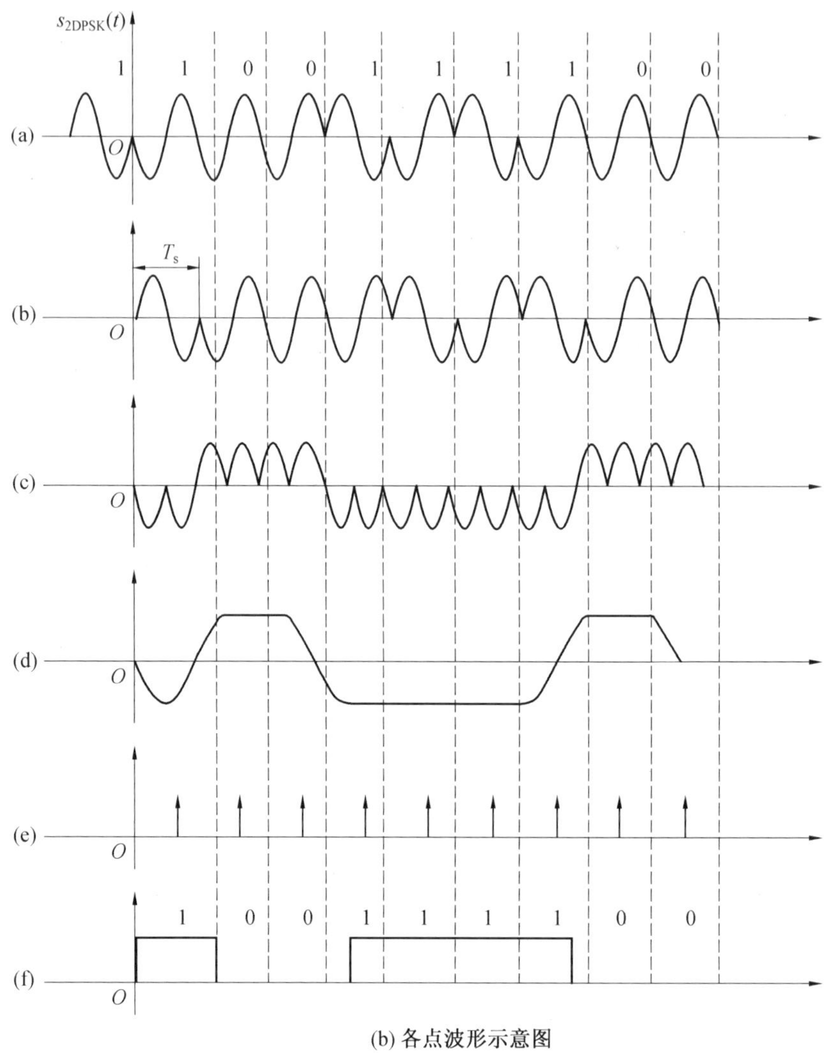

(b) 各点波形示意图

续图 9.19

这两种解调方案的解调波形虽然一致，但是都不存在相位倒置问题，但差分相干解调电路中不需要本地参考载波和差分译码，是一种经济可靠的解调方案，得到了广泛的应用。需要注意的是，调制端的载波频率应设置成码元速率的整数倍。

9.5 二进制数字调制系统的性能比较

针对二进制幅移键控(2ASK)、二进制频移键控(2FSK)、二进制相移键控(2PSK)和二进制相对相移键控(2DPSK)数字调制系统，分别从误码率、频带利用率、对信道的适应能力以及设备的可实现性大小等方面讨论。

9.5.1　误码率

在信道高斯白噪声的干扰下，各种二进制数字调制系统的误码率 P_e 取决于解调器输入信噪比，而误码率表达式的形式则取决于解调方式，相干解调时为互补误差函数 $\mathrm{erfc}(\sqrt{r/k})$ 形式（k 只取决于调制方式），非相干解调时为指数函数形式。

为了在恒定的影响因素下评定各调制系统的误码率 P_e，在图 9.20 中获得表 9.1 的前提条件如下。

（1）二进制数字信号 1 和 0 是独立且等概率出现的。

（2）信道加性噪声 $n(t)$ 是零均值高斯白噪声，单边功率谱密度为 n_0，信道参量恒定。

（3）通过接受滤波器后的噪声为窄带高斯噪声，其均值为零，方差为 σ_n^2。

（4）由接收滤波器引起的码间串扰很小，忽略不计。

（5）接收端产生的相干载波的相位差为 0。

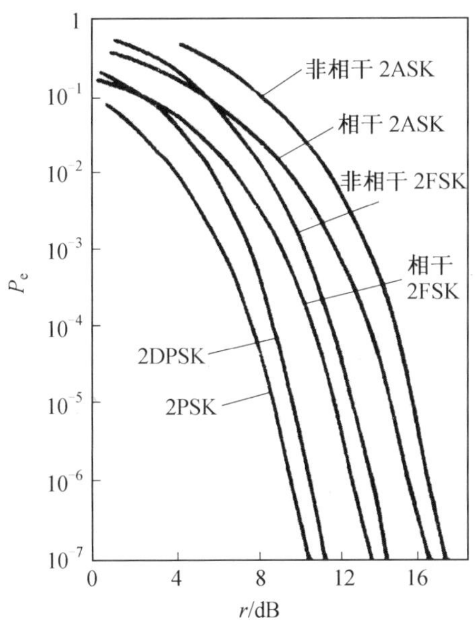

图 9.20　二进制数字调制系统的误码率 P_e 曲线图

表 9.1　二进制数字调制系统的 P_e 对比表

调制方式	相干解调	非相干解调
2ASK	$\frac{1}{2}\mathrm{erfc}(\sqrt{r/4})$	$\frac{1}{2}\mathrm{e}^{-r/4}$
2FSK	$\frac{1}{2}\mathrm{erfc}(\sqrt{r/2})$	$\frac{1}{2}\mathrm{e}^{-r/2}$
2PSK	$\frac{1}{2}\mathrm{erfc}(\sqrt{r})$	—
2DPSK	$\mathrm{erfc}(\sqrt{r})$	$\frac{1}{2}\mathrm{e}^{-r}$

通过对图 9.20 的分析，并结合表 9.1 中给定的 P_e 函数可知，随着 r 增大，P_e 下降。对于同一种调制方式，相干解调的误码率小于非相干解调的误码率，但随着 r 的增大，误码率曲线有所靠拢，二者差别减小。

当解调方式相同、调制方式不同时，在相同误码率 P_e 条件下，若采用相干解调，在误码率相同的情况下，$r_{2ASK}=2r_{2FSK}=4r_{2PSK}$，2PSK 系统要求的信噪比 r 比 2FSK 系统小 3 dB，2FSK 系统要求的信噪比 r 比 2ASK 系统也小 3 dB，并且 2FSK、2PSK 和 2DPSK 的抗衰落性能均优于 2ASK 系统。

若采用非相干解调，在误码率相同的情况下，信噪比的要求为，2DPSK 比 2FSK 小 3 dB，2FSK 比 2ASK 小 3 dB。总之，使用非相干解调时，在二进制数字调制系统中，2DPSK 的抗噪声性能最优。

9.5.2 对信道特性变化的敏感性

在选择数字调制方式时，还应考虑判决门限对信道特性的敏感性，在随参信道中，人们希望判决门限不随信道变化而变化。经过比较，可以得出以下结论。

(1)2FSK 最优，因为不需要人为设置判决门限。

(2)2PSK 次之，最佳判决门限为 0，与接收机输入信号幅度无关。

(3)2ASK 最差，最佳判决门限位 $a/2$，与接收机输入信号幅度有关，因为信道变化，判决门限随着信号幅度的变化而变化，不利于电路设计，此时需要自适应控制电路。

(4) 但当信道有严重衰落时，通常采用非相干解调或差分相干解调，因为在接收端难以得到与发送端同频同相的本地载波。但在远距离通信中，当发射机有着严格的功率限制时，如卫星通信中，星上转发器输出功率受电能的限制，这时可考虑用相干解调，因为在传码率及误码率确定的情况下，相干解调要求的信噪比非相干解调小。

9.5.3 设备复杂度

就二进制调制系统的设备而言，2ASK、2DPSK 和 2FSK 发送端设备的复杂度相差不大，而接收端的复杂程度则和所用的调制解调方式有关。对于同一种调制方式，相干解调的接收设备比非相干解调的接受设备复杂；同为非相干解调时，2DPSK 的接收设备最复杂，2FSK 次之，2ASK 的设备最简单。

就多进制而言，不同调制解调方式设备的复杂程度与二进制的情况相同。但总体来说，多进制数字调制与解调设备的复杂程度比二进制复杂得多。

9.5.4 各自优缺点及应用场合

2FSK 是数字通信中不可缺少的一种调制方式。其优点是抗干扰能力较强，不受信道参数变化的影响，因此特别适合应用于衰落信道；缺点是占用频带较宽，频率利用率低。目前 2FSK 主要应用于中、低速数据传输中。

2PSK 在解调时有相位模糊的缺点，因此在实际中很少采用。2DPSK 不存在相位模糊的问题，因为它是依靠前后 2 个接收码元信号的相位差来恢复数字信号的。2DPSK 和 2PSK 是一种高传输效率的调制方式，其抗干扰能力比 2ASK 和 2FSK 强，因此在高、中速数

据传输中得到了广泛应用，尤其是 2DPSK。

通过以上几个方面的比较可以看出，对调制和解调方式的选择需要考虑的因素较多。通常只有对系统的要求全面的考虑，并且还要抓住其中最主要的因素，才能做出比较恰当的选择。如果抗噪声性能是最主要的，则应考虑相干 2PSK、2DPSK，而 2ASK 最不可取；如果要求较高的频带利用率，则应选择相干 2PSK、2DPSK 和 2ASK，而 2FSK 最不可取；如果要求较高的功率利用率，则应选择相干 2PSK、2DPSK，而 2ASK 最不可取；若传输信道是随参信道，则 2FSK 具有更好的适应能力；若从设备复杂度方面来主要考虑，则非相干方式比相干方式更适宜。

9.6　多进制数字调制

在实际的数字通信系统中，常常采用多进制数字调制来提高频带的利用率，实现高速信息传输。用多进制($M>2$) 数字基带信号去控制高频载波不同参数的调制，称为多进制数字调制。当携带信息的参数分别为载波的幅度、频率或相位时，数字调制信号为 M 进制幅移键控(MASK)、M 进制频移键控(MFSK) 或 M 进制相移键控(MPSK)。也可以将载波的 2 个参量组合进行调制，如将幅度和相位组合得到多进制幅相键控(MAPK) 或它的特殊形式多进制正交幅度调制(MQAM) 等。

由于多进制数字已调信号的被调参数在一个码元间隔内有多个取值，因此，与二进制数字调制相比，多进制数字调制有以下几个特点。

(1) 在码元速率(传码率) 相同条件下，可以提高信息速率(传信率)，使系统频带利用率增大，相当于节省了带宽。码元速率相同时，M 进制数字传输系统的信息速率是二进制的 $\log_2 M$ 倍。在实际应用中，通常取多进制数 M 为 2 的幂次($M=2^n$)，n 为大于 1 的正整数。

(2) 在信息速率相同条件下，可以降低码元速率，以提高传输的可靠性。信息速率相同时，M 进制的码元宽度是二进制的 $\log_2 M$ 倍，这样可以增加每个码元的能量，并能减小码间串扰影响等。

基于这些特点，使多进制数字调制方式得到了广泛的使用。但是，其缺点是信号功率需求增加和实现复杂度加大，设备复杂，判决电平增多，误码率高于二进制数字调制系统。

9.6.1　多进制幅移键控(MASK)

多进制幅移键控又称多电平调制，它是二进制数字振幅键控的推广。M 进制数字振幅调制信号的载波幅度有 M 种取值，在每个符号时间间隔 T_s 内发送 M 个幅度中的 1 个幅度的载波信号。

1. MASK 信号表达

在 M 进制的幅移键控信号中，载波幅度有 M 种取值。当基带信号的码元间隔为 T_s 时，设 a_n 为幅度值，$g(t)$ 为基带信号波形，ω_c 则 M 进制幅移键控信号的时域表达式为

$$S_{\text{MASK}}(t)=\sum_n a_n g(t-nT_s)\cos\omega_c t \tag{9.14}$$

$$a_n=\begin{cases}0 & （发送概率为 P_0） \\ 1 & （发送概率为 P_1） \\ \vdots & \\ M-1 & （发送概率为 P_{M-1}）\end{cases}$$

且

$$\sum_{i=0}^{M-1} P_i = 1$$

由式(9.14)可知，MASK信号相当于M电平的基带信号对载波进行双边带调幅，调制波形如图9.21(b)所示，4ASK信号波形可等效为图9.21(c)中的四种波形之和，其中三种波形分别是1个2ASK信号。MASK信号可以看成是由时间上互不相容的$M-1$个不同振幅值的2ASK信号的叠加而成。

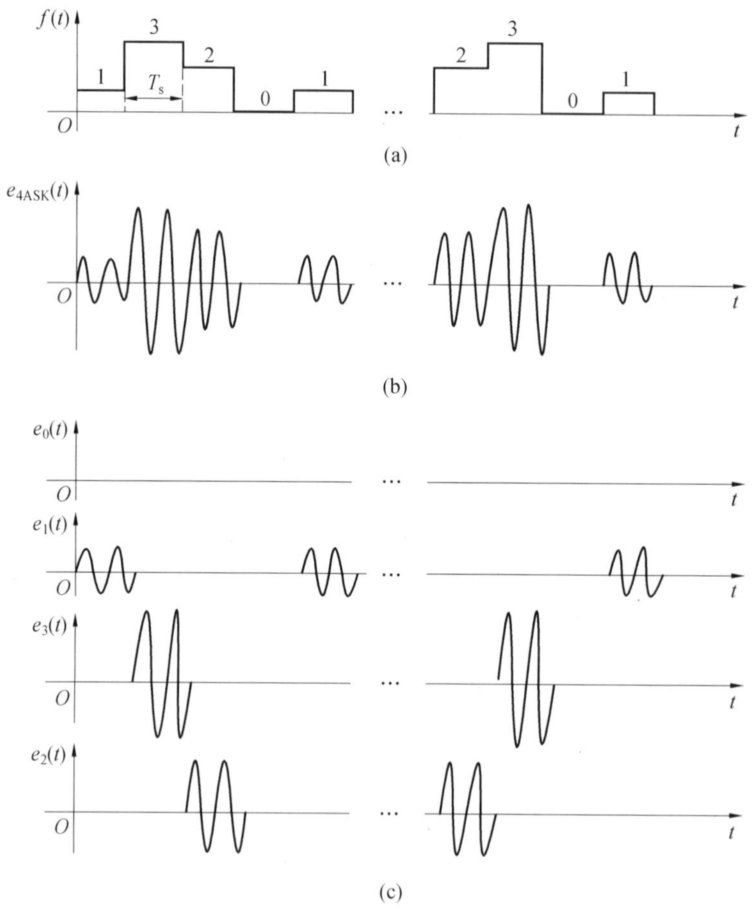

图9.21　4ASK信号等效分解的波形

所以MASK信号的功率谱是$M-1$个信号的功率谱之和。MASK信号的功率谱结构虽然复杂，但就信号的带宽而言，当码元速率R_s相同时，MASK信号的带宽与2ASK信号的带宽相同，都是基带信号带宽的2倍，$B_{MASK}=2f_s$(Hz)。

但是 M 进制基带信号的每个码元携带有 lbM 比特信息，即在带宽相同的情况下，MASK 信号的信息速率是 2ASK 信号的 lbM 倍，或者说在信息速率相同的情况下，MASK 信号的带宽仅为 2ASK 信号的 1/lbM。

2. MASK 调制与解调

MASK 信号与 2ASK 信号产生的方法相同，可利用乘法器实现，不过由发送端输入的 k 位二进制数字基带信号需要经过一个电平变换器，转换为 M 电平的基带脉冲再送入调制器，即可得到 MASK 信号，MASK 调制中最简单的基带信号波形是矩形。为了限制信号频谱也可以采用其他波形，如升余弦滚降信号或部分响应信号等。

解调也与 2ASK 信号相同，可采用相干解调和非相干解调两种方式。

9.6.2　多进制频移键控(MFSK)

1. MFSK 信号表达

多进制频移键控简称多频调制，它基本上是二进制数字频率键控的直接推广。在 MFSK 中，载波频率有 M 种取值。MFSK 信号的表达式为

$$S_{\text{MFSK}}(t)=\sqrt{\frac{2E_s}{T_s}}\cos\omega_i t\quad(0\leqslant t\leqslant T_s, i=0,1,\cdots,M-1)\tag{9.15}$$

式中，E_s 为单位符号的信号能量；ω_i 为载波角频率，有 M 种取值。通常可选载波频率 $f_i=n/2T_s$，n 为正整数，此时有 M 种发送信号相互正交。

2. MFSK 调制与解调

MFSK 调制可用频率选择法实现，形成相位不连续的多频调制系统，如图 9.22(a) 所示。图中串 / 并转换和逻辑电路负责将 k 位二进制码转换成 M 进制码($2^k=M$)，然后由逻辑电路控制选通开关，分别控制 M 个振荡源的接入，在每一码元时隙内只输出与本码元对应的调制频率，经相加器衔接，送出 MFSK 已调波形。

MFSK 信号通常采用非相干解调，如图 9.22(b) 所示。多频调制信号的解调器由多个带通滤波器、包络检波器以及抽样判决器、逻辑电路和并 / 串转换器组成。M 个带通滤波器的中心频率与 M 个调制频率相对应，这样当某个调制频率到来时，只有一个带通滤波器有信号加噪声通过，而其他带通滤波器输出的只有噪声。所以抽样判决器在判决时刻，要比较各带通滤波器送出的样值，选最大者作为输出，逻辑电路再将其转换成 k 位二进制并行码，最后由并 / 串转换器转换成串行的二进制信息序列。

多进制频移键控信号的带宽近似为

$$B_{\text{MFSK}}=f_h-f_l+2f_s\quad(\text{Hz})\tag{9.16}$$

式中，f_h 为 M 个载波中的最高载频；f_l 为 M 个载波中的最低载频；f_s 为码元速率。

由式(9.16) 可知，MFSK 信号具有较宽的频带，因此它的信道频带利用率不高，只能用于调制速率不高的传输系统。

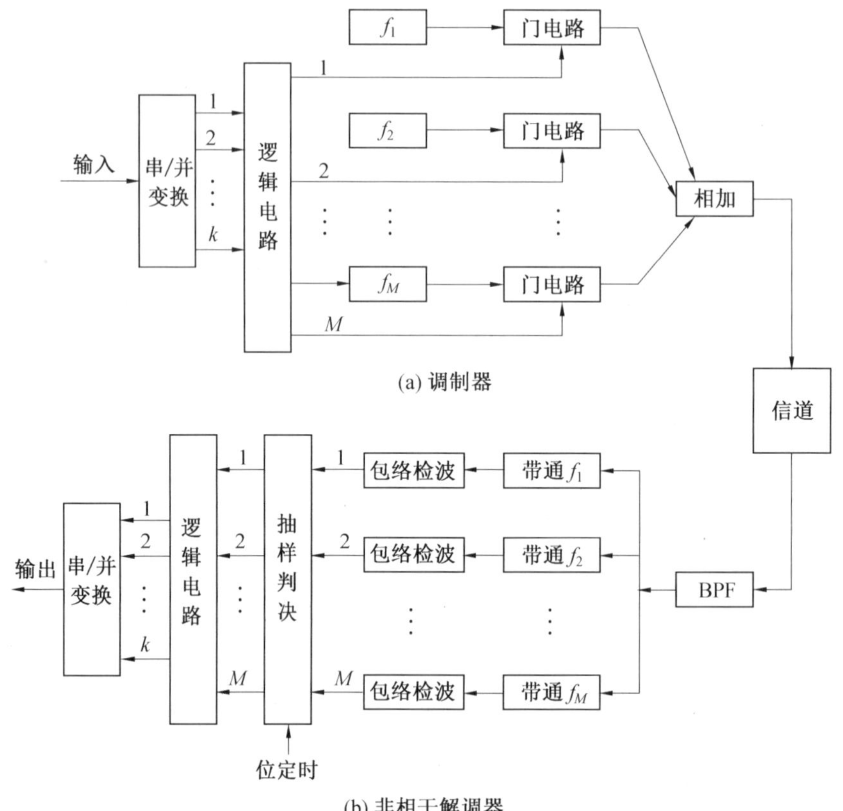

图 9.22　MFSK 调制器及非相干解调器

9.6.3　多进制相移键控

1. 多进制绝对相移键控(MPSK)

多进制绝对相移键控是利用载波的多种不同相位来表征数字信息的调制方式。MASK 信号的幅度不等,不能充分利用设备的功率能力,而 MPSK 信号载波的幅度不变,使信号的平均功率可以达到发送设备的极限。多进制调相常用的有 4PSK、8PSK 和 16PSK 等,它的应用使系统的有效性大大提高。

(1)MPSK 信号表达。

在 M 进制相移键控(MPSK) 中,载波相位有 M 种取值。当基带信号的码元间隔为 T_s 时,MPSK 信号可表示为

$$S_{\text{MPSK}}(t)=\sqrt{\frac{2E_s}{T_s}}\cos(\omega_c t+\varphi_i)\quad (i=0,i,\cdots,M-1) \tag{9.17}$$

式中,E_s 为信号在一个码元间隔内的能量;ω_c 为载波角频率;φ_i 为有 M 种取值的相位。

MPSK 信号仅用相位携带基带信号的数字信息,为了表达出基带信号与载波相位的联系,可将码元持续时间为 T_s 的基带信号用矩形函数表示,即

$$g(t)=\begin{cases}1 & (0\leqslant t\leqslant T_s)\\0 & (\text{其他})\end{cases}$$

MPSK 信号的表达式又可写为

$$S_{\mathrm{MPSK}}(t)=\sum_n\sqrt{\frac{2E_s}{T_s}}g(t-nT_s)\cos(\omega_c t+\varphi_n) \tag{9.18}$$

式中，矩形函数与基带信号的码元相对应；φ_n 为载波在 $t=nT_s$ 时刻的相位，取式(9.17)中 φ_i 的某一种取值。φ_i 通常是等间隔的 M 种取值，即

$$\varphi_i=\frac{2\pi i}{M}+\theta\quad(i=0,1,\cdots,M-1) \tag{9.19}$$

式中，θ 为初相位。

为计算方便，设 $\theta=0$，将式(9.18)展开，得

$$S_{\mathrm{MPSK}}(t)=\cos\omega_c t\sum_n\sqrt{\frac{2E_s}{T_s}}g(t-nT_s)\cos\varphi_n-\sin\omega_c t\sum_n\sqrt{\frac{2E_s}{T_s}}g(t-nT_s)\sin\varphi_n \tag{9.20}$$

令 $a_n=\sqrt{\frac{2E_s}{T_s}}\cos\varphi_n$、$b_n=\sqrt{\frac{2E_s}{T_s}}\sin\varphi_n$，则

$$S_{\mathrm{MPSK}}(t)=\sum_n a_n g(t-nT_s)\cos\omega_c t-\sum_n b_n g(t-nT_s)\sin\omega_c t \tag{9.21}$$

式(9.21)可进一步简写为

$$S_{\mathrm{MPSK}}(t)=I(t)\cos\omega_c t-Q(t)\sin\omega_c t \tag{9.22}$$

式中，$I(t)=\sum_n a_n g(t-nT_s)$；$Q(t)=\sum_n b_n g(t-nT_s)$。

通过式(9.21)推导过程可知，MPSK 信号的每一项都是 1 个 M 电平双边带调幅信号，即 MASK 信号，但载波是正交的。也就是说，MPSK 信号可以看成是 2 个正交载波 MASK 信号的叠加，所以 MPSK 信号的频带宽度应与 MASK 信号的频带宽度相同，都是基带信号带宽的 2 倍，即 $B_{\mathrm{MASK}}=2f_s$(Hz)。与 MASK 信号一样，当信息速率相同时，MPSK 信号与 2PSK 信号相比，带宽节省到 1/lbM，即频带利用率提高了 lbM 倍。

通常将式(9.22)的第一项称为同相分量，第二项称为正交分量。由此可知，MPSK 信号可以用正交调制的方法产生。

(2)MPSK 的矢量描述。

MPSK 信号是相位不同的等幅信号，所以它还可以用矢量图来描述，在矢量图中通常以 0° 载波相位作为参考矢量。图 9.23 所示为 $M=2$、$M=4$ 和 $M=8$ 三种情况下的 MPSK 信号的矢量图。当采用相对相移键控时，矢量图表示的相位为相对相位差，因此图中将基准相位用虚线表示，在相对相移键控中，这个基准相位是前一个调制码元的相位。对同一种相位调制可能有不同的方式，当初始相位 $\theta=0$ 和 $\theta=\pi/M$ 时，矢量图有不同的形式，在图 9.23 中，2PSK 信号的载波相位只有 0 和 π 两种取值，或者只有 π/2 和 −π/2 两种取值。4PSK 信号的矢量图如图 9.23(b) 和 9.23(e) 所示，四种相位为 0、π/2、π、−π/2，或者为 π/4、3π/4、−3/4π、−π/4。8PSK 信号的矢量图如图 9.23(c) 和 9.23(f) 所示，八种相位分别为 0、π/4、π/2、3π/4、π、−3/4π、−1/2π、−1/4π，或者为 π/8、3π/8、5π/8、7π/8、−7/8π、−5/8π、

$-3/8\pi$、$-1/8\pi$。不同初始相位 θ 的 MPSK 信号理论上没有差别，仅是实现的方法稍有不同。产生 π/M 初始相位的 MPSK 信号，同相路 $I(t)$ 和正交路 $Q(t)$ 均为 $M/2$ 电平信号。

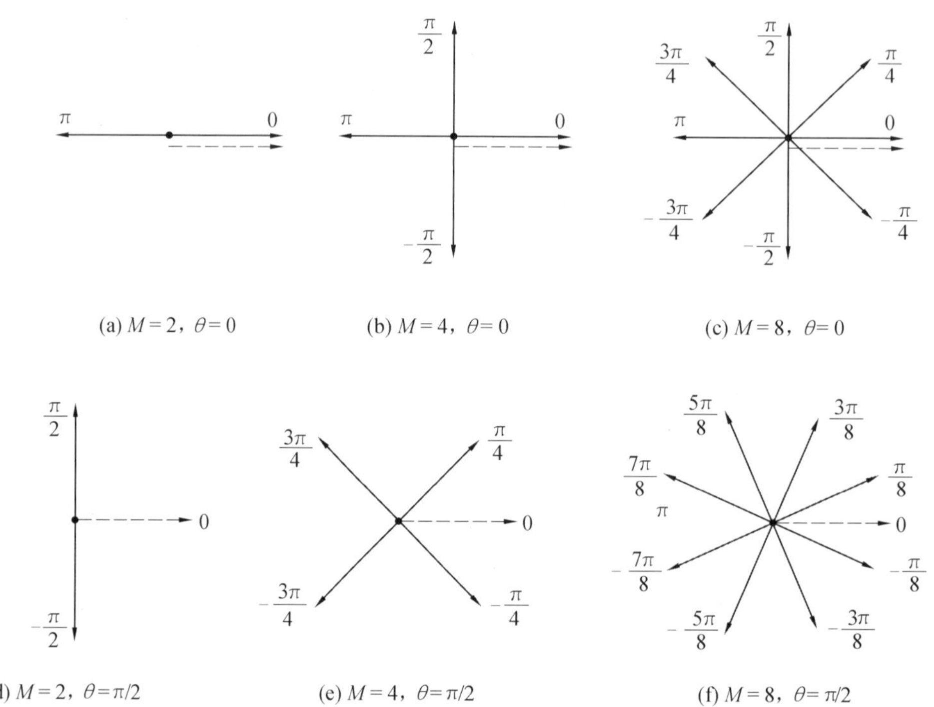

图 9.23　MPSK 信号的矢量图

多相制是用载波的多种相位来表征多种数字信息，如四相制的载波有四种不同相位，实现时首先将二进制变为四进制，将二进码元的每 2 个比特编为一组，可以有四种组合（00，10，01，11），然后用载波的四种相位分别表示。由于每一种载波相位代表 2 个比特信息，故每个四进制码元又被称为双比特码元，双比特码元与载波相位的对应关系见表 9.2。同理，八相制由三位的二进制码元的组合来表示，以此类推。

表 9.2　双比特码元与载波相位的对应关系

双比特码元		$\pi/2$ 相移系统	$\pi/4$ 相移系统
0	0	0	$-3\pi/4$
1	0	$\pi/2$	$-\pi/4$
1	1	π	$\pi/4$
0	1	$-\pi/2$	$3\pi/4$

（3）MPSK 带宽。

MPSK 信号可以等效为 2 个正交载波进行多电平双边带调幅产生的已调波之和，故多相调制的带宽计算与多电平振幅调制时相同：

$$B_{\mathrm{MPSK}}=B_{\mathrm{MASK}}=2f_s=2R_B \quad (\mathrm{Hz})$$

又因为调相时并不改变载波的幅度，所以与 MASK 相比，MPSK 大大提高了信号的平均功

率，是一种高效的调制方式。

(4)MPSK 的调制。

本节以四相制为例，4PSK 又称为 QPSK，MPSK 调制的产生方法可采用调相法和相位选择法。QPSK 正交调制器方框图如图 9.24(a) 所示，输入的串行二进制码经串并变换，分成两路速率减半的序列，电平发生器分别产生双极性二电平信号 $I(t)$ 和 $Q(t)$，然后分别对同相载波 $\cos\omega_c t$ 和正交载波 $\sin\omega_c t$ 进行调制，二者之和即为 QPSK 信号，$I(t)$ 和 $Q(t)$ 的典型波形如图 9.24(b) 所示。

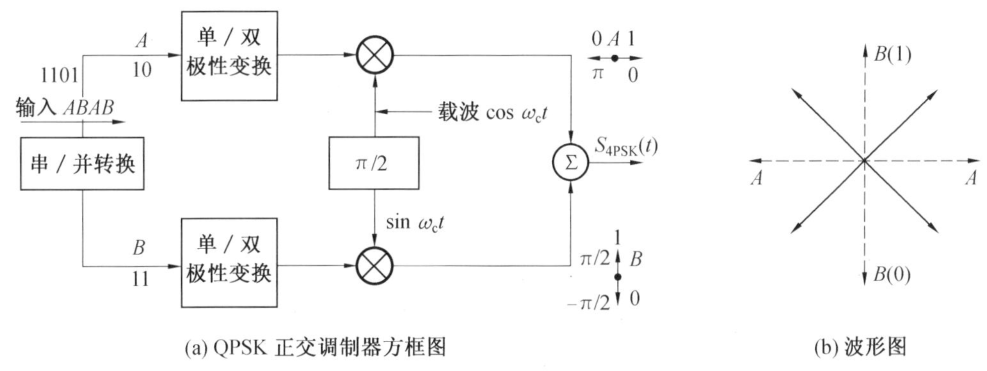

(a) QPSK 正交调制器方框图　　(b) 波形图

图 9.24　QPSK 正交调制器方框图及波形图

QPSK 也可以用相位选择法产生，如图 9.25 所示。四相载波发生器分别输出调相所需要的四种不同相位的载波，输入的数字信息经串并变换成为双比特码，经逻辑选择电路，每次选择其中一种作为输出，即逻辑选相电路输出相应的载波，然后经过带通滤波器滤除高频分量。这是一种全数字化的方法，适合于载波频率较高的场合。

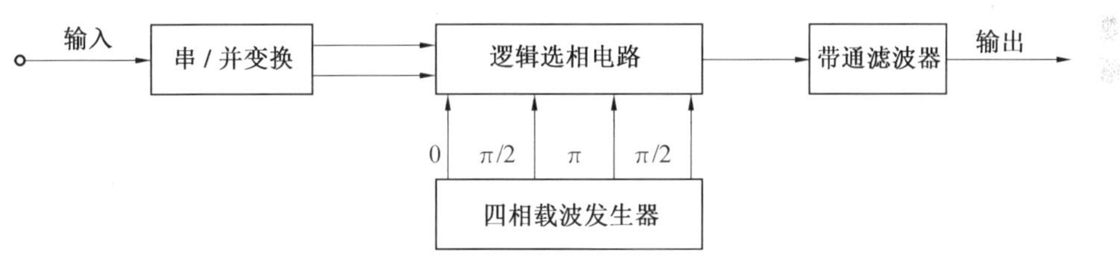

图 9.25　相位选择法产生的 QPSK 信号

(5)MPSK 解调。

已知 MPSK 信号可以等效于 2 个正交载波的幅度调制，所以 MPSK 信号可以用 2 个正交的本地载波信号实现相干解调。以 QPSK 为例，四相绝对调相信号可以看作是两个正交 2PSK 信号的合成，可采用与 2PSK 信号类似的解调方法进行解调。同相路和正交路分别设置 2 个相关器，用 2 个正交的相干载波分别对两路 2PSK 进行相干解调，如图 9.26 所示，QPSK 信号同时发送到解调器的 2 个信道，在相乘器中与对应的载波相乘，并从中取出基带信号发送到积分器，在 $0\sim 2T_s$ 时间内积分，分别得到 $I(t)$ 和 $Q(t)$，经抽样判决，然后经并 / 串变换器将解调后的并行数据恢复成串行数据。

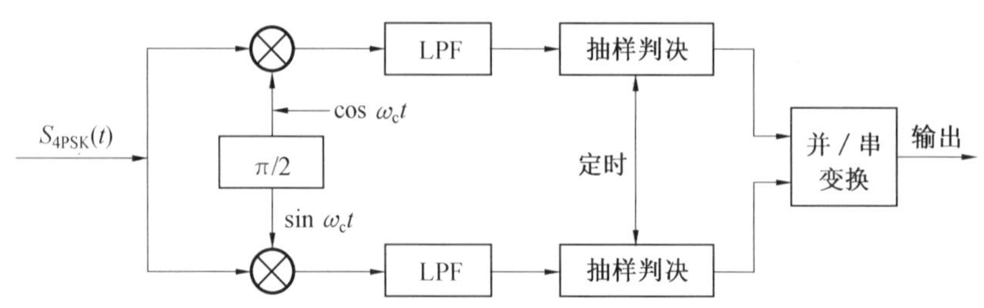

图 9.26　QPSK 相干解调器

2. 多进制的相对调相 MDPSK

MPSK 同 2PSK 一样，在接收机解调时，由于相干载波同样存在相位模糊度问题，使得解调后的输出信号 0、1 误判现象仍然存在。为了克服这种缺点，在实际通信中通常采用多进制相对调相系统。

四相相对调相调制是利用前后码元之间的相对相位变化来表示数字信息。若以前一码元相位作为参考，并令 $\Delta\varphi$ 作为本码元与前一码元相位的初相差，双比特码元对应的相位差 $\Delta\varphi$ 的关系采用表 9.2 中形式。

在讨论 2PSK 信号调制时，为了得到 2DPSK 信号，可以先将绝对码变换成相对码，然后用相对码对载波进行绝对调相。4DPSK 也可以先将输入的双比特码变换成相对码，用双比特的相对码再进行四相绝对调相，所得到的输出信号便是四相相对调相信号。4DPSK 的产生方法基本同 4PSK，仍可采用调相法和相位选择法，只是需要将输入信号由绝对码转换成相对码。

例 9.1　某一型号的调制解调器利用 FSK 方式在电话信道（600～3 000 Hz）范围内传送低速二元数字信号，且规定 $f_1=2\ 025$ Hz 代表空号，$f_2=2\ 225$ Hz 代表传号，若信息速率 $R_b=300$ b/s，求 FSK 信号带宽。

解　FSK 带宽为 $B_{2FSK}=2B_B+|f_2-f_1|=2\times300+|2\ 225-2\ 025|=800(\text{Hz})$

例 9.2　已知电话信道的可用传输频带为 600～3 000 Hz。为了传输 3 000 b/s 的数据信号，设计物理可实现的幅移键控和相移键控的传输方案。

解　由数据信号的速率 R_b 和信道带宽 B_c，已调信号的频带利用率 η_b 应为

$$\eta_b\geqslant\frac{R_b}{B_c}=\frac{3\ 000}{2\ 400}=1.25(\text{bit}/(\text{s}\cdot\text{Hz}))$$

所以必须采用多进制调制。设传输方案所需的带宽为 B_x，当 $B_x\leqslant B_c$ 时，方案才是可行的。

(1) 设基带信号是滚降系数为 $\alpha(\alpha\neq0)$ 的升余弦滚降信号，二进制码元速率为 R_s，已调信号为 4ASK 和 4PSK 信号，α 的取值应满足

$$\frac{1}{1+\alpha}\text{lb}4\geqslant1.25(\text{bit}/(\text{s}\cdot\text{Hz}))$$

即已调信号的带宽

$$B_x=\frac{R_s(1+\alpha)}{\text{lb}4}\leqslant\frac{3\ 000\times1.6}{2}=2\ 400(\text{Hz})$$

能满足信道条件，且 $\alpha\neq0$，方案是可行的。

(2) 设基带信号是矩形波。已调信号为 8ASK 和 8PSK 信号，已调信号的带宽 B_x 取谱零点带宽，即

$$B_x = \frac{2R_s}{\text{IbM}} = \frac{2 \times 3\ 000}{3} = 2\ 000(\text{Hz})$$

由于 2 000 Hz < 2 400 Hz，因此方案也是可行的。

本章小结

(1) 数字基带信号往往具有丰富的低频成分，只适合在低通型信道中传输(如双绞线)，为了使数字信号能在带通型信道中传输，必须采用数字调制方式，将原基带信号的频率搬移到带通型信道上传送。

(2) 与模拟调制中的幅度调制、频率调制和相位调制相对应，数字调制也分为幅移键控(ASK)、频移键控(FSK) 和相移键控(PSK) 三种基本方式。

(3) 键控是指一种开关控制的调制方式，如对于二进制数字信号，由于调制信号只有 2 个状态，调制后的载波参量只具有 2 个取值，其调制过程就像用调制信号去控制 1 个开关，从 2 个具有不同参量的载波中选择相应的载波输出，即用载波的某些离散状态来表示数字基带信号的离散状态，从而形成已调信号。

(4) 用数字基带信号对正弦载波的幅度进行控制的方式称为幅移键控。若基带信号为二进制数字信号，则记作 2ASK。

(5) 频移键控又称数字频率调制，二进制频移键控记作 2FSK。数字频移键控是用载波的频率来传送数字信息。

(6) 相移键控是用载波的相位变化来传递信息，振幅和频率保持不变，它有两种工作方式：绝对相移键控(2PSK) 和二进制相对相移键控(2DPSK)。

(7) 本章介绍 2ASK、2FSK、2PSK 和 2DPSK 的解调。

(8) 本章介绍二进制数字调制系统 2ASK、2FSK、2PSK 和 2DPSK 的性能分析与比较。

①2ASK、2PSK 和 2DPSK 信号频带利用率都为 0.5 bit/(s·Hz)。2DPSK 在调制指数 $h < 1$ 时，带宽较小，但调制指数太小会导致系统的抗干扰性能下降，2DPSK 频带利用率最低。

② 对于同一种调制方式，相干检测设备比非相干检测设备复杂；同为非相干检测时，2DPSK 的设备最复杂，2FSK 次之，2ASK 最简单。

③ 相干检测时，在相同误码率条件下，对信噪比的要求为 2PSK 比 2FSK 小 3 dB，2FSK 比 2ASK 小 3 dB，即 2PSK < 2FSK < 2ASK。

④ 非相干检测时，在相同误码率条件下，对信噪比的要求为 2DPSK 比 2FSK 小 3 dB，2FSK 比 2ASK 小 3 dB。

(9) 信噪比较高的系统通常采用非相干检测，而在小信噪比工作的环境中，需要采用相干检测。对于同一调制方式的不同检测方法，相干检测的抗噪声性能优于非相干检测。

(10) 本章介绍多进制幅移键控、多进制频移键控、多进制相移键控调制与解调的实现。

习　　题

9.1　设数字信息码流为10110111001,画出以下情况的2ASK、2FSK和2PSK的波形。

(1) 码元宽度与载波周期相同;

(2) 码元宽度是载波周期的两倍。

9.2　已知数字信号$\{a_n\}=1011010$,分别以下列两种情况画出2PSK、2DPSK及相对码$\{b_n\}$的波形(假定起始参考码元为1)。

(1) 码元速率为1 200波特,载波频率为1 200 Hz;

(2) 码元速率为1 200波特,载波频率为2 400 Hz。

9.3　已知某2ASK系统的码元传输速率为100波特,所用的载波信号为$A\cos(4\pi\times10^3 t)$。

(1) 设所传送的数字信息为011001,试画出相应的2ASK信号的波形;

(2) 求2ASK信号的带宽。

9.4　一相位不连续的二进制FSK信号,发1码时的波形为$A\cos(2\,000\pi t+\theta_1)$,发0码时的波形为$A\cos(8\,000\pi t+\theta_0)$,码元速率为600波特,系统的频带宽度最小为多少?

9.5　求传码率为200波特的八进制ASK系统的带宽和信息速率。如果采用二进制ASK系统,其带宽和信息速率又为多少?

9.6　设八进制FSK系统的频率配置使功率谱主瓣恰好不重叠,求传码率为200波特时系统的传输带宽及信息速率。

9.7　已知码元传输速率为200波特,求八进制PSK系统的带宽及信息速率。

9.8　已知双比特码元101100100100,未调制载波周期等于码元周期,$\pi/4$调相系统的相位配置如图9.27(a)所示,试画出$\pi/4$调相系统的4PSK和4DPSK的信号波形(参考码元波形如图9.27(b)所示)。

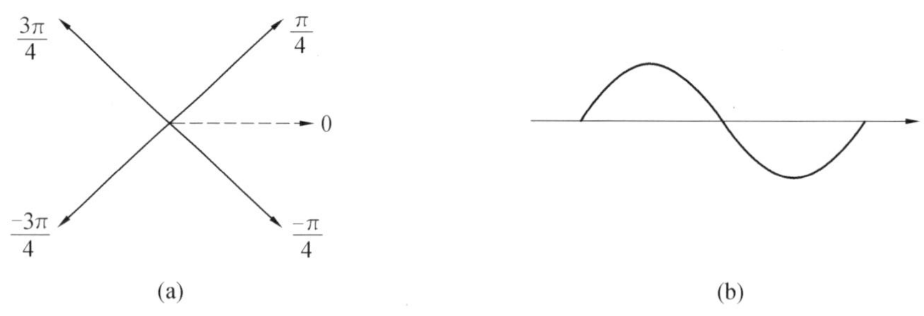

图9.27　题9.8图

9.9　已知电话信道的可用传输频带为600～3 000 Hz,取载频为1 800 Hz,说明:

(1) 采用$\alpha=1$升余弦滚降基带信号时,QPSK调制可以传输2 400 b/s数据;

(2) 采用$\alpha=0.5$升余弦滚降基带信号时,8PSK调制可以传输4 800 b/s数据。

9.10　若PCM信号采用8 kHz抽样,有128个量化级构成,则此种脉冲序列在30/32路时分复用传输时,占有理想基带信道带宽是多少;若改为ASK、FSK和PSK传输,带宽又各是多少?

第10章 数据通信同步

同步是通信中重要的词汇，什么是同步呢？日常生活中有很多同步的例子，如看电影时，口型与配音吻合，即唇同步，相反则为不同步。在通信过程中，收发双方进行信息交互，要经过在发送方数据采集、编码，发送到信道，数据在信道传输，接收方对收到的数据进行判决提取等多个环节，不可避免造成信号的延迟、衰减，这就需要在通信中增加同步技术（同步传输(Synchronous Transmission)与异步传输），使接收方能及时准确地接收信息。

同步传输和异步传输的主要区别在于同步传输有公共时钟，总线上的所有设备按统一的传输周期进行信息传输，发送方通信和接收方通信是否按约定好的时序进行联络；异步传输没有公共时钟，没有固定的传输周期，采用应答方式通信，具体的联络方式有不互锁、半互锁和全互锁三种。不互锁方式是指通信双方没有相互制约关系；半互锁方式是指通信双方有简单的制约关系；全互锁方式是指通信双方有完全的制约关系，其中全互锁通信可靠性最高。

10.1 异步传输与同步传输

10.1.1 异步传输

异步传输是指只要数据终端设备(DTE)有数据需要发送，就可以在任何时刻向信道发送信号，而接收方通过检测信道上的电平变化自主判断何时接收数据。

异步传输在发送字符时，所发送的字符之间的时间间隔可以是任意的。当然，接收端必须时刻做好接收的准备接收端主机需要加上电源，如果接收端主机的电源都没有加上，那么发送端发送字符就没有意义，因为接收端根本无法接收)。

发送端可以在任意时刻开始发送字符，因此必须在每一个字符的开始和结束的地方加上标志，即加上开始位和停止位，以便使接收端能正确地将每一个字符接收。异步传输将比特分成小组进行传送，小组可以是8位的1个字符或更长。发送方可以在任何时刻发送这些比特组，而接收方不知道它们会在什么时刻到达。一个常见的例子是计算机键盘与主机的通信，按下一个字母键、数字键或特殊字符键，就发送1个8比特位的ASCII代码。键盘可以在任何时刻发送代码，取决于用户的输入速度，内部的硬件必须能在任何时刻接收一个键入的字符。

异步传输存在一个潜在的问题，即接收方并不知道数据会在什么时候到达，可能在它检

测到数据并做出响应之前，第一个比特已经过去了，就像有人出乎意料地从后面走上来跟你说话，而你没来得及反应，漏掉了最前面的几个词。因此，每次异步传输的信息都以一个起始位开头，它通知接收方数据已经到达了，这就给了接收方响应、接收和缓存数据比特的时间；在传输结束时，一个停止位表示该次传输信息的终止。

按照惯例，空闲（没有传送数据）的线路携带着一个代表二进制 1 的信号，异步传输的开始位使信号变成 0，其他的比特位使信号随传输的数据信息变化而变化。

最后，停止位使信号重新变回 1，该信号一直保持到下一个开始位到达。例如在键盘上数字 1，按照 8 比特位的扩展 ASCII 编码，将发送 01011001，同时需要在 8 比特位的前面加 1 个起始位，后面 1 个停止位，如图 10.1 所示。

异步传输的好处是通信设备简单、便宜，但传输效率较低（因为开始位和停止位的开销所占比例较大）。

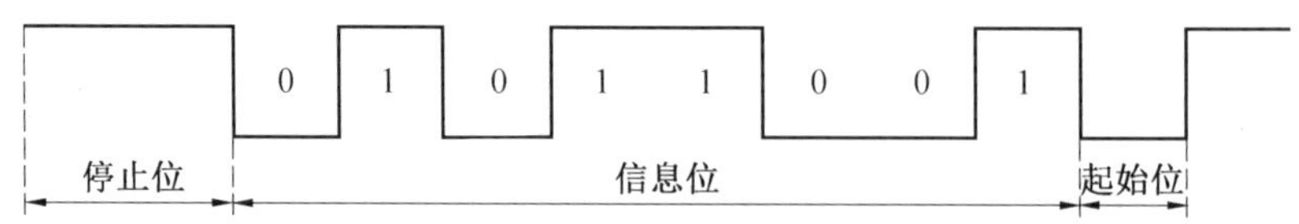

图 10.1　异步传输

10.1.2　同步传输

同步传输是指必须建立准确的同步系统，并在其控制下发送和接收数据，同步传输如图 10.2 所示。同步传输的比特分组要大得多，它不是独立发送每个字符，每个字符都有自己的开始位和停止位，而是将它们组合一起发送，这些组合称为数据帧，或简称为帧。

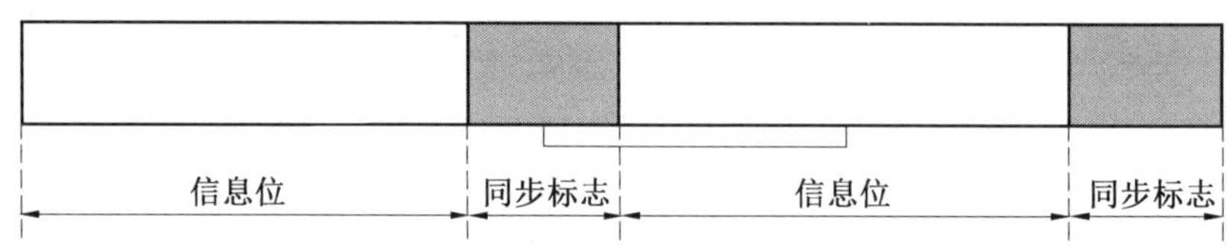

图 10.2　同步传输

数据帧的第一部分包含一组同步字符，它是一个独特的比特串，类似于之前提到的起始位，用于通知接收方一个帧已经到达，但它同时还能确保接收方的采样速度和比特的到达速度保持一致，使收发双方进入同步。帧的最后一部分是以一个帧结束标记，与同步字符一样，它也是一个独特的比特串，类似于之前提到的停止位，用于表示在下一帧开始之前没有其他即将到达的数据了。

同步传输通常比异步传输快，接收方不必对每个字符进行开始和停止的操作，一旦检测到帧同步字符，它就在接下来的数据到达时接收它们。

以下是异步传输与同步传输的区别。

(1) 异步传输是面向字符的传输，而同步传输是面向比特的传输。

(2) 异步传输的单位是字符，而同步传输的单位是帧。

(3) 异步传输通过字符起止的开始和停止码抓住再同步的机会，而同步传输则是以数

据中抽取同步信息。

(4) 异步传输对时序的要求较低,同步传输往往通过特定的时钟线路协调时序。

(5) 异步传输相对于同步传输效率较低。

从频带传输中可知,接收方如果采用相干解调,就要从接收的已调信号中恢复原始发送信号,接收设备中要产生一个和接收信号载波同频同相的本地载波,也就是载波同步。接收信号中包含离散的载频分量时,接收端要从信号中提取信号载波作为本地参考载波。

在接收数字信号时,要及时对每个码元抽样判决,必须知道每个码元准确的起止时刻,就是在接收端产生与接收码元严格同步的时钟脉冲序列,用它来确定每个码元的抽样判决时刻,这种同步称为码元同步。对于二进制码元,码元同步又称为位同步。

在传输数字图像时,必须知道帧图像信息码元的起始和终止的位置才能恢复图像,在计算机网络中,发送数据帧时必须加上帧定界符,表示一帧的开始和结束,使接收方明确知道什么时候接收,什么时候结束。即在发送的信号中插入辅助同步信息,也就是插入标志字符、帧或者图像开始终止位置的码元。从通信传输的同步数据角度看,称为字同步、帧同步或群同步。

通信网与通信网之间有时钟的统一问题,即网同步,因此同步可分为载波同步、位同步、群同步和网同步几类。本章对这四类同步方式分别进行了讨论,阐述了各类同步系统的基本原理和性能。

10.2　载波同步

在采用相干解调系统中,接收端必须提供一个与发送载波同频同相的相干载波,这就是载波同步,相干载波信息通常是从接收的信号中提取。若已调信号中存在载波分量,即可以从接收信号中直接提取载波同步信息。若已调信号中不存在载波分量,就需要采用在发送端插入导频的方法,或者在接收端对信号进行适当的波形变换,以取得载波同步信息。前者称为插入导频法,又称外同步法;后者称为自同步法,又称内同步法。

10.2.1　插入导频法

在抑制载波系统无法从接收信号中直接提取载波,如DSB、VSB、SSB和2PSK本身都不含有载波分量,或即使含有一定的载波分量,也很难从已调信号中分离出来。为了获取载波同步信息,可以采用插入导频的方法。插入导频是在已调信号频谱中加入一个低功率的线状谱(其对应的正弦波形称为导频信号),在接收端可以利用窄带滤波器较容易地将它提取出来,经过适当的处理形成接收端的相干载波。显然,插入导频的频率应当与原载频有关,或者就是原载频,本节仅介绍抑制载波的双边带信号中插入导频法。

在 DSB 信号中插入导频时,导频的插入位置应在信号频谱为零的位置,否则导频与已调信号频谱成分重叠,接收时不易提取,图 10.3 所示为插入导频的一种方法。

插入的导频并不是加入调制器的载波,而是将该载波调相 $\pi/2$ 的正交载波,其发送端框图如图 10.4 所示。

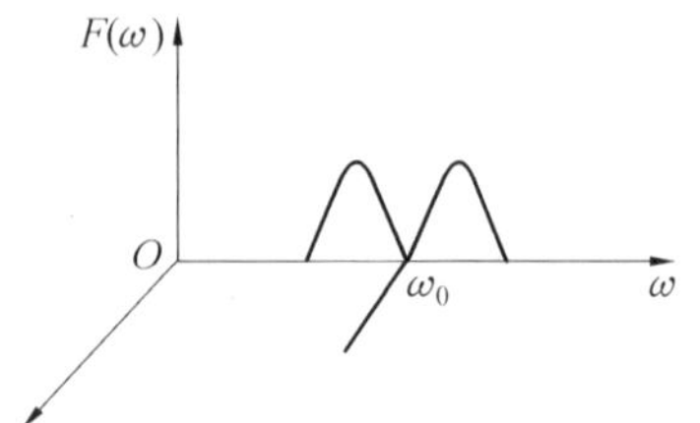

图 10.3　插入导频的一种方法

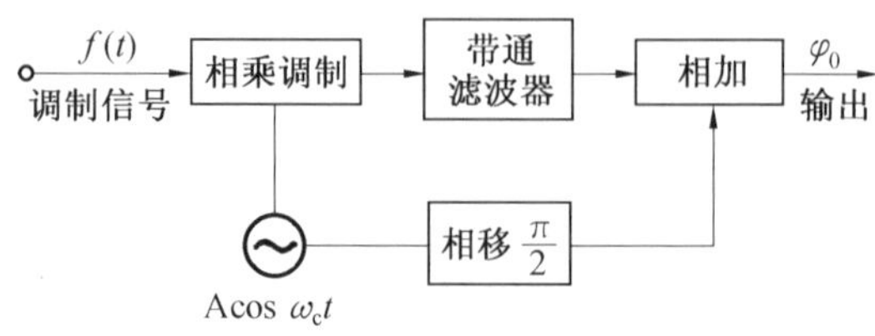

图 10.4　插入导频发送端框图

设调制信号为 $f(t)$，$f(t)$ 无直流分量，载波为 $A\cos\omega_0 t$，则发端输出的信号为

$$\varphi_0(t)=Af(t)\cos\omega_0 t-a\sin\omega_0 t \tag{10.1}$$

插入导频接收端框图如图 10.5 所示。

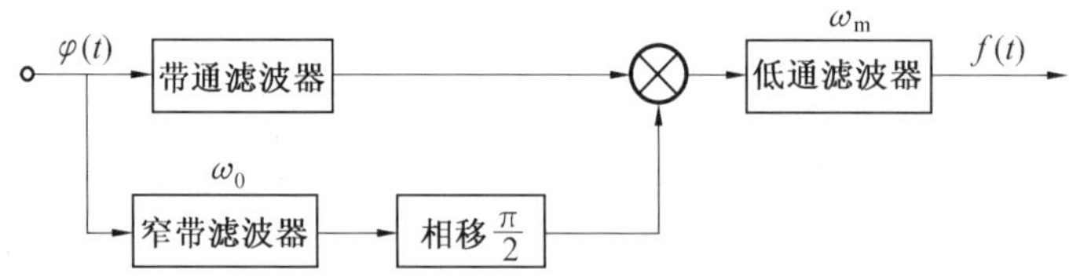

图 10.5　插入导频接收端框图

如果不考虑信道失真和噪声干扰，并设接收端收到的信号与发送端发送的信号完全相同，则此信号通过中心频率为 ω_0 的窄带滤波器可取得导频 $a\sin\omega_0 t$，再将其调相 $\pi/2$，就可以得到与调制载波同频同相的相干载波 $\cos\omega_0 t$。

接收端的解调计算过程为

$$\begin{aligned}m(t)&=\varphi(t)\cos\omega_0 t=[Af(t)\cos\omega_0 t+a\sin\omega_0 t]\cos\omega_0 t\\&=\frac{A}{2}f(t)+\frac{A}{2}f(t)\cos 2\omega_0 t+\frac{a}{2}\sin 2\omega_0 t\end{aligned} \tag{10.2}$$

信号通过截止角频率为 ω_m 的低通滤波器就可以得到基带信号 $\frac{A}{2}f(t)$。

如果在发送端导频不是正交插入，而是同相插入，则接收端解调信号为

$$\begin{aligned}&[Af(t)\cos\omega_0 t+a\cos\omega_0 t]\cos\omega_0 t\\&=\frac{A}{2}f(t)+\frac{A}{2}f(t)\cos 2\omega_0 t+\frac{a}{2}+\frac{a}{2}\cos 2\omega_0 t\end{aligned} \tag{10.3}$$

从式(10.3)可知，虽然同样可以解调出 $\frac{A}{2}f(t)$ 项，但却增加了一个直流项。这个直流项通过低通滤波器后将对数字信号产生不良影响，这就是发送端导频应采用正交插入的原因。

10.2.2　非线性变换 — 滤波法

有些信号(如 DSB 信号)虽然本身不包含载波分量，只要对接收波形进行适当的非线性变换，然后通过窄带滤波器，就可以从中提取载波的频率和相位信息，即可使接收端恢复出相干载波，非线性变换 — 滤波法是自同步法的一种。

图 10.6 所示为 DSB 信号采用平方变换法恢复载波的框图，图 10.6(a) 所示为平方变换

法，图 10.6(b) 所示为平方环法。

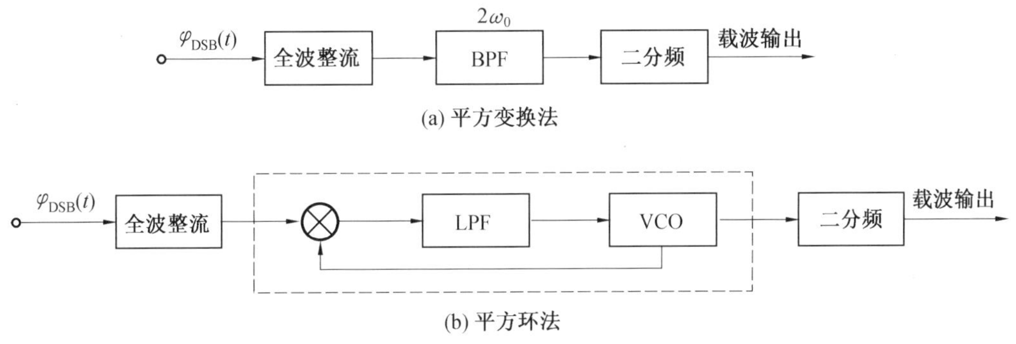

(a) 平方变换法

(b) 平方环法

图 10.6　DSB 信号采用平方变换法恢复载波的框图

10.2.3　同相正交法(科斯塔斯环)

利用锁相环提取载波的另一种常用的方法是同相正交环法，也称科斯塔斯环，其框图如图 10.7 所示。它包括 2 个相干解调器，它们的输入信号相同，分别使用 2 个在相位上正交的本地载波信号，上支路称为同相相干解调器，下支路称为正交相干解调器。2 个相干解调器的输出同时送入乘法器，并通过低通滤波器(LPF)形成闭环系统，去控制压控振荡器(VCO)，使本地载波自动跟踪发射载波的相位。在同步时，同相支路的输出即为所需的解调信号，此时正交支路的输出为 0。因此，这种方法称为同相正交法。

设 VCD 的输出为 $\cos(\omega_0 t+\varphi)$，有

$$U_1=\cos(\omega_0 t+\varphi) \tag{10.4}$$

$$U_2=\sin(\omega_0 t+\varphi) \tag{10.5}$$

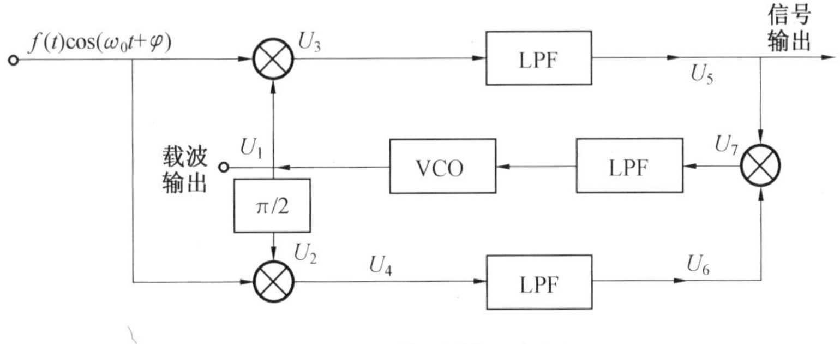

图 10.7　科斯塔斯环框图

$$\begin{aligned}U_3&=f(t)\cos(\omega_0+\theta_0)\cos(\omega_0 t+\varphi)\\&=\frac{1}{2}f(t)[\cos(\theta_0-\varphi)+\cos(2\omega_0 t+\theta_0+\varphi)]\end{aligned} \tag{10.6}$$

$$\begin{aligned}U_4&=f(t)\cos(\omega t+\theta_0)\sin(\omega_0 t+\varphi)\\&=\frac{1}{2}f(t)[-\sin(\theta_0-\varphi)+\sin(2\omega_0 t+\theta_0+\varphi)]\end{aligned} \tag{10.7}$$

经过带宽为 W_m 的低通滤波器后得

$$U_5 = \frac{1}{2} f(t)\cos(\theta_0 - \varphi) \tag{10.8}$$

$$U_6 = \frac{1}{2} f(t)\sin(\theta_0 - \varphi) \tag{10.9}$$

将 U_5 和 U_6 加入相乘器后，得

$$U_7 = \frac{1}{4} f^2(t)\cos(\theta_0 - \varphi)\sin(\theta_0 - \varphi) = -\frac{1}{8} f^2(t)\sin 2(\theta_0 - \varphi) \tag{10.10}$$

如果 $\theta_0 - \varphi$ 很小，则 $\sin 2(\theta_0 - \varphi) \approx 2(\theta_0 - \varphi)$。因此，乘法器的输出近似为

$$U_7 = -\frac{1}{4} f^2(t)(\theta_0 - \varphi) \tag{10.11}$$

如果 U_7 经过一个相对于 W_m 很窄的低通滤波器，此滤波器的作用相当于用时间平均 $\overline{f^2(t)}$ 代替 $f^2(t)$（即滤波器输出直流分量）。最后，由环路误差信号 $-\frac{1}{4} f^2(t)(\theta_0 - \varphi)$ 自动控制振荡器相位，使相位差$(\theta_0 - \varphi)$ 趋于 0，在稳定条件下 $\theta_0 \approx \varphi$。

科斯塔斯环的相位控制作用在调制信号消失时会中止，当再出现调制信号时，必须重新锁定。一般入锁过程很短，所以对语言传输不会引起感觉到的失真，即 U_1 就是所需提取的载波，U_5 作为解调信号的输出。

10.3 位同步

为了使接收端接收的每一位信息都与发送端保持同步，产生了位同步。在数字通信系统中，将接收端产生与接收码元重复频率和相位一致的定时脉冲序列的过程称为码元同步，也称位同步或同步传输。

实现位同步的方法和载波同步类似，有插入导频法（外同步法）和直接法（自同步法）两类。

10.3.1 插入导频法

为了得到与码元同步的定时信号，首先确定接收的信息数据流中是否有位定时的频率分量，如果存在此分量，就可以利用滤波器从信息数据流中将位定时时钟直接提取出来。

若基带信号为随机的二进制不归零码序列，这种信号本身不包含位同步信号，为了获得位同步信号需要在基带信号中插入位同步的导频信号，或者对基带信号进行某种码型变换以得到位同步信息。

位同步的插入导频法与载波同步时的插入导频法类似，它也插在基带信号频谱的零点处，以便提取，如图 10.8(a) 所示。如果信号经过相关编码，其频谱的第一个零点在 $f=1/2T$，插入导频也应在 $1/2T$ 处，如图 10.8(b) 所示。

图 10.9 所示为插入位定时导频的接收框图。在接收端，经中心频率为 $f=1/T$ 的窄带滤波器就可以从基带信号中提取位同步信号。而图 10.6(b) 则需经过 $f=1/2T$ 的窄带滤波器将插入导频取出，再进行二倍频，得到位同步脉冲。

插入导频法的另一种形式是使某些恒包络的数字信号的包络随位同步信号的某一波形

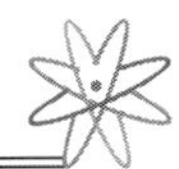

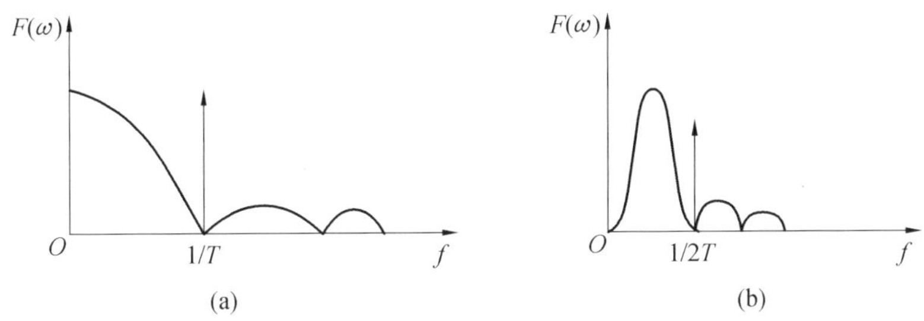

图 10.8　位同步的插入导频法

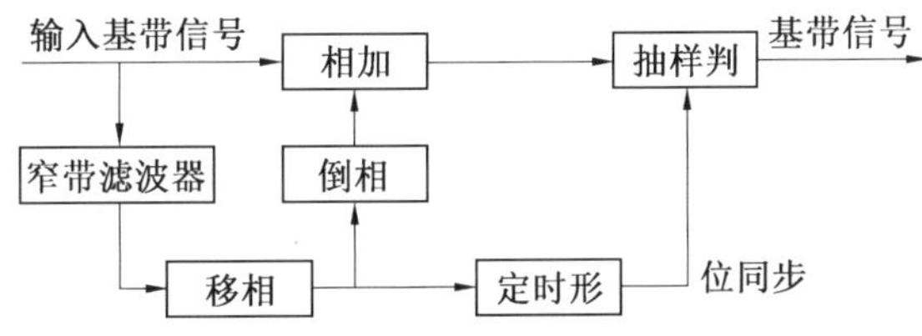

图 10.9　插入位定时导频的接收框图

变化，如 PSK 信号和 FSK 信号都是包络不变的等幅波。因此，可将导频信号调制在它们的包络上，接收端只要用普通的包络检波器就可以恢复导频信号作为位同步信号，且对数字信号本身的恢复不造成影响。

以 PSK 为例，发送信号为

$$S(t)=\cos[\omega_0 t+\theta(t)] \tag{10.12}$$

若用 $\cos\omega t$ 进行附加调幅后，得已调信号为 $f(t)$，则

$$f(t)=(1+\cos\omega t)\cos[\omega_0 t+\theta(t)] \tag{10.13}$$

式中，$T=\frac{\omega}{2\pi}$，T 为码元宽度。接收端对它进行包络检波，得到包络为$(1+\cos\omega t)$，滤除直流成分，即可得到位同步分量 $\cos\omega t$。

插入导频法的优点是接收端提取位同步的电路设计简单，但是发送导频信号必然占用部分发射功率，降低了传输的信噪比，抗干扰能力减弱。

10.3.2　自同步法

自同步法是发送端不用专门发送位同步导频信号，而接收端可直接从接收到的数字信号中提取位同步信号，这是数字通信经常采用的一种方法。

1. 非线性变换 — 滤波法

(1) 微分整流法。

图 10.10 所示为微分整流法的原理图，图 10.11 所示为微分整流法的波形图。

当非归零的脉冲序列通过微分和全波整流后，可以得到尖顶脉冲的归零码序列，它含有离散的位同步分量。然后用窄带滤波器(或锁相环) 滤除连续波和噪声干扰，提取出纯净稳定的位同步频率分量，经脉冲形成电路产生位同步脉冲。

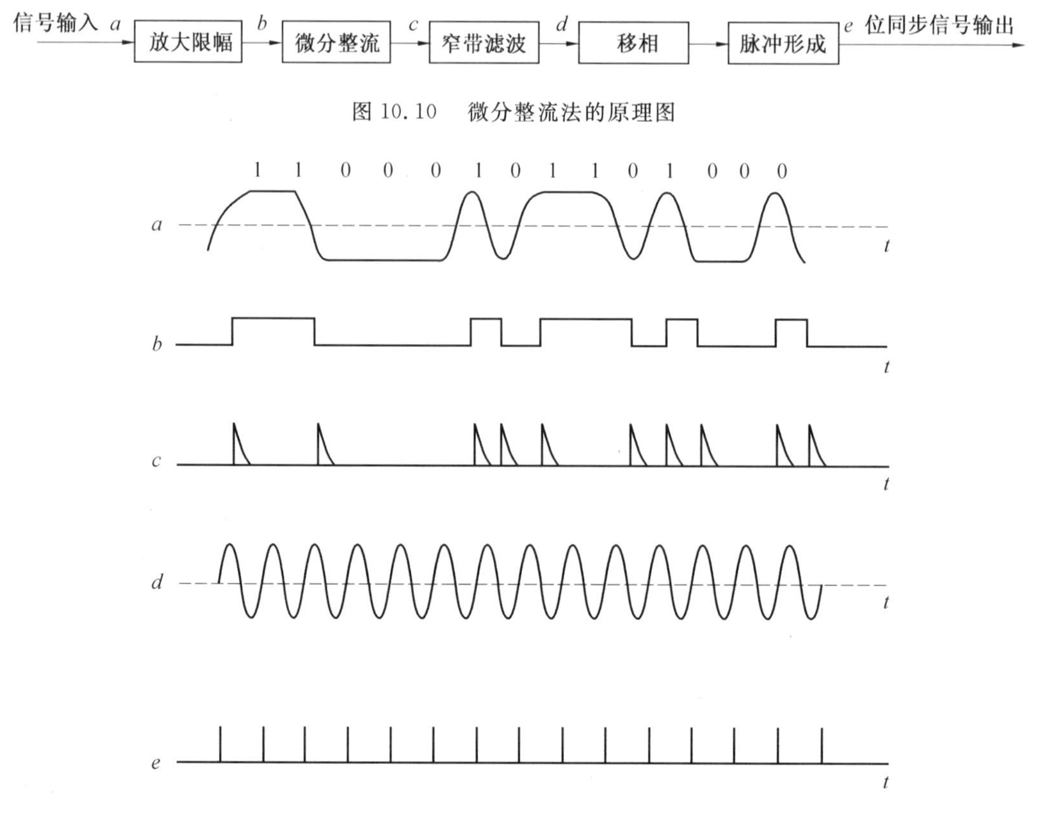

图 10.10　微分整流法的原理图

图 10.11　微分整流法的波形图

(2) 包络检波法。

包络检波法原理图如图 10.12 所示,图 10.13 所示为包络检波法的同步提取。

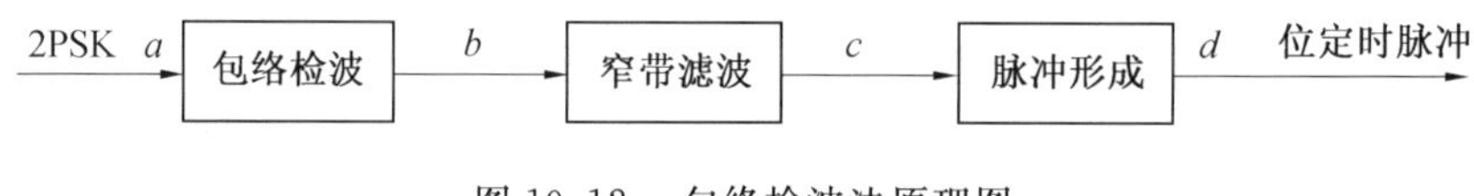

图 10.12　包络检波法原理图

(3) 延迟相干法

图 10.14 所示为延迟相干法的原理图,图 10.15 所示为延迟相干法的波形图。延迟相干法的工作过程与 DPSK 信号差分相干解调相同。

2. 数字锁相法

数字锁相法是采用高稳定频率的振荡器(信号钟),从鉴相器获得的与同步误差成比例的误差电压,不用于直接调整振荡器,而是通过控制器在信号钟输出的脉冲序列中附加或扣除一个或几个脉冲,调整加到鉴相器上的位同步脉冲序列的相位达到同步的目的。这种电路采用的是数字锁相环路,数字锁相法的原理图如图 10.16 所示。

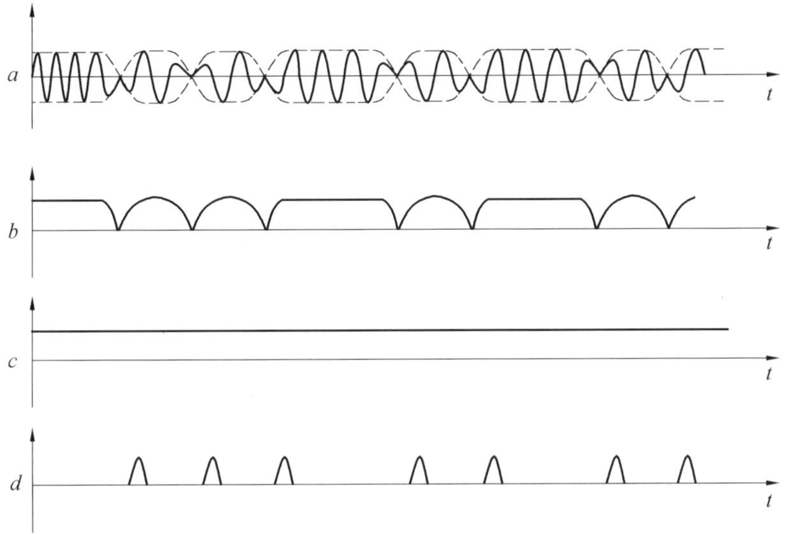

图 10.13　包络检波法的同步提取

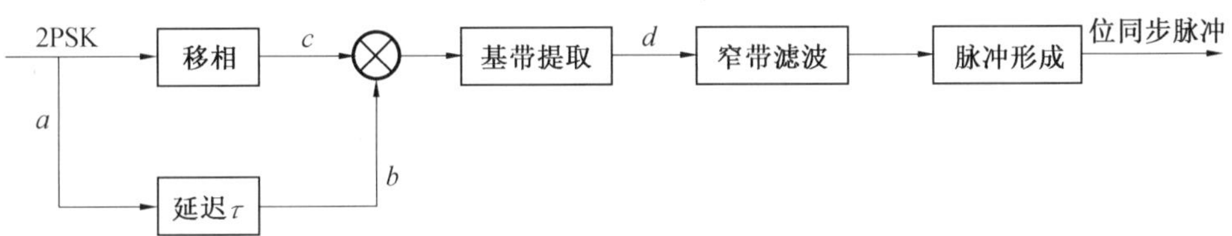

图 10.14　延迟相干法的原理图

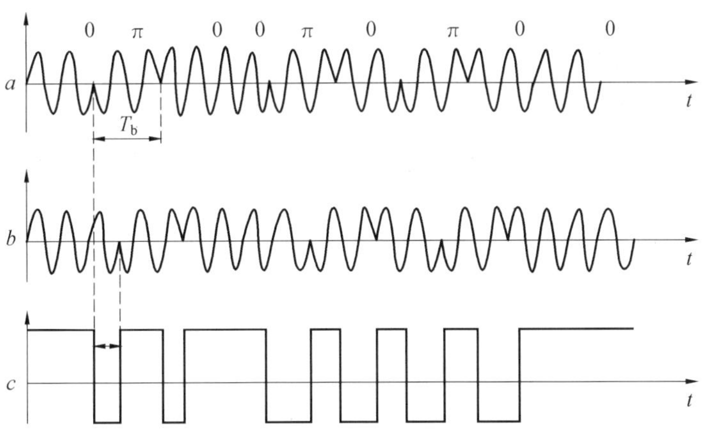

图 10.15　延迟相干法的波形图

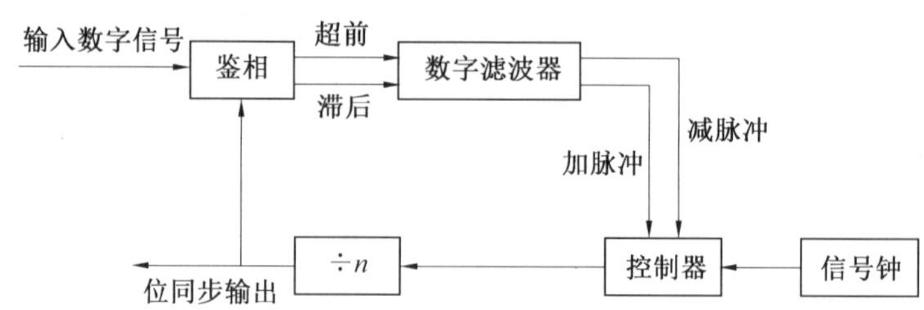

图 10.16　数字锁相法的原理图

10.4　群同步

位同步的目的是确定数字通信中各个码元的抽样时刻,即将每个码元加以区分,使接收端得到一连串的码元序列,这一连串的码元序列代表一定的信息。通常由若干个码元代表一个字母(符号、数字),而由若干个字母组成一个字,若干个字组成一个句。在传输数据时则将若干个码元组成一个个的码组,即一个个的字或句,通常称为群或帧,群同步又称帧同步。帧同步的任务是将字、句和码组区分出来,也就是说,群同步是将传输的信息分成若干群。数据传输过程中,字符可顺序出现在比特流中,字符间的间隔时间是任意的,但字符内各比特用固定的时钟频率传输。字符间的异步定时与字符内各比特间的同步定时,是群同步(即异步传输)的特征。在时分多路传输系统中,信号是以帧的方式传送的,每一帧中包括许多路。接收端为了将各路信号区分,也需要帧同步系统。

为了确定帧同步中开头和结尾时刻,即为了确定帧定时脉冲的相位,通常有两类方法。一类是在数字信息流中插入特殊码组作为每帧头尾的标记,接收端根据特殊码组的位置即可实现帧同步;另一类方法不需要外加特殊码组,用类似于载波同步和位同步中的自同步法,利用码组本身之间彼此不同的特性来实现自同步。本节主要讨论插入特殊码组实现帧同步,插入特殊码组实现帧同步的方法有集中插入同步法和分散插入同步法两种。集中插入同步法是指一帧的同步信号在某时间一次性集中插入信息码流;分散插入同步法是指一帧的帧同步信号按固定间隔分散地插入信息码流。本节将对这两种方式分别予以介绍,在此之前,简单介绍一种在电传机中广泛使用的起止式同步法。

10.4.1　起止式同步法

起止式同步法广泛应用于电传机中,其示意图如图 10.17 所示。

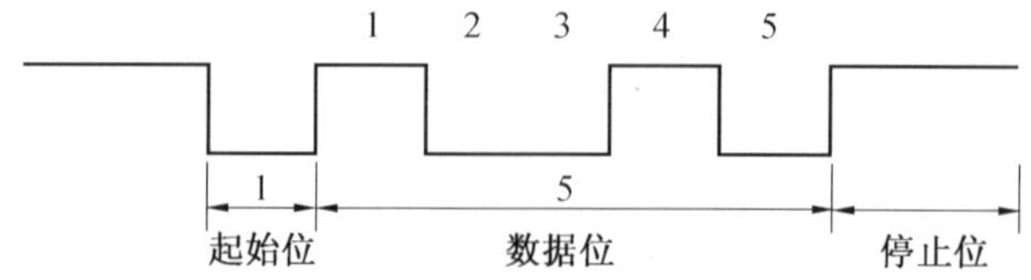

图 10.17　起止式同步法示意图

起止式同步法的群同步传输规程中每个字符由 4 部分组成。

(1)1 位起始位，以逻辑“0”表示。

(2)5 ～ 8 位数据位，即要传输的字符内容。

(3)1 ～ 2 位停止位，以逻辑“1”表示，用以作字符间隔。

(4)1 位奇 / 偶校验位，不是必须的，可以不选。

10.4.2　集中插入同步法

PCM30/32 路数字传输时的帧同步通常采用集中插入同步法，本书以 PCM30/32 路数字传输为例讨论另一种形式的集中插入同步法。

PCM30/32 路时分多路时隙的分配图如图 10.18 所示，在 2 个相邻抽样值间隔中，分成 32 个时隙，其中 30 个时隙用来传送 30 路电话，1 个时隙用来传送帧同步码，另 1 个时隙用来传送各话路的标志信号码。第 1 ～ 15 话路的码组依次安排在时隙 TS_1 到 TS_{15} 中传送，而第 16 ～ 30 话路的码组依次在时隙 TS_{17} 到 TS_{31} 中传送。TS_0 时隙传送帧同步码，TS_{16} 时隙传送标志信号码。

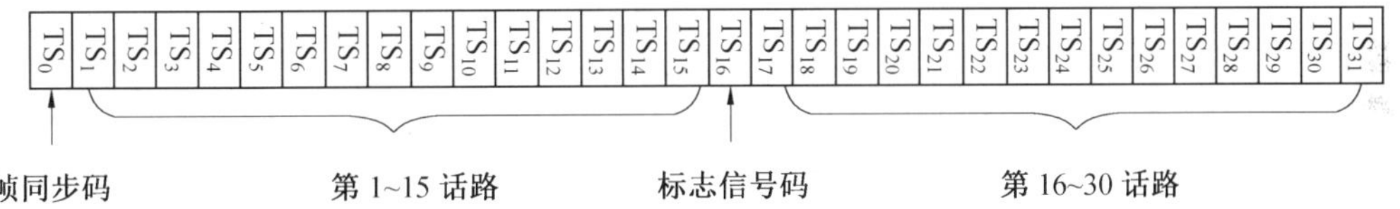

图 10.18　PCM30/32 路时分多路时隙的分配图

CCITT 对 PCM30/32 路设备的帧时隙分配情况见表 10.1。

表 10.1　帧时隙分配情况

	比特编号							
	1	2	3	4	5	6	7	8
包含帧定位信号的时隙 0	保留给国际使用(目前固定为 1)	0	0	1	1	0	1	1
		帧定位信号						
不包含帧定位信号的时隙 0	保留给国际使用(目前固定为 1)	1	0/1 (告警)	保留给国内使用(目前固定为 1)				

为了使帧同步能较好地识别假失步和避免伪同步，帧同步码选为 0011011。

从表中可以看出，帧同步码占有第 2 ～ 8 码位，插入在偶帧 TS_0 时隙。第 1 位码目前保留给国际使用。

奇帧 TS_0 时隙插入码的分配是，第 1 位保留给国际使用，暂定为 1；第 2 位作监视码，用以检验帧定位码；第 3 位作对告码，同步时为 0，一旦出现失步，即变为 1，并告诉对方，出现对告指示；第 4 位到第 8 位目前固定为 1，留给国内今后开发使用。

PCM30/32 路的帧同步码采用集中插入同步法。

10.4.3　分散插入同步法

另一种帧同步方法是将帧同步码分散地插入到信息码元中，即每隔一定数量的信息码元插入一个帧同步码元。此时为了便于提取，帧同步码不宜太复杂，PCM24 路数字电话系统的帧同步码就是采用的分散插入同步法，本节以此为例进行讨论。

1. PCM24 路的帧结构

PCM24 路时分多路时隙的分配图如图 10.19 所示，图 10.19 中 b 为振铃码的位数，n 为 PCM 编码位数，F 为帧同步码的位数，K 为监视码的位数，N 为路数。其中 $n=7$，$b=1$，$F=1$，$N=24$，$K=0$。

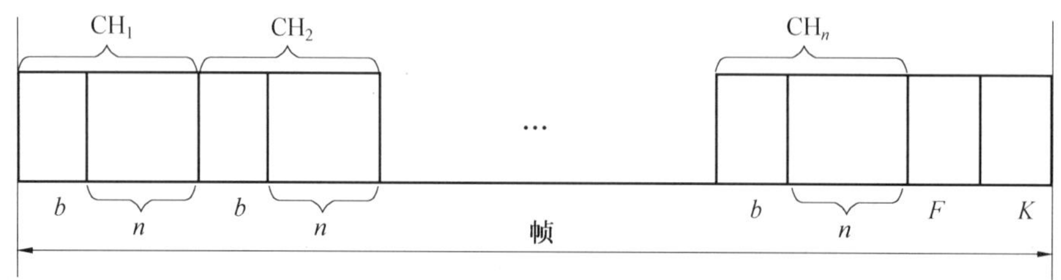

图 10.19　PCM24 路时分多路时隙的分配图

PCM24 路基群设备以及一些简单的 ΔM 通过通信系统通常采用分散插入同步法，如图 10.20 所示。

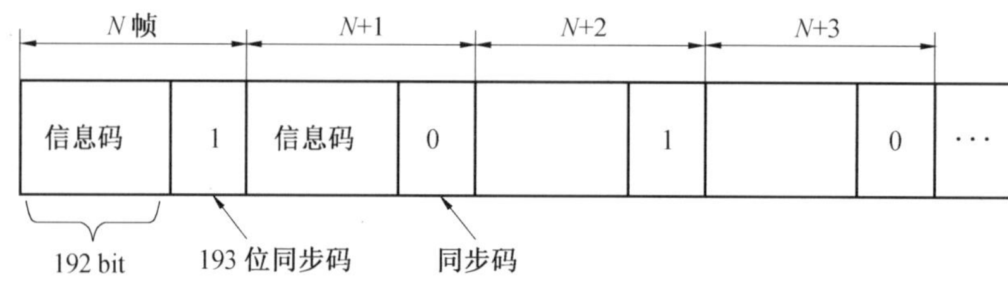

图 10.20　PCM24 路分散插入同步法

同步码采用 1，0 交替型，等距离地插入在每一帧的最后一个码位之后，即 PCM24 路设备是第 193 码位。这种插入方式的最大特点是同步码不占用信息时隙，同步系统结构较为简单，但是同步引入时间长。

群同步根据数据的传输方式和数据封装格式的不同，有字同步、句同步和帧同步等。帧同步是数据链路层的主要功能之一，常用的实现方法有以下三种。

(1) 字符填充。使用特定的字符定界一帧的开始与结束，如面向字符的同步于规程中每一帧用 DLE STX 开始，用 DLE ETX 结束。

(2) 比特填充。用一组特定的比特模式来标志帧的开始与结束，如面向比特的高级链路控制规程(HDLC)，以 01111110 为帧标识符。

(3) 违例编码。当物理层采用特定的编码方法时，可利用其编码冗余作定界帧，如局域网 IEEE802 标准中物理层编码采用曼彻斯特编码，1 用高低电平对表示，0 用低高电平对表示，而高高电平对和低低电平对是违例编码，可用其来定界帧的始末。

10.5　网同步

在获得了载波同步、位同步和群同步之后，点对点之间的通信就可以有序、准确和可靠地进行。随着通信的发展，特别是随着计算机网络的发展，多个用户之间的通信和数据交换构成了数字通信网。为了保证通信网内各用户之间可靠地通信和数据交换，全网必须有一个统一的时间标准时钟，这就是网同步。

实现网同步的方法主要包括全网同步系统和准同步系统。全网同步系统是在通信网内各站点的时钟同步，即各站点的时钟频率和相位相同；准同步系统也称独立时钟法，各站点均采用高稳定性的时钟，相互独立，允许速率偏差在一定范围之内，主要采用水库法和码速调整法，在转接时设法将各处输入的码元速率变换为本站的码元速率，再传输出去。

10.5.1　全网同步系统

全网同步系统利用频率控制系统去控制各交接站的时钟，使各个站的时钟频率和相位保持一致，全网同步系统实现方式分为主从同步法和分布式同步法两种。

1. 主从同步法

在通信网内设立一个主站，主站设立一个高稳定的主时钟源，由其产生网内的主基准时钟频率，将其通过同步信号链路传送给其他各个从站点，其示意图如图 10.21 所示。各个从站的时钟频率通过各自的时钟调整电路保持与主站的时钟频率一致，由于主时钟到各站的输入线路长度不等，会使各站引入不同的时延，为了补偿不同的时延，各站的时钟不仅频率相同，相位也要相同。

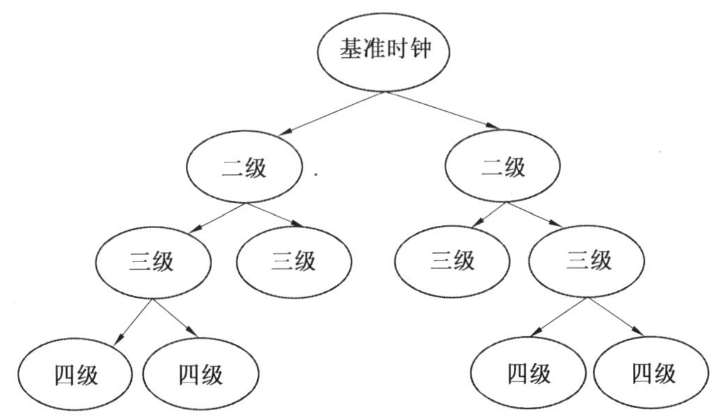

图 10.21　主从同步法示意图

以下是图 10.21 中各级时钟代表的含义。

(1) 第一级。数字网中最高质量的时钟，唯一主时钟源。

(2) 第二级。具有保持功能的高稳定度时钟。

(3) 第三极。具有保持功能的高稳定晶体时钟，频率稳定度可低于二级时钟。

(4) 第四级。一般晶体时钟。

主从同步法的优点是控制容易，实现的设备简单。但是一旦主时钟出现故障，全网的从站时钟没有同步信号，全网不同步工作，可靠性差。

2. 分布式同步法

主从同步法中从站时钟受控于主时钟的同步信息，分布式同步法各个站点的时钟互相影响，相互控制。具体来说，分布式同步是指网内的各个站点的时钟分别由达到站点的各路信号通过锁相环路控制，这样使各站点的时钟彼此相互联系，只要网络参数设置合理，就可以将各站点的时钟调整到一个稳定的状态，从而实现全网同步。该方法的优点是灵活性强，即使某个站点出现故障，也能实现平滑过渡，保证网络工作的持续性。该方法适应分布式网络结构，其缺点是各站点设备比主从式同步的从站点复杂。

10.5.2 准同步系统

准同步系统中各个站点时钟互不控制，简单灵活，但价格昂贵，准同步的工作方法包括码速调整法和水库法。

码速调整法包括正码速调整、负码速调整和正 / 负码速调整，通过对数据码速传输速率的动态调整，使网内各个站点工作在准同步状态，不需要统一时钟以及时钟间的相互传递，相互控制，所以灵活。并且该方法对大型通信网络具有重要的实际意义，但是应用中必须考虑相位抖动，要能合理克服相位抖动，以免影响传输质量。

水库法是通过在网内各站点设置高稳定的时钟源和大容量的缓存器，收到的数据暂时先存入缓存器中，需要大容量缓存器的原因是防止出现写入缓存器的速度快，接收方从缓存读出速度慢而造成的溢出，或者写入缓存器的速度慢而从缓存器读出的速度快产生取空的情况发生，与工程中水库蓄水的原理一样，所以称为水库法。

本章小结

(1) 异步传输是指只要DTE有数据需要发送，就可以在任何时刻向信道发送信号，而接收方通过检测信道上的电平变化自主判断何时接收数据。

异步传输在发送字符时，所发送的字符之间的时间间隔可以是任意的。当然，接收端必须时刻做好接收的准备(接收端主机需要加上电源，如果接收端主机的电源都没有加上，那么发送端发送字符就没有意义，因为接收端根本无法接收)

(2) 同步传输是指必须建立准确的同步系统，并在其控制下发送和接收数据。同步传输的比特分组要大得多，它不是独立发送每个字符，每个字符都有自己的开始位和停止位，而是将它们组合一起发送，将这些组合称为数据帧，或简称为帧。

(3) 以下是异步传输与同步传输的区别。

① 异步传输是面向字符的传输，而同步传输是面向比特的传输。

② 异步传输的单位是字符，而同步传输的单位是帧。

③ 异步传输通过字符起止的开始和停止码抓住再同步的机会，而同步传输则是以数据中抽取同步信息。

④ 异步传输对时序的要求较低，同步传输往往通过特定的时钟线路协调时序。

⑤ 异步传输相对于同步传输效率较低。

(4) 同步可分为载波同步、位同步、群同步和网同步几大类。

(5) 在采用相干解调系统中,接收端必须提供一个与发送载波同频同相的相干载波,这就是载波同步,相干载波信息通常是从接收的信号中提取。提取同步信息的方法包括外同步法和内同步法,插入导频法是外同步法,接收端对信号进行适当波形变换以获取同步信息是内同步法。

(6) 在数字通信系统中,将接收端产生与接收码元重复频率和相位一致的定时脉冲序列的过程称为码元同步,也称位同步或同步传输。实现位同步的方法与载波同步类似,有插入导频法(外同步法) 和直接法(自同步法) 两类。

(7) 由若干个字母组成一个字,若干个字组成一个句,在传输数据时则将若干个码元组成一个个的码组,即一个个字或句,通常称为群或帧。群同步又称帧同步,帧同步的任务是将字、句和码组区分出来。

(8) 为了确定帧定时脉冲的相位,通常有两类方法。一类是在数字信息流中插入特殊码组作为每帧头尾的标记,接收端根据特殊码组的位置即可实现帧同步;另一类方法不需要外加特殊码组,用类似于载波同步和位同步中的自同步法,利用码组本身之间彼此不同的特性来实现自同步。

(9) 为了保证通信网内各用户之间可靠地通信和数据交换,全网必须有一个统一的时间标准时钟,这就是网同步。实现网同步的方法主要包括全网同步系统和准同步系统。

习　　题

10.1　为什么通信系统中要采用同步技术?

10.2　什么是载波同步,简述实现载波同步的方法。

10.3　什么是位同步,简述实现位同步的方法。

10.4　什么是群同步,简述实现群同步的方法。

10.5　简述数字锁相环法实现位同步的原理。

10.6　采用插入导频法实现位同步时,如何消除导频对信号的干扰。

10.7　按照同步的功能,同步可分为哪些类型?

10.8　按照获取同步信息的方法,同步可分为哪些类型?

10.9　画出载波同步中插入导频发送端框图和接收端框图。

10.10　数据通信系统的同步字方式属于同步传输方式还是异步传输方式? 为什么?

10.11　什么是网同步,简述实现网同步的方法。

第 11 章 数字复用与复接

为了提高信道的利用率和信息传输速率，通常采用复用技术将多路信号复用在同一个信道中传输。本章阐述了多种复用的方法，其中时分复用(TDM) 用于数字通信中，时分复用是利用各信号的抽样值在时间上不相互重叠来达到在同一信道中传输多路信号的一种方法。对于一定路数的信号(如电话)，直接采用时分复用是可行的，如 PCM30/32 制式基群帧。但对于大路数的信号而言，基于 PCM 抽样的时分复用在理论上是可行的，而实际上难以实现。那么如何实现大路数信号的时分复用呢？或者说，如何利用分时传输提高通信系统的通信容量或线路利用率？对于解决这一类问题，数字复接是不错的选择。本章主要讲述时分多路复用原理、基于时分复用的 PCM 基群帧结构、数字复接的原理和类别以及同步数字序列(SDH)。

11.1 时分复用技术

11.1.1 基本概念

由抽样定理可知，抽样是将时间上连续的信号变成时间上离散的信号。数字信号在信道上占用时间的有限性，为多路信号沿同一信道在时间上复用传输提供了条件。CCITT 规定话音信号抽样频率为 8 000 Hz，对应的抽样时间(周期) =1/8 000 Hz=125 μs，当抽样脉冲占据较短时间，如大约 4 μs，在抽样脉冲之间留出了时间空隙。利用每个抽样间隔的空隙时间就可以传输其他信号的抽样值，因此用一条信道可以同时传送若干个基带信号。

帧是时分复用技术的一个重要概念，它有两个含义。一个含义是指一段固定的时间，不同应用或不同场合的帧，其时间长短不同；另一个含义是指一种数据格式，在网络上是以很小的帧为单位传输数据。在涉及帧时，或者是应用它的传输时间结构，或者是强调它的数据格式。

时分复用是将时间帧划分为若干时隙，各路信号分别占用各自时隙来实现在同一信道上传输多路信号的技术。如话音 PCM 信号的复用传输，复用时间间隔必须满足抽样定理，以抽样间隔时间为时间帧，每一路 PCM 信号占用时间帧中一个时隙，但时隙时间并没有严格限制。显然，每一路抽样值占用的时间越短，能传输的路数就越多。

数字电话系统是采用时分复用的一个典型范例，各路话音信号经低通滤波器将频带限制在 3 400 Hz 以下，之后接入分配器，进行抽样和复用。发送端分配器不仅起到抽样的作

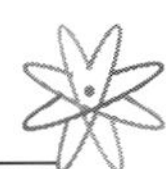

用，还起到时分复用的合路作用，如图 11.1 所示，快速电子旋转开关每旋转一周的时间等于一个抽样周期 T，这样对每一路信号每隔周期 T 时间抽样一次，时间 T 内复合 n 路抽样信号，合路后的抽样信号送到 PCM 编码器进行量化和编码，然后将数字信码送往信道。在接收端将从发送端送来的各路信码依次解码，还原后的 PAM 信号，由接收端分配器旋转开关依次接通每一路信号，再经低通平滑，重建成话音信号。由此可见接收端的分配器起时分复用的分路作用。需要注意的是，为保证正常通信，收、发两端旋转开关必须同频同相。同频是指旋转速度完全相同，同相是指发送端旋转开关连接第一路信号时，接收端旋转开关也必须连接第一路，否则接收端将收不到本路信号，为此要求收、发双方必须保持严格同步。

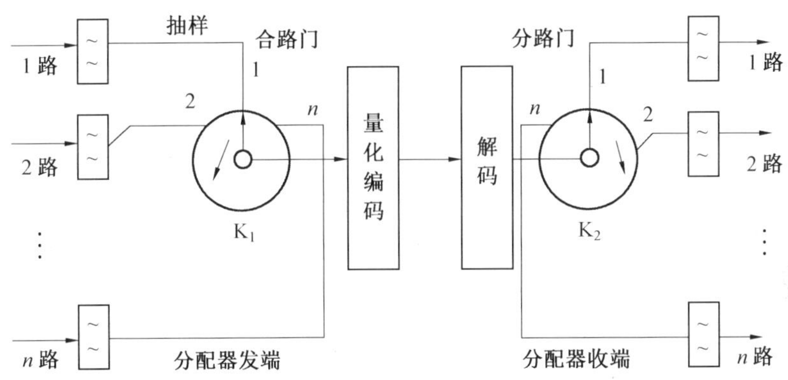

图 11.1　时分复用示意图

时分复用采用固定时间片分配方式，即将传输信号的时间按特定长度连续地划分特定时间段，再将每一时间段划分成等长度的多个时间片，每个时间片以固定的方式分配给各通信设备，各通信设备在每一时间段都顺序分配到一个时间片，这种复用方法为同步时分复用。通常，与多路复用器连接的是低速通信设备，多路复用器将低速通信设备传送的低速率数据压缩到对应时间片，使其变为在时间上间断的高速数据，以达到多路低速通信设备复用高速链路的目的。显然，与复用器连接的低速通信设备数目及速率受到多路复用器及复用传输速率的限制。

由于在同步时分复用方法中，分配给每个设备的时间片是固定的，不管该设备是否有数据发送，此时间片都不能被其他设备占用，这降低了时间片利用率；而异步时分复用方法弥补了这一问题，异步时分多路复用方法又被称为统计时分复用或智能时分复用，它允许动态地分配时间片，如果某个设备不发送数据，则其他设备可以占用该设备的时间片，从而避免时间帧中出现空闲时间片。

11.1.2　PCM 基本帧结构

国际上通用的 PCM 有两种标准，即 A 压缩律与 μ 压缩律，二者的数字压扩方式、编码规则和帧结构均不同，我国采用的是 A 压缩律 PCM 结构。对于带宽为 4 kHz 的话音信号，抽样频率为 8 kHz，故每帧的长度定为 125 μs。在 A 压缩律量化中，量化级为 256，一个码组的长度是 8 位，既一个样值用 8 位二进制码组，按抽样定理每 125 μs 抽样一次，则 1 s 内共传输

二进制码元的个数 8×8 000＝64 000，即信息传输速率 64 kb/s。而传输 64 kb/s 的数字信号理论上所需的带宽最少为 32 kHz，显然一路 PCM 话音信号的带宽是一路模拟信号的 8 倍。

想要建立一个通话过程，信令信息的正确传送是必需的。在 PCM 通信中，信令信息是占用时隙进行传送。在 A 压缩律 PCM 中，基群的一帧划分为 32 个时隙，各个时隙从 0～31 顺序编号，分别记作 TS_0、TS_1、TS_2、…、TS_{31}。实际上，32 路时隙中，只有 30 路用来传输 30 路话音信号，分别为 TS_1～TS_{15} 和 TS_{17}～TS_{31}，另外 2 路用来传输同步信号和信令（控制命令），其中 TS_0 分配给帧同步，TS_{16} 用于传送话路信令，称为 30/32 路基群。

在 A 压缩律的 32 路 PCM 通信中，TS_0 的第一位暂定为 1，留国际通信使用。偶数帧 TS_0 时隙的后 7 位插入帧同步码，即 0011011，接收端通过识别帧同步码组来建立正确的路序。奇数帧不传帧同步，TS_0 的第 2 位固定为 1，表示是奇数帧，以避免接收端错误识别为帧同步码组。奇数帧 TS_0 的第 3 位 A_1 失步告警，正常为 0，第 4～8 位暂定为 1，留国内通信使用。

在 A 压缩律的 32 路 PCM 通信中，30 路信令都是在 TS_{16} 中传送的，称为共路信令传送。共路信令模式，每一路信令都先转换为 4 位数字信号，放在 TS_{16} 的 4 个比特中，TS_{16} 的 8 位可发放 2 路数字信令。在第一个 32 路 PCM 复用 30/32 路基群帧中，TS_{16} 的前 4 位传送第 1 话路的信令，后 4 位传送第 16 话路的信令；下一帧的 TS_{16} 前 4 位则传送第 2 话路信令，后 4 位传送第 17 话路信令。如此下去，共需 15 帧传输 30 话路的信令，信令（标志）频率较低，无须 8 000 Hz 的抽样频率，只需 500 Hz 就够了，因此每隔 16 帧（125 μs · 16＝2 ms）传送一个值，再将这 15 个帧前加上一帧作为标志，就构成了一个复帧。

这个复帧称为信令复帧，它所含的 16 帧称为子帧，用 F_0～F_{15} 来表示。F_0 中，TS_{16} 第 1～4 位码传复帧同步组 0000，其作用是保证信令正确传送，即保证收发信令同步；第 6 位码传复帧对告码 A_2，第 6 位码＝0，表示复帧同步；第 6 位码＝1，表示复帧不同步；第 5、第 7、第 8 位码备用，不用时暂定为 1。

PCM30/32 路复用帧结构如图 11.2 所示，每一路时隙包含 8 位码元，占 125 μs/32＝3.9 μs，每位码元周期 0.488 μs，一帧共含 256 个码元，因此 32 路复用帧的传码率为 R_b＝32（路）×8（位）×8 000 Hz＝ 2 048 b/s。由此可知，理想系统的传输带宽 B＝ $R_b/2$＝1.024 MHz。

采用 μ 压缩律的 24 路复用则用另外一种帧结构，即随路信令传送，按规定的时间顺序分配给各个话路，直接传送各话路所需的信令。每帧长 193 个码元，24 路复用为 1 帧，每路 PCM 8 位编码，共 192 个码元，传输速率 1 544 kb/s。每 6 帧第 8 位码元被用来传送随路信令。12 帧构成一个复帧，复帧周期为 1.5 ms。每帧末尾第 193 位码元被用作同步码，其中奇数帧的第 193 位码元构成 101010 帧同步码组，而偶数帧第 193 位码元构成复帧同步码 000111。这种帧结构同步建立时间（又称为同步捕捉时间）比 PCM30/32 帧结构长，同步码组分散地配置在相同间隔的各帧内。

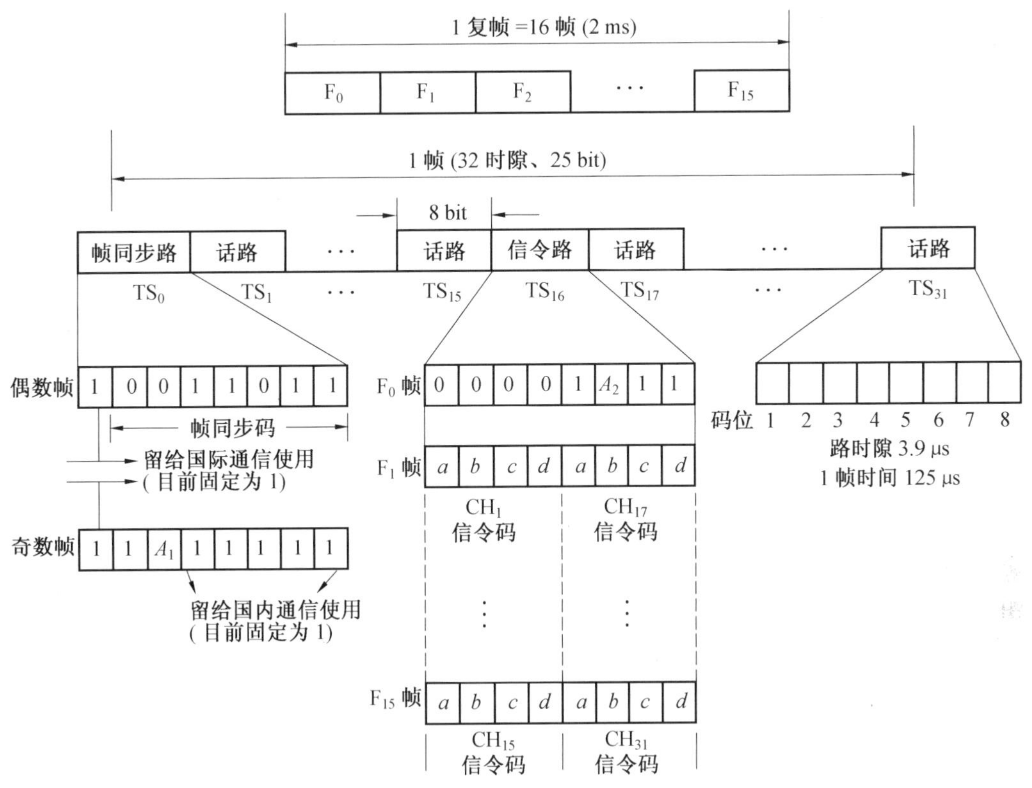

图 11.2　PCM30/32 复用帧结构

11.2　数字复接

11.2.1　数字复接等级

随着半导体工艺技术的飞速发展和光缆等新型传输媒介的普及，数据信息的传输向高速和大容量方向发展，目前已开通了电话、电报、数据、传真、彩色电视和卫星电视等更多的业务种类。在 A 压缩律中，传输速率为 2.048 Mb/s 的 PCM30/32 路复用帧结构被定义为基群，现已由基群系统向二次群（120 路）、三次群（480 路）、四次群（1920 路）以及更高次群（更高路数）发展。

在 PCM 基群的基础上，若仍采取 PCM 时分复用帧进一步扩大数字通信容量，实现高路数次群的传输，会对编码电路及元器件的速度和精度要求很高，实现起来非常困难。如需要传送 120 路话音信号时，将 120 路话音信号分别用 8 kHz 抽样频率抽样，则每帧时间为 125 μs，对每个抽样值 8 位编码，其数码率为 $8\ 000\times8\times120=7\ 680$ kb/s。120 路信号时分复用，每路时隙的时间只有 1 μs 左右，这样每个抽样值编 8 位码只能在 1 μs 时间内完成。要在如此短暂的时间内完成大路数信号的 PCM 复用，尤其是实现对数压扩的 PCM 编码，电路及元器件的精度很难达到。实际二次群系统是将 4 个 PCM30/32 系统再进行时分复用，

形成 120 路数字通信系统，这种利用时间的可分性，采用时隙叠加的方法将两个或多个低速率的数字流(低次群)合并为一个较高速率数字流(高次群)的过程，被称为数字复接。显然，经过数字复接后的信号速率提高了，但是每一个基群编码速度没变化，技术上易于实现。数字复接技术是目前广泛采用提高线路利用率的方法，也是实现现代数字通信网的基础。

根据传输介质的传输能力和电路情况的不同，按速率将数字通信划分为不同等级。一路比特率为 64 kb/s 的 PCM 信号常被称为零次群，以零次群为计量单位来计算各次群的复用和复接路数。复用设备按照比特率系列划分为不同等级，在各个数字复用等级上的复用设备将数个低等级比特率的信号源复接成一个高等级比特率的数字信号。

由于历史的原因，在国际上，CCITT 推荐了两种数字系列速率和数字复接等级，见表 11.1。24 路的 PCM(简称 T_1)标准是北美和日本采用的系列和相应数字复接等级，T_1 速率为 1.544 Mb/s(基群)，4 路 T_1 复接为 6.312 Mb/s(二次群)，以此类推复接得三次群、四次群和五次群等，简称为 1.5M 系列。30 路 PCM(简称 E_1)标准是欧洲各国和我国采用的系列和相应数字复接等级，E_1 速率为 2.048 Mb/s(基群)，4 路 E_1 复接为 8.488 Mb/s(二次群)，可简称为 2M 系列。CCITT 建议逐级复接，即采用 $N\sim(N+1)$ 方式的复接等级，如二次群复接为三次群($N=2$)，三次群复接为四次群($N=3$)。以此类推，但也有采用 $N\sim(N+2)$ 方式复接，如由二次群直接复接为四次群(N=2)。

表 11.1　两种数字系列速率

群号	E_1 标准		T_1 标准	
	速率 /($Mb\cdot s^{-1}$)	路数	速率 /($Mb\cdot s^{-1}$)	路数
一次群(基群)	2.048	30	1.544	24
二次群	8.448	$30\times4=120$	6.312	$24\times4=96$
三次群	34.368	$120\times4=480$	32.064	$96\times5=480$
四次群	139.264	$480\times4=1\ 920$	97.728	$480\times3=1\ 440$
五次群	564.992	$1\ 920\times4=7\ 680$	397.200	$1\ 440\times4=5\ 760$

11.2.2　数字复接原理

如图 11.3 所示，数字复接系统主要由复接器和分接器组成。复接器将两个或两个以上的支路信号(低次群)按时分复用方式合并成一个合路的数字信号(高次群)，其设备由定时、码速调整和复接单元等组成。定时单元给复接器提供一个统一的基准时钟；各支路数字信号在复接之前需要进行码速调整，即对各输入低次群数字信号进行频率和相位调整，使各支路信号的速率完全一致，以保证各支路输入码流速率彼此同步，并与复接器的定时信号同步；复接单元将速率一致的各支路数字信号按规定顺序复接为高次群信号。需要强调的是，被复接的各支路数字信号彼此之间必须同步并与复接器的定时信号同步方可复接。

分接器的功能是将已合路的高次群数字信号分解成原来的数字信号，它是由同步、定时、分离和码速恢复等单元组成。同步单元控制分接器的基准时钟与复接器的基准时钟保

持正确的相位关系，使收、发保持同步；分离单元将合路信号实施时间分离，形成同步低次群数字信号，然后由码速恢复单元将它们恢复成原来的支路数字信号。

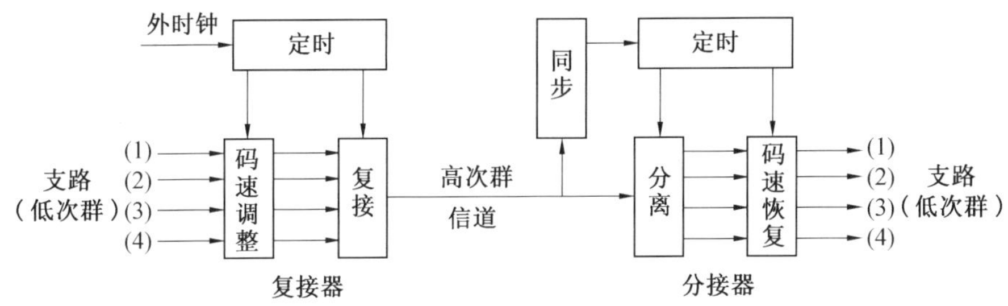

图 11.3　数字复接系统

按照复接时各低次群的时钟情况，可将复接方式分为同步复接、异步复接和准同步复接三种。

(1) 同步复接。被复接的各输入支路之间，以及与复接器的定时信号之间均是同步的。各时钟信号由一个高稳定的主时钟供给，此时复接器可直接将低次群支路信号复接成高速的高次群数字信号，这种复接称为同步复接。同步复接方式无须进行码速调整，有时只需要进行相位调整或根本不需要任何调整便可复接。同步复接目前应用于高速大容量的同步数字系列中。

(2) 异源(准同步) 复接(PDH)。参与复接的各低次群使用各自的时钟，彼此之间不同步，且与复接器的定时信号也不同步。但各输入支路的标称速率相同，也与复接器要求的标称速率相同，各支路的时钟频率相差仅在一定的容差范围内，如基群为 2 048 kb/s ± 50 ppm，二次群为 8 448 kb/s ± 30 ppm(1 ppm $=10^{-6}$)。复接之前只需要进行简单的码速调整，将各支路的码速调整到统一的规定值，使之满足复接条件即可，这种复接方式称为异源复接或准同步复接，是目前应用最广泛的复接方式。

(3) 异步复接。被复接的各输入支路之间，以及与复接器的定时信号之间均是异步的。各时钟不是同出一源，且没有统一的标称频率或相应的数量关系。各输入支路信号的频率变化范围不在允许的变化范围之内，不满足复接条件，必须进行码速调整方可进行复接，这种复接方式称为异步复接。

绝大多数国家将低次群复接成高次群时都采用异源复接方法，这种复接方法最大特点是各支路具有自己的时钟信号，其灵活性较强，码速调整单元电路不太复杂；而异步复接的码速调整单元电路却要复杂得多，要适应码速大范围的变化，需要大量的存储器来满足要求。

数字复接过程中，对满足复接条件的低速支路，根据各支路码元在高次群中的排列方式可将复接分为按位(按比特) 复接、按码(按路) 字复接和按帧复接三种方式。

(1) 按位复接。复接器依次轮流复接各支路信号，每次只复接一个支路的一位码元，这种复接方式称为按位(按比特) 复接。对 PCM 基群而言，一路信号在一帧中的一个时隙里有 8 位码元，图 11.4(a) 所示为 4 个 PCM30/32 路基群各自 TS_1 时隙(CH_1 话路) 里的 8 位码元值，图 11.4(b) 所示为按位复接后的二次群中各支路码元按位插入的排列情况。按位复接对存储器容量要求不高,实现简单,但不利于信号的交换处理,且要求各支路的码元速率和相位必须相同。

(2) 按码字复接。复接器依次复接各支路信号,每次复接一个支路的一个码字(8 位码元),这种复接称为按码字复接。图 11.4(c) 所示为按码字复接情况,复接时先将 8 位码元寄存起来,再在规定时隙内将 8 位码元一次复接完,四个支路轮流复接。这种方法利于多路合成处理和数字电话交换,但要求存储容量较大,电路相对复杂。按码字复接是目前常用的复接方法。

(3) 按帧复接。复接器依次复接各支路信号,每次复接一个支路的一帧信号(如 PCM30/32 路基群,一帧含有 256 bit),这种复接称为按帧复接。它的优点是复接时不破坏原来的帧结构,有利于交换,但需要更大的存储容量,目前极少应用。

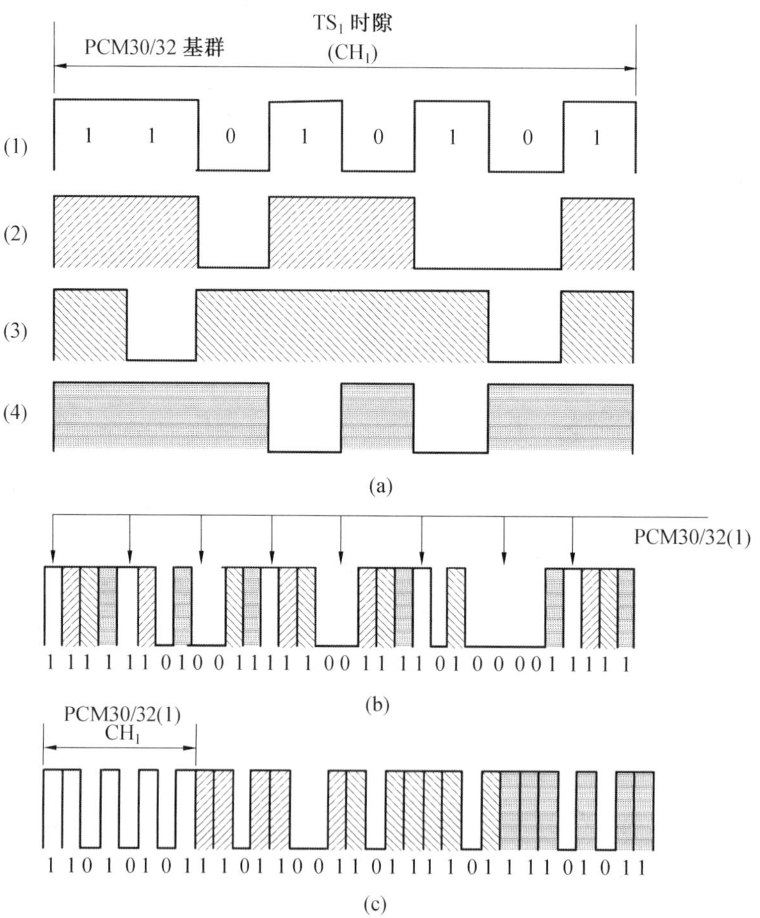

图 11.4　按位复接和按码字复接示意图

如上所述,数字复接是对多路数字信号在一个定长时间内进行码元的压缩与安排,其原理是改变(压缩) 各低速信号的码元宽度,并将它们重新编排在一起,从而形成一个高速信号。从表面上看,数字复接是一种合成,但其本质仍然是一种时分复用的概念。数字复接的复用与 PCM 复用有所不同。PCM 复用是对多路模拟话音信号在一个定长的时间内(一帧

结构）完成的 PCM 和 TDM 全过程；数字复接是以数字信号为对象的时分复用过程，不需要再进行抽样、量化和编码的 PCM 过程。逐等级的复接减少了对每路信号的处理时间，降低了对器件和电路的要求，实现了大路数（高次群）信号的时分复用。

从功能上看，数字复接强调的是将多路低速数字信号变为一路高速数字信号，其目的类似于模拟通信中的频分复用，都是为了提高通信系统的通信容量和传输信道的利用率。

11.3　同步数字系列

11.3.1　同步数字系列的提出

由于历史发展的原因，全世界的数字通信形成了以 1.544 Mb/s 和 2.048 Mb/s 为基础的两套准同步数字系列（PDH），见表 11.1，一到五次群的接口速率都已标准化。随着数字交换（此概念在第 12 章阐述）技术的引入，以光纤为代表的大容量传输技术的出现，使数字通信的应用从点对点传输发展为综合数字网，这要求 PDH 向更高速率发展，使传统准同步 PDH 系统暴露出一系列的固有缺点，主要有以下缺点。

(1)PDH 多采用异源复接，利用码速调整复用成高速信号，且是逐级复用的，从高速信号中识别和提取支路信号困难，需配备背对背的各级复接器和分接器，分支 / 插入电路不灵活。

(2)PDH 各级标准帧结构中预留的开销比特很少，不利于传送操作、管理和维护等大数据量的信息，不适应电信管理网的需要。

(3)PDH 中 1.5 Mb/s 和 2 Mb/s 两套复接系列帧结构不同，话音信号的编码速率不同，导致难以兼容，给国际互通造成困难。

(4) 更高次群若继续采用 PDH 技术，将受到高速器件限制，难以实现。

(5) 没有全球性的标准光接口规范，不同厂家的设备必须通过光 / 电转换借助电接口才能互通，系统结构复杂，造成许多技术困难和费用增加。

20 世纪 80 年代以来，光纤以其优良的宽带特性和传输性能，以及低廉的价格而逐渐成为电信网的主要传输介质。由于光纤通信得到了广泛应用，带宽的节省不再是选择通信速率的主要依据，重要的是网络构建以及运用的灵活性、可靠性和可扩展性，还有维护管理的方便性。美国 Bellcore 公司在 1985 年提出了同步光纤网（SONET）的设想，ITU－T 在 SONET 的基础上，提出同步数字系列（Synchronous Digital Hierarchy，SDH）的建议，1990 年和 1992 年分别两次修订完善，形成了一套 SDH 标准。

SDH 技术提高了带宽的利用率，在骨干网中被广泛采用，且价格越来越低。在各种宽带光纤接入网技术中，SDH 技术的接入网系统应用最普遍，它将核心网中的巨大带宽优势和技术优势引入接入网领域，充分利用 SDH 同步复用、标准化的光接口，强大的网管等能力，以及灵活网络拓扑能力，解决了入户媒质的带宽跟不上骨干网和用户业务需求的接入瓶颈问题。SDH 提高了整个通信网的可靠性、灵活性和对各种业务的适应性。

SDH 是数字传输体制的国际标准，全球范围内统一体系中各级信号的传输速率。它采用字节复用和模块化的结构，并确定了全球通用的光接口标准，定义了标准光信号，规定了波长为 1 310 nm 和 1 550 nm 的激光源。这既适应了交换技术的发展，又便于组建网络和节省网络成本。帧结构增多了用于网络管理控制的比特位，使检测故障等能力大大加强；采用指针调整技术，解决了结点之间由时钟差异带来的问题；与交叉连接(Cross Connection)技术结合，提高了通信网的适应性。SDH 不仅适用于光纤通信，原则上也可以应用于微波和卫星通信。

SDH 传输网的基础设备是同步传送模块(Synchronous Transport Module，STM)，所传输的信号是由不同等级的 STM－N 信号组成。其中 N 为正整数，N 的取值范围为{1，4，16，64，…}，表示 STM－N 信号由 N 个 STM－1 信号通过字节复用而成。

实际上，第一级同步传送模块 STM－1 是一个带有线路终端功能的准同步数字复用器，STM－1 将 63 个 2 Mb/s 信号，或 3 个 34 Mb/s 信号，或 1 个 140 Mb/s 信号复用或适配为 155 520 kb/s(简称 155 Mb/s)，所以 SDH 的基本速率为 155.52 Mb/s，在 155 Mb/s 信号中预留了相当多的开销比特。从 155 Mb/s 往上则完全采用同步字节复用，从而形成速率为 622.080 Mb/s 的 STM－4 和速率为 2.488 320 Gb/s 的 STM－16，以及更高速率的 STM－N，见表 11.2。

表 11.2　不同等级的 STM 信号速率

ITU－T 符号	线路速率常用的近似值
STM－1	155 Mb/s
STM－4	622 Mb/s
STM－16	2.5 Gb/s
STM－64	10 Gb/s
STM－256	40 Gb/s

11.3.2　SDH 的帧结构

1. SDH 的帧结构尺寸

STM－N 信号帧结构便于各支路低速信号在一帧内均匀、有规律地排列，即实现支路低速信号的分／插、复用和交换。ITU－T 规定 SDH 的 STM－N 信号帧是矩形块状帧结构，其以字节(8 bit)为单位，是 9 行×270 列×N 的帧结构，此处的 N 与 STM－N 的 N 一致，取值范围为{1，4，16，64，…}。帧周期的恒定是 SDH 信号的一大特点，对于任何级别的 STM－N 帧，每帧的重复周期均为 125 μs，换句话说，每秒可传 8 000 帧。

同步传输模块 STM－1 是 SDH 最基本的数据块，更高级别的 STM－N 信号则是将 STM－1 按同步复用，经字节间插入后形成的。当 N 个 STM－1 信号通过字节间插入复用成 STM－N 信号时，仅仅是将 STM－1 信号的列按字节间插入复用，行数恒定为 9 行。显然，STM－1 帧结构整体由 9 行、270 列组成，其由比特开销和信息净负荷组成。每列宽一个字节即 8 bit，开始 9 列为开销所用，分别定义为再生段开销(RSOH)、复用段开销(MSOH)和管理单元指针(AUPTR)；其余 261 列则为有效负荷，是数据存放地，即为信息净负荷(Payload)，SDH 帧结构如图 11.5 所示。STM－1 整个帧容量为(261＋9)×9＝2 430 字节，

相当于 2 430×8=19 440 bit。帧结构字节的传送按行进行，顺序是从左到右、从上到下，首先传送帧结构左上角第一个 8 bit 字节，依次传递，直到 9×270 个字节均传送完成，之后转入下一帧。由于帧传输速率为 8 000 帧 /s，因而 STM－1 传输速率为 19 440×8 000＝155.520 Mb/s，其他较高级别的码速都是 STM－1 码速的正整数倍。

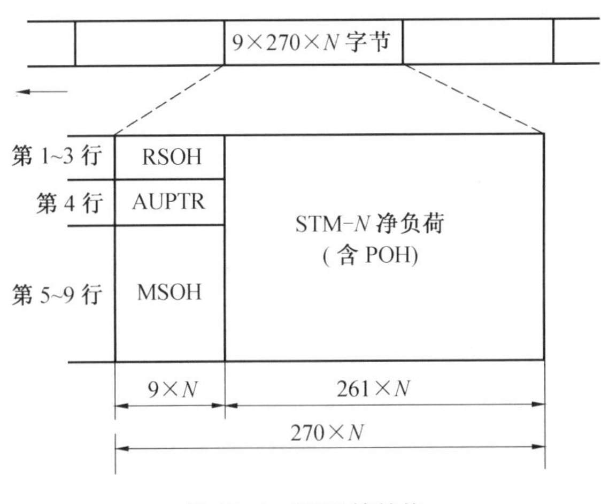

图 11.5　SDH 帧结构

2. 比特开销

在 SDH 中，比特开销由段开销(SOH) 和指针组成。再生段开销(RSOH) 和复用段开销(MSOH) 合称为段开销(SOH)，每帧用于段开销的比例近似为 3%，提供网络运行、维护和管理所需的附加字节。可见段开销的比特位相当丰富，这是 SDH 重要的特点之一。段开销中，第 1～3 行分给 RSOH，第 5～9 行分给 MSOH。RSOH 可以在再生中继器接入，也可以在终端设备中接入，MSOH 则只能在终端设备中接入。

RSOH 和 MSOH 分别对相应的段层进行监控，但二者监控的范围不同。如 2.5G 信号，RSOH 监控的是 STM－16 整体的信号传输状态，而 MSOH 则是监控 STM－16 信号中每一个 STM－1 的性能情况。从宏观(整体) 和微观(个体) 的角度来监控信号的传输状态，便于分析、定位。

管理单元指针(AUPTR) 是一种指示符，位于 STM－N 帧中第 4 行的 9×N 列，共 9×N 个字节。它指示出信息净负荷中分支数据的准确位置(即指出信息净负荷第 1 个字节在 STM－N 帧内的准确位置)，以便正确地分解提取信息。采用指针是 SDH 的重要创新，可以将提取数据形象地理解为文件传递，以及利用指针寻址。

3. 信息净负荷

信息净负荷是在 STM－N 帧结构中存放的各种信息码块，占有 STM－1 帧结构中 2 344 个字节。为了实时监测复用的低速信号在传输过程中是否有损坏，有少量用于通道性能监视、管理和控制的通道开销字节(POH) 作为净负荷的一部分，并与其一起在网络中传送。显然，信息净负荷并不等于有效负荷，因为信息净负荷中存放的是经过复用的低速信号，即将低速信号加上了相应的 POH。

11.3.3 SDH 传输系统模型

ITU－T 除了对 SDH 速率和复用结构进行了标准化，还对 SDH 传送网分层模型、保持与恢复方法、定时同步原则、网络管理与性能以及引入策略等进行了规范。SDH 传输系统按功能分层的方法，可分为物理层、段层、通道层和电路层，其中下层为上层提供服务。

(1) 分层中最下层是物理层，用光信号波长、脉冲波形等参数表征。

(2) 物理层上面是段层，段层的作用是确保SDH网内结点之间信号传送的完整性，段层可再分为再生段层和复用段层。再生段层是指再生器之间或复用设备和再生器之间的那一段；复用段层是指复用设备之间的那一段。

(3) 段层上面是通道层，通道层的作用是支持电路层，将电路层信号适配成统一的形式传送，通道层可再分为低阶通道层和高阶通道层。低阶通道层支持电路层信号；高阶通道层既支持电路层信号，又支持低阶通道层信号。

(4) 最上层为电路层，即 SDH 传送网支持的各种业务。

SDH 在传输上的基本网络单元主要有终端复用器(TM)、再生中继器(REC)、分插复用器(ADM) 和数字交叉连接设备(DXC) 等，虽然其功能各异，但都有统一的标准光接口，能在网络中的光缆段上实现横向兼容，即设备互通。

1. 终端复用器(TM) 和分插复用器(ADM)

SDH的复用有两种形式，一种是低阶的SDH信号复用成高阶SDH信号，另一种是低速支路信号(如2 Mb/s、34 Mb/s、140 Mb/s)复用成SDH信号STM－N。第一种情况的复用方法是 11.3.2 节中所述的字节间插入复用方式，第二种情况是将 PDH 信号复用成 STM－N 信号，是使用最多的方法，第二种复用方法是将各种低速的业务信号复用进 STM－N 的过程，经历映射、定位和复用三个步骤。

映射是一种在SDH边界处使支路信号适配进虚容器的过程。在STM－1中，各个虚容器均是容器和相应的通道开销构成，通道开销的功能是为各类虚容器提供相应的通道管理和维护消息。标准容器(C) 是用来装载这种速率的业务信号的信息结构，是虚容器(VC) 的净负荷，有 C－11、C－12、C－3、C－4。分别装载 1.544 Mb/s、2.048 Mb/s、6.312 Mb/s、34.368 Mb/s、139.264 Mb/s。如在 G.709[①] 建议中，速率符合 G.703[②] 建议的信号先分别经过码速调整装入相应的标准容器，之后再加进低阶或高阶通道的开销，以此形成虚容器。

定位是一种将帧偏移信息收进支路单元或管理单元的过程，低阶虚容器对应支路单元(TU)，高阶虚容器对应管理单元(AU)。

复用是使多个低阶通道层的信号适配进高阶通道层，或者将多个高阶通道层信号适配进复用层的过程，即以字节交错间插方式将 TU组织复用进高阶 VC，或者将管理单元(AU)组织复用进 STM－N 的过程，也称同步复用。

---

① G.709 建议：ITV－T 对光传送网(DTN) 接口的标准规范。

② G.703 建议：ITV－T 建议定义了分级数字接口的物理 / 电气特性，如 64 kb/s 接口，2 048 kb/s 接口。

(1) 终端复用器(TM)。

终端复用器是最重要的网络单元之一，如图 11.6 所示。终端复用器主要应用在网络的终端站点上，如一条链路的两个端点上，它是一个双端口器件。它的作用是将支路端口的低速信号复用到线路端口的高速信号 STM－N 中，或从 STM－N 的信号中分出低速支路信号。需要注意的是，它的线路端口只可输入 / 输出一路 STM－N 信号，而支路端口却可以输出 / 输入多路低速支路信号。在将低速支路信号复用进 STM－N 帧(将低速信号复用到线路) 上时，有一个交叉的功能，如可将支路的一个 STM－1 信号复用进线路上 STM－16 信号中的任意位置，也就是指复用在 1 ～ 16 个 STM－1 的任一个位置上，或者将支路的 2 Mb/s 信号复用到一个 STM－1 中 63 个 VC－12 的任一个位置上。

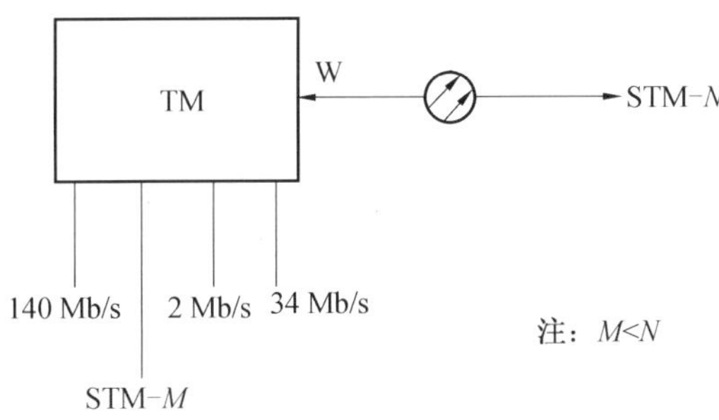

图 11.6　终端复用器

(2) 分插复用器(ADM)。

分插复用器用于 SDH 传输网络的转接站点处，如链路的中间结点或光缆环路上结点，是 SDH 网上使用最多、最重要的一种器件，它是一个三端口的器件，如图 11.7 所示。ADM 将同步复用和数字交叉连接功能综合于一体，具有灵活地分插任意支路信号的能力，在网络设计上有很大灵活性。另外，ADM 也具有电 / 光转换、光 / 电转换功能。

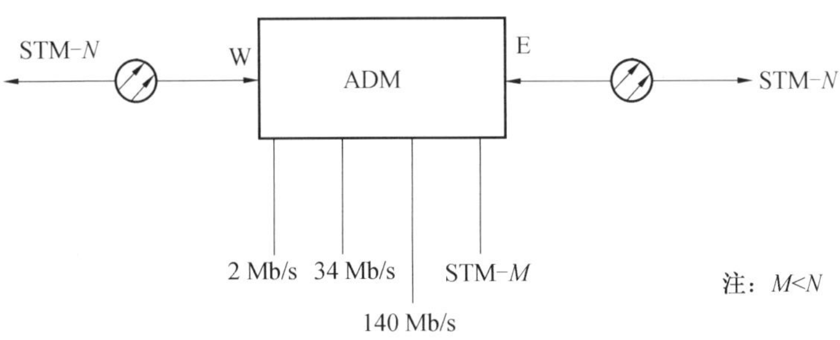

图 11.7　分插复用器

ADM 有两个线路端口和一个支路端口。两个线路端口各接一侧的光缆(每侧收 / 发共两根光纤)，为了描述方便将其分为西(W) 向、东(E) 向两个线路端口。ADM 的作用是将低速支路信号交叉复用进东向或西向线路上，从东向或西向线路端口接收的线路信号中拆分出低速支路信号；另外，还可将东向或西向线路的 STM－N 信号进行交叉连接。ADM 是 SDH 最重要的一种网络单元，它可以等效成其他网络单元或网络单元的组合来使用，如一个 ADM 可等效成两个 TM。

2. 再生中继器(REG)

光传输网的再生中继器主要作用是实现支路之间的交叉连接,它实际上相当于一个交叉矩阵,完成各个信号间的交叉连接,如图 11.8 所示。REG 有两种,一种是纯光的再生中继器,主要进行光功率放大以延长光传输距离;另一种是用于脉冲再生整形的电再生中继器,主要通过光/电变换、电信号抽样、判决和再生整形等,以达到不积累线路噪声,保证线路上传送信号波形的完整性。

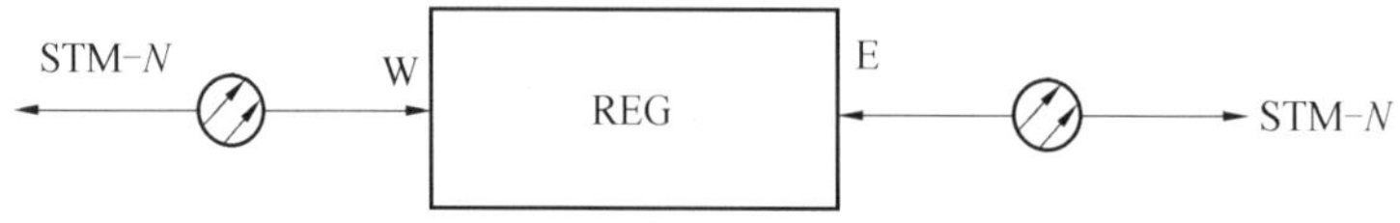

图 11.8 再生中继器

3. 数字交叉连接设备(DXC)

数字交叉连接设备主要是 STM－N 信号的交叉连接功能,它是一个多端口器件,实际上相当于一个交叉矩阵,完成各个信号间的交叉连接,如图 11.9 所示。

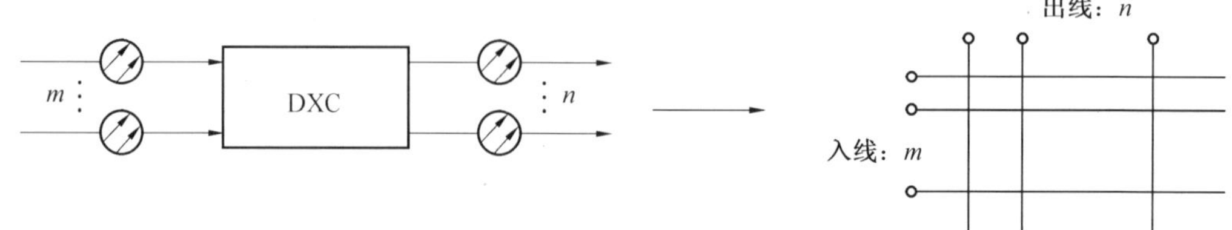

图 11.9 数字交叉连接设备

DXC 可将输入的 m 路 STM－N 信号交叉连接到输出的 n 路 STM－N 信号,图 11.9 中有 m 条输入端光纤和 n 条输出端光纤。DXC 的核心是交叉连接,功能强的 DXC 能完成高速(如 STM－16)信号在交叉矩阵内的低级别交叉(如 VC 级别的交叉)。通常用 DXCx/y 来表示一个 DXC 的类型和性能,且 $x \geqslant y$。x 表示可接入 DXC 的最高速率等级,y 表示在交叉矩阵中能进行交叉连接的最低速率级别。x 越大表示 DXC 的承载容量越大;y 越小表示 DXC 的交叉灵活性越大,x 和 y 数值含义与速率对应见表 11.3。数值为 0 表示速率为 64 kb/s;而数值为 1,2,3,4 则分别表示 PDH 的 1 至 4 次群速率,数值为 4 代表 SDH 的 STM－1 等级;数值为 5 和 6 则分别代表 STM－4 和 STM－16 等级。目前应用最广泛的是 DXC1/0、DXC4/1 和 DXC4/4 三种。

DXC1/0 主要对基群信号进行重新安排和业务疏导,包含基群复用设备,DXC1/0 适用于电路数量大、业务种类多的场合。DXC4/1 内部通常采用 T－S－T 的三级交换网络,适用于长途网,可作为局间中继网和本地网的网关,以及 SDH 与 PDH 的网关,是功能最齐全的系统。DXC4/4 是宽带数字交叉连接设备,内部采用空分交换方式,交叉连接速度很快,常用于长途一、二级干线传输网的保护恢复和自动监控,适应于在 PDH 和 SDH 两种传输系统进出的传输枢纽局或站。

表 11.3　x、y 数值与速率对应

x 或 y	0	1	2	3	4	5	6
速率	64 kb/s	2 Mb/s	8 Mb/s	34 Mb/s	140 Mb/s 155 Mb/s	622 Mb/s	2.5 Gb/s

本章小结

(1) 在阐述时分复用的思想和介绍时间帧概念的基础上，阐述了 PCM 的基本帧结构(基群)，详见 11.1 节。

(2) 阐述了复接的概念、复接的等级和复接的原理，详见 11.2 节。

(3) 分析了准同步数字序列的缺点，阐述同步数字序列 SDH 的概念、帧结构、基本原理和传输模型，详见 11.3 节。

习　　题

11.1　PCM 复用与数字复接有何区别？

11.2　数字复接分几种，复接方式有几种？

11.3　简述 PCM30/32 系统帧结构。

11.4　同步数字序列(SDH) 相对于准同步数字序列(PDH) 有哪些优点？

11.5　简述 SDH 的复用原理。

11.6　PCM30/32 路的帧长、路时隙宽、比特宽和码元速率各为多少？

11.7　由 STM－1 帧结构计算出：(1)STM－1 的速率；(2)SOH 的速率；(3)AUPTR 的速率。

11.8　24 路复用系统，若信号 $f(t)$ 的最高频率为 $f_m=4$ kHz，按奈奎斯特速率进行抽样后，采用 PCM 方式传输，量化级 $N=256$，采用自然二进制编码，求每路的时隙宽度和复用系统的总信息速率。

第 12 章 通信网与通信系统

12.1 通信网基本概念

通信网是由一定数量的结点(包括终端结点、交换结点)和连接这些结点的传输系统在网上有机地组织在一起,按约定的信令或协议完成任意用户间信息交换的通信体系。信息在网上通常以电或光信号传输,因此现代通信网又称电信网。

通信网是由软件和硬件按特定方式构成的一个通信系统,硬件包括终端结点、交换结点、业务结点和传输系统;软件包括信令、协议、控制、管理和计费等。本节对硬件进行简单介绍。

12.1.1 终端结点

终端结点是用户与通信网络之间的接口设备,如电话机、传真机、计算机、视频终端和PBX等。主要功能包括处理用户信息和处理信令信息,具体来说是信息与传送信号的转换、信号与传输链路的匹配、信令的产生和识别三大功能。

12.1.2 交换结点

交换结点是通信网的核心设备,日常的交换结点有电话交换机、分组交换机、路由器和转发器等。交换结点主要功能包括用户业务的集中和接入功能、交换功能、信令功能和其他控制功能。交换结点的基本结构示意图如图12.1所示。

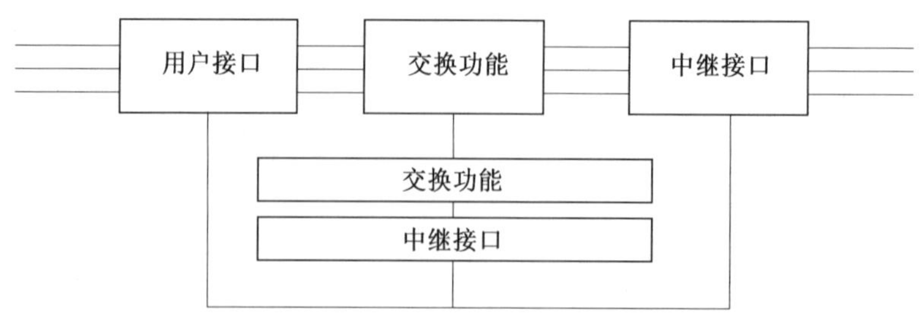

图12.1 交换结点的基本结构示意图

12.1.3 业务结点

业务结点通常由连接通信网边缘的计算机系统、数据库系统组成,如智能网中的业务控

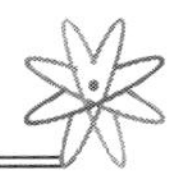

制结点(SCP)、智能外设、语音信箱系统,以及 Internet 上的各种信息服务器等。

以下是业务结点主要功能。

(1) 实现独立于交换结点的业务执行和控制。

(2) 实现对交换结点呼叫建立的控制。

(3) 为用户提供智能化、个性化和有差异的服务。

12.1.4　传输系统

传输系统为信息的传输提供传输信道,是完成信息传输的介质和设备总称。传输系统的硬件包括线路接口设备、传输媒介和交叉连接设备等。

交换的信息包括用户信息(如话音、数据和图像等)、控制信息(如信令信息、路由信息等)和网络管理信息。

12.2　通信网基础

12.2.1　通信网结构

从总体来说,通信网的功能包括传送信息、处理信息、信令机制和网络管理。

一个完整的现代通信网可分为业务网、传送网和支撑网三部分。如果从网络的物理位置分布来划分,通信网还可以分成用户驻地网(CPN)、接入网和核心网三部分。现代通信网的结构示意图如图 12.2 所示。接入网是城域网以下的部分,包括核心交换机以下的部分。核心网是接入网以上的部分,包括核心交换机、核心路由器和语音认证等,驻地网是指地区的城域网。

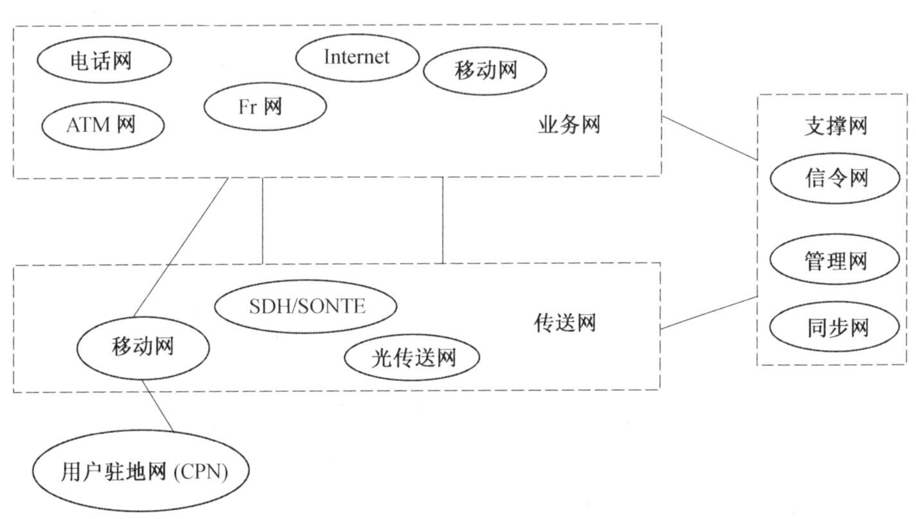

图 12.2　现代通信网的结构示意图

1. 业务网

业务网就是用户信息网，是现代通信网的主体，是向用户提供如电话、电报、传真、数据、图像、基本话音、数据、多媒体、租用线和 VPN 等各种电信业务的网络。

业务网按其功能可分为用户接入网、交换网和传输网三个部分，接入网、传输网和交换网的位置关系如图 12.3 所示。不同类型的结点设备形成不同类型的业务网，业务网包括电话网、ATM 网、Internet、移动网和帧中继网(Fr 网) 等，分别提供不同业务。业务网的核心要素是交换设备，主要交换方式有电路交换和分组交换，现代主要的业务类型见表 12.1。

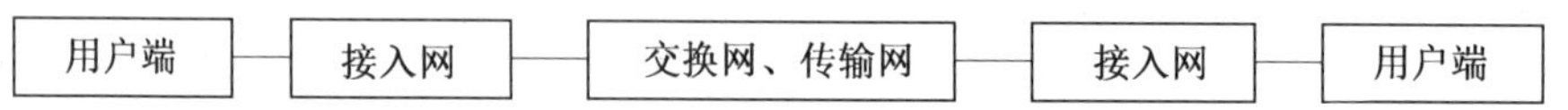

图 12.3　接入网、传输网和交换网的位置关系示意图

表 12.1　主要业务网的类型

业务网	基本业务	交换结点设备	交换技术
公共电话网	普通电话业务	数字程控交换机	电路交换
移动电信网	移动话音和数据	移动交换机	电路 / 分组交换
智能网(IN)	增值业务和智能业务(以普通电话业务为基础)	业务交换与控制结点	电路交换
分组交换网	低速数据业务	分组交换机	分组交换
帧中继网	局域网互联(> 2 Mb/s)	帧中继交换机	帧交换
数字数据网(DDN)	数据专线业务	DCX 和复用设备	电路交换
计算机局域网	本地高速数据(> 10 Mb/s)	集线器、网桥和交换机	共享介质 随机竞争式
Internet	Web 数据业务	路由器、服务器	分组交换

2. 传送网

传送网是在传统传输系统的基础上引入管理和交换智能后形成的，独立于具体业务网，负责为交换结点 / 业务结点的互联分配电路，提供信息的透明传输通道，分组含管理功能。构成传送网包括传输介质、复用体制和传送网结点(分插复用设备(ADM)、交叉连接设备(DXC) 技术) 等。

传送网结点与业务网交换结点都具有交换功能，以下是两者的不同之处。

(1) 基本交换单位不同。业务网交换结点的基本交换单位粒度很小，如一个时隙、一个虚连接；传送网结点的基本交换单位粒度很大，如 SDH 传送网基本的交换单位是一个虚容器(最小是 2 Mb/s)。

(2) 结点间的连接控制机制不同。业务网交换结点的连接是在信令系统的控制下建立和释放的，而传送网结点之间的连接是通过管理面控制建立或释放。

目前主要的传送网有 SDH/SONET 和光传送网(OTN) 两种类型。

3. 支撑网

支撑网是使业务网正常运行，增强网络功能，提供全网服务质量以满足用户要求的网络，在各个支撑网中传送相应的控制、监测信号。

支撑网负责提供业务网正常运行所必须的信令、同步、网络管理、业务管理和运营管理等功能，实现网络结点间（包括交换局、网络管理中心等）信令的传输和转接。

支撑网包括同步网、信令网和管理网三部分，本节逐一介绍。

(1) 同步网。

在数字通信网中，传输链路和交换结点上流通和处理的都是数字信号的比特流，都具有特定的比特率，数字信号的处理和传输都是在时钟控制下进行的。同步网负责实现网络结点设备之间以及结点设备与传输设备之间信号的时钟同步、帧同步和全网的网同步，保证物理设备之间数字信号的正确接收和发送。

(2) 信令网（对于采用公共信道信令的通信网）。

信令网（对于采用公共信道信令的通信网）负责在网络结点之间传送业务相关或无关的控制信息流。

(3) 管理网。

国际电信联盟（ITU）M. 3010 建议，提供一个有组织的网络结构，以取得各种类型的操作系统之间以及操作系统与电信设备之间的互联，这一组织网络结构称为电信管理网（TMN）。

电信管理网通过实时和近实时来监视业务网的运行情况，并相应地采取各种控制和管理方法，充分利用网络资源，保证通信的服务质量。电信管理网可进行比较典型的电信业务和电信设备的管理，如公用网和专用网、TMN 本身、各种传输终端设备、数字和模拟传输系统、各种交换设备、承载业务及电信业务、PBX 接入及用户终端、ISDN 用户终端以及相关的电信支撑网。

电信管理网的功能包括一般功能和应用功能。一般功能包括传送、存储、安全、恢复、处理和用户终端支持；应用功能为电信网及电信业务提供的一系列管理功能，主要划分为性能管理、故障管理、配置管理功能、计费管理功能和安全管理功能。

12.2.2　通信网的类型

1. 按业务类型分类

按业务类型分类，通信网可分为电话通信网（如 PSTN、移动通信网等）、数据通信网（如 X. 25、Internet 和帧中继网等）和广播电视网等。

2. 按空间距离分类

按空间距离分类，通信网可分为广域网（Wide Area Network，WAN）、城域网（Metropolitan Area Network，MAN）和局域网（Local Area Network，LAN）。

3. 按信号传输方式分类

按信号传输方式分类，通信网可分为模拟通信网和数字通信网。

4. 按运营方式分类

按运营方式分类，通信网可分为公用通信网和专用通信网。

12.2.3 通信网的拓扑结构

1. 网状网

多个结点或用户之间互联而成的通信网称为网状网，也称直接互联网（完全或部分互联网），如图 12.4(a) 所示，是一种完全互联的网，网内任意两点间均由直达线路连接。

优点：线路冗余度大，网络可靠性高。

缺点：线路利用率低，网络成本高，网络的扩容不便。

适用范围：通常用于结点数目少，有很高可靠性要求的场合。

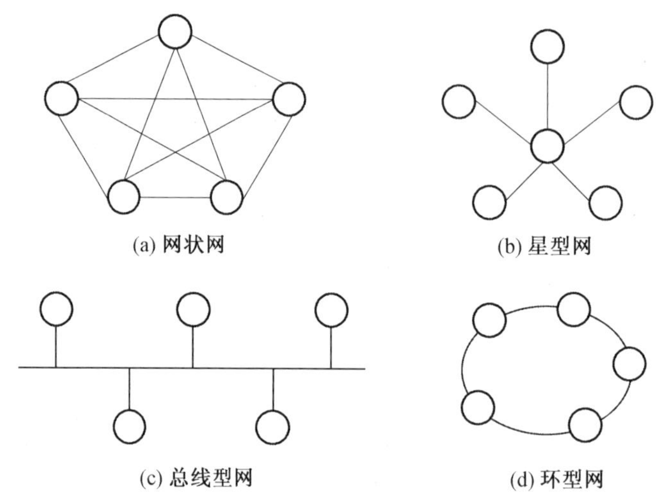

图 12.4 通信网的拓扑结构

2. 星型网

星型网拓扑结构是一种以中央结点为中心，将若干外围结点（或终端）连接起来的辐射式互联结构，又称辐射网，如图 12.4(b) 所示。

优点：降低传输链路的成本，提高线路的利用率。

缺点：网络的可靠性差。

适用范围：通常在传输链路费用高于转接设备，可靠性要求又不高的场合。

3. 总线型网

总线型网属于共享传输介质型网络，总线型网将所有的结点连接在同一总线上，是一种通路共享的结构，如图 12.4(c) 所示。该结构的优点如下。

(1) 具有良好的扩充性能。

(2) 可以使用多种存取控制方式，如载波侦听多路访问 / 碰撞检测方式（Carrier Sense Multiple Access with Collision Detection，CSMA/CD）、通行标志方式和时间片方式等。

(3) 不需要中央控制器，有利于分布式控制，结点的故障不会引起系统的崩溃。

(4) 需要的传输链路少，结点间通信无须转接结点，控制方式简单，增减结点也很方便。

缺点：网络服务性能的稳定性差，结点数目不宜过多，网络覆盖范围也较小。

适用范围：用于计算机局域网、电信接入网等网络中。

4. 环型网

如果通信网各结点被连接成闭合的环路，则称为环型网，环型网可以是单向环，也可以是双向环，如图 12.4(d) 所示。该结构的优点如下。

(1) 在环路中，每个结点的地位和作用是相同的，每个结点都可以获得并行使用控制权，很容易实现分布式控制。

(2) 不需要进行路径选择，控制比较简单。因为在环型网中，路径只有一条，不存在为信息规定路径的问题。

优点：结构简单，容易实现。

缺点：结点数较多时转接时延无法控制，并且不易扩容。

适用范围：用于计算机局域网、光纤接入网、城域网和光传输网等网络中。

12.3　交换的概念

通信是从发送方向接收方传递消息。在电信系统中，信息是以电信号的形式承载的。一个电信系统至少由终端和传输媒介组成，终端含有信息的消息，如语音、图片和视频等转换成可在传输介质里传输的电信号，同时将来自传输媒介的电信号还原成原始消息；传输媒介将电信号从一个地方传送到另一个地方，这种仅涉及两个终端的通信方式称为点对点通信。

对于点对点的通信，只要在通信双方之间建立一个连接即可；而对于点对多点或多点对多点的通信(也就是具有多个通信终端)，最直接的方法是让所有通信方两两相连，如图12.5 所示，这样的连接方式称为全互联式，全互联式存在以下问题。

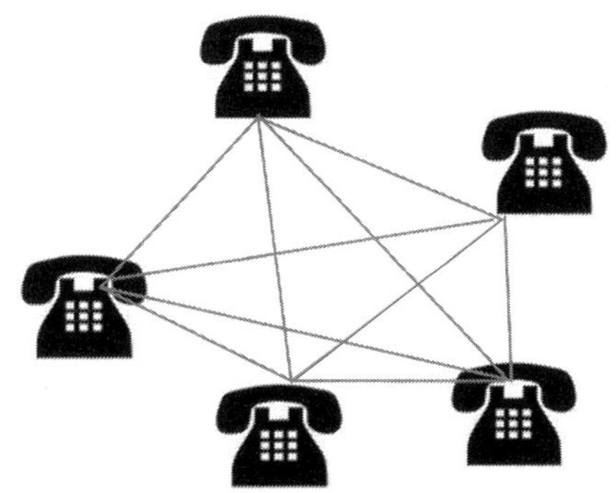

图 12.5　通信用户全互联式

(1) 当存在 N 个终端时，需要 $N_2(N-1)/2$ 条连线，连线数量随终端数的平方而增加，通常称为 N^2 问题。

(2) 当通信终端相距很远时，相互间的连接需要大量的长途线路。

(3) 每个终端都有 $N-1$ 条连线与其他终端相接,因此每个终端都需要 $N-1$ 个线路接口。

(4) 增加第 $N+1$ 个终端时,必须增设 N 条线路。

12.3.1 交换机

从图 12.5 可知,终端数增加,线路增加,成本提高。因此,在实际应用中,全互联式系统仅适合于终端数目较少、地理位置相对集中且可靠性要求很高的场合。对于终端用户数量较多、分布范围广的情况,可以在用户分布密集的中心安装一个设备,将每个用户的终端(如电话机)用专用线路连接在这个设备上,通过该设备实现所有用户终端的全互联。安装的设备相当于一个开关接点,平时是断开的,当任意两个用户之间需要交换信息时,该设备将连接这两个用户的开关接点合上,即将这两个用户的通信线路连通。当两个用户通信完毕,再将相应的接点断开,两个用户间的连线就断开了。该设备能完成任意两个用户之间交换信息的任务,能完成任意两个用户之间通信线路连接与断开作用的设备,称为交换设备或者交换机。

交换即接续,就是在通信源和目的之间建立通信信道,实现信息传送的过程。准确来说,交换是指各类通信终端之间(如电话机之间或者计算机之间)为传输信息所采用的一种利用设备进行连接的工作方式。有了交换设备,对 N 个用户只需要 N 对线就可以满足要求,使线路的投资费用大大降低,虽然增加了交换机的费用,但它的利用率很高,相比之下,总投资费用下降。

交换原理和交换机定义在概念上强调的是通信线路的物理交换,即能看得见摸得着的线路的连接和切断。交换也有逻辑层次上的,如网络交换设备(如路由器)的分组交换。

引入交换设备后,交换设备和连接在其上的用户终端设备以及它们之间的传输线路构成了最简单的通信网,并可由多个交换设备构成大型通信网,处于通信网中的任何一台交换设备都可以称为一个交换结点。

12.3.2 交换的基本功能

交换的基本功能是在连接到交换设备上任意的入线和出线之间建立连接,或者说是将入线上的信息分发到出线上去。即任何一个主叫用户(提出通信要求者)的信息,无论是话音、数据和文本图像等,均可通过在通信网中的交换结点发送到任何一个或多个被叫用户处。

一般来说,用户终端与交换机之间的线路称为用户线,其接口称为用户网络接口(UNI);交换机之间的线路称为中继线,其接口称为网络接口(NNI)。设定信令是指通信系统中的控制指令,它用于在指定的终端之间建立临时通信信道,并维护网络本身的正常运行,并且信令传送时所遵循的规则称为信令协议和信令方式。对于一个交换结点,至少应具备以下功能。

(1) 能正确接收和分析来自 UNI 或 NNI 的呼叫信令。

(2) 能正确接收和分析来自 UNI 或 NNI 的地址信令。

(3) 能按照目的地址正确地进行路由选择,并通过 NNI 转发信号。

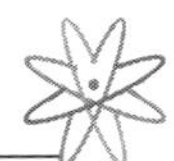

(4) 能控制连接的建立。

(5) 能按照要求拆除连接。

12.4　常用的交换技术

通常来说,数据在通信线路上进行传输,从源结点到目的结点之间的数据通信需要经过若干中间结点的转接,这涉及数据交换技术。交换技术可以使多个结点同时传输和接收数据,可以使数据沿不同路径进行传输,现有的交换技术包括电路交换(Circuit Switching,CS)、报文交换、分组交换和 ATM 交换等。交换在通信中具有重要地位,因此,想要掌握通信和网络知识,必须了解和掌握交换技术。本节主要针对数据(计算机网络) 通信,简要介绍交换方式的工作原理。

12.4.1　电路交换

电路交换也称为线路交换,是在信息(数据) 的发送端和接收端之间,直接建立一条临时通路,供通信双方专用,其他用户不能占用,直到双方通信完毕才能拆除。其特点是直接由物理链路连通,没有其他用户干扰,没有非传输时延;缺点是通路建立时间较长,线路利用率不高(也就是长途电话费用高的原因)。该方式适合大数据量的信息传输。

电路交换是通信网中最早出现的一种交换方式,也是应用最普遍的一种交换方式,主要应用于电话通信网中完成电话交换,已有 100 多年的历史。电路交换之所以没有被现代更先进的通信交换方式完全取代,是因为它适合于人类的话音传输。

早期人工电话交换时代,接线员必须对每一个电话呼叫完成连接的工作,如图 12.6 所示。当用户提起话机,线路状态转变为提机,在接线员的交换台上面会有灯亮起,蜂鸣器响起。蜂鸣器和灯告诉接线员,有个用户提机请求服务了,接线员拿起话筒然后询问被呼叫的电话号码,如果被叫号码在同一个中心局, 接线员通过将线插入交换台上对应被叫用户线的插孔,被叫方就开始响铃,建立了双方通话。如果通话是连到其他中心局,接线员则插入其他局的中继线路,并要求该局接线员应答(称为转入接线员) 并建立通话。

图 12.6　人工交换

因为人工接线员负责将通话双方连接,当用户呼叫是某一类型的单位,不是固定的单位电话时，接线员就有一定的权力，特别是当用户只能给出服务单位类别，不是具体单位电话时，接线员决定转接到哪一个具体电话。1898 年美国人 A. B. 史端乔（Almon B. Strowger）发明世界上第一部自动交换机，自动交换机是靠使用者发送号码（被叫使用者的位址编号）进行自动选线的，交换机工作示意图如图 12.7 所示。

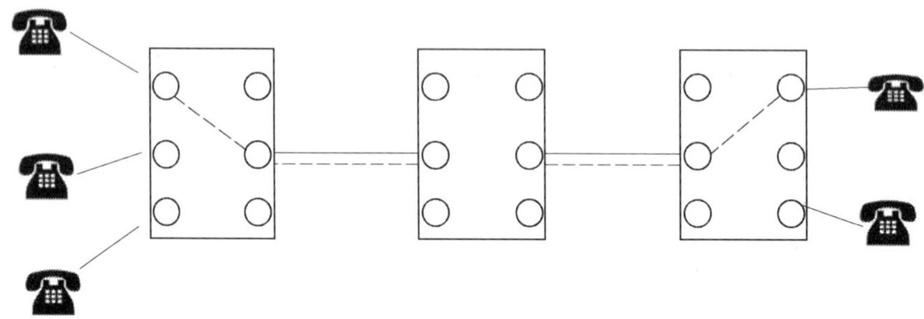

图 12.7　交换机工作示意图

1. 电路交换的特点

本节将介绍电路交换具体的特点。

(1) 独占性。

在建立电路后、释放线路前，即使站点之间无任何数据可以传输，整个线路仍不允许其他站点共享。与打电话一样，人们讲话之前总要拨完号将连接建立，不管讲不讲话，只要不挂机，这个连接是专有的，如果没有可用的连接，用户将听到忙音。因此线路的利用率较低，并且容易引起接续时的拥塞，但其优点是话音的收发设备可以做到极其简单，成本低。

简而言之，在数据传送开始前必须先设置一条专用的通路。在线路释放之前，该通路由一对用户完全占用。对于猝发式的通信，电路交换效率不高。

(2) 实时性好。

一旦电路建立，通信双方的所有资源（分组括线路资源）均用于本次通信，除了少量的传输延迟之外，不再有其他延迟，具有较好的实时性。从电路交换的工作原理可以看出（图 12.7），电路交换会占用固定带宽，因此限制了在线路上的流量和连接数量。电路交换设备简单，无须提供任何缓存装置。用户数据透明传输，要求收发双方自动进行速率匹配。

电路交换方式的优点是数据传输可靠、迅速，数据不会丢失，且保持原来的序列。缺点是在某些情况下，电路空闲时的信道容量被浪费；另外，如数据传输阶段的持续时间不长，电路建立和拆除所用的时间会得不偿失。因此，它适用于远程批处理信息传输或系统间实时性要求高的大量数据传输的情况，这种通信方式的计费方法一般按照预订的带宽、距离和时间来计算。

(3) 可靠性高。

由于电路交换对线路资源的独占性，使通信过程中，数据传输可靠、迅速，数据不会丢失，基本不会出现抖动现象，通信可靠性高，延时非常小，仅仅是电磁信号传输时花费的延时。

电路交换的缺点是在某些情况下，电路空闲时的信道容量易被浪费：在短时间数据传输时电路建立和拆除所用的时间得不偿失。因此，它适用于系统间要求高质量的大量数据传输

的情况。

2. 电路交换的过程

电路交换的过程包括建立电路、占用线路并进行数据传输以及释放线路三个阶段，本节分别进行介绍。

（1）建立电路。

与打电话先要通过拨号在通话双方间建立一条通路一样，数据通信的电路交换方式在传输数据之前也要先经过呼叫过程建立一条端到端的电路，具体过程如下。

① 发起方向某个终端站点（响应方站点）发送一个请求，该请求通过中间结点传输至终点。

② 如果中间结点有空闲的物理线路可以使用，接收请求，分配线路，并将请求传输给下一中间结点，整个过程持续进行，直至终点；如果中间结点没有空闲的物理线路可以使用，整个线路的连接将无法实现。仅当通信的两个站点之间建立起物理线路之后，才允许进入数据传输阶段。

③ 线路一旦被分配，在未释放之前，其他站点无法使用，即使线路上并没有数据传输。

（2）数据传输。

电路交换连接建立以后，数据就可以从源结点发送到中间结点，再由中间结点传输至终端结点，当然终端结点也可以经中间结点向源结点发送数据。这种数据传输有最短的传播延迟，并且没有阻塞的问题，除非有意外的线路或结点故障而使电路中断。但要求在整个数据传输过程中，建立的电路必须始终保持连接状态，通信双方的信息传输延迟仅取决于电磁信号沿媒体传输的延迟。如图 12.8 所示，结点 A、C、D、F 为终端结点，结点 B、E 为中间结点。

（3）释放电路。

当站点之间的数据传输完毕，执行释放电路的动作。该动作可以由任一站点发起，释放线路请求通过途经的中间结点发送至对方，释放线路资源，被拆除的信道空闲后，就可被其他通信使用。图 12.8 中结点 B、E 为 A、F 两点提供一条直接通路，从结点 A 到结点 F 电路交换过程如图 12.9 所示。

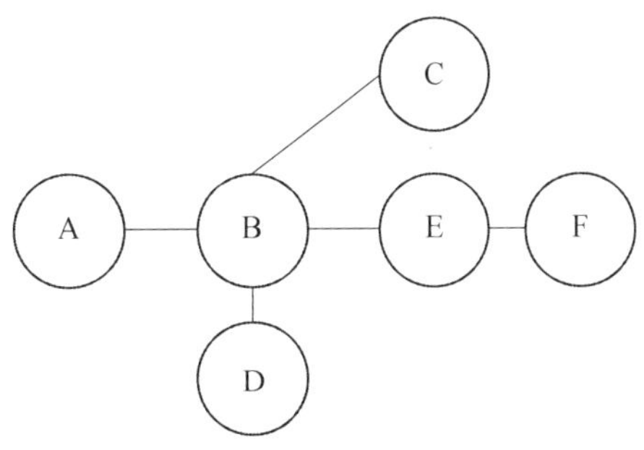

图 12.8　结点分布示例图

电路交换主要采用模拟式交换器的空分线路交换和采用数字式交换机的时分线路交换两种方式。空分线路交换是传统的交换方式，交换器由开关阵列、译码器和收号器等组成。其过程是，设主叫用户为 A，被叫用户为 F，A 呼叫（拨号）接收端 F，由接收器接收号码进行

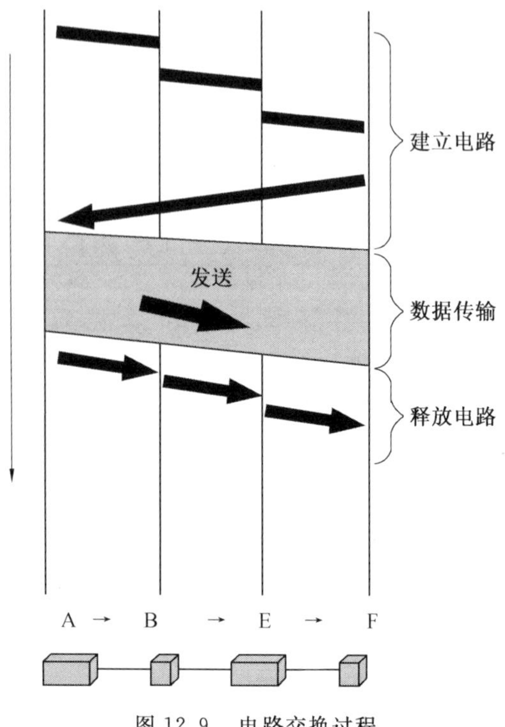

图 12.9　电路交换过程

分析，根据译码结果控制交换装置的执行机构(电子开关、继电器等)，接通到被叫用户的一条物理链路，然后由接收端发回一个呼叫接收信号给主叫用户，或者交换装置确定被叫用户已接通，由交换装置给主叫用户发一个呼叫接收信号(一般为振铃信号)，此时主叫用户 A 就可向被叫用户 F 发送数据直至结束，由交换机释放该通信链路。

时分线路交换是利用存储器控制存取的原理，对 PCM 各话路时隙间数字信息进行交换，因此通常称为时隙交换器(Time Slot Interchanger，TSI)，由存储器和控制存储器两部分组成。

简单介绍链路和通路的概念，通路是连通的意思，通路不说明连接形式，只表示连通这个结果，而且强调连通是一种畅通无阻的直通。因此，对于普通的电话连接，常以通路表示，以强调通信的实时性。

链路也是连通的意思，但强调连通的形式，是像链条似的将一段一段线路连接起来，被链路连接的双方，从形式上是通了，但这种通不一定是直通。在数据通信中，由于数据大都以分组形式出现，以存储－转发的方式传输，因此多用链路表示数据传输的路径。

12.4.2　报文交换

当端点间交换的数据具有随机性和突发性时，采用电路交换方法的缺点是信道容量和有效时间的浪费，采用报文交换则不存在这种问题。

1. 报文交换原理

报文交换不像电路交换需要建立专用通道，它的原理是信源将想要传输的信息组成一

个数据分组(数据块),称为报文。显然,报文交换的数据传输单位是报文,它是结点一次性发送,其长度不限且可变。当一个结点想要发送报文时,它将一个目的地址附加到报文上,即报文上写有信宿的地址,数据分组送上网络后,网络上每个接收到的结点在收到整个报文并检查无误后,先将它存在该结点处,然后按信宿的地址,根据网络的具体传输情况,寻找合适的通路将报文转发到下一个结点。因此,端与端之间无须事先通过呼叫建立连接。经过多次存储－转发,逐个结点地转送到目的结点,找到信宿,完成一次数据传输,这种结点存储－转发数据的方式称为报文交换。

一个报文在每个结点的延迟时间,等于接收报文所需的时间加上向下一个结点转发所需的排队延迟时间之和,如图 12.8 所示,结点 B、E 为 A、F 两点提供一条通路,图 12.10 中给出了沿 A → B → E → F 链路的报文传输示意图。

2. 报文交换的特点

报文交换的特点在交换结点中需要缓冲存储,报文需要排队,故报文交换不能满足实时通信的要求。与电路交换相比,报文交换有以下优点。

(1) 报文是以存储－转发方式通过交换机。报文从源点传送到目的地采用存储－转发的方式,在传送报文时,一个时刻仅占用一段通道。由于交换机输入和输出的信息速率、编码格式等不同,因此很容易实现各种类型终端之间的相互通信。

(2) 电路利用率高。报文交换过程不需要建立专用通路,没有电路持续过程(保持连通状态),来自不同用户的报文可以在一条线路上以报文为单位进行多路复用,线路可以以其最高的传输能力工作,大大提高了线路的利用率。报文交换与电路交换相比,对于同样的通信量来说,报文交换对电路的传输能力要求较低。

(3) 用户不需要叫通对方就可以发送报文,并可以节省通信终端操作人员的时间。如果需要同一报文,可以由交换机转发到许多不同的收发地点,即实现同报文的通信(或广播功能)。在电路交换网络上,当通信量变得很大时,就不能接受新的呼叫;在报文交换网络上,通信量大时仍然可以接收报文,不过传送延迟会增加。

(4) 报文交换网络可以进行速度和代码的转换。

报文交换有以下主要缺点。

(1) 由于每个结点在收到来自不同方向的报文后,都需要将报文先排队,寻找到下一个结点后再转发出去,因此,信息通过结点交换(或路由) 时产生的时延大,而且时延的变化也大,不利于实时通信。所以报文经过网络的延迟时间长且不定,不适合进行实时传输或交互式通信。

(2) 交换机需要存储用户发送的报文,因为有的报文可能很长,所以要求交换机有高速处理能力和大的存储容量,一般要求配备大容量的磁盘和磁带存储器,导致交换机的设备比较庞大,费用较高。

(3) 有时结点收到过多的数据而无空间存储或不能及时转发,就不得不丢弃报文,且发出的报文可能不按顺序到达目的地。

报文交换一般只适用于公众电报和电子信箱业务。由于报文交换在本质上是一种主从结构方式,所有的信息都流入、流出交换机,若交换机发生故障,整个网络都会瘫痪,因此许多系统都需要备份交换机,一个发生故障,另一个代它工作;同时,该系统的中心布局形式,

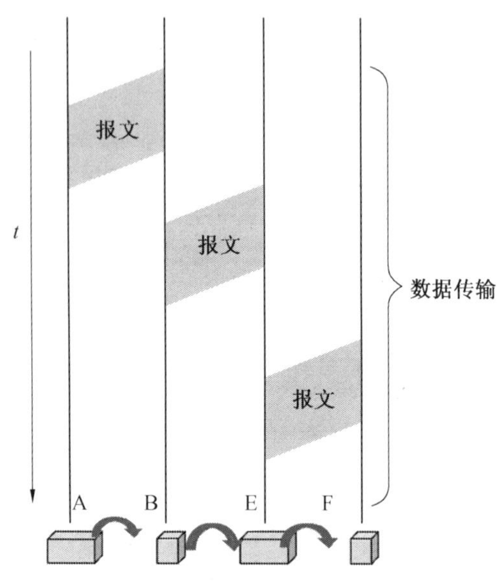

图 12.10　报文传输示意图

造成所有信息流都要流经中心交换机，交换机本身就成了潜在的瓶颈，会造成响应时间长、吞吐量下降。

12.4.3　分组交换

分组交换是报文交换的一种改进，它将报文分成若干个分组，每个分组的长度有一个上限，有限长度的分组使得每个结点所需的存储能力降低了，分组可以存储到内存中，提高了交换速度。它适用于交互式通信，如终端与主机通信，所以它是计算机网络中使用最广泛的一种交换技术。

分组交换的过程为，在发送端，先将较长的报文划分成更小的等长数据段；其次，数据段前面添加首部构成分组(packet)，分组交换示意图如图 12.11 所示。

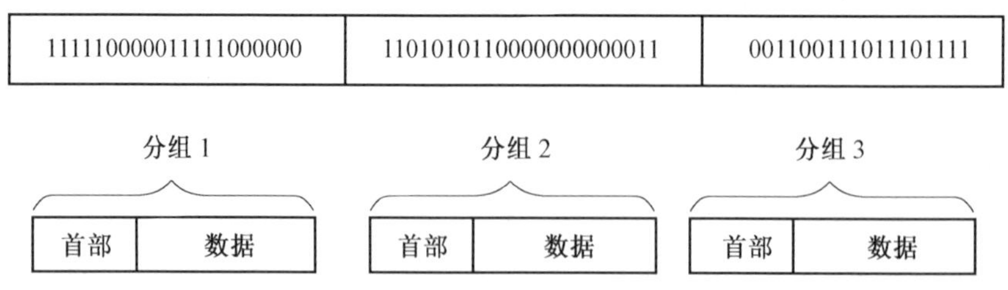

图 12.11　分组交换示意图

数据通信实现的是计算机和计算机之间以及人和计算机之间的通信，计算机之间的通信过程需要定义严格的通信协议和标准，数据信号使用二进制 0 和 1 的组合编码，如果一个码组中的一个比特在传输中发生错误，则在接收端可能会被理解为完全不同的含义，尤其是对于银行、军事和医学等关键事务的处理，若发生毫厘之差可能会造成巨大的损失。一般而言，数据通信的误比特率必须控制在 10^{-8} 以下，而话音通信则低于 10^{-3} 即可。同时，数据通信的突发性强，由此决定数据通信的信道建立时间要求也要短于话音通信。

由分析可见，必须选择合适的数据交换方式，构造数据通信网络以满足数据高速传输的要求。电路交换不利于实现不同类型的数据终端设备之间的相互通信，报文交换信息传输时延又太长，无法满足许多数据通信系统的实时性要求，分组交换较好地解决了这些矛盾。

分组交换类似于报文交换，其主要差别在于，分组交换是数据量有限的报文交换。在报文交换中，对一个数据分组的大小没有限制，如想要传输一篇文章，不管这篇文章有多长，它就是一个数据分组，报文交换将它一次性传送出去(可见报文交换要求每个结点必须具有足够大的存储空间)。而在分组交换中，要限制一个数据分组的大小，即要将一个大数据分组分成若干个小数据分组(俗称打分组)，每个小数据分组的长度是固定的，典型值是一千位到几千位，然后再按报文交换的方式进行数据交换。为区分这两种交换方式，将小数据分组(即分组交换中的数据传输单位) 称为分组，分组交换过程示意图如图 12.12 所示。

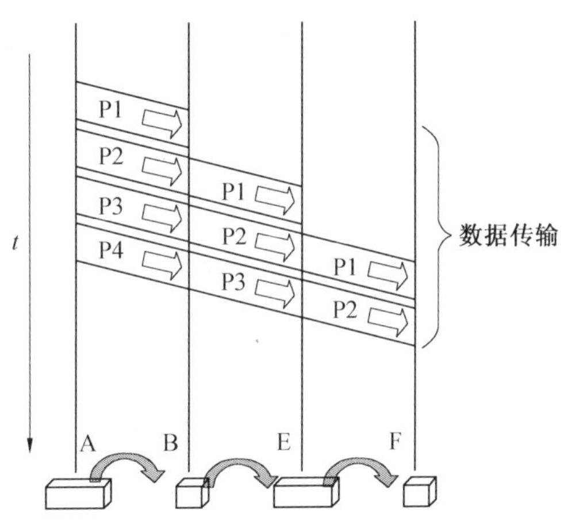

图 12.12　分组交换过程示意图

分组交换是电路交换和报文交换结合的一种交换方式，它综合了电路交换和报文交换的优点，并使其缺点最少，分组交换具有以下特点。

(1) 将需要传送的信息分成若干个分组，每个分组加上控制信息后分发出去，采用存储－转发方式，有差错控制措施。

(2) 基于统计时分复用方式，可以不建立连接，也可以建立连接，连接为逻辑连接(虚连接)。

(3) 共享信道，资源利用率高。

(4) 有时延，实时性差，不能保证通信质量。

(5) 一般用于数据交换，也可用于分组话音业务。

(6) 当结点使用分组交换技术，可以构成分组交换网。

目前，广域网大都采用分组交换方式，传统分组交换最典型的协议是著名的 X.25 协议，提供虚电路和数据报两种服务由用户选择，并按交换的分组数收费。

1. 虚电路分组交换原理与特点

在虚电路分组交换中，为了进行数据传输，网络的源结点和目的结点之间要先建立一条逻辑通路，在数据传送之前必须通过虚呼叫设置一条虚电路，每个分组除了含数据之外，还含一个虚电路标识符；在预先建立好的路径上的每个结点都知道将这些分组引导到哪里去，不再需要路由选择判定；最后，由某一个结点用清除请求分组来结束这次连接。它之所以是“虚”的，是因为这条电路不是专用的，并不是独占网络资源，网络可以将线路的传输能力和交换机的处理能力用作其他服务。分组在每个结点上仍然需要缓冲，并在线路上进行排队等待输出。虚电路因其实时性较好，故适合于交互式通信。

以下是虚电路方式的优点。

(1) 数据接收端无需对分组重新排序，时延小。

(2) 一次通信具有呼叫建立、数据传输和呼叫清除三个阶段。分组中不含终端地址，对数据量大的通信传输效率高。

(3) 可为用户提供永久虚电路服务，在用户间建立永久性的虚连接，用户可以像使用专线一样方便。

(4) 数据采用固定的短分组，不仅可以减小各交换结点的存储缓冲区，而且使数据传输的时延减少。

分组交换意味着按分组纠错，接收端发现错误，只需要让发送端重新发出错的分组，不需要将所有数据重发，提高了通信效率。

另外，虚电路方式也有其自身的局限，问题在于虚电路如果发生意外中断时，需要重新呼叫建立新的连接。

2. 数据报分组交换原理与特点

在数据报分组交换中，每个分组的传送是被单独处理的。每个分组称为一个数据报，每个数据报自身携带足够的地址信息。一个结点收到一个数据报后，根据数据报中的地址信息和结点所储存的路由信息，找出一个合适的路径，将数据报原样地发送到下一结点。由于各数据报所走的路径不一定相同，因此不能保证各个数据报按顺序到达目的地，有的数据报甚至会中途丢失。整个过程中，没有虚电路建立，但要为每个数据报做路由选择。

每个分组在网络中的传输路径与时间完全由网络的具体情况随机确定，因此会出现信宿收到的分组顺序与信源发送时的不一样，先发的可能后到，后发的却有可能先到。这要求信宿有对分组重新排序的能力，具有这种功能的设备称为分组拆装设备(Packet Assembly and Disassembly Device，PAD)，通信双方各有一个。数据报要求每个数据分组都含终点地址信息，以便于分组交换机为各个数据分组独立寻找路径。

数据报的好处在于对网络故障的适应能力强，对短报文的传输效率高。主要不足是离散度较大，时延相对较长。另外，由于它缺乏端到端的数据完整性和安全性，支持它的工业产品较少。

在图 12.13 中，A 点将信息数据分成 4 个分组，分组 1、分组 2 沿 A → B → D → E → F 传输，分组 3 沿 A → B → E → F 传输，分组 4 沿 A → B → C → E → F 传输。4 个分组沿不同的路径传输，在途中可能产生不同的时延，使到达 F 点时的顺序与 A 点发送时的顺序不同，如到达顺序可能是分组 3、分组 4、分组 1、分组 2，而 F 点的 PAD 会根据各分组上的信息将顺序调整过来。

综上所述，电路交换、分组交换特点不同，适应于不同的传输系统。电路交换在数据传

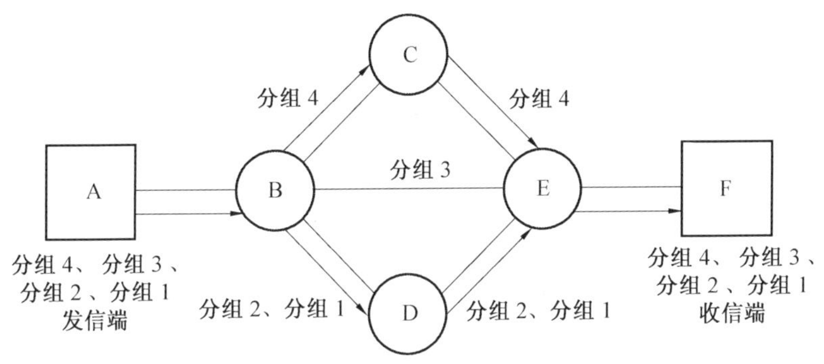

图 12.13　分组交换路径示意图

输之前必须先设置一条完全的通路，在线路拆除（释放）之前，该通路由一对用户完全占用。电路交换效率不高，适合于较轻和间接式负载使用的线路进行通信。而分组交换要求报文从源点传送到目的地采用存储转发的方式，在每个交换点需要排队等待被处理。分组交换技术是在数据网中应用最广泛的一种交换技术，适用于交换中等或大量数据的情况。由于报文交换没有限定报文的长度，因此报文交换不适合交互式通信，不能满足实时通信的要求。

12.5　异步转移模式(ATM)

随着时代的发展，信息已呈现出多元化特性，人们对信息的需求日益高涨，对信息的实时性、快速性、准确性、可靠性、多样性以及信息量的要求越来越高。因此，在社会信息化的过程中，人们希望能有一种更符合人类信息交流的自然属性特点，能将声音数据、图片和活动影像等信息综合，并以统一的接入方式在网络上传输的综合性通信业务服务。而从通信业务的自然特性来看，不同业务的信息从传输时间到传输速率都有很大差异，不仅如此，各种业务的连续性和突发性也不相同，其突发度相差可达 10 倍。为此，需要寻找将各种不同速率、不同形式的各种业务数据（从低速的监控报警数据到高清晰度的电视 HDTV，甚至超高速的大容量数据传输）以统一的方式进行传输和交换以达到资源共享的技术。

12.5.1　ATM 的概念

当前的信息或数据传输技术主要由多路复用和交换两种技术构成，主要完成将大量的信息流（数据流）汇集成一个高速信息流（多路复用），并为各路信息流寻找合适的路径（路由、交换）以到达相应的目的地的操作。

传统的分组传送模式下（如 X.25），并不对呼叫分配固定时隙，仅当发送信息时才送出分组。从原理上来说，这种方式能适应任意的传输速率。但是为了进行流量控制、差错控制以及对分组序号进行状态管理，需要的协议十分复杂，只能以软件来执行第 2、3 层（OSI 模型）的规程。即使采用多处理器的并行分布处理技术，其传输速率也很难满足高质量视频通信和高速 LAN 之间通信的需求。

ATM 源于异步时分技术，它以分组传送模式为基础，并融合了电路传送模式高速化的优点。ATM克服了STM不能适应任意速率业务，难以导入未知新业务的缺点；简化了分组通信中的协议，并由硬件对简化的协议进行处理，交换结点不再对信息进行流控和差错控制，极大地提高了网络的传输处理能力。

ATM将话音、数据和图像等所有的数字信息分解成长度一定的数据块，并在各数据块之前装配地址、丢失优先级等控制信息（即信头H(Header)）构成信元(Cell)，只要获得空信元即可以插入信息发送出去。因信息插入位置无周期性，故称这种传送方式为异步传送方式。因为需要排队等待空信元到来时才能发送信息，所以ATM是以信元为基本单位进行存储和交换的。由于ATM信元非常小，传输和交换时的处理时延也非常小，可以很好地保证通信的实时性。

而它的异步特点是允许数据收发时钟不同步(异步)工作，通过插入或去掉空信元或未分配信元可以容易地解决收发时钟有差异的问题。

ATM靠时隙中的标记来识别通路，并通过标记来进行交换，不需要同步信号来进行时隙定位，因此也称为标记复用或统计复用。虽然X.25的分组交换也采用了标记复用，但其分组长度在上限范围内可变，因此一个分组插入到通信线路上的时间是任意的。ATM采用长度固定的信元，使信元定时出现，因此可采用硬件对信头进行高速处理。

ATM是一种快速分组交换方式，或者说是一种先进的数据分组交换技术。概括来说，ATM是一种基于信元以及面向连接、全双工和点到点的传输协议，该协议对各个站点来说都具有专用带宽，使用异步时分复用技术进行数据传输。

从工程和技术的角度看，ATM具有以下优点。

(1) 适应性强，以定长信元载送信息，使任意速率的数据均在同一个网内传输和交换。

(2) 有效利用资源，集电路交换和分组交换于一体，其按需分配带宽的交换型电路，使网络的接入更加灵活。

(3) 兼容能力强，能令现有的各种网络纳入基于ATM体制的新型网络中。

(4) 能提供每秒数十兆比特的带宽和相同数量级的交换吞吐量。

(5) 可借助硬件实现协议的通信和交换。

(6) 星型拓扑结构，可构成网状结构。

(7) 传输介质可以是光纤或双绞线。

(8) 具有很强的扩充能力，易升级，易扩展。

(9) 是一种LAN与WAN的综合技术，能实现LAN与WAN无缝连接。

ATM目前典型的运行速率是155 Mb/s和622 Mb/s。选择155 Mb/s的原因是高清晰度电视的传输大约需要这么高的速率；而622 Mb/s的速率可以使4条155 Mb/s通道在其上传输。

12.5.2 ATM的信元

ATM不管信息的内容和形式，它简单地将想要传输的信息(数据)分割成相同长度的分组，即信元，这种分组操作称为分割。因此信元是一种对长度较小且固定的数据分组或数据帧的别称，目前只有ATM使用。一般而言，一个数据帧可以是一个数据分组，而一个数据可以分组含多个数据帧。

ATM 之所以将分组称为信元，主要是为了区分于 X.25 中的分组。ATM 的信元具有固定长度的 53 个字节，其中 5 个字节为信头（Header），信头中分组含各种控制信息，主要是表示信元去向的逻辑地址、其他一些维护信息、优先级别和信头的纠错码。剩下的 48 字节是信息段（Information Field）又称为净载荷或有效载荷（Payload）。信息段中分组含来自各种不同业务的用户信息，如数据、语音和图像等。

也许有人会问，ATM 信元的长度为什么不整不零地定为 53 个字节？信元长度的确定受许多因素的影响，其中最重要的影响因素如下。

(1) 传输效率。信元越长，时延越大；信元越小，额外开销（与信息相比）就越大。

(2) 时延。信元会遇到不同类型的时延，如基本分组转接时延，在交换结点的排队时延以及抖动、分组装拆等；

(3) 实现的复杂性。

除此之外，还有许多其他相关因素影响信元长度的选择。经过 ITU－U 委员会的长期争论，最后决定在 32 字节和 64 字节中选择，选择主要以时延特性、传输效率和实现复杂性为依据。欧洲趋向于 32 字节（考虑话音的回波抵消器），而美国、日本考虑传输效率，更倾向于 64 字节。

ATM 信元有两种格式，一种是用于用户－网络接口的 UNI（User-Network Interface）格式，另一种是用于交换结点间的 NNI（Network-Network Interface）格式。它们的区别在于信头的内容不太一样，如图 12.14 所示。

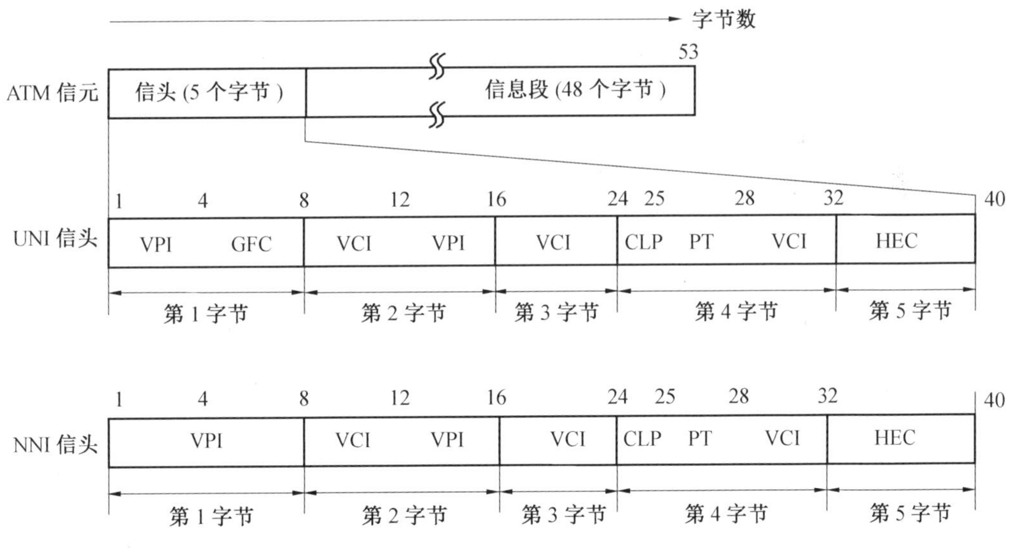

图 12.14　ATM 信元格式

信元各字段内容含义如下。

(1)GFC(Generic Flow Control)：一般流量控制，4 bit，在 NNI 中没有 GFC。

(2)VPI(Virtual Path Identifier)：虚通路标识，在 UNI 中为 8 bit，在 NNI 中为 12 bit。VPI 属路由信息。

(3)VCI(Virtual Channel Identifier)：虚信道标识，16 bit。VCI 属路由信息。

(4)PT(Payload Type):净荷类型,3 bit。可以指示8种净荷类型,其中4种为用户数据信息类型,3种为网络管理信息,还有1种目前尚未定义。

(5)CLP(Cell Loss Priority):信元丢弃优先权。当传送网络发生拥塞时,首先丢弃CLP=1的信元。

(6)HEC(Header Error Control):信头差错控制码。HEC是一个多项式码,用来检验信头的错误。

用一个简单实例来理解信元,信元就像一节火车车厢或一辆集装箱货车,是一种统一的运载工具(数据格式),其任务是运送货物(数据),它不管车厢内(集装箱)具体装的是什么货物,只负责承载和运输。

ATM既有分组交换的灵活性,又有线路交换的实时性,这种结合是将网络功能减少到最低程度获得的。由于ATM信头只有5个字节,因此其网络功能相对较少,即网络功能的简化,而网络功能的简化是采用较小信头的结果。所以,简化信头是为了简化网络的交换处理功能。其实,ATM技术的核心在于对数据进行化整为零或化大为小的处理,这种处理使得数据具有易于传输和交换的特点,给数据通信带来了革命性的变化,具有划时代的意义。

12.5.3 ATM的连接和复用

1. ATM的连接

ATM由于采用面向连接的工作方式,因此工作时必须建立连接,但其连接为逻辑连接,即虚电路方式。在ATM虚电路中分组含两种连接形式,分别为虚信道连接(VCC)和虚通路连接(VPC)。在一个物理信道中,分组可以含一定数量的虚通路(Virtual Path,VP),其数量由信头中的VPI(Virtual Path Identifier)值决定;而在一条虚通路中,分组可以含一定数量的虚信道(Virtual Channel,VC),虚信道数量由信头中的VCI(Virtual Channel Identifier)值决定。

可见,一条物理信道(传输介质)能分为多条虚通路,而一条虚通路又可分为多条虚信道。虚信道连接的作用是为ATM信元传输建立一条虚电路,ATM虚信道是具有相同VCI标记的一组ATM信元的逻辑集合。

换句话说,ATM复用线上具有相同VCI的信元在同一逻辑信道(虚电路)上传递,一条VC可以被它的VCI和VPI的组合唯一确定。相应地,虚通路连接是为ATM虚信道(VC)建立的逻辑连接,虚通路(VP)是一束具有相同端点的VC链路。VP是用虚通路标记VPI来标识,一条虚路径可以包括许多条虚电路,即它们的VPI字段相同。但是骨干网上的交换机将这些VC作为一个整体,并且采用VP交换,即只根据VPI字段进行交换,而VC交换意味着根据整个字段(VPI和VCI)进行交换。图12.15所示为VP、VC和物理链路之间的关系示意图。

连接的建立与释放通过相应的信令协议完成,信令消息的发送和发送数据类似,只是信令协议使用永久虚电路5(VCI=5、VPI=0),信令信息一般是通过ATM适配层的AAL5进行传输。信令协议的基本信令消息包括以下几个方面。

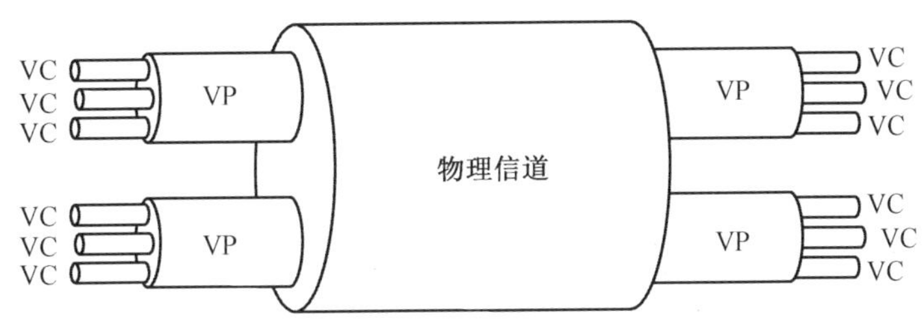

图 12.15　VP、VC 和物理链路之间的关系示意图

(1) 建立。用于建立一个呼叫，包括源地址和目的地址，描述了该连接的传输特征、服务要求的质量和经过的网络。

(2) 呼叫进行。由交换机发送给前一个交换机，表明它已经接收到了一个呼叫建立请求消息，并试图处理它。

(3) 连接。由接收端发送，并被传递给发送端，表明接收端已经接受了这个呼叫。

(4) 连接确认。由发送端发送，并被传递给接收端，表明发送端已经知道接收端接受了这个呼叫请求。

(5) 释放。可由任何一方提出，然后通过网络传送给另一端。

(6) 释放确认。由收到释放请求的一端提出，并通过网络传送给另外一端。

在 ATM 网中，连接有三种存在形式，即终端和交换结点之间、终端和终端之间、交换结点和交换结点之间的连接。VP 一般建立在通信终端和交换机之间，而 VC 一般建立在通信终端之间，信元在 VC 中从信源传送到信宿。当然，VP 和 VC 也都存在其余两种连接形式。

另外，尽管 ATM 采用面向连接的工作方式，但其本质仍然是分组交换，数据仍然采用类似存储－转发的方式传输，只不过它是一种快速分组交换技术。

ATM 物理层的功能是通过一个物理媒体传输 ATM 信元，ATM 分组包括两个子层，分别是物理媒体相关子层(PMD) 和传输集中子层(TC)。PMD 子层位于 ATM 协议栈的最底部，它依赖于所采用的物理媒体，为实际的比特传输作准备，它并不知道 ATM 信元的边界，ATM 可以运行在 SONET 物理层之上，也可以工作在其他传输媒体上，ATM 分组包括光纤、铜线甚至是无线链路。然而 TC(传输集中子层) 主要功能是确定信元的边界，同时完成头部差错纠正 HEC 的功能，在发送时，TC 子层将 ATM 信元组装进 PMD 子层的物理帧结构中，在接收端，TC 子层从 PMD 子层的物理帧结构中通过 HEC 找到信元的边界，从而提取 ATM 信元。

2. ATM 的复用

ATM 技术使网络特性可以与信道速率无关(即和业务的种类无关)，ATM 最突出的特征是异步时分复用，采用的复用方式为标记复用，也称统计复用(Statistic Multiplex)。它将具有固定长度的信息块(信元分组) 装入具有长度相同的连续时隙之中，来自不同信息源的信元汇集到一个缓冲器内排队，队列的输出是根据信息到达的快慢随机插入到 ATM 复用线上，因此具有很大的灵活性，使得各种业务按其实际信息量来占用网络带宽，并且不管业务源的性质，网络都以同样方式接入，从而实现各种不同业务的完全综合。

采用标记信息来区分各路信道，也就是信头中的 VCI/VPI 值。VCI/VPI 值不仅是复用中各信道（虚信道）的识别标志，也是 ATM 交换和路由的依据。

ATM 的异步时分复用和同步时分复用技术相比，其差异主要表现在以下几个方面。

(1) 在同步时分复用中，为某个连接所占用的时隙在整个连接过程中自始至终位置编号不变；在 ATM 中，虚信道标记容许连接所占用的时隙可以不出现在同一个位置，即任何位置编码的时隙都可被同一个连接所占用。

(2) 在同步时分复用中，一旦建立连接，为某个连接占用的某个位置的时隙只能为该连接占用，即使无信息内容，也不能为其他连接服务，连接中的空时隙无瞬时可用性；ATM 中就无此不足，它通过 VCI 可使空闲时隙具备可用性。

(3) 在同步时分复用中，各位置上的时隙传送的数据速率相同，用户所需的传输带宽为静态分配；在 ATM 中，不同的虚信道有不同的传输速率，通过虚信道标记可在不同的用户之间实现虚信道的动态分配，这表明传输速率是独立的且与网络无关。

(4) 由于信头功能简单，可实现高速信元头处理，信元的交换（排队）时延大大降低。一般 ATM 交换机的交换时延在 100～1 000 μs 之间，与分组交换 20 ms 的交换时延相比，可以忽略不计。

(5)ATM 信元的信息域相对小，可降低交换结点的缓冲器容量，减少排队时延和时延抖动（一般为几百微秒），可用于实时性业务。

(6)ATM 取消了逐段链路的差错控制和流量控制，降低了网络带来的复杂性。

3. ATM 的交换

ATM 的交换既可以在 VP 级进行，也可以在 VC 级进行，ATM 交换结点可分为两类。一类是只完成虚通路交换（VP 交换）的 ATM 交叉连接系统（ATM Cross-connect System），当信元通过这种结点时，结点根据 VP 连接的目的地，将输入信元的 VPI 值改为接收端的 VPI 值，并赋予该信元，然后输出该信元；另一类是能完成 VPI/VCI 交换（VC 交换）的 ATM 交换机（ATM Switch），信元通过这种结点后，其 VPI 和 VCI 值都会发生改变。

信元在 ATM 网络中每到达一个交换结点（不管它是什么结点），都要进行信头分析、信头翻译和排队，并完成相应的交换控制。需要注意的是，在组成一个 VC 连接的各个 VC 链路上，ATM 信元的 VCI 值可以不同。同样，在组成一个 VP 连接的各个 VP 链路上，ATM 信元的 VPI 值也不必相同。

另外，交换需要完成两项工作。一项是空间线路交换，即将信元从一条输入线改换到另一条输出线上，这一过程称为路由选择；另一项是空间位置交换，也就是逻辑信道的交换，即将信元从一个 VPI/VCI 改换到另一个 VPI/VCI 上。实际操作是将信元从一个时隙改换到另一个时隙。

路由选择、信头翻译和信元排队是 ATM 交换最基本的功能。概括来说，ATM 的交换过程包括以下几步。

(1) 根据对每个呼叫建立的控制，将输入线上虚信道标记转换成相应输出线上的虚信道标记。

(2) 将具有新信头的信元存储到相应的输出线的队列中。

(3) 从队列中取出该单元并将它送到输出线的时隙中。

比较上述 ATM 的复用和交换原理，发现它们非常相似。简单来说，复用只按信元到达时间对其进行排队，然后插入一条复用线即可；而交换除了按信元的到达时间，更要根据信元的目的地对其进行排队，然后插入相应的复用线上，由于有多个目的地，因此队列与相应的复用线不止一条。所以，交换工作实际上可分为两步完成，第一步是从各输入复用信元流中解复用，第二步根据 VCI/VPI 值再对解复用出来的信元流进行再次复用。

对于 ATM 技术，本节只是从概念的角度进行简单介绍，许多技术的细节内容需要读者进一步查阅相关书籍。

本章小结

(1) 通信网络是由一定数量的结点(包括终端结点、交换结点) 和连接这些结点的传输系统有机地组织在一起的，按约定的信令或协议完成任意用户间信息交换的通信体系。信息通常以电信号或光信号形式传输，因此现代通信网络又称电信网络。

(2) 通信网络是由软件和硬件按特定方式构成的一个通信系统。硬件包括终端结点、交换结点、业务结点和传输系统，软件包括信令、协议、控制、管理和计费等。

(3) 从总体来说，通信网的功能包括传送信息、处理信息、信令机制和网络管理。

一个完整的现代通信网可分为业务网、传送网和支撑网三部分。如果从网络的物理位置分布来划分，通信网还可以分成用户驻地网(CPN)、接入网和核心网三部分。

(4) 通信网的类型。

① 按业务类型分类，通信网可分为电话通信网(如 PSTN、移动通信网等)、数据通信网(如 X.25、Internet 和帧中继网等) 和广播电视网等。

② 按空间距离分类，通信网可分为广域网、城域网和局域网。

③ 按信号传输方式分类，通信网可分为模拟通信网和数字通信网。

④ 按运营方式分类，通信网可分为公用通信网和专用通信网。

(5) 通信网的拓扑结构包括网状网、星型网、总线型网和环形网。

(6) 交换是指各类通信终端之间(如电话机之间或者计算机之间) 为传输信息所采用的一种利用设备进行连接的工作方式。

(7) 能完成任意两个用户之间交换信息的任务，能完成任意两个用户之间通信线路连接与断开作用的设备，称为交换设备或者交换机。

(8) 常用的交换技术包括电路交换、报文交换、分组交换和异步转移模式(ATM)。

习　　题

12.1　什么是电路交换方式？ 简要说明电路交换方式的特点。

12.2　分析电路交换和分组交换的优缺点。

12.3　什么是分组交换方式？什么是存储－转发？

12.4　试比较报文交换和分组交换的异同。

12.5　分组交换与 ATM 有什么异同点？

12.6　试用生活中的例子解释说明 VC 和 VP。

12.7　试说明数据报和虚电路的异同。

12.8　简述 ATM 的服用和交换的含义。

12.9　简述信元的结构。

12.10　分别举例说明电路交换和分组交换的全过程。

第 13 章 无线通信技术

13.1 无线通信技术的分类

无线通信技术已深入到人们生活和工作的各个方面，如人们每天离不开的手机、日常的电视遥控器和空调的遥控器都是短距离无线通信的应用，卫星电话是长距离通信。其中5G、WLAN、UWB、蓝牙、宽带卫星系统和数字电视都是21世纪最热门的无线通信技术的应用。

无线通信以电磁波作为载体，实现信息进行交换。无线通信技术在过去的几十年里取得了巨大的进步，被广泛应用到许多领域中，目前无线通信的应用主要有无线电台、微波通信、移动通信、卫星通信、无线宽带、航天器与地球之间的遥测以及遥控与通信等；无绳电话机也应用了无线通信技术。微波通信由于传输信号的量更大，应用的频率范围更广，但其受限于传输距离，需要在100 km内建设通信中转站以加强其传输距离。卫星通信通过将卫星当作中转站，协助各地的微波通信，可以在很大的范围内进行传输。

13.2 短距离无线通信技术

13.2.1 短距离无线通信技术概述

通信收发两方利用无线电波传输信息，且传输距离只能在几十米范围内，称为短距离无线通信技术。短距离无线通信技术具备多种共性，即对等性、成本低和功耗低等。短距离无线通信技术实质是指一般意义上的无线个人网络技术，主要有ZigBee、蓝牙和RFID等标准；此外，短距离无线通信技术有各种不同的接入技术，如无线局域网技术等。短距离无线通信技术功耗、成本相对较低，网络铺设简单，便于操作。目前使用较广泛的短距离无线通信技术是蓝牙(Bluetooth)、无线局域网802.11(WiFi)和红外数据传输(IrDA)，还有具有发展潜力的近距离无线技术标准，如ZigBee、超宽频(Ultra Wide Band)、短距通信(NFC)、WiMedia、GPS、DECT和专用无线系统等。

13.2.2 蓝牙技术

1. 蓝牙技术概述

蓝牙是一种支持设备短距离通信(一般10 m内)的无线电技术，能在如移动电话、

PDA、无线耳机、笔记本电脑和相关外设等众多设备之间进行无线信息交换。利用蓝牙技术，能有效地简化移动通信终端设备之间的通信，也能成功简化设备与因特网之间的通信，从而数据传输变得更加迅速高效，为无线通信拓宽道路。

蓝牙作为一种小范围无线连接技术，能在设备间实现方便快捷、灵活安全、低成本和低功耗的数据通信和语音通信，因此它是实现无线个域网通信的主流技术之一。与其他网络连接可以带来更广泛的应用，是一种尖端的开放式无线通信，能让各种数码设备无线沟通，是无线网络传输技术的一种，原本用来取代红外线通信。

蓝牙技术是一种无线数据与语音通信的开放性全球规范，它以低成本的近距离无线连接为基础，为固定与移动设备通信环境建立一个特别连接。其实质内容是为固定设备或移动设备之间的通信环境建立通用的无线电空中接口(Radio Air Interface)，将通信技术与计算机技术进一步结合，使各种 3C 设备在没有电线或电缆相互联接的情况下，能在近距离范围内实现相互通信或操作。简单来说，蓝牙技术是一种利用低功率无线电在各种 3C 设备间彼此传输数据的技术。蓝牙工作在全球通用的 2.4 GHz ISM(即工业、科学和医学)频段，使用 IEEE802.15 协议。蓝牙技术作为一种新兴的短距离无线通信技术，正有力地推动着低速率无线个人区域网络的发展。

2. 蓝牙技术原理

蓝牙是一种无线技术标准，可实现固定设备、移动设备和楼宇个人域网之间的短距离数据交换(使用 2.4 ～ 2.485 GHz 的 ISM 波段的 UHF 无线电波)。蓝牙设备是蓝牙技术应用的主要载体，常见的蓝牙设备如电脑、手机等。蓝牙设备连接必须在一定范围内进行配对，这种配对搜索被称为短程临时网络，也被称为微微网，微微网可以容纳设备最多不超过 8 台。网络环境创建成功，一台设备作为主设备，而其他设备作为从设备。蓝牙设备加入和离开无微微网时动态、自动建立。主蓝牙技术具备射频特性，具有传输效率高、安全性高等优势，所以被各行各业所应用。图 13.1 所示为蓝牙设备组网示意图。蓝牙产品容纳蓝牙模块，支持蓝牙无线电连接与软件应用。

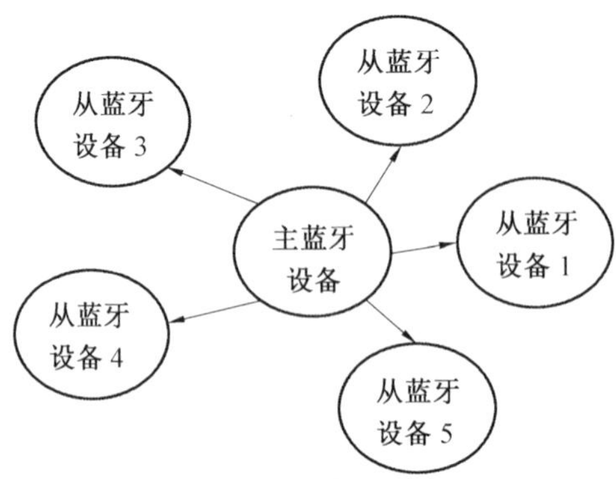

图 13.1　蓝牙设备组网示意图

3. 蓝牙技术特点

蓝牙是一种短距离无线通信的技术规范，最初的目标是取代现有的掌上电脑、移动电话等各种数字设备上的有线电缆连接。在制定蓝牙规范之初，就建立了统一全球的目标，向全

球公开发布。由于蓝牙体积小、功率低，其应用已经不局限于计算机外设，几乎可以被集成到任何数字设备中，如对数据传输率要求不高的移动设备和便携设备。本节对蓝牙技术的特点进行介绍。

(1) 全球范围使用。

蓝牙工作的频段为 2.4 GHz，全球大多数国家 ISM 频段的范围为 2.4 ～ 2.483 5 GHz，使用该频段无需向各国的无线电资源管理部门申请许可证。

(2) 功耗低、体积小。

蓝牙技术本来的目的是用于互联小型移动设备及其外设，它的市场目标是移动笔记本、移动电话、小型的 PDA 以及它们的外设，因此蓝牙芯片必须具有功耗低、体积小的特点，以便于集成到小型便携设备中去。蓝牙产品输出功率很小(只有 1 mW)，仅是微波炉使用功率的百万分之一，是移动电话的一小部分。

(3) 近距离通信。

蓝牙技术通信距离为 10 m，如果有需要，还可以选用放大器使其扩展到 100 m，已经足够在办公室内任意摆放外围设备，不用再担心电缆长度是否足够。

(4) 安全性强。

同其他无线信号一样，蓝牙信号很容易被截取，因此蓝牙协议提供了认证和加密功能，以保证链路的安全。蓝牙系统认证与加密服务由物理层提供，采用流密码加密技术，适合硬件实现，密钥由高层软件管理。如果用户有更高级别的保密要求，可以使用更高级、更有效的传输层和应用层安全机制。认证可以有效防止电子欺骗以及不期望的访问，而加密则保护链路隐私。除此之外，跳频技术的保密性和蓝牙有限的传输范围也使窃听变得困难。

(5) 蓝牙模块体积小，便于集成。

由于个人移动设备体积小，嵌入其内部的蓝牙模块体积就要求更小。

4. 蓝牙系统组成

蓝牙系统一般由天线单元、链路控制(固件)单元、链路管理(软件)单元和软件(协议栈)单元组成。

(1) 天线单元。

蓝牙要求其天线单元体积小巧、质量轻，因此，蓝牙天线属于微带天线。蓝牙空中接口是建立在天线电平为 0 dBm 的基础上，空中接口遵循 FCC 有关电平为 0 dBm 的 ISM 频段的标准。

(2) 链路控制(固件)单元。

在目前蓝牙产品中，人们使用了 3 个 IC 分别作为连接控制器、基带处理器和射频传输/接收器，此外还使用了 30 ～ 50 个单独调谐元件。

基带链路控制器负责处理基带协议和其他一些低层常规协议，它有三种纠错方案：1/3 比例前向纠错(FEC)码、2/3 比例前向纠错码和数据的自动请求重发(ARQ)方案。采用 FEC 方案的目的是减少数据重发的次数，降低数据传输负载。但是，要实现数据的无差错传输，FEC 必然要生成一些不必要的比特开销而降低数据的传送效率，这是因为数据包对于是否使用 FEC 是弹性定义的，数据包头部总有占 1/3 比例的 FEC 码起保护作用，其中包含了有用的链路信息。

(3) 链路管理(软件) 单元。

链路管理(软件) 单元携带了链路的数据设置、鉴权、链路硬件配置和其他一些协议,链路管理能发现其他远端链路管理,并通过LMP(链路管理协议) 与之通信。链路管理模块提供服务:发送和接收数据、请求名称、链路地址查询、建立连接、鉴权、链路模式协商和建立以及决定帧的类型。此外,链路管理模块还控制设备的工作状态即呼吸(Sniff)、保持(Hold)和休眠(Park) 三种模式。

将设备设为呼吸模式,主机(Master) 只能有规律地在特定的时隙发送数据,从机(Slave) 降低了从微微网(Piconet) 收听消息的速率,"呼吸" 间隔可以根据应用要求做适当调整。将设备设为保持(Hold) 模式,Master将Slave置为Hold模式,在这种模式下,只有一个内部计数器在工作。Slave也可主动要求置为Hold模式,一旦处于Hold模式的单元被激活,则数据传递也立即重新开始。Hold模式一般被用于连接好几个Piconet的情况下或者耗能低的设备,如温度传感器。在休眠(Park) 模式下,设备依然与Piconet同步但没有数据传送。Piconet是指用蓝牙技术把小范围(10 ~ 100 m) 内装有蓝牙单元(即在支持蓝牙技术的各种电器设备中嵌入蓝牙模块) 的各种电器组成的微型网络,俗称微微网。工作在Park模式下的设备放弃了MAC地址,偶尔收听Master的消息并恢复同步、检查广播消息。

连接类型定义了哪种类型的数据包能在特别连接中使用,蓝牙基带技术支持两种连接类型,同步定向连接(Synchronous Connection Oriented,SCO) 类型主要用于传送话音,异步无连接(Asynchronous Connectionless,ACL) 类型主要用于传送数据包。

蓝牙基带部分在物理层为用户提供保护和信息保密机制。鉴权基于请求 - 响应运算法则,是蓝牙系统中的关键部分,它允许用户为个人蓝牙设备建立一个信任域,如只允许自己的笔记本电脑通过自己的移动电话通信。加密被用来保护连接的个人信息,密钥由程序的高层来管理。网络传送协议和应用程序可以为用户提供一个较强的安全机制。

(4) 软件(协议栈) 单元。

蓝牙的软件(协议栈) 单元是一个独立的操作系统,不与任何操作系统捆绑,它必须符合已经制定好的蓝牙规范。蓝牙规范是为个人区域内的无线通信而制定的协议,它包括两部分。第一部分为核心部分,用以规定如射频、基带、连接管理、业务搜寻(Service Discovery)、传输层以及与不同通信协议间的互用、互操作性等组件;第二部分为协议子集(Profile) 部分,用以规定不同蓝牙应用(也称使用模式) 所需的协议和过程。

蓝牙规范的协议栈采用分层结构,分别完成数据流的过滤和传输、跳频和数据帧传输、连接的建立和释放、链路的控制、数据的拆装、业务质量(QoS) 以及协议的复用和分用等功能。在设计协议栈时,特别是高层协议时,原则是最大限度地重用现存的协议,而且其高层应用协议(协议栈的垂直层) 都使用公共的数据链路和物理层。蓝牙协议可以分为四层,即核心协议层、电缆替代协议层、电话控制协议层和采纳的其他协议层。

5. 蓝牙技术应用

(1) 对讲机。

未来采用蓝牙技术的移动电话将是三合一,即集移动电话、无绳电话和对讲机三种功能于一身。两个蓝牙设备之间在近距离内可以建立直接语音通路,如两个蜂窝电话用户之间通过蓝牙连接可以直接进行对话,移动电话可以作为对讲机用。

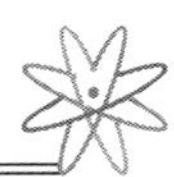

(2) 无绳电话。

内置蓝牙芯片的移动电话，在室内可以用作无绳电话，通过无绳电话基站接入PSTN进行语音传输，从而不必支付昂贵的移动通话费用，当然在室外或途中仍作为移动电话使用。

(3) 头戴式耳机。

采用蓝牙技术的头戴式耳机作为移动电话，个人计算机等的语音输入、输出接口，能在保持私人通话的同时，使用户摆脱电缆束缚而有更大活动自由。这种头戴式耳机必须能发送AT[①]命令，并能接收相应编码信号，使用户不用手动就能完成摘挂机等操作。

(4) 拨号网络。

采用蓝牙技术的移动电话、调制解调器等设备，能用作Internet网桥，如移动电话可作为无线Modem供计算机访问拨号网络服务器使用，或者计算机通过这种移动电话或Modem接收数据。此时，移动电话与Modem充当网关角色，提供公共网络的接入，而台式机或笔记本电脑作为数据终端，使用网关所提供的服务。

(5) 传真。

采用蓝牙无线技术的移动电话或Modem，可以用作计算机传真Modem，以发送和接收传真信息，此时它们被称为广域网数据接入点。与拨号网络应用模式相同，通常移动电话或Modem作为网关，笔记本电脑或台式机作为数据终端，网关提供传真服务，数据终端使用这种服务，两者之间没有固定的主从关系，但一般建立链路都由数据终端发起。当数据终端需要使用某个网关提供的服务但又不知道此网关地址时，需要通过服务发现过程获得该网关地址。同样，网关与数据终端之间通过虚拟串口传输用户数据、控制信号和AT命令。传真呼叫清除之后，信道和物理链路也被释放。

(6) 局域网接入。

在这种应用模式下，多个数据终端使用同一个局域网接入点(LAP)，以无线接入方式访问局域网，一旦连接成功，数据终端能访问局域网所提供的一切服务，与通过拨号网络连接到该局域网一样。两个蓝牙设备之间也可以直接通信，类似于用一根电缆把两个PC机连接起来。

(7) 文件传输。

蓝牙设备之间可以传送数据对象，这些设备可以是个人计算机、智能电话或是PDA，数据对象可以是各种文件，如Excel文件、PowerPoint文件、声音文件和图像文件等。用户可以浏览远端设备上文件夹内容，可以新建或删除文件夹。整个文件夹、目录或流媒体格式都可以在设备间传送。

(8) 目标上传。

使用目标上传功能的设备主要是笔记本电脑、PDA和移动电话。一个蓝牙设备可以将目标上传至另一个蓝牙设备收件箱，目标可以是商业卡或者是某种任命(Appointment)等。同样，一个蓝牙设备也可以从另一个蓝牙设备下载商业卡。两个蓝牙设备之间可以相互交换商业卡，往往先进行上传再进行下载。

---

① AT命令：AT即Attention，应用于经济设备与PC应用之间的直接与通信指令。

(9) 数据同步。

数据同步是蓝牙设备非常巧妙的一种功能，是可以将信息发送到关掉的或者在休眠模式下的另一个蓝牙设备。如当蜂窝电话接收一条消息时，它可以将这条消息发送到笔记本电脑，即使后者被放在包中且没有开机。当然，蓝牙技术可以进行不同设备间数据同步，以保证用户在任何时间、选择任何设备都能得到最新的信息。

使用此功能的设备主要是笔记本电脑、PDA 和移动电话。使用蓝牙技术，不同设备之间可以保持个人信息管理(Personal Information Management，PIM) 信息同步。这些信息通常包括电话本、日历、消息和备忘录等，它们使用共同的协议和格式进行传送。此外，当移动电话或者 PDA 靠近笔记本电脑时，将自动与笔记本电脑进行同步。

总之，蓝牙技术的应用非常广泛且极具潜力，它可以应用于无线设备(PDA、手机、智能电话和无绳电话)、图像处理设备(照相机、打印机和扫描仪)、安全产品(智能卡、身份识别、票据管理和安全检查)、消费娱乐(耳机、MP3 和游戏)、汽车产品(GPS、ABS、动力系统和安全气囊)、家用电器(电视机、电冰箱、电烤箱、微波炉、音响和录像机)、医疗健身、建筑和玩具等领域。

蓝牙与其他技术一起(如 WAP 等) 将会给人们的日常生活带来深远影响，蓝牙技术是推动移动信息时代到来的关键技术之一。

13.2.3 Zigbee 技术

1. Zigbee 技术概述

Zigbee 技术是一种应用于短距离和低速率下的无线通信技术。Zigbee 名字的灵感来源于蜂群的交流方式，蜜蜂在发现花丛后会通过一种特殊的肢体语言来告知同伴新发现的食物源位置等信息，这种肢体语言就是蜜蜂通过 Z 字形(ZigZag 行舞蹈) 飞行来通知发现的食物的位置、距离和方向等信息。Zigbee 联盟便以此作为新一代无线通信技术的名称。

ZigBee 是一种高可靠的无线数传网络，类似于 CDMA 和 GSM 网络，ZigBee 数传模块类似于移动网络基站，通信距离从标准的 75 m 到几百米、几公里，并且支持无限扩展。ZigBee 网络主要是为工业现场自动化控制数据传输而建立，因此它必须具有简单、使用方便、工作可靠和价格低的特点。相比于移动通信网主要是为语音通信而建立，每个基站价值一般都在百万元人民币以上，而每个 ZigBee 基站却不到 1 000 元人民币。

每个 ZigBee 网络结点不仅本身可以作为监控对象，如其连接的传感器直接进行数据采集和监控，还可以自动中转别的网络结点传过来的数据资料。除此之外，每一个 ZigBee 网络结点(FFD) 还可在自己信号覆盖的范围内，和多个不承担网络信息中转任务的孤立的子结点(RFD) 无线连接。

ZigBee 技术主要在距离短、功耗低和传输速率不高的各种电子设备之间进行数据传输以及典型在周期性数据、间歇性数据和低反应时间进行数据传输。

ZigBee 联盟(类似于蓝牙特殊兴趣小组) 成立于 2001 年 8 月。ZigBee 联盟采用了 IEEE802.15.4 作为物理层和媒体接入层规范，并在此基础上制定了数据链路层(DLL)、网络层(NWK) 和应用编程接口(API) 规范，最后形成了被称为 IEEE802.15.4(ZigBee) 的技术标准。

ZigBee 控制器通过收发器完成数据的无线发送和接收。ZigBee 工作在免授权的频段上，包括 2.4 GHz(全球)、915 MHz(美国)和 868 MHz(欧洲)，分别提供 250 kb/s(2.4 GHz)、40 kb/s(915 MHz)和 20 kb/s(868 MHz)的原始数据吞吐率，其传输范围为 10 ～ 100 m。以下是 ZigBee 技术的主要优点。

(1) 低功耗。由于 ZigBee 的传输速率低，发射功率仅为 1mW，而且采用了休眠模式，功耗低，因此 ZigBee 设备非常省电。据估算，ZigBee 设备仅靠两节 5 号电池就可以维持长达 6 个月到 2 年左右的使用时间，这是其他无线设备望尘莫及的。

(2) 成本低。ZigBee 模块的初始成本在 6 美元左右，可能会降到 1.5 ～ 2.5 美元，并且 ZigBee 协议是免专利费的。低成本是一个关键的因素。

(3) 时延短。通信时延和从休眠状态激活的时延都非常短，典型的搜索设备时延为 30 ms，休眠激活的时延为 15 ms，活动设备信道接入的时延为 15 ms，因此 ZigBee 技术适用于对时延要求苛刻的无线控制(如工业控制场合等)应用。

(4) 网络容量大。一个星型结构的 Zigbee 网络最多可以容纳 254 个从设备和一个主设备，一个区域内可以同时存在最多 100 个 ZigBee 网络，且其网络组成灵活。

(5) 可靠。采取了碰撞避免策略，同时为需要固定带宽的通信业务预留了专用时隙，避免发送数据的竞争和冲突。MAC 层采用了完全确认的数据传输模式，每个发送的数据包都必须等待接收方的确认信息，如果传输过程中出现问题可以进行重发。

(6) 安全。ZigBee 提供了基于循环冗余校验(CRC)的数据包完整性检查功能，支持鉴权和认证，采用了 AES－128 的加密算法，各个应用可以灵活确定其安全属性。

2. Zigbee 组网原理

组建一个完整的 Zigbee 网状网络包括网络初始化、确定网络协调器和结点加入网络三个步骤，其中结点加入网络包括通过与协调器连接入网和通过已有父结点入网两个步骤。

ZigBee 网络中的结点包括终端结点、路由器结点和协调器(Coordinator)结点三个结点，其功能如下。

① 终端结点。终端结点可以直接与协调器结点相连，也可以通过路由器结点与协调器结点相连。

② 路由器结点。负责转发数据资料包，进行数据的路由路径寻找和路由维护，允许结点加入网络并辅助其子结点通信；路由器结点是终端结点和协调器结点的中继，它为终端结点和协调器结点之间的通信进行接力。

③ 协调器结点。ZigBee 协调器是网络各结点信息的汇聚点，是网络的核心结点，负责组建、维护和管理网络，并通过串口实现各结点与上位机的数据传递；ZigBee 协调器有较强的通信能力、处理能力和发射能力，能将数据发送至远程控制端。

(1) 网络初始化。

Zigbee 网络的建立是由协调器发起的，任何一个 Zigbee 结点要组建一个网络必须要满足以下两点要求。

① 结点是 FFD 结点，具备 Zigbee 协调器的能力。

② 结点还没有与其他网络连接，当结点已经与其他网络连接时，此结点只能作为该网络的子结点，因为一个 Zigbee 网络中有且只有一个协调器。

全功能设备(Full Function Device,FFD)。设备可提供全部的IEEE 802.15.4 MAC服务,FFD设备不仅可以发送和接收数据,还具备路由功能。

精简功能设备(Reduced FunctionDevice,RFD)。设备只提供部分的IEEE 802.15.4 MAC服务,只能充当终端结点,不能充当协调点和路由结点,因此它只负责将采集的数据信息发送给协调点和路由点,并不具备数据转发、路由发现和路由维护等功能。

ZigBee网络初始化只能由协调器发起,在组建网络前,需要判断本结点是否与其他网络连接,如果结点已经与其他网络连接时,此结点只能作为该网络的子结点。一个ZigBee网络中有且仅有一个ZigBee协调器,一旦网络建立好了,协调器就退化成路由器的角色,甚至是可以去掉协调器的,这得益于ZigBee网络的分布式特性。

(2) 确定协调器。

首先判断结点是否是FFD结点,之后判断此FFD结点是否在其他网络里或者网络里是否已经存在协调器(Coordinator)。通过主动扫描,发送一个信标请求命令(Beacon Request Command),然后设置一个扫描期限(T_Scan_Duration),如果在扫描期限内都没有检测到信标,那么就认为FFD没有协调器,此时可以建立自己的Zigbee网络,并且作为这个网络的协调器不断地产生信标并广播出去。

注意:一个网络里,有且只能有一个协调器。

(3) 结点通过协调器加入网络。

当结点协调器确定之后,结点首先需要和协调器建立连接加入网络。

为了建立连接,FFD结点需要向协调器提出请求,协调器接收到结点的连接请求后,根据情况决定是否允许其连接,然后对请求连接的结点做出响应,结点与协调器建立连接后,才能实现数据的收发。

3. Zigbee的应用

基于Zigbee技术的传感器网络应用非常广泛,可以帮助人们更好地实现生活梦想。

(1) 智能家居。

Zigbee技术应用在数字家庭中,可使人们随时了解家里的电子设备状态。家里可能有很多电器和电子设备,如电灯、电视机、冰箱、洗衣机、电脑和空调等,可能还有烟雾感应、报警器和摄像头等设备,以前最多只可能做到点对点的控制,但如果使用了ZigBee技术,可以将这些电子电器设备都联系起来,组成一个网络,甚至可以通过网关连接到Internet,这样用户就可以在任何地方监控自己家里的情况,并且避免了在家里布线的烦恼。

(2) 电信。

在2006年初时,意大利电信就宣布了研发了一种集成了ZigBee技术的SIM卡,并命为ZSIM,其实这种SIM卡只是将ZigBee集成在电信终端上的一种方法。而ZigBee联盟也在2007年4月发布新闻,说联盟的成员在开发电信相关的应用。ZigBee技术可以在电信领域开展,那么用户就可以利用手机来进行移动支付,并且在热点地区获得一些感兴趣的信息,如新闻、折扣信息,用户也可以通过定位服务获知自己的位置。虽然现在的GPS定位服务已经做得很好,但很难支持室内的定位,而ZigBee的定位功能正好弥补这一缺陷。

(3) 自动抄表。

抄表可能是人们比较熟悉的事情,像煤气表、电表和水表等,每个月或每个季度要统计

一下读数，报给煤气、电力或者供水公司，然后根据读数来收费。现在大多数地方还是使用人工的方式来进行抄表，逐家逐户的敲门，很不方便。而 ZigBee 可以应用于这个领域，利用传感器将表的读数转化为数字信号，通过 ZigBee 网络将读数直接发送到提供煤气或水电的公司。使用 ZigBee 进行抄表还有其他好处，如煤气或水电公司可以直接将一些信息发送给用户，或者和节能结合，当发现能源使用过快时可以自动降低使用速度。

(4) 传感器网络。

传感器网络是最近的一个研究热点，在货物跟踪、建筑物监测和环境保护等方面都有很好的应用前景。传感器网络要求结点低成本、低功耗，并且能自动组网、易于维护和可靠性高。ZigBee 在组网和低功耗方面的优势使得它成为传感器网络应用的一个很好的技术选择。

(5) 医疗监护。

电子医疗监护是研究热点，可用于对家中病人的监控，观察病人状态是否正常以作出反应。可以在人体身上安装传感器，如测量脉搏、血压，监测健康状况；还有在人体周围环境放置一些监视器和报警器，如在病房环境，可以随时对人的身体状况进行监测，一旦发生问题，可以及时做出反应，如通知医院的值班人员。这些传感器、监视器和报警器，可以通过 ZigBee 技术组成一个监测的网络，由于是无线技术，传感器之间不需要有线连接，被监护的人也可以比较自由的行动，非常方便。

(6) 楼宇自动化。

ZigBee 传感器用于楼宇自动化可降低运营成本，如酒店里遍布空调供暖(HVAC)设备，如果在每台空调设备上都加上一个 ZigBee 结点，就能对这些空调系统进行实时控制，节约能源消耗。此外，通过在手机上集成 Zigbee 芯片，可将手机作为 Zigbee 传感器网络的网关，实现对智能家庭的自动化控制、进行移动商务(利用手机购物)等诸多功能。据 BobHeile 介绍，目前意大利 TIM 移动公司已经推出了基于 Zigbee 技术的 Z－sim 卡，用于移动电话与电视机顶盒、计算机、家用电器之间的通信和停车场收费等。

(7) 工业控制。

工厂环境中有大量的传感器和控制器，可以利用 ZigBee 技术将它们连接成一个网络进行监控，加强作业管理，降低成本。

13.2.4　NFC 技术

日常生活中，乘坐公交地铁时有一种支付方式是 NFC 支付。那么什么是 NFC 呢？NFC 是 Near Field Communication 的英文缩写，中文意思是近场通信，是一种新兴的技术，使用了 NFC 技术的设备(如移动电话)可以在彼此靠近的情况下进行数据交换，是由 RFID(非接触式射频识别)及互联互通技术整合演变而来的，通过在单一芯片上集成感应式读卡器、感应式卡片和点对点通信的功能。近场通信业务结合了近场通信技术和移动通信技术，实现了电子支付、身份认证、票务、数据交换、防伪和广告等多种功能，是移动通信领域的一种新型业务。近场通信业务增强了移动电话的功能，使用户的消费行为逐步走向电子化，建立了一种新型的用户消费和业务模式。

NFC 技术的应用在世界范围内受到了广泛关注，国内外的电信运营商、手机厂商等不同角色纷纷开展应用试点，一些国际性协会组织也积极进行标准化制定工作。据业内相关机构预测，基于近场通信技术的手机应用将会成为移动增值业务的下一个杀手级应用。

1. NFC 技术概述

NFC 是在非接触式射频识别(RFID) 技术的基础上，结合无线互联技术研发而成，它为日常生活中的各种电子产品提供了一种十分安全快捷的通信方式。NFC 的中文意思为近场通信技术，NFC 中文名称中的近场是指临近电磁场的无线电波。因为无线电波实际上是电磁波，所以它遵循麦克斯韦方程，电场和磁场在从发射天线传播到接收天线的过程会一直交替进行能量转换，并在进行转换时相互增强，如手机所使用的无线电信号就是利用这种原理进行传播的，这种方法称为远场通信。而在电磁波 10 个波长以内，电场和磁场是相互独立的，此时的电场没有多大意义，但磁场却可以用于短距离通信，将其称为近场通信。

2. NFC 原理与组成

NFC 是一种短距高频的无线电技术，NFCIP－1 标准规定 NFC 的通信距离为 10 cm 以内，运行频率 13.56 MHz，传输速度有 106 kb/s、212 kb/s 或者 424 kb/s 三种。NFCIP－1 标准详细规定 NFC 设备的传输速度、编解码方法、调制方案和射频接口的帧格式，此标准中还定义了 NFC 的传输协议，其中包括启动协议和数据交换方法等。

NFC 工作模式分为被动模式和主动模式。被动模式中 NFC 发起设备(也称为主设备)需要供电设备，主设备利用供电设备的能量来提供射频场，并将数据发送到 NFC 目标设备(也称为从设备)，传输速率需要在 106 kb/s、212 kb/s 或 424 kb/s 中选择其中一种。从设备不产生射频场，所以可以不需要供电设备，而是利用主设备产生的射频场转换为电能，为从设备的电路供电，接收主设备发送的数据，并且利用负载调制(Load Modulation) 技术，以相同的速度将从设备数据传回主设备。因为此工作模式下从设备不产生射频场，而是被动接收主设备产生的射频场，所以被称作被动模式，在此模式下，NFC 主设备可以检测非接触式卡或 NFC 目标设备，与之建立连接。

主动模式中，发起设备和目标设备在向对方发送数据时，必须主动产生射频场，所以称为主动模式，它们都需要供电设备来提供产生射频场的能量。这种通信模式是对等网络通信的标准模式，可以获得非常快速的连接速率。

NFC 标准为了和非接触式智能卡兼容，规定了一种灵活的网关系统，具体分为点对点通信模式、读写器模式和卡模拟模式三种工作模式。

(1) 点对点通信模式。

点对点模式下两个 NFC 设备可以交换数据，如多个具有 NFC 功能的数字相机、手机之间可以利用 NFC 技术进行无线互联，实现虚拟名片或数字相片等数据交换。针对点对点形式来说，其关键是指将两个均具有 NFC 功能的设备进行连接，从而使点和点之间的数据传输得以实现。将点对点形式作为前提，让具备 NFC 功能的手机与计算机等相关设备，真正达成点对点的无线连接与数据传输，并且在后续的关联应用中，不仅可为本地应用，也可为网络应用。因此，点对点形式的应用，对于不同设备间的迅速连接，及其通信数据传输方面有着十分重要的作用。

(2) 读卡器模式。

读/写模式下的NFC设备作为非接触读写器使用，如支持NFC的手机在与标签交互时扮演读写器的角色，开启NFC功能的手机可以读写支持NFC数据格式标准的标签。

读卡器模式的NFC通信作为非接触读卡器使用，可以从展览信息电子标签、电影海报和广告页面等读取相关信息。读卡器模式的NFC手机可以从TAG中采集数据资源，按照应用需求完成信息处理功能，有些应用功能可以直接在本地完成，有些需要与TD－LTE等移动通信网络结合完成。基于读卡器模式的NFC应用领域包括广告读取、车票读取和电影院门票销售等，如电影海报后面贴有TAG标签，此时用户可以携带一个支持NFC协议的手机获取电影信息，也可以购买电影票。读卡器NFC模式还可以支持公交车站点信息、旅游景点地图信息的获取，提高人们旅游交通的便捷性。

(3) 卡模拟模式。

模拟卡片模式是将具有NFC功能的设备模拟成一张标签或非接触卡，如支持NFC的手机可以作为门禁卡、银行卡等而被读取。[2]

卡模拟模式关键是指将具有NFC功能的设备进行模拟，使之变成非接触卡的模式，如银行卡与门禁卡等。这种模式关键应用于商场或者交通等非接触性移动支付当中，在具体应用过程中，用户仅需将自身的手机或者其他有关的电子设备贴近读卡器，同时输入相应密码则可使交易达成。针对卡模拟模式中的卡片来说，其关键是经过和非接触读卡器的RF域实行供电处理，这样即使NFC设备无电也同样可以继续开展工作。另外，针对卡模拟模式的应用，还可经过在具备NFC功能的相关设备中采集数据，进而将数据传输至对应处理系统中做出有关处理，并且这种模式还可应用于门禁系统与本地支付等各个方面。

近场通信是基于RFID技术发展起来的一种近距离无线通信技术。与RFID一样，近场通信也是通过频谱中无线频率部分的电磁感应耦合方式传递，但两者之间存在很大的区别。近场通信的传输范围比RFID小，RFID的传输范围可以达到0～1 m，但由于近场通信采取了独特的信号衰减技术，相对于RFID来说，近场通信具有成本低、带宽高和能耗低等特点。

近场通信技术的主要特征如下。

① 用于近距离(10cm以内)安全通信的无线通信技术。

② 射频频率：13.56 MHz。

③ 射频兼容：ISO 14443、ISO 15693和Felica标准。

④ 数据传输速度：106 kb/s、212 kb/s、424 kb/s。

3. NFC技术的应用

NFC作为一种近场通信技术，其应用十分广泛，本节针对基本应用类型进行介绍和分析。

(1) 支付应用。

NFC支付应用主要是指带有NFC功能的手机虚拟成银行卡、一卡通等应用。NFC虚拟成银行卡的应用，称为开环应用。理想状态下是带有NFC功能的手机可以作为一张银行卡在超市、商场的POS机上进行刷手机消费，但目前在国内无法完全实现。主要原因是作为开环应用下的NFC支付有着烦冗的产业链，背后的卡商、方案商的利益和产业格局博弈十分复杂。

NFC 虚拟成一卡通卡的应用，称为闭环应用。目前小米和华为在一些城市试点开通手机的 NFC 公交卡功能，但都需要开通服务费。随着 NFC 手机的普及技术的不断成熟，一卡通系统会逐渐支持 NFC 手机的应用。

(2) 安防应用。

NFC 安防应用主要是将手机虚拟成门禁卡、电子门票等。NFC 虚拟门禁卡是将现有的门禁卡数据写入手机的 NFC，无须使用智能卡，使用手机就可以实现门禁功能，这样不仅是门禁的配置、监控和修改等十分方便，还可以实现远程修改和配置，如在需要时临时分发凭证卡等。

NFC 虚拟电子门票的应用是在用户购票后，售票系统将门票信息发送给手机，带有 NFC 功能的手机可以将门票信息虚拟成电子门票，在检票时直接刷手机即可。

NFC 在安防系统的应用是今后 NFC 应用的重要领域，前景十分广阔。因为在这个领域可以直接为该技术使用者带来经济利益，让他们更有动力进行现有设备和技术的升级。使用手机虚拟卡，可以减少门禁卡或者磁卡式门票的使用，直接降低使用成本，还可以适当提高自动化程度，降低人员成本和提升效率。

(3) 标签应用。

NFC 标签应用是将一些信息写入一个 NFC 标签内，用户只需用 NFC 手机在 NFC 标签上挥一挥就可以立即获得相关的信息，如商家可以把含有海报、促销信息和广告的 NFC 标签放在店门口，用户可以根据自己的需求用 NFC 手机获取相关的信息，并可以登录社交网络和朋友分享细节或东西。

虽然 NFC 标签在应用上十分便捷，成本也很低，但在目前移动网络的普及和二维码的逐渐流行，NFC 标签的应用前景不容乐观。与 NFC 标签相比，二维码只需要生成和印刷成一个小图像，几乎是零成本，提供的信息和 NFC 一样很丰富，很容易会替代 NFC 标签的应用。

13.2.5 UWB 技术

1. UWB 技术概述

UWB 技术是一种使用 1 GHz 以上频率带宽的无线载波通信技术，它不采用正弦载波，而是利用纳秒级的非正弦波窄脉冲传输数据，因此其所占的频谱范围很大，尽管使用无线通信，但其数据传输速率可以达到几百兆比特每秒以上。使用 UWB 技术可在非常宽的带宽上传输信号，美国联邦通信委员会(FCC)对 UWB 技术的规定为，在 3.1～10.6 GHz 频段中占用 500 MHz 以上的带宽。

UWB 技术是 20 世纪 60 年代兴起的脉冲通信技术。UWB 技术利用频谱极宽的超宽基带脉冲进行通信，又称为基带通信技术、无线载波通信技术，主要用于军用雷达、定位和低截获率/低侦测率的通信系统中。2002 年 2 月，美国联邦通信委员会发布了民用 UWB 设备使用频谱和功率的初步规定。该规定中，将相对带宽大于 0.2 或在传输的任何时刻带宽大于 500 MHz 的通信系统称为 UWB 系统，同时批准了 UWB 技术可用于民用商品。随后，日本于 2006 年 8 月开放了超宽带频段。由于 UWB 技术具有数据传输速率高(达 1 Gb/s)、抗多

径干扰能力强、功耗低、成本低、穿透能力强、截获率低以及与其他无线通信系统共享频谱等特点，UWB技术成为无线个人局域网通信技术（WPAN）的首选技术。

2. UWB技术原理

UWB实质上是以占空比很低的冲击脉冲作为信息载体的无载波扩谱技术，它通过对具有很陡上升和下降时间的冲击脉冲直接进行调制。典型的UWB直接发射冲击脉冲串，不再具有传统的中频和射频的概念，此时发射的信号既可看成基带信号（依常规无线电而言），也可看成射频信号（从发射信号的频谱分量考虑）。

冲击脉冲通常采用单周期高斯脉冲，一个信息比特可映射数百个这样的脉冲。单周期脉冲的宽度在纳秒级，具有很宽的频谱。UWB开发了一个具有吉赫兹容量和最高空间容量的新无线信道。基于CDMA的UWB脉冲无线收发信机，在发送端时钟发生器产生一定重复周期的脉冲序列，用户要传输的信息和表示该用户地址的伪随机码分别或合成后，对上述周期脉冲序列进行一定方式的调制，调制后的脉冲序列驱动脉冲产生电路，形成一定脉冲形状和规律的脉冲序列，然后放大到所需功率，再耦合到UWB天线发射出去。在接收端，UWB天线接收的信号经低噪声放大器放大后，送到相关器的一个输入端，相关器的另一个输入端加入一个本地产生的与发送端同步的经用户伪随机码调制的脉冲序列，接收端信号与本地同步的伪随机码调制的脉冲序列一起经过相关器中的相乘、积分和取样保持运算，产生一个对用户地址信息经过分离的信号，其中仅含用户传输信息以及其他干扰，对该信号进行解调运算。

3. UWB技术的特点及应用

UWB技术不仅解决了困扰传统无线通信技术多年的传播方面的重大难题，还具有对信道衰落不敏感、发射信号功率谱密度低、截获率低、系统复杂度低和能提供数厘米的定位精度等优点。

(1) 系统结构的实现比较简单。

当前的无线通信技术使用的通信载波是连续的电波，载波的频率和功率在一定范围内变化，利用载波的状态变化来传输信息。而UWB技术则不使用载波，它通过发送纳秒级非正弦波窄脉冲来传输数据信号。UWB系统中的发射器直接用脉冲小型激励天线，不需要传统收发器所需要的上变频，从而不需要功用放大器与混频器。UWB系统允许采用非常低廉的宽带发射器，同时在接收端，UWB系统的接收机也有别于传统的接收机，它不需要中频处理，因此UWB系统结构的实现比较简单。

(2) 高速的数据传输。

民用商品中，一般要求UWB信号的传输范围为10 m内，根据经过修改的信道容量公式，民用商品数据传输速率可达500 Mb/s，UWB技术是实现个人通信和无线局域网的一种理想调制技术。UWB技术以非常宽的频率带宽来换取高速的数据传输，并且不单独占用拥挤不堪的频率资源，而是共享其他无线技术使用的频带。在军事应用中，UWB技术可以利用巨大的扩频增益来实现远距离、低截获率、低检测率、高安全性和高速的数据传输。

(3) 功耗低。

UWB系统使用间歇的脉冲来发送数据，脉冲持续时间很短，一般在0.20～1.5 ns之间，有很低的占空比，系统耗电很低，在高速通信时系统的耗电量仅为几百微瓦至几十毫瓦。民用UWB设备的功率一般是传统移动电话所需功率的1/100左右，是蓝牙设备所需功率的1/20左右，军用的UWB电台耗电也很低。因此，与传统无线通信设备相比，UWB设备在电池寿命和电磁辐射上，有着很大的优势。

(4) 安全性高。

作为通信系统的物理层技术，UWB技术具有天然的安全性能。由于UWB信号一般将信号能量弥散在极宽的频带范围内，对于一般通信系统来说，UWB信号相当于白噪声信号，并且在大多数情况下，UWB信号的功率谱密度低于自然电子噪声的功率谱密度，从电子噪声中将脉冲信号检测出来是一件非常困难的事，采用编码对脉冲参数进行伪随机化后，脉冲的检测将更加困难。

(5) 多径分辨能力强。

由于常规无线通信的射频信号大多为连续信号或其持续时间远大于多径传播时间，多径传播效应限制了通信质量和数据传输速率，由于超宽带无线电发射的是持续时间极短且占空比极小的单周期脉冲，多径信号在时间上是可分离的。假如多径脉冲要在时间上发生交叠，其多径传输路径长度应小于脉冲宽度与传播速度的乘积。由于多径脉冲信号在时间上不重叠，很容易分离出多径分量以充分利用发射信号的能量。大量的实验表明，对常规无线电信号多径衰落深达10～30 dB的多径环境，对超宽带无线电信号的衰落最多不到5 dB。

(6) 定位精确。

冲激脉冲具有很高的定位精度，采用UWB技术很容易地将定位与通信组合，而常规无线电难以做到这一点。UWB技术具有极强的穿透能力，可在室内和地下进行精确定位，而GPS(全球定位系统)只能工作在GPS定位卫星的可视范围之内。与GPS提供绝对地理位置不同，超宽带无线电定位器可以给出相对位置，其定位精度可达厘米级，此外超宽带无线电定位器在价格上更为便宜。

(7) 工程简单造价便宜。

在工程实现上，UWB技术比其他无线技术要简单得多，可全数字化实现。它只需要以一种数学方式产生脉冲，并对脉冲进行调制，而实现上述过程所需的电路都可以被集成到一个芯片上，设备的成本很低。

UWB系统发射和接收的是纳秒级的非正弦波窄脉冲，不需要采用正弦载波，可以直接进行调制，接收机利用相关器件能直接完成信号检测，这样收发信机不需要复杂的载频调制解调电路和滤被器，只需要一种数字方式来产生纳秒级的非正弦波窄脉冲。因此，采用UWB技术可以大大降低系统的复杂度，减小收发信机的体积，降低收发信机的功耗，易于数字化和采用软件无线电技术。

UWB技术应用按照通信距离大体可以分为两类。

一类是短距离高速应用，数据传输速率可以达到数百兆比特每秒，其典型的通信距离是10 m，主要是构建短距离高速无线个人区域网(WPAN)、家庭无线多媒体网络和替代高速率短程有线连接，如无线USB、DVD。

另一类是中长距离(几十米以上)低速率应用，通常数据传输速率为1 Mb/s，主要应用于无线传感器网络和低速率连接。

同时，由于UWB技术可以利用低功耗、低复杂度的收发信机实现高速数据传输，所以UWB技术在近年来得到了迅速发展。它在非常宽的频谱范围内采用低功率脉冲传输数据，而不会对常规窄带无线通信系统造成大的干扰，并可充分利用频谱资源。基于UWB技术而构建的高速率数据收发机有更广泛的用途。

13.3　卫星通信网络

卫星通信是利用人造地球卫星作为中继站的两个或多个地球站相互之间的无线电通信，是微波中继通信技术和航天技术结合的通信。卫星通信的特点是通信距离远、覆盖面积广、不受地理条件限制、传输大容量、建设周期短和可靠性较高等。

13.3.1　卫星通信概述

1964年在美国成立了国际通信卫星组织(INTELSAT)，1965年美国发射了第一颗商用通信卫星晨鸟号(Early Bir)后，卫星通信技术及其应用迅速发展，取得了很大的成功。卫星通信在军事领域中发挥着关键性的作用，在民用方面为人们提供丰富多彩的电视广播和语音广播，为地面蜂窝网络尚未部署的偏远地区、海上和空中提供必要的通信，为发生自然灾害的区域提供宝贵的应急通信，为欠发达或人口密度低的地区提供互联网接入等。

卫星通信系统是由通信卫星和经该卫星连通的地球站两部分组成。静止通信卫星是目前全球卫星通信系统中最常用的星体，是将通信卫星发射到赤道上空35 860 km的高度上，使卫星运转方向与地球自转方向一致，并使卫星的运转周期正好等于地球的自转周期(24小时)，从而使卫星始终保持同步运行状态，因此静止卫星也称为同步卫星。静止卫星天线波束最大覆盖面可以达到大于地球表面总面积的三分之一，因此在静止轨道上，只要等间隔地放置三颗通信卫星，其天线波束就能基本上覆盖整个地球(除两极地区外)，实现全球范围的通信。当前使用的国际通信卫星系统，就是按照上述原理建立起来的，三颗卫星分别位于大西洋、太平洋和印度洋上空。

1. 卫星通信的优点

(1) 电波覆盖面积大，通信距离远，可实现多址通信。在卫星波束覆盖区内其一跳的通信距离最远为18 000 km，覆盖区内的用户都可通过通信卫星实现多址连接，进行即时通信。

(2) 传输频带宽，通信容量大。卫星通信一般使用1～10 kMHz的微波波段，有很宽的频率范围，可在两点间提供几百、几千甚至上万条话路，提供每秒几十兆比特甚至每秒一百多兆比特的中高速数据通道，还可传输好几路电视。卫星通信采用微波频段，每个卫星上可设置多个转发器，故通信容量很大。

(3) 卫星通信灵活。地球站的建立不受地理条件的限制，可建在边远地区、岛屿、汽车、飞机和舰艇上。

(4) 卫星通信稳定性好、质量高。卫星链路大部分是在大气层以上的宇宙空间，属于恒参信道，传输损耗小，电波传播稳定，不受通信两点间的各种自然环境和人为因素的影响，即使是在发生磁爆或核爆的情况下，也能维持正常通信。卫星通信的电波主要在自由空间传播，噪声小，通信质量好。就可靠性而言，卫星通信的正常运转率达99.8%以上。

(5) 卫星通信的成本与距离无关。地面微波中继系统或电缆载波系统的建设投资和维护费用都随距离的增加而增加,而卫星通信的地球站至卫星转发器之间并不需要线路投资,因此,其成本与距离无关。

(6) 卫星通信具有多址连接功能。卫星所覆盖区域内的所有地球站都能利用同一卫星进行相互间的通信,即多址连接。

2. 卫星通信的缺点

(1) 传输时延大。在打卫星电话时不能立刻听到对方回话,需要间隔一段时间才能听到,其主要原因是无线电波虽在自由空间的传播速度等于光速(每秒 30 万千米),但当它从地球站发往同步卫星,又从同步卫星发回接收地球站,这“一上一下”需要走 8 万多千米。打电话时,一问一答无线电波就要往返近 16 万千米,需传输 0.6 s 的时间。也就是说,在发话人说完 0.6 s 以后才能听到对方的回音,这种现象称为延迟效应。由于延迟效应现象的存在,使得卫星电话往往不像地面长途电话那样自如方便。但是在特殊地点,如基站没有办法工作的地震灾区,可以利用卫星电话实现通信。

(2) 回声效应。在卫星通信中,由于电波来回转播需 0.54 s,因此产生了讲话之后的回声效应。为了消除这一干扰,卫星电话通信系统中增加了专门用于消除或抑制回声干扰的设备。

(3) 存在通信盲区。把地球同步卫星作为通信卫星时,由于地球两极附近区域“看不见”卫星,因此不能利用地球同步卫星实现对地球两极的通信。

(4) 存在日凌中断、星蚀和雨衰现象。

卫星通信是军事通信的重要组成部分,一些发达国家和军事集团利用卫星通信系统完成的信息传递,约占其军事通信总量的 80% 。近期,卫星通信新技术的迅速发展和通信商业市场需求的不断增长,极大地促进了卫星通信业务和通信模式的创新发展,使当前成为卫星通信历史上最活跃的时期之一。

13.3.2 卫星通信系统的组成

卫星通信是无线通信的一种,与平常无线通信的不同之处是中继器位于地球上空的人造卫星上。1945 年,英国人克拉克曾设想:如果发射三颗同步轨道卫星(同步卫星)到地球的赤道上空,卫星和地球中心连线的间隔角度为 120°,离地球表面的高度为 35 800 km,卫星天线的波束宽度为 17.4°,就可构成全球性的卫星通信网。昔日的设想已成现实,如图 13.2 所示。

同步卫星是指卫星绕地球转动一周的时间等于地球自转的周期,因此从地表面看,卫星好像停在高空不动。发射到空间的同步通信卫星装有微波频段的中继器,它能将地面站发来的电波加以放大,然后再转发回地面,从而完成了通信过程。

卫星通信系统因此由地面站和通信卫星组成,从地面站发出的电波经过通信卫星上进行频率转换,再转发给其他的地面站,从地球站到卫星的传输线路称为上行,从卫星到地球站的线路称为下行,如图 13.3 所示。

地球站可以有多个,至少有两个,为了进行双向通信,每个地球站均有接收和发射设备,图 13.3 中有 A、B 两个地球站。由于收、发设备共用一副天线,所以采用了双工器以便把收、

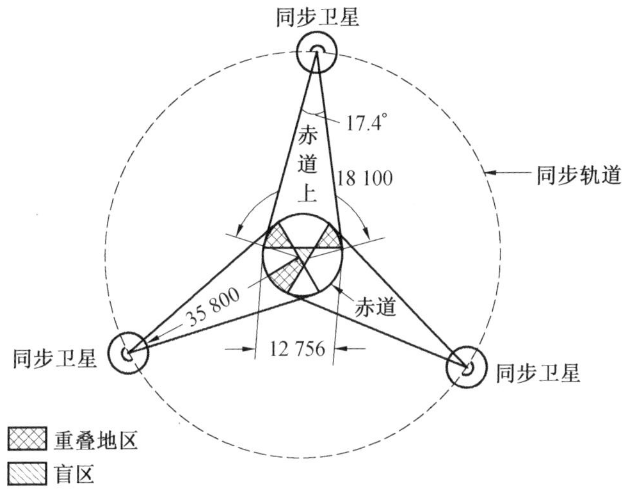

图 13.2　借助卫星进行全球通信

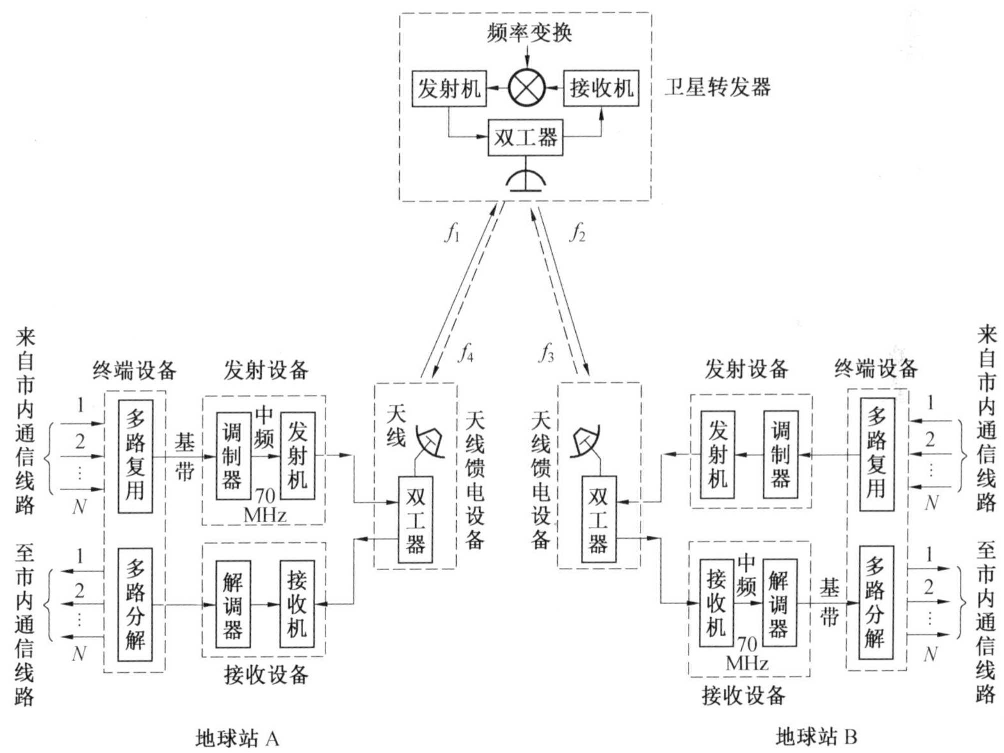

图 13.3　卫星通信系统的组成和工作过程

发信号分开。

转发器是安装在卫星上的收发设备，用来接收从各地球站发来的信号，经频率变换和放大后，再发送给各地球站。转发器由天线、收发设备和双工器组成。

13.3.3 卫星通信系统的工作过程

如果位于地球站 A 侧的用户要与地球站 B 侧的用户通话，那么 A 侧用户的电话信号经过市内电话线路到达地球站 A；经地球站 A 的多路复用设备电话信号进行多路复用，转换为基带信号；再将基带信号送入调制器，用 70 MHz 或其他频率的载波进行调制，成为中频已调波信号；接着送入上变频器，变换成频率为 f_1 的微波信号，如 6 GHz；最后送入微波大功率放大器放大，并通过双工器由天线发射出去。

频率为 f_1 的信号从地球站 A 发射到卫星转发器，中间要经过由大气层和宇宙空间组成的上行线路才能到达卫星转发器。卫星转发器的接收设备先把频率为 f_1 的信号变换成频率较低的信号，放大后再变换成频率为 f_2 的下行信号，如 4 GHz。然后经发射设备的输出功率放大器放大，再经天线发射到地球站。

地球站高增益天线接收到频率为 f_2 微波信号经双工器、低噪声放大器放大整形，下变频器变频成中频信号，再送到解调器恢复成基带信号。然后经多路分解设备进行分路，经地面上的微波中继线路和市内通信线路，接通 B 处用户。

说明：卫星通信的工作频率被分配在 300 MHz ～ 300 GHz 的超高频和极高频波段范围内，这个范围又分成许多较小的频段，见表 13.1。当工作频率低于 1 GHz 时，宇宙噪声会迅速增加，所以卫星通信频率一般采用 1 ～ 10 GHz 频段，其中最常用的是 C 波段。

表 13.1 卫星通信的工作频率

频段	范围 /GHz	频段	范围 /GHz
L	1 ～ 2	Ku	12.5 ～ 18
S	2 ～ 4	K	18 ～ 26.5
C	4 ～ 8	Ka	26.5 ～ 40
X	8 ～ 12.5	毫米波	40 ～ 300

13.3.4 卫星通信的多址技术

在卫星通信系统中，多个地面站可以通过一颗卫星同时建立各自的信道，从而实现各个地面站之间的通信，称为多址连接。多址通信方式需要解决的基本问题是，如何识别和区分地址不同的各个地面站所发出的信号。多址连接的方式是多址方式，在该方式中，为使多个地面站共用一颗卫星，且同时进行多边通信，则必须保证各个地面站发出的信号互不干扰，因此要合理地划分传输信号所必需的频率、时间、波形或空间。

依据划分对象的不同，通常将多址方式分为频分多址（FDMA）、时分多址（TDMA）、码分多址（CDMA）和空分多址（SDMA）。还应说明的是，尽管多址连接与多路复用都是解决多路信号共用同一信道的问题，但多路复用是指一个地面站将用户终端送来的多路信号在基带信道上复用，而多址连接则是指由多个地面站发射的信号在卫星转发器中进行射频信道的复用，两者应用的场合是不同的。

1. 频分多址

卫星通信系统使用的频分多址是将通信卫星使用的频带分割成若干个互不重叠的部

分，再将它们分别分配给各个地面站。各个地面站按所分配的频带发送信号，接收端的地面站根据频带识别发信站，并从接收到的信号中提取发给本站的信号。

2. 时分多址

卫星通信系统的时分多址是将卫星转发器的工作时间周期性地分割成互不重叠的时间间隔，即时隙 ΔT_k 分配给各地面站使用。各地面站可以使用相同的载波频率在所分配的时隙内发送信号，接收端地面站根据接收信号的时隙位置提取发给本站的信号。

3. 码分多址

在码分多址卫星通信系统中，各个地面站发射的载频信号的频率相同，并且各个地面站可同时发射信号。但是不同的地面站有不同的地址码，该系统靠不同的地址码来区分不同的地面站。各个站的载波信号由该站基带信号和地址码调制而成，接收站只有使用发射站的地址码才能解调出发射站的信号，其他接收站解调时由于采用的地址码不同，因此不能解调出该发射站的信号。

4. 空分多址

卫星上安装多个天线，这些天线的波束分别指向地球表面上的不同区域。不同区域的地面站发射的电波在空间不会互相重叠，即使在同一时刻，不同区域的地面站使用相同的频率来工作，它们之间也不会形成干扰，即用天线波束的方向性来分割各不同区域的地面站的电波，使同一频率能够再用，从而容纳更多的用户。

13.3.5　GPS 系统

全球定位系统（Global Positioning System，GPS）是一种以人造地球卫星为基础的高精度无线电导航的定位系统，它在全球任何地方以及近地空间都能提供准确的地理位置、车行速度和精确的时间信息。GPS 自问世以来，就以其高精度、全天候、全球覆盖和方便灵活吸引了众多用户。GPS 不仅是汽车的守护神，也是物流行业管理的智多星。随着物流业的快速发展，GPS 有着举足轻重的作用，成为继汽车市场后的第二大主要消费群体。GPS 是美国从 20 世纪 70 年代开始研制，历时 20 年，耗资 200 亿美元，于 1994 年全面建成，具有在海陆空进行全方位实时三维导航与定位功能的新一代卫星导航与定位系统。

GPS 是美国第二代卫星导航系统，它是在子午仪卫星导航系统的基础上发展起来的，它采纳了子午仪系统的成功经验。按目前的方案，GPS 的空间部分使用 24 颗高度约 2.02 万千米的卫星组成卫星星座。24 颗卫星均为近圆形轨道，运行周期约为 11 小时 58 分，分布在 6 个轨道面上（每轨道面四颗），轨道倾角为 55°。卫星的分布使得在全球任何地方、任何时间都可观测到四颗以上的卫星，并能保持良好定位计算精度的几何图形，这提供了在时间上连续的全球导航能力 。

GPS 主要由空间部分、地面监控部分和用户设备部分三部分组成，GPS 系统具有高精度、全天候和使用广泛等特点。

要想利用卫星定位和导航，首先必须知道卫星的位置。地面控制系统测量和计算每颗卫星的星历，编辑成电文发送给卫星，然后再由卫星实时地播放给用户，也就是广播星历。GPS 系统的地面控制系统由 1 个主控站、3 个注入站和 5 个监测站组成。

对于一个 GPS 接收机来说，要想确定它的三维坐标，必须能同时接收四颗 GPS 卫星的定位信号。每个卫星以广播形式向地面发送有关定位信号，接收机收到该信号并计算出信号从卫星上发出到它接收到所用的时间，然后乘以光速就可得到该卫星到接收机之间的距离，因为受到各种误差的影响，这个距离不是真正的实际距离，所以被称为伪距。然后，以这个距离为半径，以卫星为圆心，形成一个球面。当接收机同时知道与三颗导航卫星的距离时，就可形成三个球面，三个球面的交点就是接收机的位置。为了修正卫星和接收机的时间误差，还需要同时使用第四颗卫星。

13.4 数字移动通信系统

移动通信是指通信双方或至少一方处于移动中进行信息交互的通信，即移动体与移动体、移动体与固定体之间的通信。按照移动体所处的区域不同，移动通信可分为陆地移动通信、海上移动通信和空中移动通信。陆地移动通信以蜂窝移动通信系统应用最为广泛，以数字蜂窝移动通信发展最为迅速。

移动通信延续着每十年一代技术的发展规律，已历经 1G、2G、3G、4G 和 5G 的发展，每一次技术进步都极大促进了产业升级和经济社会发展。当前，移动网络已融入社会生活的方方面面，改变了人们的沟通、交流乃至整个生活方式。4G 网络造就了繁荣的互联网经济，解决了人与人随时随地通信的问题，随着移动互联网快速发展，新服务、新业务不断涌现，移动数据业务流量爆炸式增长，4G 移动通信系统难以满足未来移动数据流量暴涨的需求，产生了第五代移动通信(5G) 系统，当前 6G 技术正在研发过程中。

13.4.1 移动通信的特点及分类

移动通信系统由于用户的移动性，管理技术比固定通信复杂，移动通信网中依靠的是无线电波的传播，传播环境比有线媒质的传播特性复杂，移动通信有着与固定通信不同的特点。

1. 移动通信的特点

(1) 无线电波传播环境复杂。

移动通信的电波处在特高频(300 ～ 3 000 MHz) 频段，电波传播主要方式是视距传播。电磁波在传播时不仅有直射波信号，还有经地面、建筑群等产生的反射、折射和绕射的传播，从而产生多径传播引起的快衰落、阴影效应引起的慢衰落，系统必须配有抗衰落措施，才能保证正常运行。

(2) 噪声和干扰严重。

移动台在移动时受到环境噪声的干扰，又有系统干扰。由于系统内有多个用户，如果采用频率复用技术系统，就有互调干扰、邻道干扰和同频干扰等主要的系统干扰，这要求系统有合理的同频复用规划和无线网络优化等措施。

(3) 用户的移动性。

用户的移动性和移动的不可预知性，要求系统有完善的管理技术，对用户的位置进行登记、跟踪，不因位置改变中断通信。

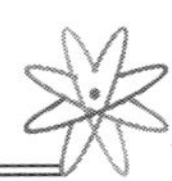

(4) 频率资源有限。

移动通信对无线频率的划分有严格规定，设法提高系统的频率利用率。

2. 移动通信的分类

(1) 按服务对象分类。

按服务对象分类，移动通信可分为公用移动通信和专用移动通信。

(2) 按组网方式分类。

按组网方式分类，移动通信可分为蜂窝状移动通信、移动卫星通信、移动数据通信、公用无绳电话和集群调度电话等。

(3) 按工作方式分类。

按工作方式分类，移动通信可分为单向和双向通信方式两大类，双向通信方式可又分为单工、双工和半双工通信方式。

(4) 按采用的技术分类。

按采用的技术分类，移动通信可分为模拟移动通信系统和数字移动通信系统

13.4.2　移动通信的发展历程

1897 年是人类移动通信元年，M. G. 马可尼在陆地与水上拖船之间完成了一项无线通信实验，由此揭开世界移动通信历史的序幕。20 世纪 70 年代，美国贝尔实验室发明了蜂窝小区和频率复用的概念，现代移动通信开始发展。

1978 年，开发了第一种真正意义上的大容量蜂窝移动通信系统 — 高级移动电话系统(AMPS)。1979 年，日本推出 800 MHz 汽车电话系统(HAMTS)。西德于 1984 年完成 C 网，频段 450 MHz。1985 年，英国开发出全接入系统(TACS)，频段为 900 MHz，法国开发出 450 系统，加拿大推出 450 MHz 移动电话系统(MTS)。瑞典等北欧四国于 1980 年开发出 NMT ～ 450 移动通信网并投入使用，频段 450 MHz。这些系统为双工的基于频分多址(FDMA) 的模拟制式系统，被称为第一代蜂窝移动通信系统。

所有技术的发展都不可能在一夜之间实现，从 2G、3G、E3G、B3G(4G) 到 5G，需要不断演进，而且这些技术可以同时存在。最早的模拟蜂窝通信技术只能提供区域性语音业务，且通话效果差，保密性能也不好，用户的接听范围有限。随着移动电话迅速发展，用户增长迅速，传统的通信模式已经不能满足人们通信的需求，这种情况下出现了数字移动通信系统。

1986 年，第一套移动通信系统在美国芝加哥诞生，即 1G 时代，采用模拟信号传输。FM 调制将介于 300 ～ 3 400 Hz 的语音调制到高频的载波频段上。此外，1G 只能应用在一般语音传输上，且语音品质低，信号不稳定，涵盖范围也不够全面。直到 1987 年的广东第六届全运会上蜂窝移动通信系统正式启动。

在第一代行动通信系统在国内刚刚建立时，很多人的手机还是大块头的摩托罗拉 8000X，俗称大哥大。那个年代虽然没有现在的移动、联通和电信，却有着 A 网和 B 网之分。1G 时期，我国的移动电话公众网由美国摩托罗拉移动通信系统和瑞典爱立信移动通信系统构成。摩托罗拉设备使用 A 频段，称之为 A 系统；爱立信设备使用 B 频段，称之为 B 系统。移动通信的 A、B 两个系统即是人们常说的 A 网和 B 网。

到了 1995 年，新的通信技术成熟，国内在中华电信的引导下，进入了 2G 的通信时代。

从 1G 跨入 2G,则是从模拟调制进入到数字调制,相较而言,第二代移动通信具备高度的保密性,系统的容量也在增加,同时从这一代开始手机可以上网了。2G 声音的品质较佳,比 1G 多了数据传输的服务,数据传输速度为 9.6 ~ 14.4 Kb,最早的文字短信也从此开始。

从 2G 时代移动通信标准争夺开始，最广泛采用的移动通信制式是 GSM。早在 1989 年 GSM 就已成为欧洲通信系统的统一标准,同时在欧洲起家的诺基亚和爱立信开始攻占美国和日本市场,仅仅 10 年诺基亚就成为全球最大的移动电话商。

2G 主流的几个网络制式包括 GSM(Global System for Mobile Communication)、TDMA(Time Division Multiple Access)、CDMA(Code Division Multiple Access)。GSM 全球移动通信系统,较之以前移动电话标准最大的不同是它的信令和语音信道都是数字式的。TDMA 时分多址是将时间分割成周期性的帧,每一个帧再分割成若干个时隙向基站发送信号,在满足定时和同步的条件下,基站可以分别在各时隙中接收到各移动终端的信号而不混扰。同时,基站发向多个移动终端的信号按顺序安排在预定的时隙中传输,各移动终端只要在指定的时隙内接收,就能在合路的信号中将发给它的信号区分并接收。CDMA 码分多址,是在数字技术的分支 —— 扩频通信技术上发展起来的一种崭新而成熟的无线通信技术。CDMA 技术的原理是基于扩频技术,即将需要传送的具有一定信号带宽信息数据,用一个带宽远大于信号带宽的高速伪随机码进行调制,使原数据信号的带宽被扩展,再经载波调制并发送出去。接收端使用完全相同的伪随机码,与接收的带宽信号作相关处理,把宽带信号换成原信息数据的窄带信号即解扩,以实现信息通信。

随着人们对移动网络的需求不断加大,第三代移动通信网络(3G) 必须在新的频谱上制定出新的标准,享用更高的数据传输速率。在 3G 之下,有了高频宽和稳定的传输,影像电话和大量数据的传送更为普遍,移动通信有更多样化的应用,因此 3G 被视为是开启移动通信新纪元的关键。而支持 3G 网络的平板电脑也是在这个时候出现,苹果、联想和华硕等都推出了一大批优秀的平板产品。中国于 2009 年的 1 月 7 日颁发了 3 张 3G 牌照,分别是中国移动的 TD－SCDMA、中国联通的 WCDMA 和中国电信的 WCDMA2000。3G 的几个主流标准制式分别是 WCDMA、CDMA2000、TD－SCDMA 和 WiMAX。

4G 是指第四代无线蜂窝电话通信协议,是集 3G 与 WLAN 于一体并能传输高质量视频图像以及图像传输质量与高清晰度电视不相上下的技术产品。4G 系统能以 100 Mb/s 的速度下载,比拨号上网快 2 000 倍,上传的速度能达到 20 Mb/s。

2013 年 12 月,工信部在其官网上宣布向中国移动、中国电信和中国联通颁发“LTE/ 第四代数字蜂窝移动通信业务(TD－LTE)”经营许可,即 4G 牌照。至此,移动互联网的网速达到了一个全新的高度。如今 4G 信号覆盖已非常广泛,支持 TD－LTE、FDD－LTE 的手机、平板产品越来越多,很多平板成为标配,支持通话功能、网络的 Android、Win 系统平板也非常常见。4G 的主要网络制式 LTE 是基于 OFDMA 技术,由 3GPP 组织制定的全球通用标准,包括 TDD(时分双工) 和 FDD(频分双工) 两种模式,二者相似度达 90%,差异较小。

TD－LTE 是 TDD 版本的 LTE 技术,分时长期演进(Time Division Long Term Evolution),由 3GPP 组织涵盖的全球各大企业及运营商共同制定。FDD－LTE 是 FDD 版本的 LTE 技术,由于无线技术的差异、使用频段的不同以及各个厂家的利益等因素,

FDD－LTE 的标准化与产业发展都领先于 TD－LTE，成为当前世界上采用国家及地区最广泛的、终端种类最丰富的一种 4G 标准。

5G 即第五代移动通信技术，国际电联将 5G 应用场景划分为移动互联网和物联网两类。5G 呈现出低时延、高可靠和低功耗的特点，已经不再是一个单一的无线接入技术，而是多种新型无线接入技术和现有无线接入技术(4G 后向演进技术) 集成后的解决方案总称。车联网、物联网带来的庞大终端接入、数据流量需求，以及种类繁多的应用体验提升需求推动了 5G 的研究。

5G 作为一种新型移动通信网络，不仅要解决人与人通信，为用户提供增强现实、虚拟现实和超高清(3D) 视频等更加身临其境的极致业务体验，更要解决人与物、物与物通信问题，满足移动医疗、车联网、智能家居、工业控制和环境监测等物联网应用需求。最终，5G 将渗透经济社会的各行业各领域，成为支撑经济社会数字化、网络化和智能化转型的关键新型基础设施。5G 的性能指要求达到以下指标。

(1) 峰值速率需要达到 10 ～ 20 Gb/s，以满足高清视频、虚拟现实等大数据量传输。

(2) 空中接口时延低至 1 ms，满足自动驾驶、远程医疗等实时应用。

(3) 具备百万连接 / 平方公里的设备连接能力，满足物联网通信。

(4) 频谱效率要比 LTE 提升 3 倍以上。

(5) 连续广域覆盖和高移动性下，用户体验速率达到 100 Mb/s。

(6) 流量密度达到 10 Mbps/m^2 以上。

(7) 移动性支持 500 km/h 的高速移动。

中国 5G 技术研发实验于 2016 年 1 月正式启动，从 2016 至 2018 实施，研发实验分为 5G 关键技术验证、5G 技术方案验证和 5G 系统验证三个阶段。2016 年 4 月在成都的 5G 外场一阶段测试中，率先完成空口技术验证。在 2017 年 9 月的“第二届 5G 创新发展高峰论坛”上，二阶段官方测试结果公布。二阶段测试中，华为率先全部完成第二阶段所有测试内容且性能最优，也是唯一全部完成第二阶段测试内容的厂家。在 2018 年 6 月，在“IMT－2020(5G) 峰会”上，三阶段 NSA 测试结果发布，华为最先完成 NSA 功能测试、是唯一一家完成外场性能测试、测试项目最全的厂家。2019 年 6 月 6 日，工信部正式向中国电信、中国移动、中国联通和中国广电发放 5G 商用牌照，中国正式进入 5G 商用元年。2019 年 10 月，5G 基站正式获得了工信部入网批准。工信部颁发了国内首个 5G 无线电通信设备进网许可证，标志着 5G 基站设备将正式接入公用电信商用网络。

13.4.3　数字移动通信技术

1. 数字移动通信的数字调制技术

数字调制是使在信道上传送的信号特性与信道特性相匹配的一种技术，模拟语音信号经过语音编码得到的数字信号必须经过调制才能实际传输。无线传输系统中，利用载波携带语音编码信号的，即用语音编码后的数字信号对载波进行调制。数字调制有移频键控、移相键控和振幅键控三种方法。GSM 移动通信系统采用高斯预滤波最小移频键控(GMSK)。移动通信使用的调制技术还有二相相移键控(BPSK)、四相相移键控(QPSK) 和正交调幅(QAM)，频谱利用率较高，设计难度和成本较高。

2. 数字移动通信的多址技术

多址技术是将多个用户接入一个传输媒质实现相互间通信，给每个用户信号赋予不同的特征，以区分不同的用户的技术。常用的多址方式有频分多址(FDMA)、时分多址(TDMA)和码分多址(CDMA)。

(1) 频分多址 / 时分多址。

GSM系统使用频分多址 / 时分多址的混和多址方式，即 FDMA/TDMA。3G系统多址方式使用码分多址方式。

频分多址是将工作频段划分成多个无线载频，每一个载频信道可以传输一路语音或控制信息，通信时不同的移动台占用不同的频率信道进行通信。

FDMA 的特点如下。

① 信道的带宽较窄(25 ～ 30 kHz)，相邻频道要留有防护频带。

② 与 TDMA 系统比，FDMA 系统的复杂程度低。

③ 采用单路单载波(SCPC) 设计，需要使用高性能的射频(RF) 带通滤波器来减少邻道干扰，成本较高。

时分多址是将时间分成周期性的帧，每一帧再分割成若干时隙，一个时隙就是一个通信信道。通信时，给每个用户分配一个时隙，使各移动台在每帧内只能按指定的时隙向基站发射或接收信号，同一个频道可以供几个用户同时进行通信。GSM 系统无线路径上采用 TDMA 方式，每一个载频可分成八个时隙，一个时隙为一个信道，一个载频最多可有八个移动用户同时进行通信。

TDMA 的特点如下。

①TDMA 系统中几个用户共享同一个载频，但每个用户使用彼此互不重叠的时隙。

②TDMA 系统中的数据发射是不连续的，以突发方式发射，耗电较少，移动台可在空闲的时隙里监听其他基站，使越区切换大为简化。

③ 共享设备的成本低，每一载频为许多用户提供业务，用户平均成本大大低于 FDMA 系统。

④ 移动台复杂，它需要处理复杂的数字信号。

(2) 码分多址。

码分多址是移动通信中，多个用户使用的频率和时间都是相同的，而给每个移动台分配一个独立的码序列，用不同的正交编码序列来区分不同移动用户的通信方式。

CDMA 的特点如下。

① 系统容量大。CDMA 无线信道容量比 FDMA 大近 10 倍。

② 很强的抑制干扰和多径衰落的能力。CDMA 的扩频系统可以将多径干扰信号解扩去除。

③ 具有软容量和小区呼吸功能。系统忙时只需要少许增加系统噪声就可以增加通话用户，即所谓软容量。小区呼吸功能是指负荷量动态控制。

④ 软切换。当移动台超越小区或扇区时，由于工作频率相同，只是地址码序列不同，不需要频率的切换，称为软切换。软切换是先接后断切换，软切换可靠性高。

⑤ 存在多址干扰和远近效应。CDMA 的地址码不可能完全正交，在解扩过程中必然带

来用户间的干扰；CDMA 的信道采用地址码分割，增加信道的同时在频域上产生一定的同频和邻频干扰。CDMA 系统通过自动功率控制减轻其影响。由于信道地址码的相互作用，任何一个信道将受到其他不同地址码信道的干扰，称为多址干扰。CDMA 系统的多址干扰直接限制容量的扩大。

码分多址技术是基于跳频技术和扩频技术的通信方式。

① 跳频技术。

跳频技术是一种扩频通信，它的特点是按照某种规则在不同的时间将一个信号调制到不同的载波频率上，因此该信号占用的总带宽远大于其信号带宽。GSM 系统使用跳频技术，其主要功能是可以有效地减小传播信道对某个频率的选择性衰落，可避免多径信号的干扰。

GSM 系统中的跳频分为基带跳频和射频跳频两种。基带跳频是将话音信号随着时间的变换使用不同频率发射机发射；射频跳频是将话音信号用固定的发射机，由跳频序列控制，采用不同频率发射。需要强调的是，射频跳频必须有两个发射机，一个固定发射载频，因为它带有控制信道 BCCH，另一发射机载波频率可随着跳频序列的序列值的改变而改态。

采用跳频技术的好处是可以提高系统的抗干扰能力、抗多径干扰能力，还能使系统具有多址能力，在低功率谱下工作提高保密能力。跳频的主要性能是以跳频速率、跳频带宽和跳频图形为标志，跳频电台主要完成扫描、同步、话音和迟入网四大功能。

② 扩频技术。

扩频通信是扩展频谱通信，将信息信号的频谱扩展后再进行传输，提高了系统的抗干扰能力，在强干扰甚至信号被噪声淹没的情况下，保证可靠通信。在扩频通信中，发送端通过扩频处理，占用的传输信息的频带宽度远大于信息本身所占的带宽。接收端进行解扩、解调处理，恢复出所传输的原始信息。由于在移动通信系统中，带宽是一个非常有限的资源，一般来说，移动通信系统中所有的调制和解调技术是最小化传输带宽的设计。相反，扩频技术使用的带宽比要求传输的信号带宽大得多，尽管这种方法对单个用户来说，带宽效率很低，但是，扩展频谱的优点是很多用户可以在同一频带中通信，在存在多用户干扰的环境中，扩频系统有很高的频谱效率。扩展频谱可以降低单位带宽的信号功率，根据香农公式，在同等信号速率下，增加信号带宽可以降低接收方对信噪比的要求，而信噪比与信号的发射功率成正比，下调信噪比后，信号的发射功率甚至可以低于噪声，或者说淹没在噪声中，增强隐蔽性和抗干扰性。

跳频扩频通过将数字信号与一个不断变换频率的载波相乘，从而实现扩频。

跳时扩频将数据持续时间分成若干时隙，由扩频码发生器的扩频码序列去控制通断开关，输入的数据先在发射端存储起来，因此数据是在短的时隙中以高的峰值功率突发式传输。由于简单的跳时抗干扰性不强，很少单独使用，通常都与其他方式结合组成混合方式，如时频跳变。

3. 双工方式

(1) 频分双工(FDD) 是指上行链路(移动台到基站) 和下行链路(基站到移动台) 的帧分别在不同的频率上。频分双工的优点是收、发信号同时进行，时延小，技术成熟，缺点是设备成本高。

(2) 时分双工(TDD) 是指接收与发送使用同一个频率,但使用的时隙不同。

时分双工是将时间分割成周期性的帧,每一个帧在分割成若干个时隙,帧和时隙是不重叠的。在时分双工(TDD) 方式中,上下行帧在相同的频率上,各移动台在上下行帧内只能按指定的时隙向基站发送信号。

双工方式的优点是频谱利用灵活,上、下行使用相同的频率,传输特性相同,有利于使用智能天线,无收发间隔要求,支持不对称业务和设备成本低等。双工方式的优缺点是小区半径小、抗快衰落和多普勒效应的能力低于频分双工,终端移动速度不能超过 120 km/h。

4. 频率复用技术

在移动通信系统中,频率资源有限,为提高频谱利用率,在相隔一定距离后重新使用相同的频率组,采用同频复用和频率分组来提高频率利用率的方式,称为频率复用技术。

实际应用中常采用 4/12 和 3/9 频率复用分组方式,即将 12 组频率轮流分配到 4 个基站和 9 组频率轮流分配到 3 个基站,每个站点可用到 3 个频率组。频率复用会带来小区间的干扰。

13.4.4 数字移动通信实例 —GSM 系统

1. GSM 系统的特点

全球第一个标准化的数字蜂窝移动通信系统是 GSM 系统,采用数字调制方式、网络结构和业务种类等进行标准化规范,GSM 系统可以提供全球漫游,以下是 GSM 系统的主要特点。

(1) 频谱效率高。采用高效调制器、信道编码和语音编码等技术,系统具有高频谱效率。

(2) 容量大。比 TACS(模拟移动通信系统) 高 3 ～ 5 倍。

(3) 话音质量好。当接收信号在门限值以上时,话音质量可以达到与有线传输的水平。

(4) 开放的接口。GSM 系统从空中接口到网络之间以及网络中各实体之间,提供的接口都是开放性的。

(5) 安全性高。通过鉴权、加密和 TMSI(临时用户识别码) 号码的使用,实现了安全保护,鉴权用来验证用户的入网权力,加密防止有人跟踪而泄漏地理位置。

(6) 可与 ISDN(综合业务数据网)、PSTN(公用电话网) 等互联,与其他网络互联是利用现有接口。

(7) 在 SIM 卡基础上实现漫游,漫游是移动通信的重要特征,GSM 系统可以提供全球漫游。

2. GSM 系统组成

GSM 系统主要由移动台(MS)、基站子系统(BSS) 和网络子系统(NSS) 三部分组成。GSM 系统通过一定的网络接口和用户连接,其结构如图 13.4 所示。

(1) 移动台(MS)。

移动台是移动用户设备部分,由移动终端和用户识别卡(SIM) 两部分组成,移动终端是

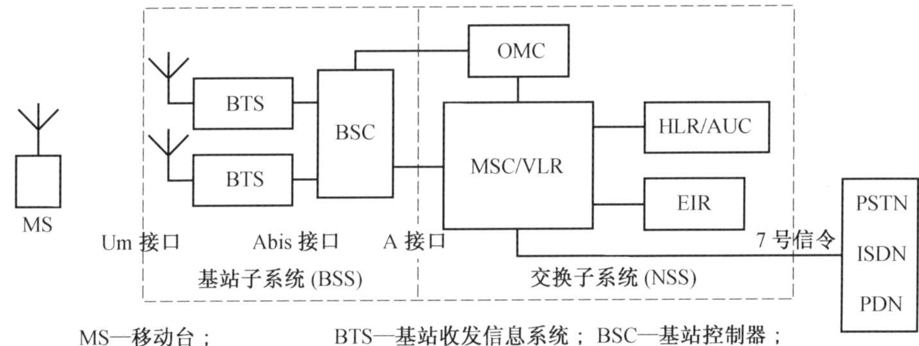

图 13.4　GSM 系统结构图

MS— 移动台；BTS— 基站收发信息系统；BSC— 基站控制器；MSC— 移动交换中心；VIR— 来访位置寄存器；HLR— 归属位置寄存器；AUC— 鉴权中心；EIR— 设备识别寄存器；OMC— 操作管理接口；PSTN— 公用电话交换网；ISDN— 综合业务数字网；PDN— 公用数据网

主机，SIM 卡是身份卡，存有认证用户身份的所有信息。SIM 卡存储与网络和用户有关的管理数据，只有插入 SIM 卡后移动台才能接入进网。

(2) 基站子系统(BSS)。

基站子系统由基站控制器和基站收发信机两部分组成，是 GSM 系统的基本组成部分。基站控制器是一个很强的业务控制点，实现对一个或多个 BTS 进行控制，负责无线资源、小区配置数据管理、功率控制、定位和切换等。

基站收发信机是无线接口设备，主要包括无线发射和接收设备、天线设备及信号处理，完成无线传输、有线与无线转换、分集、加密、跳频等，实现 BTS 与 MS 之间无线传输和相关控制功能。

(3) 网络子系统(NSS)。

网络子系统主要完成交换功能和用户数据与移动性管理、安全性管理所需的数据库功能。由移动业务交换中心(MSC)、来访用户位置寄存器(VLR)、归属用户位置寄存器(HLR)、鉴权中心(AUC)、移动设备识别寄存器(EIR) 和短消息业务中心(SMC) 等单元组成。

① 移动业务交换中心(MSC)。

移动业务交换中心是 GSM 系统的核心，它一侧连 BSS 接口，另一侧连外部网络接口，主要提供交换功能，MSC 可以从 HLR、VLR 和 AUC 中获取有关处理用户位置登记和呼叫请求的全部数据，支持位置登记和更新、越区切换、漫游和计费功能。

外部网络用户与 GSM 用户进行呼叫时，外部网络用户首先被接到入口移动交换中心网关移动业务交换中心(GMSC))，它负责获取移动用户的位置信息，并将呼叫转移到可向被叫用户提供服务的 MSC。

② 来访用户位置寄存器(VLR)。

来访用户位置寄存器是一个动态用户数据库，存储着进入其控制区域内来访的移动用户的有关数据，这些数据是从该用户的归属位置寄存器获得并暂存的，当该用户离开它的控制区域时，暂时存储该用户的数据即被删除。VLR 可以看作是一个动态用户数据库。VLR 总是和 MSC 集成在一起的(MSC/VLR)。

③ 归属用户位置寄存器(HLR)。

归属用户位置寄存器是一个数据库，存储着该GSM系统业务区内所有移动用户的有关数据。

存储的静态数据有移动用户号码、访问能力、用户类别和补充业务等，还暂存移动用户漫游时的有关动态信息数据。

④ 鉴权中心(AUC)。

鉴权中心(AUC)是用于产生为确定移动用户的身份和对呼叫保密所需监权、加密的 3 个参数(随机数 RAND、响应数 SRES 和密钥 K_c)。

⑤ 移动设备识别寄存器(EIR)。

移动设备识别寄存器是一个数据库，存储有关移动台设备识别码(IMSI)。通过核查白色、黑色和灰色三种清单，完成对移动设备的识别、监视和闭锁功能，以防止非法移动台的使用。

⑥ 短消息业务中心(SMC)。

短消息业务中心是一种类似传呼机的业务功能，在移动用户和移动用户之间或移动用户和固定用户之间发送较短的信息。

⑦ 操作维护中心(OMC)。

操作维护中心是对整个GSM网络进行控制和操作，通过它实现对GSM系统内的自检、故障诊断和处理、话务量统计和计费数据的记录和传递，以及各种参数的收集、分析与显示等。

3. GSM 的调制与解调技术

(1)GSM 调制。

GSM 采用的是高斯滤波最小移频键控 GMSK。

工作原理:在保持 MSK 较好的频谱特性和较低的误码率基础上，在 MSK 之前加入一高斯滤波器，输入的基带信号经过高斯滤波器，形成的高斯脉冲包络无陡峭沿、拐点，经调制后的信号比较平滑，改善了频谱特性。

GMSK 调制过程如图 13.5 所示，GMSK 调制改善了频谱特性，加快带外衰减，满足了相邻信道干扰电平小于 − 60 dB 要求。

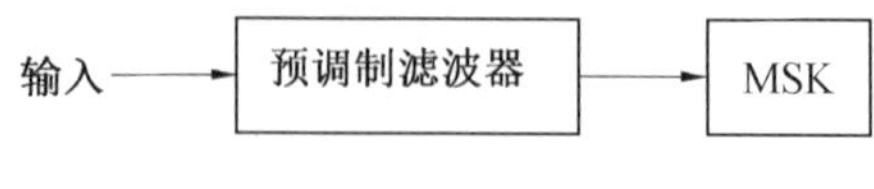

图 13.5　GMSK 调制过程

(2)GMSK 的解调。

对输入数字二进制码元进行 GMSK 调制，发送端得到了 GMSK 信号，而想要在接收端恢复出原来的数字码元序列，就需要进行 GMSK 解调。一般情况下，按照接收端是否需要恢复出载波相位，将解调分为相干解调和非相干解调两类。相干解调需要恢复出载波相位，要求相干载波必须和输入端的调制载波同频同相；而非相干解调不需要恢复出载波相位。相干解调和非相干解调在通信原理中是十分重要的解调方法，无论在模拟系统还是数

字系统中都有广泛应用。可以采用正相干解调，但相干载波提取比较困难，GMSK 信号的解调常采用差分解调和限幅鉴频器解调等非相干解调。

目前国内外对相干解调的研究已经十分成熟，而且非相干解调技术更适用于严重多径衰落的移动或室内的无线通信环境，它有较低的误码门限，可以较少地考虑信道估计，甚至可以忽略。非相干解调无需知道调制载波的参考相位，因此不需要拥有如本振、锁相环等一系列与载波恢复有关的电路，这样相对相干解调技术更易于实现，需要的成本更低，有着明显的价格优势。

非相干解调技术有很多种实现方案，本书主要介绍限幅鉴频器和差分解调，其他的实现方案也都是由这两种主要方案衍生而来。限幅鉴频器主要由限幅器和鉴频器两部分组成，其原理框图如图 13.6 所示，其中限幅器用来消除通过带通滤波器滤波产生的寄生调幅，保证在噪声和干扰的影响下加到鉴频器上的接收信号的包络是恒定的；鉴频器是用来将相位调制转化为幅度调制，以供随后的包络检测电路将振幅的包络取下。最后对得到的包络进行抽样判决就可得到基带信号，通常为了使得到的基带信号更优，往往在鉴频器和抽样判决器之间添加一个低通滤波器，用来对提取到的包络进行平滑。

图 13.6　限幅鉴频器原理示意图

13.4.5　CDMA 移动通信系统

1. CDMA 移动通信系统概述

CDMA 通信系统采用先进的扩频技术，实现了码分多址的应用系统。当前商用 CDMA 系统空中接口标准为 IS－95，提供 1.23 MHz 的无线载频间隔。为防止干扰，不同的用户分配不同的无线信道(频率)或同一信道内的不同码，相同的无线信道能在相邻小区或扇面使用，每扇面的话务容量为软容量，不受频率或收发信机数量的严格限制。CDMA 系统中通过在给定时间内传送不同的码来区分不同的基站，即基站传送不同时间偏移的同一伪随机码。为了确保时间偏移的正确性，CDMA 基站必须对公共时间参考点保持同步。

CDMA 系统借助全球定位系统(GPS)提供精确同步，在当前的技术方法下，GPS 是保证其达到预期频谱效率的最后的同步方法。CDMA 是一种扩频技术，它将包含有用信息的信号扩展成较大的宽带，通过接收端的解调压缩来获取极大的信号增益和较高的信噪比。

CDMA 系统能使移动台同时与两个或多个基站通信实现小区间无缝切换，话音信道为先接后断，大大减少了掉话率。只有 Lucent 真正做到交换机之间、交换机之内所有基站实现全程软切换。

CDMA 保持设定的话音质量、误帧率，获得频谱的最大效率应用方法。如设定和控制反向 E_b/N_0 以控制误帧数量；尽量减低手机发射功率(反向)；尽量减低基站发射功率(前向)；提供方法使运营者可以平衡系统容量与话音质量的需要。

CDMA 追求更高的频谱效率和更好的通信质量，推动一切无线蜂窝技术前进的根本是驱动力，从 FDMA 到 TDMA，再到 CDMA，直至要实现的第三代系统 — 宽带 CDMA。

2. CDMA 系统工作原理

CDMA 系统是基于码分技术（扩频技术）和多址技术的通信系统，系统为每个用户分配各自特定地址码，地址码之间具有相互准正交性，从而在时间、空间和频率上都可以重叠。将需要传送的具有一定信号带宽的信息数据，用一个带宽远大于信号带宽的伪随机码进行调制，使原有的数据信号的带宽被扩展，接收端进行相反的过程，进行解扩，增强了抗干扰的能力。

在信号发送端用一高速伪随机码与数字信号相乘，由于伪随机码的速率比数字信号的速率大得多，因此扩展了信息传输带宽。在接收端，用相同的伪随机序列与接收信号相乘，进行相关运算，将扩频信号解扩，扩频通信具有隐蔽性、保密性和抗干扰等优点。

3. CDMA 系统的特点

（1）CDMA 系统采用了多种分集方式，除传统的空间分集外。由于是宽带传输起到了频率分集的作用，同时在基站和移动台采用了 RAKE 接收机技术，相当于时间分集的作用。

（2）CDMA 系统采用了话音激活技术和扇区化技术。因为 CDMA 系统的容量直接与所受的干扰有关，采用话音激活和扇区化技术可以减少干扰，使整个系统的容量增大。

（3）CDMA 系统采用了移动台辅助的软切换。通过它可以实现无缝切换，保证通话的连续性，减少突发通话中断的可能性。处于切换区域的移动台通过分集接收多个基站的信号，可以减低自身的发射功率，从而减少了对周围基站的干扰，有利于提高反向联路的容量和覆盖范围。

（4）CDMA 系统采用了功率控制技术，降低了平准发射功率。

（5）CDMA 系统具有软容量特性。可以在话务量高峰期通过提高误帧率来增加可以用的信道数。当相邻小区的负荷一轻一重时，负荷重的小区可以通过减少导频的发射功率，使本小区的边缘用户由于导频强度的不足而切换到相邻小区，分担负担。

（6）CDMA 系统兼容性好。由于 CDMA 的带宽很大，功率分布在广阔的频谱上，功率密度低，对窄带模拟系统的干扰小，因此两者可以共存，即兼容性好。

（7）CDMA 系统的频率利用率高，不需要频率规划，这是 CDMA 系统的特点之一。

（8）CDMA 高效率的 OCELP 话音编码，话音编码技术是数字通信中的一个重要课题。OCELP 是利用码表矢量量化差值的信号，并根据语音激活的程度产生一个输出速率可变的信号。这种编码方式被认为是目前效率最高的编码技术，在保证有较好话音质量的前提下，大大提高了系统的容量。这种声码器具有 8 kb/s 和 13 kb/s 两种速率的序列，8 kb/s 序列从 1.2 kb/s 到 9.6 kb/s 可变，13 kb/s 序列则从 1.8 kb/s 到 14.4 kb/s 可变。近期又有一种 8 kb/s EVRC 型编码器问世，也具有 8 kb/s 声码器容量大的特点，话音质量也有了明显的提高。

4. CDMA 系统的主要优点

（1）大容量。根据上述理论计算以及现场实验表明，CDMA 系统的信道容量是模拟系

统的 10 ～ 20 倍，是 TDMA 系统的 4 倍。

(2) 软容量。在 FDMA、TDMA 系统中，当小区服务的用户数量达到最大信道数量时，满载的系统无法再增添一个信号，此时若有新的呼叫，该用户只能听到忙音。而在 CDMA 系统中，用户数目和服务质量之间可以相互折中，灵活确定。

(3) 软切换。软切换是指当移动台需要切换时，先与新基站连通，再与原基站切断联系，而不是先切断与原基站的联系再与新基站连通。

(4) 高话音质量和低发射功率。

(5) 话音激活。CDMA 系统因为使用了可变速率声码器，在不讲话时传输速率降低，减轻了对其他用户的干扰，这是 CDMA 系统的话音激活技术。

(6) 保密性好。CDMA 系统的信号扰码方式提供了高度的保密性，使这种数字蜂窝系统在防止串话、盗用等方面具有其他系统不可比拟的优点，CDMA 的数字话音信道还可以将数据加密标准或其他标准的加密技术直接引入。

本 章 小 结

(1) 无线通信是以电磁波为载体，实现信息进行交换的方式，被广泛应用到许多领域中。目前无线通信的应用主要有无线电台、微波通信、移动通信、卫星通信、无线宽带、航天器与地球之间的遥测、遥控及通信等。

(2) 目前使用较广泛的短距无线通信技术是蓝牙(Bluetooth)、无线局域网 802.11 (WiFi) 和红外数据传输(IrDA)；同时还有具有发展潜力的近距无线技术标准，分别是 ZigBee、超宽频(UltraWideBand)、短距通信(NFC)、WiMedia、GPS、DECT 和专用无线系统。

(3) 蓝牙是一种支持设备短距离通信(一般 10 m 内) 的无线电技术，能在包括移动电话、PDA、无线耳机、笔记本电脑和相关外设等众多设备之间进行无线信息交换。利用蓝牙技术，能有效地简化移动通信终端设备之间的通信，也够简化设备与因特网之间的通信，从而数据传输变得更加迅速高效，为无线通信拓宽道路。

(4) 蓝牙技术应用主要有对讲机、无绳电话、头戴式耳机、拨号网络、传真、局域网接入、文件传输、目标上传和数据同步。

(5)Zigbee 技术是一种应用于短距离和低速率下的无线通信技术。ZigBee 是一种高可靠的无线数传网络，类似于 CDMA 和 GSM 网络，ZigBee 数传模块类似于移动网络基站。ZigBee 网络主要是为工业现场自动化控制数据传输而建立，因此，它必须具有简单、使用方便、工作可靠和价格低的特点。

(6)ZigBee 技术的主要优点有低功耗、成本低、时延短、网络容量大、可靠、安全。

(7)Zigbee 组网原理。组建一个完整的 Zigbee 网状网络包括网络初始化、确定网络协调器和结点加入网络三个步骤。其中结点加入网络包括通过与协调器连接入网和通过已有父结点入网两个步骤。ZigBee 网络中的结点主要包含终端结点、路由器结点和 PAN 协调器结点。

(8)NFC(Near Field Communication) 是近场通信，是一种新兴的技术，使用了 NFC 技

术的设备(如移动电话)可以在彼此靠近的情况下进行数据交换,是由 RFID(非接触式射频识别)及互联互通技术整合演变而来的,通过在单一芯片上集成感应式读卡器、感应式卡片和点对点通信的功能。

(9)UWB 技术是一种使用 1 GHz 以上频率带宽的无线载波通信技术,它不采用正弦载波,而是利用纳秒级的非正弦波窄脉冲传输数据,因此其所占的频谱范围很大,尽管使用无线通信,但其数据传输速率可以达到几百兆比特每秒以上。使用 UWB 技术可在非常宽的带宽上传输信号,美国联邦通信委员会(FCC)对 UWB 技术的规定为,在 3.1～10.6 GHz 频段中占用 500 MHz 以上的带宽。

(10) 卫星通信是利用人造地球卫星作为中继站的两个或多个地球站相互之间的无线电通信,是微波中继通信技术和航天技术结合的产物。卫星通信的特点是通信距离远、覆盖面积广、不受地理条件限制、传输大容量、建设周期短和可靠性较高等。

(11) 卫星通信系统因此由地面站和通信卫星组成,从地面站发出的电波经过通信卫星进行频率转换,再转发给其他的地球站,从地球站到卫星的传输线路称为上行,从卫星到地球站的线路称为下行。

(12) 在卫星通信系统中,多个地面站可以通过一颗卫星同时建立各自的信道,从而实现各个地面站之间的通信,称为多址连接。多址通信方式需要解决的基本问题是,如何识别和区分地址不同的各个地面站所发出的信号。多址连接的方式是多址方式,通常将多址方式分为频分多址(FDMA)、时分多址(TDMA)、码分多址(CDMA)和空分多址(SDMA)。

(13) 全球定位系统(GPS)是一种以人造地球卫星为基础的高精度无线电导航的定位系统,它在全球任何地方以及近地空间都能提供准确的地理位置、车行速度及精确的时间信息。GPS 主要由空间部分、地面监控部分和用户设备部分组成。GPS 系统具有高精度、全天候和使用广泛等特点。

(14) 移动通信是指通信双方或至少一方处于移动中进行信息交互的通信,即移动体与移动体、移动体与固定体之间的通信。

(15) 数字移动通信技术包括数字调制技术、多址技术、双工方式和频率复用技术。

(16) 全球第一个标准化的数字蜂窝移动通信系统是 GSM,采用数字调制方式、网络结构和业务种类等进行标准化规范,GSM 系统可以提供全球漫游。

(17)CDMA 通信系统采用先进的扩频技术,实现了码分多址的应用系统。CDMA 系统中通过在给定时间内传送不同的码来区分不同的基站,即基站传送不同时间偏移的同一伪随机码。为了确保时间偏移的正确性,CDMA 基站必须对公共时间参考点保持同步。

习　题

13.1　什么是蓝牙技术?蓝牙技术有哪些优点?

13.2　列举蓝牙技术有哪些应用。

13.3　Zigbee 的特点是什么?与蓝牙技术在应用上有何不同?

13.4　什么是 NFC? NFC 的特点是什么?

13.5　简述 CDMA 系统的原理。

13.6　简答 GSM 系统的组成。

13.7　简答卫星通信系统的组成。

13.8　简述卫星通信系统的工作过程。

13.9　简述 GPS 定位的原理。

13.10　什么是 UWB 技术？UWB 的特点是什么？

13.11　根据划分对象的不同，卫星通信多址方式可分为哪几种？各有什么特点？

13.12　按组网方式不同，移动通信分为哪些类型？

参考文献

REFERENCES

[1] 王燕妮.信息论基础与应用[M].北京:北京邮电大学出版,2015.
[2] 李梅,李亦农,王玉皞.信息论基础教程[M].3版.北京:北京邮电大学出版社,2017.
[3] 卢官明,秦雷.数字视频技术[M].北京:机械工业出版,2017.
[4] THOMAS M. COVER.信息论基础[M].2版.阮吉寿,张华,译.北京:机械工业出版社,2008.
[5] 曹雪虹 张宗橙.信息论与编码[M].3版.北京:清华大学出版社,2016.
[6] 张卫刚.通信原理与通信技术[M].4版.西安:西安电子科技大学出版社,2018.
[7] 李宗豪.基本通信原理[M].北京:北京邮电大学出版社,2006.
[8] 樊昌信,曹丽娜.通信原理[M].6版.北京:北京邮电大学出版社,2006.
[9] 蒋占军.数据通信技术教程[M].北京:机械工业出版社,2007.
[10] 卢孟夏,等.通信技术概论[M].北京:高等教育出版社,2005.
[11] 郑君里,等.信号与系统引论[M].北京:高等教育出版社,2009.
[12] 李斯伟,胡成伟.数据通信技术[M].北京:人民邮电大学出版社,2011.
[13] STALLINGS W, CASE T.数据通信:基础设施、联网和安全[M].7版.北京:机械工业出版社,2015.
[14] 啜钢.移动通信原理[M].2版.北京:电子工业出版社,2016.
[15] 庞韶敏.移动通信核心网[M].北京:电子工业出版社,2016.
[16] 郭俊强,李成.移动通信[M].北京:北京大学出版社,2008.
[17] 朱立东.卫星通信导论[M].北京:电子工业出版社,2015.
[18] 李昌,李兴.数据通信与IP网络技术[M].北京:人民邮电出版社,2016.
[19] 熊茂华,熊昕.物联网技术与应用开发[M].西安:西安电子科技大学出版社,2012.
[20] 李新平,杨红云.物联网教育工程概论[M].武汉:华中科技大学出版社,2016.
[21] 谢希仁.计算机网络[M].北京:电子工业出版社,2021.
[22] 朱刚,谈振辉.蓝牙技术原理与协议[M].北京:北京交通大学出版社,2002.
[23] 吴功宜.智慧的物联网[M].北京:机械工业出版社,2010.